U0155933

KEY TECHNOLOGY
INDUSTRY STANDARD
PATENT ANALYSIS

5G：
关键技术
行业标准
专利分析

郭 雯 主编

知识产权出版社
全国百佳图书出版单位
—北京—

图书在版编目（CIP）数据

5G：关键技术·行业标准·专利分析 / 郭雯主编 . —北京：知识产权出版社，2020. 12
ISBN 978－7－5130－7354－7

Ⅰ.①5… Ⅱ.①郭… Ⅲ.①无线电通信—移动通信—通信技术 Ⅳ.①TN929.5

中国版本图书馆 CIP 数据核字（2020）第 260941 号

责任编辑：齐梓伊　雷春丽　　　　　　　　责任校对：谷　洋
封面设计：乾达文化　　　　　　　　　　　责任印制：孙婷婷

5G：关键技术·行业标准·专利分析

郭　雯　主编

出版发行：**知识产权出版社**有限责任公司	网　　址：http：//www. ipph. cn
社　　址：北京市海淀区气象路 50 号院	邮　　编：100081
责编电话：010－82000860 转 8004	责编邮箱：leichunli@ cnipr. com
发行电话：010－82000860 转 8101/8102	发行传真：010－82000893/82005070/82000270
印　　刷：北京九州迅驰传媒文化有限公司	经　　销：各大网上书店、新华书店及相关专业书店
开　　本：720mm×1000mm　1/16	印　　张：26
版　　次：2020 年 12 月第 1 版	印　　次：2020 年 12 月第 1 次印刷
字　　数：412 千字	定　　价：118. 00 元

ISBN 978－7－5130－7354－7

本书编委会

主　编：郭　雯

副主编：闫　娜　朱晓琳　刘　彬

编　委：张　蔚　范成博　曲桂芳

编　者：（按姓氏笔画为序）

　　　　王　刚　王　欣　孙丽丽　李　韧　姚雅倩

统　稿：曲桂芳　张颖浩

审　稿：张　蔚

前·言

从 2015 年第五代移动通信技术（5th generation mobile networks，以下简称 5G）法定名称"IMT-2020"的确定，到 2020 年全球多国提供 5G 商用服务，短短五年时间，业界走过了关键技术选定、标准推进、网络建设、产品发布的产业化历程。作为智力密集型产业，在 5G 发展的背后已形成技术专利化、专利标准化、标准产业化这样一条技术创新成果转换成经济效益的成熟路径，并且目前中国创新主体在 5G 标准必要专利中所占的比例已超过 1/3，位列世界首位。如此看来，选择 5G 产业来研究科技创新，展示技术、标准、专利的紧密融合，将具有一定的引领作用和极大的实践意义。

本书以 5G 专利技术的发展为切入点，通过对 5G 相关专利及标准的分析为读者介绍 5G 技术当前的发展状况。具体是从技术综述、标准定义和专利分析三个角度展开的：技术综述部分是针对技术原理、关键技术点、发展沿革等进行系统的介绍；标准定义部分主要是整合 3GPP 标准中关于该项技术的相关定义及内容；而专利分析部分则是通过对专利数据进行解读使读者了解到该项技术的专利布局、发展趋势、重要创新主体、技术发展趋势等，并针对标准必要专利进行重点分析。

本书选择 5G 中的十大关键技术和两个应用场景，共分六章。其中，第 1 章、第 2 章、第 3 章第 3.1 节、第 5 章第 5.2 节由姚雅倩编写；第 3 章第 3.2 节，第 4 章第 4.3 节、第 4.5 节由孙丽丽编写；第 3 章第 3.3 节，第 4 章第 4.2 节、

第 4.4 节和第 4.7 节由王欣编写；第 4 章第 4.1 节和第 6 章由王刚编写；第 4 章第 4.6 节和第 5 章第 5.1 节由李韧编写。

在未来加快第五代移动通信建设的过程中，会有更多的人需要了解 5G 关键技术，需要了解这些关键技术背后的标准制定和专利布局。本书所面向的读者既可以是想要了解 5G 技术的通信技术爱好者，也可以是通信领域相关的市场、法务等从业人员，抑或是想了解技术、标准与专利有机结合、产业布局的人士。期望本书对 5G 产业的分析可以对不同需求的读者有所帮助。

由于时间仓促，作者水平有限，本书难免存在不足之处，欢迎批评指正！

本书编委会

目·录

CONTENTS

第 1 章　5G 概述

5G 为我们提供了一种速度更快、频谱更丰富、定制更容易的通信网络。提起 5G，人们可能更多地会想起一些近乎科幻的场景：满街跑着自动驾驶的车辆、工厂生产实现了自动控制、看病可以由医生远程提供诊断、高清电影一秒下载完成……正如欧洲电信标准化协会（European Telecommunications Standards Institute，以下简称 ETSI）为我们描绘的那样，5G 将会深入到人类生活的方方面面，成为生活中不可或缺的一部分，如图 1-0-1 所示。

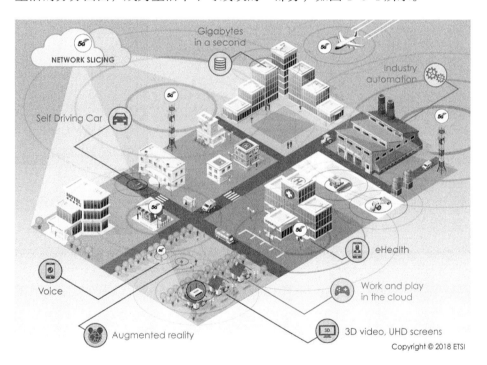

图 1-0-1　ETSI 描绘的 5G 场景

资料来源：Why do we need 5G［EB/OL］.［2020-03-21］.https：//www.etsi.org/technologies/5g.

国际电信联盟（International Telecommunication Union，以下简称 ITU）在 2015 年 9 月发布的 ITU–R M.2083–0 建议书《IMT 愿景——2020 年及以后 IMT 未来发展的框架和总体目标》中预测，到 2020 年及以后，移动通信技术将广泛地应用于三维（three–dimensional，以下简称 3D）视频、自动驾驶、工业自动化、智慧城市、智慧家庭等各种应用。图 1–0–2 展示了国际移动通信（International Mobile Telecommunications，以下简称 IMT）2020 年及之后的使用场景。

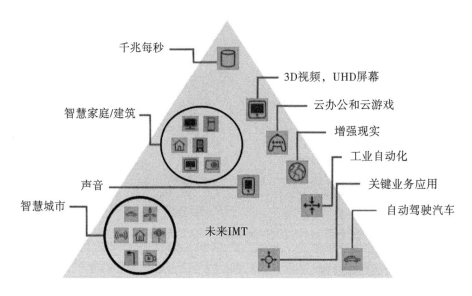

图 1–0–2　IMT 2020 年及之后的使用场景

资料来源：国际电联无线电通信部门 .ITU–R M.2083–0 建议书 IMT 愿景 –2020 年及以后 IMT 未来发展的框架和总体目标［EB/OL］.［2020–03–21］.https：//www.itu.int/dms_pubrec/itu–r/rec/m/R–REC–M.2083–0–201509–I!!PDF–C.pdf.

注：UHD（ultra high definition）指超高清。

为了满足这些领域的需求，移动通信网络的性能需要得到很大提升。图 1–0–3 展示了 ITU 所描述的 IMT–2020 相对于上一代移动网络来说所取得的性能提升。

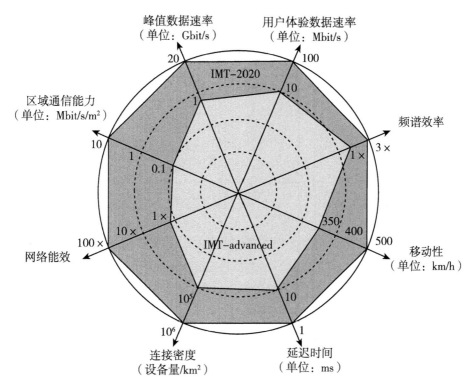

图 1-0-3　IMT-2020 之关键特性较 IMT-advanced 所取得的提升

资料来源：国际电联无线电通信部门.ITU-R M.2083-0 建议书 IMT 愿景 -2020 年及以后 IMT 未来发展的框架和总体目标［R/OL］.［2020-03-21］.https：//www.itu.int/dms_pubrec/itu-r/rec/m/R-REC-M.2083-0-201509-I!!PDF-C.pdf.

按照 IMT 的计划，IMT-2020 在不同的应用场景下将达到峰值数据速率 10Gbit/s，甚至 20Gbit/s；频谱效率比上一代的 IMT-advanced 提高三倍；实现 1ms 的极低下载延迟；高达 500km/h 的高移动性；以及达到每平方千米百万级别的连接密度。5G 主要应用场景与关键性能挑战如表 1-0-1 所示。

表 1-0-1　IMT-2020 中的 5G 主要应用场景与关键性能挑战

场景	关键挑战
连续广域覆盖	100Mbit/s 用户体验速率
热点高容量	用户体验速率：1Gbit/s 峰值速率：数十 Gbit/s 流量密度：数十 Tbit/s/km²

续表

场景	关键挑战
低功耗大连接	连接密度：$10^6/km^2$ 超低功耗、超低成本
低时延高可靠	空口时延：1ms 端到端时延：ms 量级 可靠性：接近 100%

资料来源：IMT-2020（5G）推进组 .5G 概念白皮书［R/OL］.［2020–03–21］.http：//www.imt2020.org.cn/zh/documents/1?currentPage=3&content=.

大幅度的性能指标提升必然需要更先进的通信技术来支持。相对于第四代移动通信技术（4th generation mobile networks，以下简称 4G），5G 创新主要来源于网络技术和无线技术两方面。

在网络技术方面，5G 在网络架构中引入了软件定义网络（software defined network，以下简称 SDN）和网络功能虚拟化（network functions virtualization，以下简称 NFV）的概念，对网络架构进行了颠覆性的改进。SDN 使得网络中的控制和转发功能分开，NFV 则将网络功能与硬件设施分离，这样网络中的各种服务功能不再一成不变地固定在硬件设备上，而是能像编程一样，定制出不同的网络服务。这些网络服务通过调用底层的基础设施所提供的资源，实现用户所要求的功能。在 SDN/NFV 技术的支持下，5G 网络中的接入网和核心网中的控制功能被分离出来，让接入平面、控制平面和转发平面中每一部分的功能更加纯粹，从而更为简单、稳定和高效，同时这三个部分能够分开演进，提高网络的灵活性。

在这种功能分离的网络架构下，网络功能能够与具体的硬件设施分离，因而核心网的用户面功能得以被下沉到基站，从而能够实现移动边缘计算技术。在移动边缘计算中，由基站直接为用户提供计算和存储功能，减少了服务请求到云服务器的传输时间，减少了响应的时延。

5G 网络还在 SDN/NFV 的基础上实现了网络切片的特性。网络切片能使用户在同一套硬件设施上定制出不同功能服务、不同性能指标的独立网络，使得用户仿佛在使用一个专属于自己的定制网络，这极大地提高了网络的适应性。

在无线技术方面，首先是对基站的改进。单个基站通过大规模天线阵列技术（massive multiple-input multiple-output，以下简称 Massive MIMO）在基站侧配置数十根或数百根天线，深度挖掘空间维度内的无线资源，极大地提高频谱效率，增大了传输速率。同时，通过空时处理技术获得分集增益或复用增益，提高了通信质量。

而对于基站的排布，超密集组网技术（ultra-dense network，以下简称 UDN）通过增加基站部署密度，可以令热点地区（办公室、地铁等）系统容量获得几百倍的提升。但同时超密集组网也需要解决大量终端接入时的频率干扰、站址资源和部署成本等问题。

在传输方式上，5G 采用了非正交多址接入（non-orthogonal multiple access，以下简称 NOMA）。NOMA 通过赋予不同的用户不同的功率大小（即功率复用）使得多个用户可以共享同一个子信道，不同用户之间不再要求完全正交，提高了频谱效率。

毫米波的特点是带宽大、方向性强，这种高频特性使其能够应用于低功率微小区。低功率微小区的成本低，部署灵活。大量低功率微小区的加入能够满足热点区域的高容量需求，有效提升频谱利用率的同时带来成倍的容量提升。

在信道编码方式上，5G 采用了性能更高的低密度奇偶校验（low density parity check，以下简称 LDPC）码以及信道极化码（channel polar code，以下简称 Polar 码），分别作为数据信道编码和控制信道编码。LDPC 码于 1963 年提出，其性能逼近香农极限，且译码简单。Polar 码于 2008 年提出，是目前唯一能够被严格证明可以达到香农极限的编码方法。

无疑，这些关键技术的采用为 5G 性能指标的实现提供了保障。

经济的发展需要更先进的通信技术，而先进的通信技术又会反过来促进经济的发展。在这种相辅相成的作用之中，专利可以称得上是两者之间的联结纽带。本书将从专利的视角出发，描述 5G 热点技术的原理及相关的专利分析，力图勾画出 5G 技术的专利发展路线。

本书第 2 章总体勾画了 5G 网络的设计框架，从逻辑架构、核心网架构和无线接入网三个方面介绍 5G 网络的构建方式。第 3 章描述了核心网络的关键技术，包括构建网络的基础技术 SDN 和 NFV，以及在此基础上引入的网络切片和移动边缘计算。第 4 章介绍了 5G 无线空口引入的新技术，包括 Massive MIMO、NOMA、5G 新波形，5G 所采用的两种编码方式 Polar 码、LDPC 码，UDN 技术及毫米波技术。第 5 章则介绍了两个典型的 5G 应用场景：车联网（vehicle to everything，以下简称 V2X）和海量机器类通信（massive machine-type communications，以下简称 mMTC）。第 6 章分析了 5G 标准与专利的发展。

人类科技的发展永不停歇，移动通信作为技术创新最为活跃的领域之一，一直在飞速向前发展。本书希望在技术大潮的海量信息中从一个新的角度出发，窥一斑而知全豹，通过有限的篇幅为读者整理出 5G 技术发展的大致脉络，并介绍 5G 技术在专利和标准上的发展和布局，以便读者对 5G 通信技术有一个更全面的认识。

参考文献

［1］Why do we need 5G［EB/OL］.［2020-03-21］.https：//www.etsi.org/technologies/5g.

［2］国际电联无线电通信部门 .ITU-R M.2083-0 建议书 IMT 愿景 -2020 年及以后 IMT 未来发展的框架和总体目标［R/OL］.［2020-03-21］.https：//www.itu.int/dms_pubrec/itu-r/rec/m/R-REC-M.2083-0-201509-I!!PDF-C.pdf.

［3］IMT-2020（5G）推进组 .5G 概念白皮书［R/OL］.［2020-03-21］.http：//www.imt2020.org.cn/zh/documents/1?currentPage=3&content=.

第 2 章　5G 网络架构

2.1　网络逻辑架构

在传统的通过接入网接入核心网的网络架构的基础上，5G 网络引入了 NFV 和 SDN 技术。前者将软件与硬件分离，为 5G 网络提供弹性的基础设施平台，从而方便快捷地将网元功能部署在网络的任意位置。后者实现控制功能和转发功能的分离。通过 SDN 和 NFV 技术，5G 网络将接入网的接入功能和控制功能分离，核心网的转发功能与控制功能分离，从而形成接入平面、转发平面和控制平面三部分，如图 2-1-1 所示。控制平面负责全局控制策略的产生。接入平面和转发平面负责执行策略。

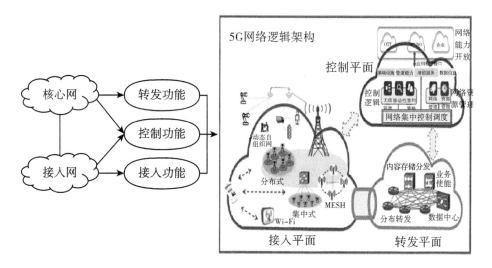

图 2-1-1　5G 网络逻辑架构

资料来源：IMT-2020（5G）推进组 .5G 网络技术架构白皮书［R/OL］.［2020-03-21］. http：//www.imt2020.org.cn/zh/documents/1?currentPage=3&content=.

1.接入平面

接入平面包含各种类型的基站和无线接入设备，能够满足多种接入场景，包括无线上网（以下简称 Wi-Fi）、分布式接入、集中式接入、无线网格网络、动态自组织等多种接入方式。5G 接入平面增强了基站间的协同和资源调度与共享。通过综合利用分布式和集中式组网机制，实现不同层次和动态灵活的接入控制，减少区间干扰，提高移动性管理能力。接入平面能够按需定义接入网拓扑和协议栈，提供可定制的部署和服务，保障业务性能。接入平面可以支持多种组网技术，包括无线网格网络，动态自组织网络和统一多无线接入技术融合等。

2. 转发平面

转发平面包含用户面下沉的分布式网关，集成边缘内容缓存和业务流加速等功能。在转发平面中，将网关中的会话控制功能分离，网关位置下沉，实现分布式部署。在控制平面的集中调度下，转发平面通过灵活的网关锚点，移动边缘内容与计算等技术实现端到端海量业务数据流的高容量、低时延、均负载的传输，提升网内分组数据的承载效率与用户业务体验。

现有的核心网网关中既包含路由转发功能，也包含控制功能，用于进行信令和业务处理。控制功能和转发功能之间紧密耦合。在 5G 网络中，基于 SDN 思想，移动核心网网关的控制功能和转发功能将进一步分离，将策略控制、流量调度、连接管理等控制功能归入控制平面，而对数据的转发功能则归入转发平面。控制和转发功能分离后，转发平面专注于业务数据的路由转发，具有简单、稳定和高性能等特点，能够满足海量移动流量的转发需求。控制平面采用逻辑集中的方式实现统一的策略控制，保证灵活的移动流量调度和连接管理。集中部署的控制面板通过移动流控制接口实现对转发平面的可编程控制。控制平面和转发平面的分离，使得网络架构更加扁平化，网关设备可采用分布式部署方式，从而有效地降低业务的传输时延。控制平面和转发平面的功能可以分别独立演进发展，从而提升网络整体的灵活性和效率。[1]

3. 控制平面

控制平面包括对接入平面和转发平面的控制。控制平面通过网络功能重构，实现集中的控制功能和简化的控制流程，以及接入和转发资源的全局调度。控制平面面向差异化业务需求，通过按需编排的网络功能，提供可定制的网络资源，以及友好的能力开放平台。控制平面包括控制逻辑、按需编排和网络能力开放。控制逻辑方面，通过对网元控制功能的抽离与重构，将分散的控制功能集中，形成独立的接入统一控制、移动性管理、链接管理等功能模块，模块间可根据业务需求进行灵活的组合，适配不同场景和网络环境的信令控制要求。控制平面需要发挥虚拟化平台的能力，实现网络资源按需编排功能，通过网络切片按用户需求构建专用和隔离的服务网络，提升网络的灵活性和可伸缩性。在控制平面引入能力开放层，通过应用程序编程接口（application programming interface，以下简称 API）对网络功能进行高效抽象，屏蔽底层网络的技术细节，实现运营商基础设施、管道能力和增值业务等网络能力向第三方应用的友好开发。

2.2　5G 核心网架构

5G 核心网为接入网和用户终端（user equipment，以下简称 UE）提供控制面和用户面功能，具体架构如图 2-2-1 所示。本节将对每个模块的具体功能进行详述。需要说明的是，以下各节中的功能均为各个模块的所有支持功能，对于单个网络切片，其并不需要实现其中所有的功能，而只需要选择所需的功能即可。

如图 2-2-1 所示，5G 核心网的控制面包括九大功能模块，分别为：

（1）接入与移动性管理功能（access and mobility management function，以下简称 AMF）；

（2）会话管理功能（session management function，以下简称 SMF）；

（3）策略控制功能（policy control function，以下简称 PCF）；

（4）网络能力开放功能（network exposure function，以下简称 NEF）；

（5）网络存储功能（network repository function，以下简称 NRF）

（6）统一数据管理（unified data management，以下简称 UDM）；

（7）认证服务功能（authentication server function，以下简称 AUSF）；

（8）网络切片选择功能（network slice selection function，以下简称 NSSF）；

（9）服务通信代理（service communication proxy，以下简称 SCP）。

图 2-2-1 中 Namf、Nsmf、Npcf、Nnef、Nnrf、Nudm、Nausf、Nnssf 分别为相应模块的服务接口。控制面功能通过 Naf 接口连接应用功能（applicatin function，以下简称 AF）。UE 通过 N1 接口连接控制面，接入网通过 N2 接口连接控制面。用户面功能（user plane function，以下简称 UPF）通过 N3 接口连接接入网，通过 N4 接口连接控制面，通过 N6 接口与数据网络（data network，以下简称 DN）相连接。N9 为两个 UPF 之间的接口。

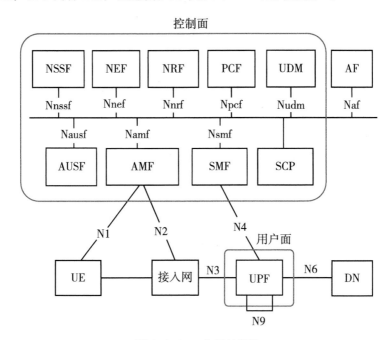

图 2-2-1　5G 系统架构

资料来源：3GPP.3GPP TS 23.501 V16.2.0.System Architecture for the 5G System（5GS）［S/OL］.［2020-03-28］.https：//www.3gpp.org/ftp/Specs/archive/23_series/23.501/23501-g20.zip.

2.2.1　AMF

AMF 主要负责对 UE 和接入网的接入和移动性管理，其具有如下功能：[2]

——注册管理。

——连接管理。

——可达性管理。

——移动性管理。

——合法拦截［用于 AMF 事件和位置信息（location information，以下简称 LI）系统接口］。

——为 UE 和会话管理服务功能之间的会话管理（session management，以下简称 SM）消息提供传输。

——用于路由 SM 消息的透明代理。

——访问身份验证。

——访问授权。

——为 UE 和短消息服务功能（short message service function，以下简称 SMSF）之间的短消息服务（short message service，以下简称 SMS）消息提供传输。

——实现第三代合作伙伴计划（3rd generation partnership project，以下简称 3GPP）TS 33.501 中规定的安全锚功能（security anchor functionality，以下简称 SEAF）。

——监管服务的位置服务管理。

——为 UE 和位置管理功能（location management function，以下简称 LMF）以及无线接入网和 LMF 之间的位置服务消息提供传输。

——用于与演进分组系统（evolved packet system，以下简称 EPS）互通的 EPS 承载标识分配。

——UE 移动性事件通知。

——支持控制平面蜂窝物联网（cellular internet of things，以下简称 CIOT）5G 系统（5G system，以下简称 5GS）优化。

——支持用户平面 CIOT 5GS 优化。

——提供外部参数（预期的 UE 行为参数或网络配置参数）。

需要注意的是：无论有多少网络功能，UE 和核心网之间的每个接入网络只有一个网络附属存储（network attached storage，以下简称 NAS）接口实例，其需要连接到至少实现 NAS 安全和移动性管理的网络功能之一的接口上。

除此之外，AMF 还具有以下用于支持非 3GPP 接入网的功能：

——支持与非 3GPP 互通功能（non-3GPP interworking function，以下简称 N3IWF）的 N2 接口。通过该接口，在 3GPP 接入上定义的一些信息（例如 3GPP 小区标识）和过程（例如切换相关）可能不再适用，并且可以应用不适用于 3GPP 接入的非 3GPP 接入特定信息。

——支持通过 N3IWF 与 UE 之间的 NAS 信令交互。通过 3GPP 接入的 NAS 信令所支持的某些过程可能不适用于不受信任的非 3GPP（例如寻呼）访问。

——支持通过 N3IWF 连接的 UE 的认证。

——管理通过非 3GPP 接入连接或同时通过 3GPP 和非 3GPP 接入连接的 UE 的移动性、认证和独立的安全上下文状态。

——支持在 3GPP 和非 3GPP 访问上有效的协同注册管理（registration management，以下简称 RM）上下文。

——支持 UE 的专用连接管理（connection management，以下简称 CM）上下文，以便通过非 3GPP 接入进行连接。

2.2.2　SMF

SMF 负责对 UE 会话以及管理对话所需的环境。SMF 具有以下功能：[2]

——会话管理，如会话的建立、修改和释放，包括维护用户面和接入网络之间的隧道。

——UE 因特网协议（internet protocol，以下简称 IP）地址的分配和管理。UE IP 地址可从用户面或外部数据网中获得。

——用于第四版因特网协议（internet protocol version 4，以下简称 IPv4）的动态主机配置协议（dynamic host configuration protocol for IPv4，以下简称 DHCP v4）以及第六版因特网协议（internet protocol version 6，以下简称 IPv6）的动态主机配置协议（dynamic host configuration protocol for IPv6，以下简称 DHCP v6）功能。

——基于以太网协议数据单元（protocol data unit，以下简称 PDU）的本地缓存信息响应地址解析协议（address resolution protocol，以下简称 ARP）请求和/或 IPv6 邻居请求的功能。

——用户面功能的选择和控制，包括控制用户面功能以代理 ARP 或 IPv6 邻居发现，或将所有 APR/IPv6 邻居请求通信转发到 SMF。

——将 UPF 配置流量进行转向，以将流量路由到正确的目的地。

——5G 虚拟网（virtual network，以下简称 VN）组管理，例如，维护相关协议数据单元会话锚（PDU session anchor，以下简称 PSA）UPF 的拓扑结构，在 PSA UPF 之间建立和释放 N19①隧道，在 UPF 配置流量转发以应用本地交换、基于 N6 的转发或基于 N19 的转发。

——作为策略控制功能的接口的终点。

——合法拦截（用于 SM 事件和 LI 系统接口）。

——充电数据采集及充电接口支持。

——用户面充电数据采集的控制与协调。

——作为 NAS 消息的 SM 部分的终点。

——下行数据通知。

——作为特定于接入网的 SM 信息的发起方，通过 AMF 的 N2 接口发送到接入网。

——确定会话的会话与服务连续（session and service continuity，以下简称 SSC）模式。

——支持控制平面 CIOT 5GS 优化。

——支持头部压缩。

——在可以插入、删除和重新定位中间 SMF（intermediate SMF，以下简称 I-SMF）的地方充当 I-SMF 的部署。

——提供外部参数（预期的 UE 行为参数或网络配置参数）。

——支持 IP 多媒体子系统（IP multimedia subsystem，以下简称 IMS）服务的代理呼叫会话控制功能（proxy-call session control function，以下简称 P-CSCF）发现。

——漫游功能：

● 处理应用服务质量（quality of service，以下简称 QoS）的服务水平协议的本地执行［访问公共陆地移动网（visited public land mobile network PLMN，以下简称 VPLMN）］。

● 充电数据采集与充电接口。

● 合法截获（在 VPLMN 中用于 SM 事件和 LI 系统接口）。

● 支持与外部 DN 的交互以传输信令，从而进行 PDU 会话的身份验证 / 授权。

---

① N19 为 5G 局域网类型服务的两个 PSA UPF 之间的参考点。

● 指示用户面和下一代接入网（next generation-radio access network，以下简称 NG-RAN）在 N3/N9① 接口上执行冗余传输。

2.2.3 UPF

UPF 用户实现用户面功能，其具有如下功能：[2]

——无线接入技术（radio access technology，以下简称 RAT）内 /RAT 间移动的锚定点（可选）。

——响应 SMF 请求分配 UE IP 地址 / 前缀（如果支持）。

——与数据网络互连的外部 PDU 会话点。

——分组路由和转发。

——数据包检查。

——策略规则执行的用户面部分，例如，选通、重定向、流量控制。

——合法拦截（用户面收集）。

——流量使用报告。

——用户面的 QoS 处理，例如，上行链路 / 下行链路速率执行，下行链路中反应 QoS 标记。

——上行链路流量验证（服务数据流到 QoS 流映射）。

——上行链路和下行链路中的传输级分组标记。

——下行包缓冲和下行数据通知触发。

——向源 NG-RAN 节点发送和转发一个或多个"结束标记"。

——基于以太网 PDU 的本地缓存信息 ARP 请求和 / 或 IPv6 邻居请求的功能。UPF 通过提供与请求中发送的 IP 地址相对应的媒体访问控制（media access control，以下简称 MAC）地址来响应 ARP 和 / 或 IPv6 邻居请求。

——GTP-U② 层下行方向的分组复制和上行方向的消除。

——时间敏感网络（time sensitive networking，以下简称 TSN）转换器功能，当 5G 系统作为与 TSN 网络的桥梁集成时，保存和转发用于消除抖动的用户面数据包。

---

① N9 为两个 UPF 之间的参考点。

② GTP-U 为通用无线分组业务（general packet radio service，以下简称 GPRS）隧道协议（tunnel protocol，以下简称 GTP）的一种，用于 GPRS 核心网内。

——高延迟通信。

2.2.4 PCF

PCF 负责对策略的管理和控制，其具有如下功能：[2]

——支持统一的策略框架来管理网络行为。

——提供策略规则给控制平面用于执行。

——访问与统一数据存储库（unified data repository，以下简称 UDR）中的与策略抉择相关的订阅信息。

2.2.5 NEF

NEF 的作用在于为网络内部与外部应用之间提供功能和数据的访问途径，其主要具有如下独立功能：[2]

——能力和事件的开放：网络功能和事件可以由 NEF 安全地公开，例如，对第三方、应用程序功能、边缘计算等开放。NEF 使用与 UDR 之间的标准化接口 Nudr 将信息存储 / 获取为结构化数据。

——从外部应用程序向 3GPP 网络安全地提供信息：NEF 为应用功能提供了一种安全地向 3GPP 网络提供信息的方法，例如，预期的 UE 行为、5G 局域网（local area network，以下简称 LAN）组信息和服务特有的信息。在这种情况下，NEF 可以认证和授权并协助限制应用程序功能。

——内部与外部之间的信息翻译：NEF 在与应用功能交换的信息和与内部网络功能交换的信息之间进行转换。尤其是，NEF 会根据网络策略对外部应用的网络和用户敏感信息进行掩蔽。

——NEF 从其他网络功能（基于其他网络功能的公开功能）接收信息：NEF 使用 UDR 的标准接口将接收到的信息存储为结构化数据。存储的信息可以由 NEF 访问和“重新公开”给其他网络功能和应用程序功能，并用于其他目的，例如分析。

——NEF 还可以支持数据流描述（packet flow description，以下简称 PFD）功能：NEF 中的 PFD 功能可以在 UDR 中存储和检索 PFD，并应 SMF 的请求（拉模式）或 NEF 的 PFD 管理请求（推模式）向 SMF 提供 PFD。

——NEF 还可以支持 5G LAN 组管理功能：NEF 中的 5G LAN 组管理功

能可以通过 UDM 将 5G LAN 组信息存储在 UDR 中。

——公开分析能力：网络数据分析功能（network data analytics function，以下简称 NWDAF）可经由 NEF 安全地对外公开。

——NWDAF 从外部获取数据：外部提供的数据可由 NWDAF 通过 NEF 收集，用于生成分析。NEF 处理和转发 NWDAF 和应用功能之间的请求和通知。

——支持非 IP 数据传输：NEF 通过非 IP 数据传输（non-IP data delivery，以下简称 NIDD）API，为管理 NIDD 配置和传递上行 / 下行非结构化数据提供了实现方法。

2.2.6　NRF

NRF 用于存储网络功能实现中所需的必要数据，其具有以下功能：[2]

——支持服务发现功能，接收来自网络功能实例或 SCP 的网络功能发现请求，并向网络功能实例或 SCP 提供所发现的网络功能实例（待发现）的信息。

——支持代理呼叫会话控制功能（proxy-call session control function，以下简称 P-CSCF）发现（特例为 SMF 发现应用功能）。

——维护可用的网络功能实例及其所支持的服务的网络功能配置文件。

——向订阅网络功能服务的使用者或 SCP 通知新注册 / 更新 / 取消注册的网络功能实例及其网络功能服务。

在 NRF 中维护的网络功能实例的网络功能配置文件包括以下信息：

——网络功能实例 ID。

——网络功能类型。

——PLMN 编号。

——网络切片相关标识符。

——网络功能的完全合格的域名（fully qualified domain name，以下简称 FQDN）或 IP 地址。

——网络功能容量信息。

——网络功能优先级信息。需要注意的是，该参数用于 AMF 选择。

——网络功能集合 ID。

——网络功能服务实例的网络功能服务集 ID。

——网络功能特定服务授权信息。

——如果适用，提供支持服务的名称。

——每个受支持服务的实例的端点地址。

——存储数据 / 信息的标识。需要注意的是仅用于 UDR 的配置。

——其他服务参数，例如数据网络名称（data network name，以下简称 DNN）或 DNN 列表，网络功能服务感兴趣接收的每种通知的通知端点。

——网络功能实例的位置信息。需要注意的是，该信息对于运营商是特定的。功能服务实例的位置信息的例子包括地理位置、数据中心。

——跟踪区标识。

——网络功能负载信息。

——路由指示，用于 UDM 和认证服务功能。

——一个或多个全局唯一 AMF 标识（globally unique AMF identifier，以下简称 GUAMI），用于 AMF。

——SMF 区域标识，用于 UPF。

——UDM 组 ID、订阅参数标识（subscription permanent identifier，以下简称 SUPI）范围、通用公共签约标识（generic public subscription identifier，以下简称 GPSI）范围、UDM 外部组标识符范围。

——UDR 组 ID、SUPI 范围、GPSIS 范围、UDR 外部组标识符范围。

——认证服务功能组 ID，认证服务功能的 SUPI 范围。

——PCF 组 ID，PCF 的 SUPI 范围。

——归属用户服务器（home subscriber server，以下简称 HSS）组 ID，用户私有标识（private user ID，以下简称 IMPI）的集合，用户公有标识（public user ID，以下简称 IMPU）的集合，用于 HSS。

——分析 ID，用于 NWDAF。

——如果用于 NEF，则为应用功能的事件 ID。需要注意的是，这是用于当 NEF 为了分析目的而开放应用功能信息时。通常由操作管理（operations、administration andmanagement，以下简称 OA&M）系统提供的预期服务授权信息，在网络功能实例具有异常的服务授权信息的情况下，也可以包括在网络功能配置文件中。NRF 还应存储 UDM 组 ID 和 SUPI、UDR 组 ID 和 SUPI、

AUSF 组 ID 和 SUPI 以及 PCF 组 ID 和 SUPI 之间的映射，以便使用指定的 SUPI 和 SUPI 范围发现 UDM、UDR、AUSF 和 PCF。

——IP 域列表、（UE）IPv4 地址的范围或（UE）IPv6 前缀的范围，用于绑定支持功能（binding support function，以下简称 BSF）。

2.2.7 UDM

UDM 用于实现统一数据管理，其具有如下功能：[2]

——生成 3GPP 认证与密钥协商协议（authentication and key agreement，以下简称 AKA）身份验证凭据。

——用户标识处理（例如，5G 系统中每个用户的 SUPI 存储和管理）。

——支持取消隐藏受隐私保护的订阅标识符（subscription concealed identifier，以下简称 SUCI）。

——基于订阅数据的访问授权（例如漫游限制）。

——UE 的服务网络功能注册管理（例如，为 UE 存储服务 AMF，为 UE 的 PDU 会话存储服务 SMF）。

——支持服务 / 会话连续性，例如通过保持正在进行的会话的 SMF/DNN 分配。

——下行短消息传送支持。

——合法拦截功能(特别是在出站漫游情况下,UDM 是 LI 的唯一联系点)。

——订阅管理。

——短消息管理。

——5G LAN 组管理处理。

——支持外部参数设置（预期的 UE 行为参数或网络配置参数）。

2.2.8 AUSF

AUSF 支持 3GPP 与不受信任的非 3GPP 的访问的认证。[2]

2.2.9 NSSF

NSSF 用于实现网络切片选择，其具有以下功能：[2]

——选择服务于 UE 的网络切片实例集。

——确定允许的网络切片选择支持信息（network slice selection assistance information，以下简称 NSSAI），并在必要时确定到订阅的单个网络切片选择支持信息（single network slice selection assistance information，以下简称 S-NSSAI）的映射。

——确定已配置的 NSSAI，如果需要，确定到订阅的 S-NSSAI 的映射。

——确定服务于 UE 的 AMF 集，或者基于配置可能通过查询 NRF 来确定候选 AMF 的列表。

2.2.10　SCP

SCP 是与其他网络功能进行通信的代理，其具有以下功能：[2]

——间接通信。

——委托发现。

——消息转发和路由到目标网络功能 / 网络功能服务。

——通信安全（例如，授权网络功能服务使用者访问网络功能服务生产者 API）、负载平衡、监控、过载控制等。

——可选择与其他实体（如 UDR）交互，以基于 UE 标识（如 SUPI 或 IMPI/IMPU）解析 UDM 组标识 /UDR 组标识 /AUSF 组标识 /PCF 组标识 /HSS 组标识。[2]

2.3　5G 无线接入网架构

2.3.1　整体架构

5G 接入网包括向 UE 提供 5G 用户平面和控制平面的 5G 基站新无线节点 B（new radio nodeB，以下简称 gNB）；和 / 或向 UE 提供演进的通用移动通信系统（universal mobile telecommunications system，以下简称 UMTS）陆地无线接入（evolved-UMTS terrestrial radio access，以下简称 E-UTRA）用户平面和控制平面的增强型 4G 基站增强的长期演进增强节点 B（enhanced long term evolution enhanced nodeB，以下简称 eLTE eNB）。

5G 接入网中的逻辑节点通过 Xn 接口相互连接。5G 接入网中的逻辑节点通过下一代（next generation，以下简称 NG）接口连接到 5G 核心网下一代核心（next generation core，以下简称 NGC），如图 2-3-1 所示。

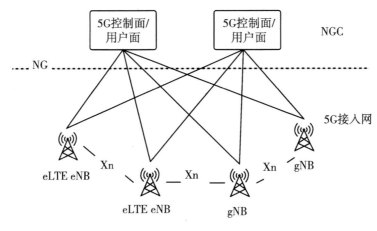

图 2-3-1　5G 接入网架构

资料来源：3GPP.3GPP TR 38.801 V14.0.0.Study on new radio access technology：Radio access architecture and interfaces［S/OL］.［2020-03-28］.https：//www.3gpp.org /ftp/Specs/archive/38_series/ 38.801/38801-e00.zip.

5G 接入网除了包括与通用移动通信系统（universal mobile telecommunications system，以下简称 UMTS）陆地无线接入网（evolved-UMTS terrestrial radio access network，以下简称 E-UTRAN）相似的功能，例如，用户数据传输、无线信道的加密 / 解密、完整性保护、头部压缩、移动控制功能、小区切换、小区间干扰协调、连接设置和释放负载均衡、NAS 消息的分发功能、NAS 节点选择功能、同步、无线接入网共享、寻呼和定位等功能外，还包括 5G 接入网所特有的新功能，具体包括以下新功能：

——对网络切片的支持。

——非独立组网（non-stand alone，以下简称 NSA）。要实现非独立组网，需要 5G 接入网与 E-UTRA 之间的互联互通，该功能通过数据流聚合实现 5G 新无线（new radio，以下简称 NR）和 E-UTRA 之间的互联互通。此功能至少包括双连接。

——通过新的接入网接口进行 4G 与 5G 间的切换：该功能通过 eLTE eNB 和 gNB 之间的直接接口实现 E-UTRA 与 NR 之间的切换。

——通过核心网实现 4G 与 5G 间的切换（包括系统内和系统间切换）。

该功能为通过核心网的 E-UTRA-NR 切换。

——会话管理。为 NGC 创建 / 修改 / 释放与 UE 间的 PDU 会话及新接入网节点与用户面网关间的相关隧道。

——在非活动模式下与 UE 保持联系。在非活动模式下，UE 上下文存储在接入网中，用户面数据缓冲在接入网中。

2.3.2 5G 接入网接口

2.3.2.1 NG 接口

NG 接口是 5G 接入网与 5G 核心网之间的点对点接口。它是一个开放接口，支持 5G 接入网与 5G 核心网之间的信令交互。在 5G 框架下，NG 接口支持控制平面和用户平面的分离以及无线网络层和传输网络层的分离。NG 接口分为连接控制面的接口（NG control plane interface，以下简称 NG-C）和连接用户面的接口（NG user plane interface，以下简称 NG-U）。

NG-C 接口连接 gNB/eLTE eNB 与 5G 核心网元，其协议栈表示如图 2-3-2 所示。

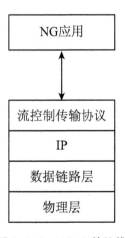

图 2-3-2　NG-C 协议栈

资料来源：3GPP.3GPP TR 38.801 V14.0.0.Study on new radio access technology：Radio access architecture and interfaces［S/OL］.［2020-03-28］.https：//www.3gpp.org /ftp/Specs/archive/38_series/ 38.801/38801-e00.zip.

流控制传输协议（stream control transmission protocol，以下简称 SCTP）建立在 IP 层之上，用于为应用层消息提供可靠的传输。

NG-U 是连接 gNB/eLTE eNB 与用户面网关（user planegateway，以下简称 UPGW）之间的接口。NG-U 在两者之间提供非可靠的数据传输。NG-U 能支持对每个 PDU 会话的隧道功能。NG-U 接口的协议结构如图 2-3-3 所示。

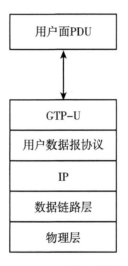

图 2-3-3　NG-U 接口的协议结构

资料来源：3GPP.3GPP TR 38.801 V14.0.0.Study on new radio access technology：Radio access architecture and interfaces［S/OL］.［2020-03-28］.https：//www.3gpp.org /ftp/Specs/archive/38_series/ 38.801/38801-e00.zip.

2.3.2.2　Xn 接口

Xn 接口是两个 5G 基站 gNB 之间，或者一个 5G 基站 gNB 与一个增强型 4G 基站 eLTE eNB 之间的接口。Xn 接口支持控制面和用户面分离以及无线网络层和传输网络层的分离。Xn 接口也包括控制面接口 Xn-C 和用户面接口 Xn-U。

对于控制面接口 Xn-C，其具有指示错误、建立 / 重建 / 移除 Xn 接口、更新 Xn 配置数据、移动性管理 UE 连接态、准备和取消切换、从新接入网中的其他节点中获取 UE 上下文数据、双连接、消除干扰、对无线参数的自适应优化等功能，其协议结构如图 2-3-4 所示。

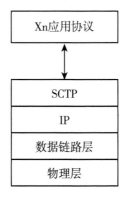

图 2-3-4　Xn-C 接口的协议结构

资料来源：3GPP.3GPP TR 38.801 V14.0.0.Study on new radio access technology：Radio access architecture and interfaces〔S/OL〕.〔2020-03-28〕.https：//www.3gpp.org/ftp/Specs/archive/38_series/ 38.801/38801-e00.zip.

Xn-U 的传输层是基于 IP 进行数据传输的，其协议结构如图 2-3-5 所示。

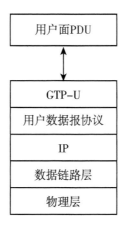

图 2-3-5　Xn-U 接口的协议结构

资料来源：3GPP.3GPP TR 38.801 V14.0.0.Study on new radio access technology：Radio access architecture and interfaces〔S/OL〕.〔2020-03-28〕.https：//www.3gpp.org /ftp/Specs/archive/38_series/ 38.801/38801-e00.zip.

2.3.3　组网形式

3GPP 对 5G 的网络部署形式提供了两种方式，独立组网（standalone，以下简称 SA）和非独立组网。独立组网是指完全新建一个网络，包括新的基站、回程链路及核心网，非独立组网是指借用现有的 4G 基础设施进行 5G 网络的部署。3GPP TR38.801[3] 中给出了两种独立组网形式：选项 2 和选项 5；以及八种非独立组网的部署形式，分为三组：选项 3/3a/3x，选项 4/4a，选项 7/7a/7x。

2.3.3.1 独立组网

对于独立组网，其组网的方式比较简单，不涉及两种不同类型基站之间的交互，只需要将 5G 基站 gNB 或者增强型 4G 基站 eLTE eNB 直接接入核心网即可。3GPP 给出了两种选项，选项 2 和选项 5。图 2-3-6 展示了选项 2 的连接方式。图 2-3-7 展示了选项 5 的接连方式。

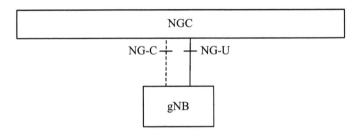

图 2-3-6　选项 2 的连接方式

资料来源：3GPP.3GPP TR 38.801 V14.0.0.Study on new radio access technology：Radio access architecture and interfaces［S/OL］.［2020-03-28］.https：//www.3gpp.org /ftp/Specs/archive/38_series/38.801/ 38801-e00.zip.

在选项 2 中，5G 基站 gNB 通过 NG 接口连接到 5G 核心网中。

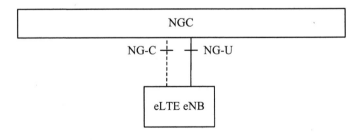

图 2-3-7　选项 5 的连接方式

资料来源：3GPP.3GPP TR 38.801 V14.0.0.Study on new radio access technology：Radio access architecture and interfaces［S/OL］.［2020-03-28］.https：//www.3gpp.org /ftp/Specs/archive/38_series/38.801/ 38801-e00.zip.

在选项 5 中，增强的 4G 基站 eLTE eNB 通过 NG 接口连接到 5G 核心网中。独立组网需要运营商重新建设新的基站和核心网设备，无法利用已有的设备，因而花费较大。

2.3.3.2　非独立组网

非独立组网可以利用已有的 4G 设备，有利于节约运营商成本。3GPP 中给出了三组，共八种非独立组网的架构形式。分别为选项 3/3a/3x、选项 4/4a 和选项 7/7a/7x。本节中将详述每种选项的组网形式。

2.3.3.2.1　选项 3/3a/3x

对于选项 3/3a/3x，其共同特点是 5G 基站 gNB 需要通过 4G 基站 LTE eNB 连接到 4G 演进核心网（evolved packet core，以下简称 EPC）。在控制面上，5G 基站 gNB 与 4G 基站 LTE eNB 之间通过 Xx-C 接口进行互连互通，LTE eNB 通过 S1-MME 接口连接 LTE 接入网络的关键控制节点移动管理实体（mobility management entity，以下简称 MME），如图 2-3-8 所示。在用户面上，5G 基站 gNB 与 4G 基站 LTE eNB 之间通过 Xx-U 接口互连，gNB 和 LTE eNB 均通过 S1-U 接口连接到服务网关（serving gate way，以下简称 S-GW），如图 2-3-9 所示。

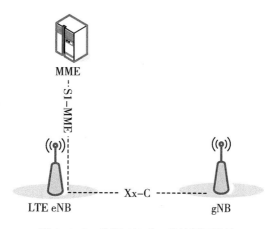

图 2-3-8　选项 3/3a/3x 的控制面连接

资料来源：3GPP.3GPP TR 38.801 V14.0.0.Study on new radio access technology：Radio access architecture and interfaces［S/OL］.［2020-03-28］.https：//www.3gpp.org /ftp/Specs/archive/38_series/ 38.801/38801-e00.zip.

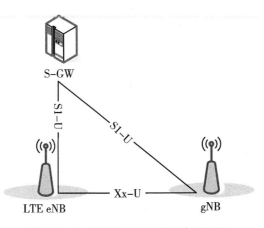

图 2-3-9　选项 3/3a/3x 的用户面连接

资料来源：3GPP.3GPP TR 38.801 V14.0.0.Study on new radio access technology：Radio access architecture and interfaces［S/OL］.［2020-03-28］.https：//www.3gpp.org /ftp/Specs/archive/38_series/38.801/38801-e00.zip.

以下对三种选项的区别进行详述。在选项 3 中，5G 基站 gNB 无论控制面还是用户面都通过 4G 基站连通。由于数据量巨大，采用这种方式需要对 4G 基站进行硬件改造，如果升级为增强型 4G 基站则成本较高，如图 2-3-10 所示。因此，3GPP 进一步给出了选项 3a。在选项 3a 中，5G 基站 gNB 的用户面（可以认为是用户的具体数据）直接连通到 4G 核心网，而控制面（可以认为是负责管理和调度的命令）则通过 4G 基站连通到 EPC，如图 2-3-11 所示。

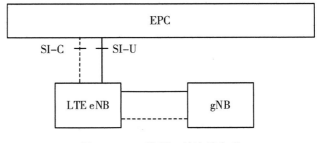

图 2-3-10　选项 3 的连接方式

资料来源：3GPP.3GPP TR 38.801 V14.0.0.Study on new radio access technology：Radio access architecture and interfaces［S/OL］.［2020-03-28］.https：//www.3gpp.org /ftp/Specs/archive/38_series/38.801/38801-e00.zip.

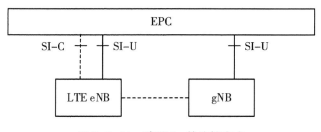

图 2-3-11 选项 3a 的连接方式

资料来源：3GPP.3GPP TR 38.801 V14.0.0.Study on new radio access technology：Radio access architecture and interfaces［S/OL］.［2020-03-28］.https：//www.3gpp.org /ftp/Specs/archive/38_series/ 38.801/38801-e00.zip.

对于选项 3x，5G 基站的控制面通过 4G 基站连通到 EPC，而用户面数据则一分为二,一部分直接连通到 EPC，另一部分则通过 4G 基站连通到 EPC。通常来说，如果用户面数据会对 4G 基站造成性能瓶颈，则会将它们迁移到 5G 基站，如图 2-3-12 所示。

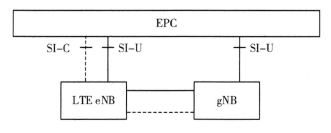

图 2-3-12 选项 3x 的连接方式

资料来源：3GPP.3GPP TR 38.801 V14.0.0.Study on new radio access technology：Radio access architecture and interfaces［S/OL］.［2020-03-28］.https：//www.3gpp.org /ftp/Specs/archive/38_series/ 38.801/38801-e00.zip.

选项 3/3a/3x 组网方式能够利用 4G 基站的设备，部署方便，节约成本，因而很受运营商的欢迎。

2.3.3.2.2 选项 4/4a

对于选项 4/4a，其共同特点在于 4G 基站和 5G 基站将会共用 NGC。在这一组选项中，主站从 LTE eNB 变成了 gNB。由于所连接的是 NGC，4G 基站需要升级为增强型 4G 基站 eLTE eNB。eLTE eNB 将通过 gNB 连接到 NGC 中。

在选项 4/4a 中，gNB 和 eLTE eNB 之间通过 Xn 接口互通，在控制面和用户面上分别为 Xn-C 接口和 Xn-U 接口。在控制面上，gNB 通过 NG-C 连接到 NGC 控制面节点（control plane node，以下简称 CP node）。在用户面上，gNB 和 eLTE eNB 均通过 NG-U 接口连接 NGC 网关（NGC gateway，以下简称 NGC GW），如图 2-3-13、图 2-3-14 所示。

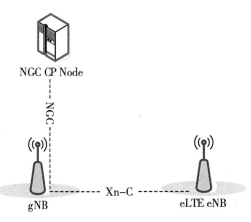

图 2-3-13　选项 4/4a 的控制面连接

资料来源：3GPP.3GPP TR 38.801 V14.0.0.Study on new radio access technology：Radio access architecture and interfaces［S/OL］.［2020-03-28］.https：//www.3gpp.org /ftp/Specs/archive/38_series/ 38.801/38801-e00.zip.

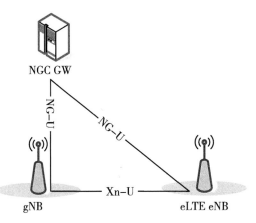

图 2-3-14　选项 4/4a 的用户面连接

资料来源：3GPP.3GPP TR 38.801 V14.0.0.Study on new radio access technology：Radio access architecture and interfaces［S/OL］.［2020-03-28］.https：//www.3gpp.org /ftp/Specs/archive/38_series/ 38.801/38801-e00.zip.

在选项 4 中，4G 基站 eLTE eNB 的用户面和控制面都通过 5G 基站 gNB 连接到 5G 核心网，而在选项 4a 中，4G 基站的用户面直接连接到 NGC，如图 2-3-15、图 2-3-16 所示。

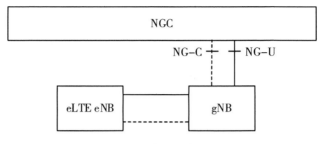

图 2-3-15　选项 4 的连接方式

资料来源：3GPP.3GPP TR 38.801 V14.0.0.Study on new radio access technology：Radio access architecture and interfaces ［S/OL］.［2020-03-28］.https：//www.3gpp.org /ftp/Specs/archive/38_series/ 38.801/38801-e00.zip.

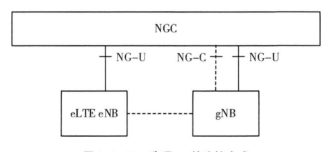

图 2-3-16　选项 4a 的连接方式

资料来源：3GPP.3GPP TR 38.801 V14.0.0.Study on new radio access technology：Radio access architecture and interfaces ［S/OL］.［2020-03-28］.https：//www.3gpp.org /ftp/Specs/archive/38_series/ 38.801/38801-e00.zip.

2.3.3.2.3　选项 7/7a/7x

在选项 7/7a/7x 中，增强 4G 基站与 5G 基站之间也是通过 Xn 接口进行信息的互通，在控制面和用户面分别为 Xn-C 接口和 Xn-U 接口。基站与 NGC 之间则通过 NG-C 和 NG-U 实现控制面和用户面连接，如图 2-3-17、图 2-3-18 所示。

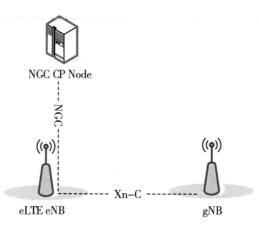

图 2-3-17　选项 7/7a/7x 的控制面连接

资料来源：3GPP.3GPP TR 38.801 V14.0.0.Study on new radio access technology：Radio access architecture and interfaces［S/OL］.［2020-03-28］.https：//www.3gpp.org /ftp/Specs/archive/38_series/ 38.801/38801-e00.zip.

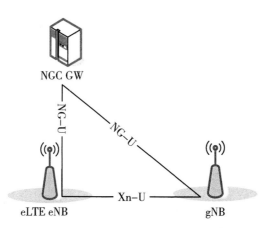

图 2-3-18　选项 7/7a/7x 的用户面连接

资料来源：3GPP.3GPP TR 38.801 V14.0.0.Study on new radio access technology：Radio access architecture and interfaces［S/OL］.［2020-03-28］.https：//www.3gpp.org /ftp/Specs/archive/38_series/ 38.801/38801-e00.zip.

对于选项 7/7a/7x，其基本连接方式与选项 3/3a/3x 类似，但需要将 EPC 替换为 NGC。由于连接的是 5G 核心网，与选项 4/4a 类似，4G 基站也需要升级到增强型基站 eLTE eNB，如图 2-3-19、图 2-3-20、图 2-3-21 所示。

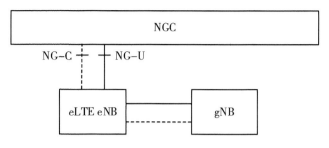

图 2-3-19　选项 7 的连接方式

资料来源：3GPP.3GPP TR 38.801 V14.0.0.Study on new radio access technology：Radio access architecture and interfaces ［S/OL］.［2020-03-28］.https：//www.3gpp.org /ftp/Specs/archive/38_series/ 38.801/38801-e00.zip.

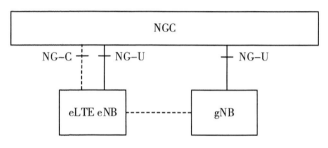

图 2-3-20　选项 7a 的连接方式

资料来源：3GPP.3GPP TR 38.801 V14.0.0.Study on new radio access technology：Radio access architecture and interfaces ［S/OL］.［2020-03-28］.https：//www.3gpp.org /ftp/Specs/archive/38_series/ 38.801/38801-e00.zip.

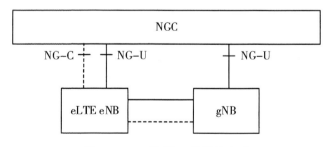

图 2-3-21　选项 7x 的连接方式

资料来源：3GPP.3GPP TR 38.801 V14.0.0.Study on new radio access technology：Radio access architecture and interfaces ［S/OL］.［2020-03-28］.https：//www.3gpp.org /ftp/Specs/archive/38_series/ 38.801/38801-e00.zip.

参考文献

［1］IMT-2020（5G）推进组 .5G 网络技术架构白皮书［R/OL］.［2020-03-21］.http：//www.imt2020.org.cn/zh/documents/1?currentPage=3&content=.

［2］3GPP.3GPP TS 23.501 V16.2.0.System Architecture for the 5G System（5GS）［S/OL］.［2020-03-28］.https：//www.3gpp.org/ftp/Specs/archive/23_series/23.501/23501-g20.zip.

［3］3GPP.3GPP TR 38.801 V14.0.0.Study on new radio access technology：Radio access architecture and interfaces［S/OL］.［2020-03-28］.https：//www.3gpp.org/ftp/Specs/archive/38_series/38.801/38801-e00.zip.

［4］3GPP.3GPP TR 23.799 V14.0.0.Study on Architecture for Next Generation System［S/OL］.［2020-03-28］.https：//www.3gpp.org/ftp/Specs/archive/23_series/23.799/23799-e00.zip.

［5］3GPP.3GPP TS38.401 V15.6.0.NG-RAN.Architecture description［S/OL］.［2020-03-28］.https：//www.3gpp.org/ftp/Specs/archive/38_series/38.401/38401-f60.zip.

第 3 章　5G 核心网关键技术

3.1　SDN 和 NFV

3.1.1　SDN 基本原理

3.1.1.1　SDN 架构

在传统的网络架构中,交换机和路由器都工作在预先定义好的协议下,这些协议高达数千种。在这种情况下,即使只需要在一个网元上增加一种新的协议,也需要网络中的所有其他网元都作出相应的结构变更。这意味着,如果需要在网络中增加一种新的协议,可能需要数年时间,才能最终完成从标准化到实际部署的过程。在 21 世纪初,随着互联网的快速发展,网络所承载的流量日益增加,这对网络的可靠性、可预测性和性能都提出了更高的要求,也促使网络运营商们希望获得更高级、更方便的网络管理功能,例如,用于控制输送流量路径的更好方法(俗称流量工程)。使用常规路由协议进行流量工程还是很初级的,显然不能满足这一需求。对此,研究人员开始研究更灵活的网络结构。SDN 就是在这种背景下应运而生的。

在了解软件定义网络之前,我们需要明确一些基本概念。我们将网络分为两个部分:控制平面和数据平面。控制平面是指决定转发方式的元素,这包括路由协议、选择路由的策略以及网络设备上运行这些协议的软硬件资源等,他们决定了数据转发的各种策略,例如,将数据转发到哪条路径上,以及是否要启用多条路径转发同一个数据流等策略。数据平面则是指控制平面所控制的转发对象,数据平面包括数据封装 / 解封装技术、网络协议的高速转发芯片等。[1]

开放网络基金会(Open Network Foundation,以下简称 ONF)是 SDN 领域最重要的标准组织,下面我们就以 ONF 所定义的标准来了解 SDN 的定义。

ONF 在 2016 年发布的文献里面对 SDN 的概念进行了定义，它认为 SDN 是满足下面四点原则的一种网络架构：[2]

（1）控制和转发分离原则。这个原则是指 SDN 网络将控制功能与数据的转发处理功能分开，两者以互相独立的形式进行部署。控制与转发分离可以带来许多好处，例如，可以将控制功能集中化从而实现更高效的控制，另外还能够对平台技术和软件生命周期的进行分开优化。该架构的核心在于设置了 SDN 控制器，由 SDN 控制器实现控制和转发的分离。SDN 实体负责对资源组的集合进行管理控制。资源组集合由于大多都直接或间接地与处理客户业务相关，因而被认为是数据平面。

（2）逻辑上的集中化控制原则。这个原则是指将数据处理从控制中分离出来是进行集中控制的前提条件。集中控制原则能够让资源的利用更加高效。集中的 SDN 控制器能够系统协调多个实体的资源，这与单个实体相比能更好地满足客户的需求。同时，控制器也可以对网络资源细节进行抽象，从而简化客户对网络的操作。"逻辑上"表示控制功能无论是否实现分布式的形式，其外在仍然表现为一个整体来进行操作。

（3）网络业务可编程原则。这个原则允许客户与 SDN 控制器在服务建立前通过发现过程或协商过程来交换信息，也可以在业务的生命周期中根据客户需求的改变或客户虚拟资源状态的变化来实现信息交换。其优势使得网络业务的定制方式灵活敏捷。SDN 能够灵活地使用现有的资源，也可以创建新资源来满足客户的业务需求。客户则可以根据自己的需求进行业务协商、启动业务、改变业务、撤销业务等。

（4）开放的接口原则。这个原则是为了鼓励竞争，需要服务提供者定义好功能和接口，并且将接口指定为公开的和对某个团体开放。开放接口在向用户提供合适特性的同时，网络所有者能够自行决定和比较各种功能与接口的优劣。开放接口概念是一个推荐性的概念，并不是 SDN 架构所必需的。这个原则主要是对网络领域通用和公共的功能接口进行标准化。这个原则并不反对厂商在满足公共接口标准和兼容性的前提下进行功能扩展。

SDN 网络由一组网络实体组成，这些实体本质上是平等的，既可以作为 SDN 控制器使用，也可以作为客户端来使用。当作为 SDN 控制器时，其职责是向客户端提供服务，而当作为 SDN 客户端时，则可以向服务器请求服务。

如图 3-1-1 所示，SDN 核心架构的主要组成部分为 SDN 控制器和资源，分别对应控制平面和数据平面。在北向上，SDN 控制器通过应用控制面接口 A-CPIs（application-controller plane interfaces）向客户提供服务和资源，这个接口也被称为北向接口 NBI（north bound interface）。接口的映射功能让 SDN 控制器能够向 SDN 实体提供服务。在南向上，底层组织和资源能够被 SDN 控制和调用。SDN 控制器能够对资源组进行管理控制，并通过数据控制面接口 D-CPI（data-controller plane interface）获取底层服务和资源。

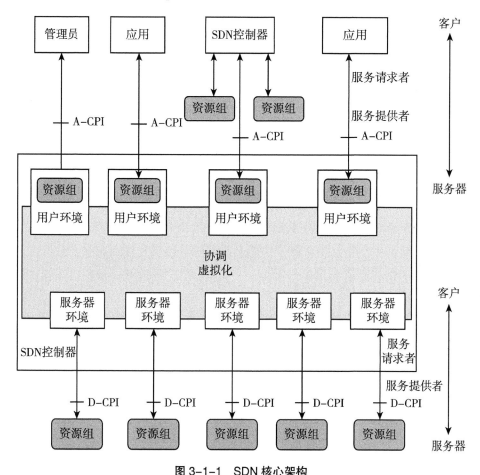

图 3-1-1　SDN 核心架构

资料来源：Open Networking Foundation.SDN Architecture Issue1.1［S/OL］.［2020-03-28］.https：// www.opennetworking.org/wp-content/uploads/2014/10/TR-521_SDN_Architecture_issue_1.1.pdf.

由同一个 SDN 控制器管理的资源组称为 SDN 控制域，SDN 控制域中也包括 SDN 控制器本身。控制器内部创建服务器环境，用来管理网络资源。可以将服务器环境理解为控制器针对网络资源的适配器或者驱动。而客户环境则是控制器内部创建的用来维持同客户进行管理和控制互动的信息环境。

SDN 控制器作为整个架构的核心，负责整体的协调和虚拟化。协调指的是选择网络资源满足客户需求，并根据用户的变化或者网络的变化而持续优化网络资源的过程。虚拟化则指的是把资源抽象后分配给用户的过程，客户只会看到属于自己的抽象后的资源。SDN 控制器是连接客户和资源的中间桥梁，一方面接受客户的请求，另一方面协调和调用底层的资源组来提供能够满足这些请求的服务。控制器的核心功能是在面对不断变化的资源环境、用户需求以及优化策略的情况下，对各种资源进行整合、优化和选择，以便满足客户的需求。在这种情况下，SDN 控制器会面临很多挑战。可以说 SDN 控制器是一切功能得以实现的根本。由于它的协同和虚拟化，各种资源能够以合适的方式被提供给用户使用。SDN 控制器的协调算法需要包括以下功能：

（1）为每个用户定制安全策略，按照每个用户的定制策略对用户请求进行验证，拒绝不符合策略的请求。

（2）根据控制器的策略配置资源和底层服务以满足用户服务需求，配置每个用户的定制策略和服务等级协议，包括：①配置数据面实体以加强策略本身；②为动态共享创建和配置数据面机制；③配置封装、地址转换或其他保证用户业务互相分离的方法；④如果用户和提供者策略允许，包括请求对资源的实例化、调整、迁移和删除；⑤根据提供者策略的规定或用户服务等级协议的规定或暗示定义配置和操作网络支持功能，例如，保护交换引擎、连接错误管理、扩展树协议、性能监控。这些操作可能从一个 SDN 控制器到另一个 SDN 控制器依次唤醒直到到达真正的业务处理引擎。

（3）与邻居域协调服务请求和服务变化。

（4）从客户环境的角度发布客户感兴趣的内容的通知给客户订购者，发布全局感兴趣的内容给全局订购者。

资源是为客户提供服务的基础。资源指的是任何可以交付网络业务的资源，包括物理网络资源（拓扑、链路和端口）和逻辑资源（标签等），也可以是虚拟化网络资源。资源在接口上被建模为信息模型中的一个管理对象类的实例。资源可以被继续划分为更小的资源，也可以与其他资源合并为更大的资源。可以通过定义底层信息模型，或通过管理控制配置，或实时的协调虚拟化来进行资源的划分和合并。这里包括资源切片。大部分资源都与业务相关，但也包括一些支撑性的资源。网络资源按照一定的技术或者管理边界组合成集合，例如，IP 网络的 IGP 自治域、光网络等，不同的网络资源同控制器之间可以用不同的协议进行控制和管理。SDN 服务是建立在资源的集合上的，其功能和接口被配置给各种需求。

用户可以通过不同的视角来看待资源，换句话说，视角可以让资源被限定为只提供给某个用户。视角可以通过用户能够识别的标识符或概念来表示。底层资源通过虚拟化可以将同一资源通过不同的视角呈现给不同的用户。

3.1.1.2 SDN 中的角色

为了更好地为客户服务，包括减少服务传输的成本，SDN 架构还为客户提供了不同权限的角色，包括管理员、服务请求者和提供者以及资源用户。

3.1.1.2.1 管理员角色

由于 SDN 控制器是 SDN 架构的核心，我们就在 SDN 控制器这一环境下来描述管理员角色的功能。管理员角色比普通用户具有更高的视野和权利。一般来说，管理员是一个组织中的可信任的人，他能够操控 SDN 控制器。管理员的职责包括创建新环境以便提供服务，他还需要修改环境、监控环境并且提供环境本身所具有的能力之外的控制。

管理员负责创建 SDN 控制器和客户端环境，并对控制器和客户端进行配置和资源的分配。在客户端的生存周期中，管理员还可以修改其配置，并在其终止时进行配置的删除。由于 SDN 控制器负责持续的优化对资源的控制，管理员还可以创建和修改优化策略。管理员的具体角色如图 3-1-2 所示。

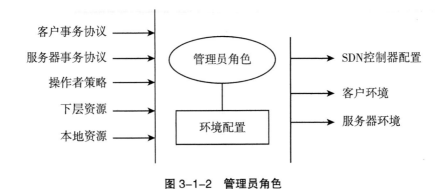

图 3-1-2　管理员角色

资料来源：Open Networking Foundation.SDN Architecture Issue1.1［S/OL］.［2020–03–28］.https：// www.opennetworking.org/wp–content/uploads/2014/10/TR–521_SDN_Architecture_issue_1.1.pdf.

3.1.1.2.2　用户和提供者角色

用户和服务消费者通过向 SDN 控制器请求服务来满足自身的需求，并且调用相应的资源来达到他们的数据传输和数据处理的目的，如图 3-1-3 所示。服务提供者角色使用资源来提供服务。服务请求者代表客户的管理控制域来设置所需的服务，客户也可以向提供者订购通知。服务请求者可以同时唤醒和管理控制多个服务。当服务请求者代表客户进行服务设置时，资源用户角色代表用户使用相关资源来满足其服务需求。通常来说，这是通过数据面的交换来实现的。提供者提供的服务受限于可用资源的特性和功能以及服务器和用户之间的协定。

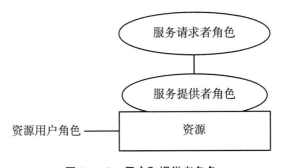

图 3-1-3　用户和提供者角色

资料来源：Open Networking Foundation.SDN Architecture Issue1.1［S/OL］.［2020–03 –28］.https：// www.opennetworking.org/wp–content/uploads/2014/10/TR–521_SDN_Architecture_issue_1.1.pdf.

3.1.1.3　SDN 技术的发展历程

SDN 这种控制平面和数据平面相分离的思想并不是一个从天而降的概念，其事实上由来已久。尼克·费斯特（Nick Feamster）等在其论文《SDN之路：可编程网络的智慧历史》[1] 将可编程网络的演进历史分为三个阶段，包括：①主动网络（从 20 世纪 90 年代中期到 21 世纪初），其将可编程引入网络，进而促使了更大的创新；②控制平面和数据平面分离（2001~2007年），其开发了控制平面和数据平面之间的开放接口；③开放流（以下称OpenFlow）API 和网络操作系统（2007~2010 年），其代表了第一个被广泛接受的开放接口，并且提供了针对控制平面和数据平面相分离所导致的扩展性和可行性问题的解决方案。

在 SDN 的第一个广受欢迎的实例 OpenFlow 出现之前，它经过了一系列的演进阶段。

第一阶段：主动网络。主动网络起源于 20 世纪 90 年代中期，当时的主流方法是通过 IP 或异步传输模式来提供互联网服务，而主动网络的研究项目则希望探索另一条路。主动网络的目的是追求开放的网络控制，原理类似于对一台计算机进行重新编程。具体来说，传统网络是不可编程的，而主动网络则希望使用一个编程接口（或网络 API）来暴露各个网络节点的资源（例如，处理、存储和数据包队列），并支持构建适用于某个数据包子集的定制功能。主动网络追求两种编程模型：胶囊模型和可编程路由器 / 交换机模型。其中胶囊模型与主动网络的联系最为紧密。

主动网络为 SDN 带来了以下三个知识贡献：

（1）网络可编程以降低创新门槛。主动网络首次引入了可编程网络的概念，它降低了创新的门槛，使得网络服务的创新变得更加简便。许多早期的SDN 侧重于控制平面的可编程性，而主动网络更侧重于数据平面的可编程性。这就是说，数据平面可编程性与控制平面的相关工作并行发展。

（2）网络虚拟化，基于报文包头的软件程序的多路分解能力。主动网络产生出一种结构框架，包括一个用于管理共享资源的节点操作系统；一套定义了用于操作包头的虚拟机的执行环境；一组在指定的 EE 中提供端到端服务的主动应用程序。将数据分发到指定 EE 依赖于包头域的快速匹配。将数据包分路到不同的虚拟执行环境的方法，也被应用到实现数据平面虚拟化的可编程硬件的设计当中。

（3）中间盒业务的统一架构设想。主动网络的早期研究中提到中间盒的增生问题。所谓中间盒包括防火墙、代理服务器和编码转换器，这其中的每一个都必须单独部署并使用一个独特的编程模型。主动网络希望提供一个利用统一接口来控制这些中间盒的愿景，从而最终可以替换传统的专用和一次性的管理方法。

第二阶段：分离控制和数据平面的阶段。这一阶段出现在 21 世纪初期。随着互联网的蓬勃发展，主干网的链路速度快速增加，导致设备供应商直接在硬件上实现数据包转发，从而将数据平面从控制平面软件区分开来。此外，商用计算平台的迅速进步意味着服务器的内存和处理能力都高于一两年前部署的路由器的控制平面处理器。这些趋势促进了两个创新：①控制平面和数据平面之间的开放接口，如由 IETF 标准化的转发控制分离器（forwarding and control element separation，以下简称 ForCES）接口和 Linux[①] 内核级数据包转发的网络连接接口。这些接口使得控制平面和数据平面之间的分离成为可能。②逻辑上的网络集中控制，例如，路由控制平台（route control plane，以下简称 RCP）、软路由器架构以及在 IETF 协议中的路径计算单元。

这一阶段产生了早期的分离数据平面和控制平面的设想。它将控制功能从网络设备中分离出来，转移到独立服务器上。加上服务器技术的进步，使得对于一个大型 ISP 网络来说，一台商用服务器即可以存储所有的路由状态并满足所有的路径计算要求。在此基础上，分隔网络控制平面和数据平面的工作也产生了一些新概念，这些概念被后续的 SDN 设计所沿用：①逻辑上集中的控制平面通过开放接口控制数据平面。控制平面与数据平面之间的信息传输需要独立的标准接口，为此，IETF 的 ForCES 研究组提出了一种标准的数据平面的开放接口。它允许独立的控制器在数据平台安装转发表，从而完全移除了路由器的控制功能。然而，ForCES 的方案由于未被主流路由器厂商采纳，从而限制了其增量部署。RCP 利用现有的标准控制平面协议（边界网关协议），在传统路由器中安装转发表，从而可以实现即时部署。②分布式状态管理。对于集中式控制器来说，为了保证服务不中断，必须要进行冗余备份以应对服务器可能产生的故障。然而，这些复制的副本又会导致潜在的

---

① 一种免费使用和自由传播的类 UNIX 操作系统。

不一致状态。逻辑上的集中控制器面临着分布式状态管理的挑战。一个逻辑上的集中控制器必须被复制以应对控制器故障，但复制又导致副本产生了潜在的不一致状态。若干年后，分布式 SDN 控制器同样面临建设分布式控制器的挑战。分布式 SDN 控制器需要支持任意类型的控制程序，因此需要更先进的分布式状态管理的解决方案。[2]

3.1.1.4 OpenFlow

OpenFlow 是 SDN 的第一个广受欢迎的实例。在 OpenFlow 出现之前，SDN 的基础概念面临在完全可编程网络的愿景和真实部署的实用主义之间的矛盾。OpenFlow 的出现在两者之间找到了平衡。OpenFlow 在已有的交换硬件上扩展除了路由控制之外的其他功能，这种方式虽然会限制灵活性，但却使 OpenFlow 实用性得到了提高，从而加快了 SDN 的技术发展。在 OpenFlow 应用程序接口提出后不久，类似 NOX[①] 等控制器平台立即被开发出来，有力促进了很多控制应用的出现。OpenFlow 的成功可以归功于在设备提供商、芯片设计者、网络操作者和网络研究人员之间生态环境的一场完美的风暴。在 OpenFlow 出现之前，博通公司等交换芯片提供商已经开始向程序员开放 API 以控制特定的转发行为。开放的芯片组给一直希望获得更多网络设备控制能力的工业界提供了必要的推动力。此外，这些芯片组的出现也使得更多的公司可以在不需要自己设计和生产数据平面硬件的前提下构建自己的交换机。

最初的 OpenFlow 协议在交换机已经支持的技术之上，将数据平面模型和控制平面的应用程序接口进行了标准化。因为网络交换机已经支持细粒度的访问控制和流监控，所以在这些交换机上支持 OpenFlow 的一些基本功能就像对交换机进行固件升级一样容易，也就是说，为了兼容 OpenFlow，提供商并不需要升级硬件。[1]

OpenFlow 协议由 ONF 维护和发展。最新版本的 OpenFlow 协议发布于 2014 年 10 月。[3]协议中定义了 OpenFlow 逻辑交换机的结构。

一个 OpenFlow 交换机包含一个或多个流表和一个组表，用于进行包的查询和转发，以及一个或多个连接外部控制器的 OpenFlow 通道。交换机与

---

① NOX 是斯坦福大学在 2008 年提出的第一款 OpenFlow 控制器。

控制器实现通信，控制器通过 OpenFlow 交换机协议管理交换机，如图 3-1-4 所示。使用 OpenFlow 交换机协议，控制器可以增加、更新和删除流表中的条目。每个流表包含一组条目、每个条目包括匹配域、计数器和一组应用于所匹配包的操作，如图 3-1-5 所示。

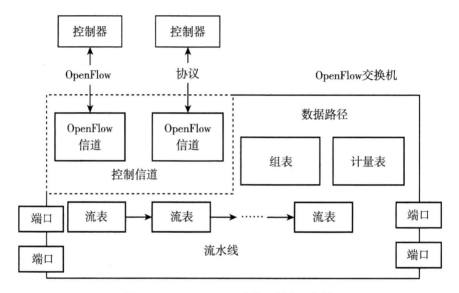

图 3-1-4   OpenFlow 交换机的主要部件

资料来源：Open Networking Foundation.OpenFlow switch specification version 1.5.0［S/OL］.［2020-03-28］.https：//www.opennetworking.org/wp-content/uploads/2014/10/openflow-switch-v1.5.0.pdf.

匹配域	优先级	计数器	操作	超时	Cookie	标识

图 3-1-5   流表中的条目

注：匹配域，即用于匹配的数据包，包括输入端口和数据包头以及可选的其他管道字段，例如，由上一个表指定的元数据。

优先级：匹配流条目的优先级。

计数器：当数据包匹配时更新。

操作：修改操作集或管道处理。

超时：交换机使流量过期前的最长时间或空闲时间。

Cookie：控制器选择的不透明数据值，是储存在用户本地终端上的数据。可用于控制器过滤受流量统计、流量修改和流量删除请求影响的流量条目。处理数据包时不使用。

标识：标识改变流条目的管理方式。

条目按照优先级顺序匹配数据包，使用每个表中的第一个匹配条目。如果找到匹配条目，则执行与该条目相关的操作指令。如果在流表中找不到匹配项，则结果取决于未命中表项的配置：例如，数据包可以通过 OpenFlow 通道转发给控制器、丢弃或继续发送到下一个流表。每个流表项的相关操作包括动作或对管道处理操作的修改。动作包括转发、包修改和组表处理，流水线处理操作让包发送到后续表进一步处理，并允许以元数据形式的信息在表之间进行通信。当匹配的流表项的操作集中没有指定下一个表时，表的管道操作停止，此时数据包通常被修改和转发。

OpenFlow 兼容的交换机有两种类型：仅支持 OpenFlow 和混合 OpenFlow。仅支持 OpenFlow 交换机只支持 OpenFlow 操作，在这些交换机中，所有数据包都由 OpenFlow 管道处理，否则无法进行处理。OpenFlow 混合交换机既支持 OpenFlow 操作，也支持普通的以太网交换操作，即传统的二级以太网交换、VLAN 隔离、三级路由（IPv4 路由、IPv6 路由等）、访问控制列表和服务质量处理。这些交换机应在 OpenFlow 之外提供一种分类机制，将业务路由到 OpenFlow 管道或普通管道。例如，交换机可以使用数据包的 VLAN 标记或输入端口来决定是使用一个管道还是另一个管道来处理数据包，或者它可以将所有数据包定向到 OpenFlow 管道。OpenFlow 混合交换机还可以允许数据包通过正常和洪泛保留端口从 OpenFlow 管道传输到正常管道。

每个 OpenFlow 交换机的 OpenFlow 管道包含一个或多个流表，每个流表包含多个表项。OpenFlow 管道处理确定了数据包如何与这些流表交互。OpenFlow 交换机至少需要一个入口流表，也可以选择有更多的流表。只有一个流表的 OpenFlow 交换机是有效的，在这种情况下，管道处理大大简化了。

OpenFlow 交换机的流表是按顺序编号的，从 0 开始。管道处理分两个阶段进行，即入口处理和出口处理。第一个出口表显示了两个阶段的分离，所有数字低于第一个出口表的表必须用作入口表，数字高于或等于第一个出口表的表不能用作入口表。

管道处理总是从第一个流量表的入口处理开始，数据包必须首先与流表 0 的项匹配。根据第一张表中匹配的结果，可以使用其他入口流量表。如果入口处理的结果是将数据包转发到输出端口，则 OpenFlow 交换机可以在该输出端口的上下文中执行出口处理。出口处理是可选的，一个交换机可能不支持任何出口表，或者可能没有配置使用出口表。如果没有有效的出口表被配置为第一个出口表，则必须通过输出端口处理数据包，在大多数情况下，数据包从交换机中转发出去。如果有效出口表被配置为第一出口表，则数据包必须与该出口表的流量条目匹配，并且根据该出口表匹配的结果，可以使用其他出口流量表。流条目只能将数据包定向到大于其自身流表编号的流表编号，换句话说，管道处理只能前进而不能后退。如果匹配流条目没有将数据包定向到另一个流表，则管道处理的当前阶段将在此表中停止，该数据包将使用其关联的操作集进行处理，并且通常是转发的。

如果一个包与流表中的条目不匹配，则是一个未命中表项。未命中表项的行为取决于表的配置。流表中的未命中条目中包含的指令可以灵活地指定如何处理不匹配的数据包，可用的选项包括丢弃数据包、将其传递到另一个表或通过数据包消息通过控制通道将其发送给控制器。在少数情况下，如果一个数据包没有被流入口完全处理，而管道处理也没有处理数据包的操作集或将其定向到另一个表的情况下，处理流程将停止。如果没有未命中条目，则丢掉数据包。如果发现一个无效的生存时间（time to live，以下简称 TTL），数据包可以发送到控制器。

3.1.2 NFV 基本原理

3.1.2.1 NFV 架构

NFV 是一种设计、部署和管理网络服务的替代方法。它将原来由硬件实现的网络功能虚拟为软件实现。在现代电信网络中包含越来越多的专用硬件，每推出一个新的硬件就需要进行重新配置网络、现场安装、训练维护人员等一系列工作。然而，技术的发展使得硬件设备的更新往往跟不上技术的革新。网络功能的创新需要更大的灵活性和活力。只具有单一功能的硬件网络维护烦琐，发展缓慢，也阻止了服务提供商提供对业务服务的创新和改进。虚拟化的网络功能允许供应商对网络进行动态、灵活的配置，能够满足日益变化的网络功能需求。

SDN 和 NFV 是互补的，两者互相协作，从而能够实现一个能快速、自动满足业务和服务需求的动态可配置的网络。前者将控制与转发平面分开，提供网络的集中视图，使得网络能够动态控制网络，并让网络成为提供服务的手段，后者则提供了管理和协调虚拟资源的能力，以便为上层网络提供网络功能的服务，NFV 主要侧重于优化网络服务本身。NFV 提供了一种 SDN 的补充方法。他们依赖不同的方法来管理网络。

NFV 的发展初衷是服务提供商们希望加快新网络服务的部署从而推动其收入的增长。他们发现，如果所有服务更新都基于硬件的升级，将会限制他们实现这些目标。在此基础上，他们希望寻找一种标准化的 IT 虚拟化技术，加速服务创新和资源调配。有鉴于此，几家供应商联合起来，ETSI 创建了 NFV 小组。该小组成立于 2012 年 11 月，由七家世界顶级电信网络运营商联合创立，希望定义和发展 NFV 技术。下面以 ETSI 中发布的 NFV 框架为基础介绍 NFV 的基本原理。

虚拟网络功能（virtualized network function，以下简称 VNF）是 NFV 架构中的基本组成部件，顾名思义，这是一种虚拟实现的网络功能。它能够在 NFV 基础设施（network functions virtualisation infrastructure，以下简称 NFVI）上运行，并由 NFV 协调器（network functions virtualisation orchestrator，以下简称 NFVO）和 VNF 管理器协调。它通过定义好的接口 SWA-1 与其他网络功能、VNF 管理器、元件管理（element management，以下简称 EM）和 NFVI 连接，并且具有定义好的功能行为。VNF 可以实现单个网络实体的功能，也可以实现多个网络实体的功能，其接口和行为由标准化组织（如 3GPP 或 IETF）定义。当实现多个网络实体功能时，它们之间的内部接口不需要公开。在这两种情况下，VNF 都将提供定义好的接口和行为。NFV 架构如图 3-1-6 所示。

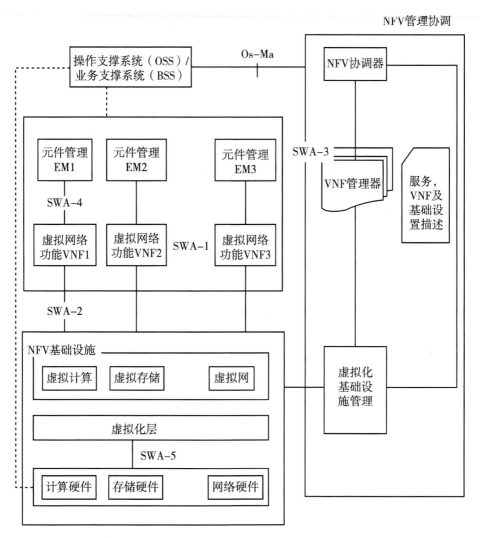

图 3-1-6　NFV 架构

资料来源：ETSI.GS NFV-SWA 001 network functions virtualisation（NFV），virtual network functions architecture V1.1.1［S/OL］.［2020-03-28］.https：//docbox.etsi.org /ISG/NFV/Open/Publications_pdf/Specs-Reports/NFV-SWA%20001v1.1.1%20-%20GS%20-%20Virtual%20Network%20Function%20 Architecture.pdf.

在设计和开发提供 VNF 的软件时，VNF 提供者可以将该软件构造成软件组件，并将这些组件打包成一个或多个映像（软件架构的部署视图）。我们将这些 VNF 提供者定义的软件组件称为 VNF 组件（virtualised network function component，以下简称VNFC）。VNF是用一个或多个VNFC实现的，并且在不丧失一般性的情况下，假设VNFC实例将1:1映射到NFVI虚拟化容器接口，如图3-1-7所示。

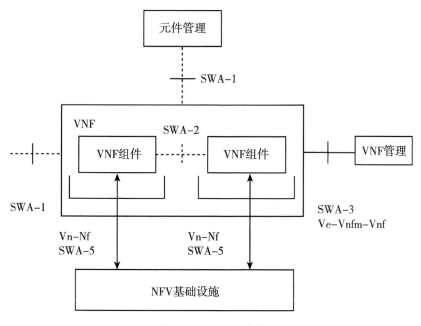

图 3-1-7　NFV 功能

资料来源：ETSI.GS NFV-SWA 001 network functions virtualisation（NFV），virtual network functions architecture V1.1.1［S/OL］.［2020-03-28］.https：//docbox.etsi.org/ISG/NFV/Open/Publications_ pdf/Specs-Reports/NFV-SWA%20001v1.1.1%20-%20GS%20-%20Virtual%20Network%20Function%20 Architecture.pdf.

注：图中Vn-Nf为VNF与NFVI之间的参考点，Ve-Vnfm-Vnf为VNF与VNF管理之间的参考点，SWA-1、SWA-2、SWA-3、SWA-4、SWA-5为相应接口名，详细描述见下节。

VNF提供者如何将一组VNFC组合成VNF取决于许多因素，例如，性能、可扩展性、可靠性、安全性和其他非功能性目标的优先级、其他VNF提供者组件的集成、操作考虑、现有代码库等。

VNFC有两个典型特征：第一，每个VNFC只隶属于一个VNF，也即不会有两个VNF提供者使用同一个VNFC构建VNF。第二，VNFC的内部功能以及VNFC之间的结构功能都不是恒定不变的，作为持续创新过程的一部分，VNFC本身的功能以及VNFC之间的接口功能都可能随着时间的推移而变化。

例如，一个 VNF 提供者可能会希望通过增强两个 VNFC 之间的接口来提高 VNF 的性能。但是这些对内部功能和接口的改变在 VNF 之外没有效果。因此，一般来说，我们不能假定 VNFC 在 VNF 提供者的软件开发环境之外具有有意义的接口和功能行为。可以说，VNFC 的接口和功能行为既不明确，也不一定稳定。

VNF 是一个抽象实体，用于定义各种软件规则和虚拟网络函数。VNF 实例则是 VNF 在运行时的实例化。作为 VNF 的组件，VNFC 实例则构成了 VNF 实例的执行组件。VNF 的实例化方式是：VNF 管理器创建一个或多个 VNFC 实例，存放在虚拟化容器中用来提供 VNF 的功能，并呈现该 VNF 提供的所有接口。

每个 VNF 都有一个对应的 VNF 描述符（virtualised network function descriptor，以下简称 VNFD）。VNFD 描述符用于描述初始部署状态的要求，包括 VNF 内部实例之间的连接，这些连接对外部实体不可见。VNFD 描述符还包括部署后的操作能力，如包含 VNFC 实例的虚拟机的迁移、向上扩展、向下扩展、向内扩展、向外扩展、网络连接更改等。VNFC 实例在 NFV 管理和协调部件的协助下改变它们之间的连接关系。NFV 的目标之一就是能够将关键网络功能作为 VNF 实例从 VNF 实例所在的基础设施中分离出来，以便在必要时扩展它们。为了正确地虚拟化这些功能，需要很好地理解、定义和协调这些功能，以便将它们适当地包含在服务业务流程中。

3.1.2.2　NFV 中的接口

NFV 框架中提供了与 VNF 相关的 5 种接口，如图 3-1-6 所示。

SWA-1：允许在相同或不同网络服务内的不同网络功能之间进行通信。它们可以表示网络功能如 VNF、物理网络功能（physical network function，以下简称 PNF）的数据和 / 或控制平面接口。SWA-1 接口位于两个 VNF、一个 VNF 和一个 PNF 之间，或者在一个 VNF 和一个端点之间。VNF 可以支持多个 SWA-1 接口。

网络运营商或服务提供商组成网络服务。为了组成一个可行的网络服务，网络运营商或服务提供商要求给定 VNF 的 VNFD 提供有关该 VNF 支持的 SWA-1 的足够信息，以确定与众不同的 VNF 提供商获得的不同 VNF 的兼容性。SWA-1 接口是主要利用 SWA-5 接口上可用的网络连接服务的逻辑接口。

SWA-2：SWA-2 接口是指 VNF 内部接口，即 VNFC 到 VNFC 的通信。这些接口由 VNF 提供者定义，因此是特定于供应商的。这些接口通常将性能（例如容量、延迟等）要求放在底层虚拟化基础设施上，但从 VNF 用户的角度看是看不到的。除了向 NFV 管理协调功能和 NFV 基础设施提供要求外，此接口的详细信息不由 ESTI 所提供的 NFV 通用协议定义。

SWA-3：将 VNF 与 NFV 管理和编排协调（特别是与 VNF 管理器）连接起来。它的角色是用于执行一个或多个 VNF 的生命周期管理（例如实例化、缩放等）的管理接口。

SWA-4：SWA-4 接口用于元件管理组件与 VNF 之间的通信。此管理接口用于 VNF 在运行过程中的管理。

SWA-5：SWA-5 对应于 VNF-NVFI 接口，这是每个 VNF 和底层 NFVI 设施之间存在的一组接口。存在不同类型的 VNF，以及 VNF 的集合，例如，VNF 转发图和 VNF 集合。这些不同的 VNF 都依赖于 SWA-5 接口上提供的一组可能不同的 NFVI 资源（例如，用于网络、计算、存储和硬件加速的资源）。SWA-5 接口提供对分配给 VNF 的 NFVI 资源的虚拟化部分的访问，即对分配给 VNF 的所有虚拟计算、存储和网络资源的访问。因此，SWA-5 接口描述了 VNF 的可部署实例的执行环境。

SWA-5 接口是 NFVI 和 VNF 本身之间所有子接口的抽象。每个子接口都有一组特定的用途和角色，以及连接间属性的类型，如图 3-1-8 所示。SWA-5 子接口包括通用计算功能、专用功能、存储、网络输入 / 输出和管理功能。

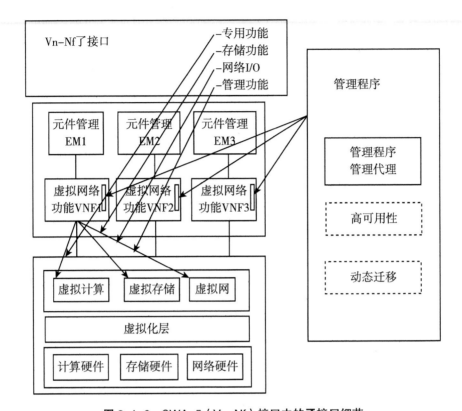

图 3-1-8　SWA-5（Vn-Nf）接口中的子接口细节

资料来源：ETSI.GS NFV-SWA 001 network functions virtualisation（NFV），virtual network functions architecture V1.1.1［S/OL］.［2020-03-28］.https：//docbox.etsi.org/ISG/NFV/Open/Publications_pdf/Specs-Reports/NFV-SWA%20001v1.1.1%20-%20GS%20-%20Virtual%20Network%20Function%20Architecture.pdf.

通用计算功能：SWA-5 子接口的通用计算功能为 NFVI 提供访问通用计算功能的接口。同时 SWA-5 子接口也具有 CPU 的相关属性。

专用功能：专用功能为 VNF 提供非通用计算功能或扩展的通用计算功能。这些功能可以从视频或语音网关卡，到专门的内存和 / 或路由应用程序。SWA-5 专用接口也具有互联属性。一般来说，接口应该有自己的身份和映射功能。

存储功能：SWA-5 的存储功能，一方面，为 NFVI 提供了一个存储接口，它可以支持任何粒度的存储操作，包括块、文件或对象存储；另一方面，它包括互连属性，可以在本地或远程提供 NFVI 中的物理存储。SWA-5 提供了存储操作，为了访问 NFVI 的存储能力，VNF 开发人员可以使用表 3-1-1 所示的公共存储操作。NFVI 提供的执行环境可以使用许多不同的设备驱动程序来实现这些操作，以掩盖技术上的差异。

表 3-1-1　SWA-5 接口的存储操作

项目	操作
存储设备	安装 / 卸载
条目	创建 / 删除
文件	打开 / 关闭 / 读 / 写

网络输入输出（input/output，以下简称 I/O）：①SWA-5 接口中的网络 I/O 功能通过网络连接服务提供 VNFC/VNF 实例。第 2 层服务基于以太网交换网络基础设施或基于 BGP 以太网 VPN（EVPN）。第 3 层服务直接基于第 3 层基础设施或第 3 层 VPN。如果 VNFC/VNF 实例使用 IP 进行通信，则可以根据需要的粒度使用第 2 层或第 3 层服务。②通常考虑使用冗余和分段的多个接口以及混合网络接口卡来提供多个端口。每个虚拟网络接口卡都有一个驱动程序以支持 OS/VNF。③互连属性。每个（可以是多个）SWA-5 网络输入 / 输出接口都具有网络接口卡级属性，需要能够单独映射到网段，也可以成对映射，以便与链路聚合组等网络功能进行冗余。

管理功能：SWA-5 接口中提供元件管理、管理程序等，用于提供相应的管理功能。

3.1.3　SDN 和 NFV 技术专利分析

数据来源：incoPat 数据库。

检索式：[TIAB=（SDN or NFV or OpenFlow）] and [IPC=（H04 or G06F）]。

3.1.3.1　全球申请分析

图 3-1-9 展示了截至 2019 年 9 月全球关于 SDN 和 NFV 的专利申请量。SDN/NFV 技术的全球专利申请量可以分为三个典型时期：2011~2013 年是上升期、2014~2016 年是峰值期、2017 年至今为下降期。

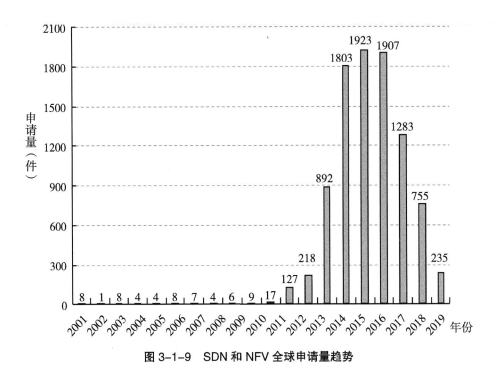

图 3-1-9　SDN 和 NFV 全球申请量趋势

随着 ONF 在 2011 年 3 月成立，以及 ETSI 中的 NFV 小组在 2013 年组建，2011 年 ~2013 年成为专利申请量的上升期，相关专利申请量开始指数级增长。2012 年申请量接近 2011 年的两倍，而到了 2013 年，年申请量更是增长为 2012 年的 4 倍。

全球申请量在 2014~2016 年达到峰值。2014~2016 年也是 SDN 和 NFV 技术发展最快的三年，ONF 在 2016 年发布了 1.1 版本的 SDN 架构协议，确定了 SDN 网络的基本架构。ETSI 在 2015~2016 年发布了第二版 NFV 标准，制定了 NFV 的基本功能规范。3GPP 则在 2015 年发布了"虚拟化网络的网络管理研究"的技术报告。可见，各大标准组织都是在 2014~2016 年确定了其关于 SDN 和 NFV 的基本技术框架，在此之后的工作都是在这个基本框架的基础上对功能的进一步丰富和对商业应用的推广。

2017 年开始，申请量呈现逐步下降的趋势，即使考虑目前还有部分申请处于未公开状态，也仍然可以看出这种下降的趋势。这种趋势说明，目前关于 SDN 和 NFV 的技术发展已经趋于成熟，各种相关技术标准也日臻完善。

目前，ONF 的主要工作已经从制定 SDN 的行业技术标准转向针对各种应用场景的参考设计的开发，ETSI 的 NFV 小组在 2017 年之后进入 Release 3，对 Release 2 中制定的框架结构进行进一步丰富。可见，无论是 SDN 还是 NFV，从 2017 年开始都是在对一个成熟的框架进行细化。这种技术发展的时间线与申请量的增长情况是一致的。

从专利技术原创国 / 地区比例来看，排名第一位的是美国，占全部数量的约 1/3，中国紧随其后，占 29.30%。可见，美国和中国是针对 SDN 和 NFV 网络研究最为关注的地区。为了争夺对下一代网络架构的技术优势，两国均针对 SDN/NFV 技术进行了大量技术储备，相应的专利申请量也远高出其他国家。第三位的 PCT 国际申请占 14.43%，第四位的日本占 8.49%。韩国、印度、欧洲等国家和地区则分享了剩余 14.18%。可见，对于 SDN/NFV 网络技术的创新较为活跃的仍然是传统的通信网络技术实力较强的国家和地区，如图 3-1-10 所示。

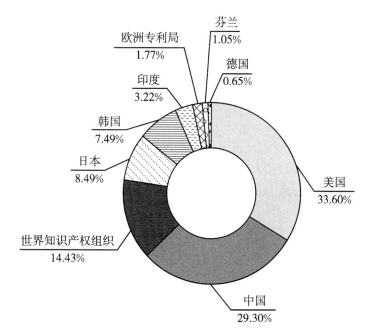

图 3-1-10　全球专利原创区域比例

从全球专利公开地来看，接近半数的专利申请选择在中国公开，在所有国家和地区中排名第一。第二位是美国，占 21.40%，超过 1/5。这表明中国和美国是 SDN 和 NFV 技术革新的主要战场。中国目前对于网络新技术的需求更为迫切，各大运营商为了节约成本也更有动力推动新技术的发展，因而吸引了更多专利在中国公开。另有 10.84% 的公开专利为 PCT 国际申请，9.58% 的为欧洲专利局公开的申请。剩余的 13.44% 则来自日本、印度等 5 个国家和地区。这些地区的网络技术更新较为迅速，对于新技术的接受度较高，因而也成为专利布局的重点领域，如图 3-1-11 所示。

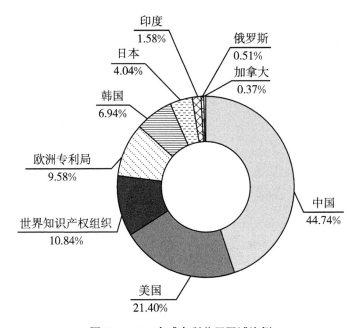

图 3-1-11 全球专利公开区域比例

由于 SDN 技术偏重于对网络结构的改进，而 NFV 则是网络功能虚拟化的实现方式，两者都聚焦于对数据网络结构的改变。从关于 SDN 和 NFV 专利申请的分类来看，绝大部分专利都专注于对数字信息的传输（专利分类号为 H04L），占全部数量的 77%，如图 3-1-12 所示。

无论是 ONF 从 2018 年开始引入供应商咨询委员会，还是 ETSI 中的由七大运营商组建的 NFV 工作小组，从中都可以看到网络服务供应商是提升网络架构灵活性的主要推动者。在这种需求下，为了得到运营商的青睐，为网络运营商提供通信设备的通信设备厂商就理所当然地成为最关注这一技术的专利申请人。从全球范围内的专利申请来看，主要申请人都集中在大型通信设备厂商。可见，为了满足运营商对于网络改进的需求，各大通信设备供应商都在积极地进行技术储备。在全部申请人中，华为技术有限公司的申请总量排名第一，达到 1552 件。第二和第三位分别是中兴通讯股份有限公司、杭州华三通信技术有限公司，两者的数量差别不大，都在 400~450 件。紧随其后的是两家传统通信设备企业，爱立信公司和 IBM 公司，分别达到 221 件和 155 件。此外排名前六位的申请人中还出现了一所中国高校——北京邮电大学。可见，不仅工业界，国内的学术界也对网络架构的技术变化非常关注，并进行了一定的专利储备。

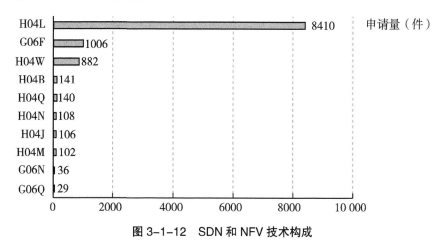

图 3-1-12　SDN 和 NFV 技术构成

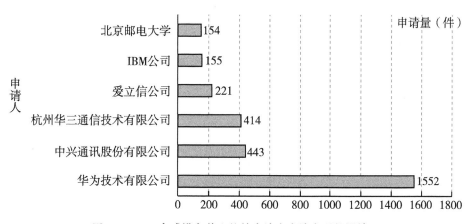

图 3-1-13　全球排名前六位的申请人申请专利数量情况

3.1.3.2　中国专利分析

作为 SDN/NFV 专利技术的主要原创国和公开地，中国申请的省市分布并不平均。如图 3-1-14 所示，汇集了多个高科技企业的广东省排名第一，达到 988 件。广东省由于聚集了为数众多的通信企业，对新的网络结构的重视度是最高的，这也体现在了申请数量上。北京由于高校和高新企业众多，也达到了 743 件。浙江排名第三，达到 565 件。江苏、上海均接近 300 件。这与各省市的经济技术水平是息息相关的。

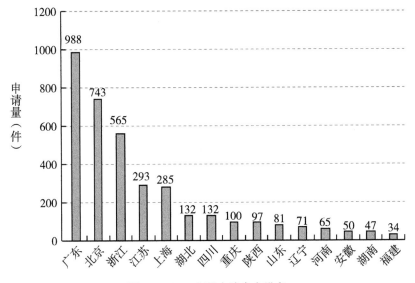

图 3-1-14　中国申请省市排名

截至 2019 年 9 月，中国专利中已有约一半的专利处于授权状态，另外 39.44% 处于实质审查期。考虑到 SDN 和 NFV 技术的申请高峰出现在 2015~2016 年，这与国家知识产权局专利局目前的审查周期是一致的。在全部案件中仅有 3.55% 处于撤回状态，2.69% 处于公开状态，2.01% 处于被驳回，1.04% 处于权利终止状态，如图 3-1-15 所示。整体来看，这一领域的授权率相对较高。这是因为 SDN 和 NFV 技术聚焦于网络结构的改变，其申请人多为大型通信设备供应商，不仅技术储备丰富，对于专利制度的理解也更加深刻，加上这一技术与传统的网络结构差异较大，技术传承并不多，多种因素的结合使得该领域的授权率高于行业平均水平。

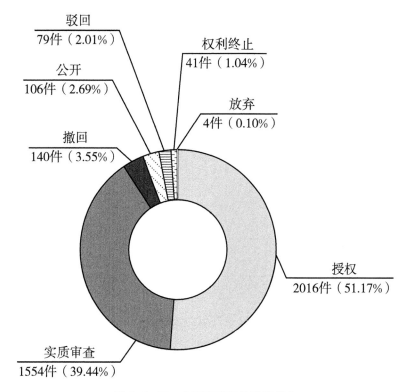

图 3-1-15 中国专利当前法律状态

3.1.3.3 重点专利分析

2012 年，各大通信公司都开始对 SDN 和 NFV 技术进行专利布局。早期的申请多集中在 OpenFlow 方向，例如 OpenFlow 中的交换机的流监控方法、OpenFlow 网络中的消息传输方法、基于 OpenFlow 的拆分结构网络、OpenFlow 网络中节省带宽的报文传输方法等。作为 SDN 最有代表性的实例，OpenFlow 是各大公司开启对 SDN 技术研究的突破口。

从 2013 年开始，各大公司的申请持续上涨，内容也更为多样。纵观全部专利申请，针对 SDN/NFV 的专利申请主要是关于以下几个方面的，如图 3-1-16 所示：①针对网络的性能优化，如转发性能优化、网络结构优化等；②安全性提升，如加密、用户认证、攻击检测；③稳定性提升，如故障的管理和排除、备份、快速恢复等；④基于 SDN/NFV 的应用，如应用于通信网络、云计算等。

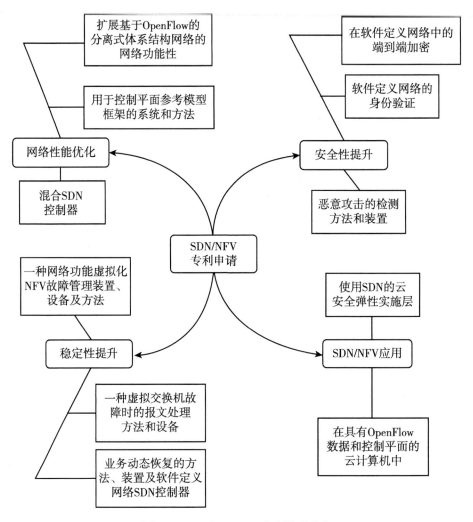

图 3-1-16 SDN/NFV 专利技术分支

下面对各种典型案例分别进行介绍。

1. 网络性能优化：对网络性能的优化包括能够增强网络功能，让网络提供更优服务的各种措施

案例 1：涉及对基于 OpenFlow 的分离式体系结构网络的网络功能的扩展，交换机通过交换机的输入端口接收来自网络的分组，并且对照流表中的表条目匹配分组中的报头字段以识别要采取的动作。OpenFlow 管道将分组经交换机中的通信信道转发到指定的处理单元，由指定的处理单元通过增强的网络

功能处理分组，并且在通过交换机的出口端口将分组传送到网络之前将分组注入回流表之一。这样使得分离式体系结构中的交换机能够提供高速分组处理和 OpenFlow 不支持的增强网络功能性方法，优化了网络的处理功能。

案例 2：涉及控制平面参考模型框架。其用于实现控制平面功能，从而在多个网络节点上配置数据平面。软件定义拓扑组件确定指示多个所选节点的数据平面逻辑拓扑和连接所选节点的逻辑架构。数据平面逻辑拓扑为最终客户或运营商的服务或虚拟网络启用流量传递。SDN 组件与软件定义拓扑组件交互并将数据平面逻辑拓扑映射到物理网络。映射包括分配网络节点（包括所选节点和网络资源），这些节点和网络资源使服务或虚拟网络能够通信并满足服务质量要求。软件定义协议组件与 SDN 交互，并为网络节点定义数据平面协议和处理功能。

案例 3：混合 SDN 控制器。提供了一种网络接口控制器。该网络接口控制器包括混合 SDN 控制器的一部分，该混合 SDN 控制器的该部分包括服务抽象层模块和南行应用编程接口，该服务抽象层模块包括物理网络的表示。

2. 安全性提升典型案例：安全性提升包括加密、对用户身份的验证以及对恶意攻击的检测等

案例 1：在 SDN 网络中实现端到端加密。具体包括在 SDN 的控制器处接收第一信息，该第一信息包括来自路径始发点的所支持的加密算法的标识。发送一组策略和一组加密算法到路径始发点。该策略确定适用于 SDN 中在 SDN 的路径始发点和路径目的地之间的路径的加密操作。

案例 2：SDN 网络的身份验证。SDN 网络的控制器设备根据基于公钥基础设施的认证协议从客户端设备接收凭证、基于所接收的凭证确定适用于客户端设备的一个或多个策略以及对 SDN 的网络设备编程以针对包括客户端设备的分组流在每个分组流的基础上强制执行所确定的策略的一个或多个处理器。

案例 3：恶意攻击的检测方法。控制器接收第一交换机发送的消息，其中包括第一交换机未查找到流表项的数据包的源主机标识和目的主机标识；控制器判断 SDN 网络中不存在所述目的主机标识指示的主机时，向第一交换机发送异常流表项；所述异常流表项中包括源主机标识；控制器接收第一交换机发送的触发次数；所述触发次数由第一交换机在异常流表项超时后发送，且所述触发次数是所述异常流表项的触发次数；控制器根据所述触发次数判断所述源主机标识指示的源主机是否存在恶意攻击。这种方法能够检测主机的恶意攻击，且能够降低控制器的数据处理量，提高控制器性能。

3. 稳定性提升典型案例：稳定性提升的方法包括对故障的快速定位、故障时的处理方式以及业务的快速恢复，保障网络在发生故障时也能够提供一定的服务，并能够快速从故障状态恢复到正常状态

案例 1：网络功能虚拟化 NFV 故障管理方法。接收 NFV 系统中的至少一个订阅节点发送的故障订阅消息，所述故障订阅消息包括订阅节点的节点标识和请求订阅的故障信息；接收所述 NFV 系统中至少一个故障发布节点发送的故障发布消息；由匹配单元将所述请求订阅的故障信息和所述故障发布消息进行匹配，生成故障通知消息；将所述故障通知消息通知对应的与所述至少一个订阅节点的节点标识关联的订阅节点。该方法可以实现节点故障信息的实时快速定位和通知。

案例 2：虚拟交换机故障时的报文处理方法。备份虚拟交换机监控主虚拟交换机的工作状态；当主虚拟交换机的工作状态为故障时，备份虚拟交换机获取报文，若所述备份虚拟交换机从所述物理服务器的数据库中获取的 SDN 控制器下发给所述主虚拟交换机的流表中，存在所述报文匹配的表项，则按照所述报文匹配的表项转发所述报文。该方法在主虚拟交换机发生故障时，可以避免虚拟机的业务发生中断。

案例 3：SDN 网络中业务动态恢复的方法。获得传输网络中业务中断的指令，确定所述业务中断所影响业务的业务列表；采用预先构建的多个业务恢复线程，并依据预先构建的多份用于业务恢复所需要的第一业务数据，对所述业务列表中的业务进行业务路径恢复计算，完成每一业务的业务路径恢复。这种业务动态恢复方法具备高效性，保证业务恢复的时间在要求范围内，达到快速恢复的目的。

4. SDN/NFV 应用典型案例：SDN 和 NFV 的网络结构能够应用于多种网络环境中

案例 1：在具有 OpenFlow 数据和控制平面的云计算机中实现第三代网络（3rd generation，以下简称 3G）分组核心。云计算系统中的控制平面设备执行多个虚拟机以实现 NFV。所述控制平面设备可操作以管理在具有分离架构

的 3G 网络的分组核心中的通用分组无线业务隧道协议的实现，其中所述 3G 网络的分组核心的控制平面在所述云计算系统中。控制平面通过控制平面协议与分组核心的数据平面通信。数据平面在 3G 网络的多个网络设备中实现。可操作控制平面设备和多个虚拟机以与云计算系统中的其他控制平面设备以及数据平面的多个网络设备通信。

案例 2：使用 SDN 的云安全弹性实施层。使用 SDN 的网络框架在云计算环境中部署了一个高效的弹性执行层，用于实现安全策略。分离式结构网络包括耦合到交换机的控制器。当控制器接收到来自源虚拟机的分组时，它从所接收的分组中提取识别在源虚拟机上运行的应用标识符。基于应用程序标识符，控制器确定中间盒类型链。控制器还基于资源的当前可用性来确定中间盒实例。然后，控制器向交换机添加一组规则，使交换机通过中间箱实例将数据包转发到目的虚拟机。

参考文献

［1］NICK FEAMSTER，JENNIFER REXFORD，ELLEN ZEGURA.The road to SDN：an intellectual history of programmable networks［C］.ACM SIGCOMM Computer Communication Review，2014，44（2）：87-98.

［2］Open Networking Foundation.SDN Architecture Issue1.1［S/OL］.［2020-03-28］.https：//www.opennetworking.org/wp-content/uploads/2014/10/TR-521_SDN_Architecture_issue_1.1.pdf.

［3］NICK MCKEOWN，TOM ANDERSON，HARI BALAKRISHNAN.OpenFlow：enabling innovation in campus networks［C］.ACM SIGCOMM Computer Communication Review，2008，38（2）：69-74.

［4］Open Networking Foundation.OpenFlow switch specification version 1.5.0［S/OL］.［2020-03-28］.https：//www.opennetworking.org/wp-content/uploads/2014/10/openflow-switch-v1.5.0.pdf.

［5］ETSI.GS NFV-SWA 001 network functions virtualisation（NFV），virtual network functions architecture V1.1.1［S/OL］.［2020-03-28］.https：//docbox.etsi.org/ISG/NFV/Open/Publications_pdf/Specs-Reports/NFV-SWA%20001v1.1.1%20-%20GS%20-%20Virtual%20Network%20Function%20Architecture.pdf.

3.2 网络切片

3.2.1 网络切片概述

3.2.1.1 网络切片定义

网络切片是指提供所需的通信服务和网络能力的一组必要的网络功能和相应的资源。网络切片通常对应于已被分配用于支持该网络上的至少一个特定服务的网络资源集。这样的网络资源可以包括基于云的通信、计算和存储资源，物理连接和通信资源，无线接入资源，例如，频率、时间、码多址资源、电信资源、存储资源和计算资源。网络切片是 5G 网络的关键特性和必选性能，它将网络 / 系统从静态的"放之四海而皆准"的样式，转化为创建了逻辑网络 / 分区的新的样式，它具有适当的隔离、资源和优化的拓扑从而能够服务于特殊的目的或不同的服务类型（例如，用例 / 业务类型），甚至独立的用户（逻辑系统按需创建）。通过使用 NFV 和 SDN 技术，能够丰富它的功能。5G 系统需要严格的延迟、可靠性和吞吐量的关键性能指标支持。网络切片允许运营商提供定制化的网络。例如，不同的功能需求（优先级、计费、策略控制、安全和移动性），不同的性能需求（延迟、移动性、可用性、可靠性和数据速率），或者服务特定用户。如图 3-2-1 所示，针对 5G 的三大场景构建不同类型的网络切片。

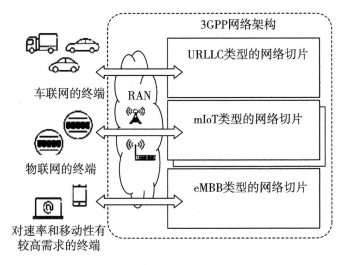

图 3-2-1　三大场景的不同网络切片

网络切片可以提供一个完整网络的功能，包括无线接入网功能，核心网功能（可能来自不同的第三方）和 IMS 功能。一个网络能够支持一个或多个网络切片。

5G 网络应该支持在同一个网络切片中提供本地用户和漫游用户之间的连接。在共享的 5G 网络配置中，每一个运营商应该能够向他们分配的网络资源提供所有的需求。5G 网络应该能够支持 IMS 作为一个网络切片的部分并独立于它。

5G 系统允许运营商创建、调整和删除网络切片。5G 系统允许用户定义和更新网络切片中支持的业务。5G 系统允许用户配置将业务与网络切片关联的信息。5G 系统允许运营商将 UE 分配给网络切片，将 UE 从一个网络切片移到另一个网络切片，基于订阅、UE 能力、UE 使用的接入技术、运营商策略和网络切片提供的业务将 UE 从网络切片移除。

5G 系统支持 VPLMN，在本地公用陆地移动网络（home public land mobile network，以下简称 HPLMN）授权时，将 UE 分配给能够提供所需业务的网络切片或者默认网络切片。5G 系统使 UE 能够同时被分配给一个运营商的多个网络切片并从中获得服务。一个网络切片的业务和服务不应对同一个网络中的其他网络切片产生影响。

3.2.1.2 网络切片管理

前面提到，5G 系统允许运营商创建、调整和删除网络切片。创建、调整和删除网络切片应当对同一个网络中的其他网络切片没有影响或者产生最小的影响。5G 系统支持网络切片的缩放，例如，适应它的容量。5G 系统允许网络运营商为网络切片定义最小容量。同一网络中其他网络切片的缩放应该对该网络切片的最小容量的可获得性没有影响。5G 系统允许运营商为网络切片定义最大容量。5G 系统允许网络运营商在多个网络切片竞争同一网络的资源时定义不同网络切片的优先级。5G 系统支持使运营商能够区分在不同网络切片中提供的策略控制、功能和性能的手段。5G 系统支持阻止未授权 UE 尝试以任何目的接入特定私有切片的网络资源，除非得到相关第三方的授权。5G 系统支持配置特定地理区域在该区域中授权 UE 能够接入网络切片。5G 系统支持限制 UE 仅接收授权切片的服务。5G 系统支持在监控 API 中提供根据普通时间基准的时间戳，用于跨多个网络切片和 5G 网络的服务。5G 系统提供合适的

API 以协调多个 5G 网络中的网络切片，使得非公共网络的选中通信业务能够通过公用陆地移动网络（public land mobile network，以下简称 PLMN）加以扩展（例如，服务被一个非公共网络切片和一个 PLMN 中的切片支持）。

网络切片的概念包括三层：①服务实例层；②网络切片实例层；③资源层。每一层都需要管理功能。

为了管理网络切片实例（network slice instance，以下简称 NSI），引入网络切片子网实例（network slice subnet instance，以下简称 NSSI）的管理概念。例如，NSI 实例化包括 RAN 和 CN 部分，这些部分被定义和实例化为两个 NSSI：RAN 中的 NSSI1 和 CN 中的 NSSI3。通过组合 NSSI1 和 NSSI3 实现目标 NSI 的实例化。通过组合 NSSI3 和其他 RAN NSSI 可以实现其他 NSI 的实例化。

网络切片能够提供哪些服务？根据内容提供商的需求或者网络运营商的策略，网络运营商能够使用网络切片提供需要的网络服务。只有网络运营商知道各个网络切片的存在，而内容提供商和它们的用户并不会感知到网络切片的存在。网络切片还能够作为一项服务被通信服务运营商（communication service provider，以下简称 CSP）提供给他的用户，以便后者在网络切片服务上向他的用户提供服务。这样的网络切片业务应该被以下的指标定义：无线接入技术、带宽、端到端时延、QoS 保证 / 非保证 / 安全级别等。

使用网络切片实例的服务如图 3-2-2 所示。

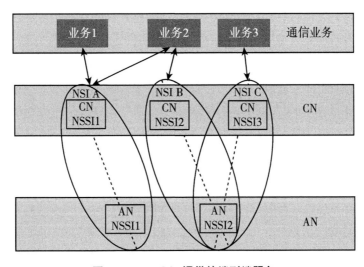

图 3-2-2　NSSI 提供的端到端服务

不同的 NSI（NSIA、NSIB、NSIC）包含网络功能（network function，以下简称 NF）以及这些 NF 之间互联的相关信息。服务提供者通过使用不同的 NSI 提供不同的通信业务。例如，服务 1 和服务 2 使用包含特定 NSSI（CN NSSI1 and AN NSSI1）的 NSIA，服务 3 使用包含特定 NSSI（CN NSSI3）和与 NSIB 共享的 NSSI（AN NSSI2）的 NSIC。

管理 NSI 使其能够支持通信服务需要下述的管理功能：通信服务管理功能（commuication service management function，以下简称 CSMF），用于将通信服务相关需求转换为网络切片相关需求，以及与网络切片管理功能（network slice management function，以下简称 NSMF）通信。NSMF 用于 NSI 的管理和编排，从网络切片相关需求获取网络切片子网相关需求，与网络子切片管理功能(network sub-slice management function，以下简称 NSSMF）和 CSMF 通信。NSSMF 用于 NSSI 的管理和编排，与 NSMF 通信。

对于漫游场景，具体存在两种场景：一种是归属地路由漫游情形。用户业务通过 VPLMN 和 HPLMN 中的 UP 功能进行传输。VPLMN 的 NF 与 HPLMN 的 NF 协作为漫游 UE 提供端到端服务。另一种是本地分汇漫游情形，通过 VPLMN 中的 UP 功能传输 UE 业务，HPLMN 为漫游 UE 提供策略控制功能。

图 3-2-3 描述了归属地路由漫游场景中支持网络切片的漫游参考架构。在该场景下，端到端网络切片由 HPLMN 部分和 VPLMN 部分组成。通过选择网络切片的 HPLMN 部分和 VPLMN 部分来为漫游 UE 提供端到端服务。

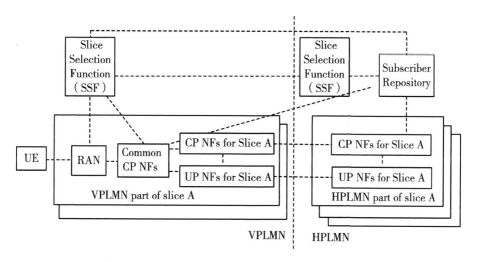

图 3-2-3　支持切片的漫游参考架构：归属地路由场景

其中 VPLMN 的切片选择功能实体（slice selection function，以下简称 SSF）和 HPLMN 的 SSF 之间的接口用于选择网络切片的 VPLMN 部分和 HPLMN 部分。而由于网络切片的 HPLMN 和 VPLMN 部分之间的潜在复杂关系，在选择 HPLMN 中的网络切片前，网络切片选择过程先确定 HPLMN 的 NeS-ID。在该切片选择过程中，例如 UE 请求的业务类型，用户订阅和漫游协议等多个因素被用于选择网络切片类型标识（network slice type ID，以下简称 NeS-ID）。此后，忽略这些参数可以简化网络功能选择。

3.2.2 核心网网络切片

5G 系统架构是指支持数据连通和能够实现使用 NFV 和 SDN 等技术部署的服务。其中一条关键原则和概念即为模块化功能设计，实现灵活和高效的网络切片。5G 系统架构包括的与网络切片功能相关的网元为网络切片选择功能（network slice selection function，以下简称 NSSF）。

数据网络名称（data network name，以下简称 DNN）等同于接入点名称（access point name，以下简称 APN），两者具有相同的含义，并且携带相同的信息。DNN 用于为 PDU 会话选择 SMF 和 UPF、N6 接口以及确定应用于该 PDU 会话的策略。通配符 DNN 是用于会话管理订阅数据的已订阅 DNN 列表的 DNN 域的值。通配符 DNN 与单一网络切片选择辅助信息（single network slice selection assistance information，以下简称 S-NSSAI）一起使用，使得运营者允许订户接入具有该 S-NSSAI 的网络切片所支持的任意数据网络。

3.2.2.1 核心网网络切片概述

PLMM 中定义的网络切片实例应当包括：核心网络控制平面和用户平面功能。在服务 PLMN 中至少应当包括下列之一：TS38.300 中描述的 NG 无线接入网络和连接非 3GPP 接入网络的非 3GPP 互通功能（non-3GPP interworking function，以下简称 N3IWF）功能。PLMN 中部署的 5G 系统应当包括 TS23.502、TS23.503 中指定的来支持网络切片实例选择的流程、信息和配置。网络切片能够通过支持的特性和网络功能优化来进行区分，此时网络切片可以使用不同的 S-NSSAI 标识不同切片 / 业务类型。运营商可以部署多网络切片提供相同的特性，但针对不同的 UE 组，此时这些网络切片具有不同的 S–NNSAI 和相同的切片 / 业务类型，但是切片区分符不同。

网络能够通过 5G–AN 为单一 UE 同时提供一个或多个网络切片，不论 UE 注册的接入类型是 3GPP 接入还是 N3PP 接入。逻辑上服务于 UE 的 AMF 实例属于每一个为 UE 服务的网络切片实例。例如，该 AMF 实例对于服务于 UE 的网络切片实例是通用的。

注册过程中第一次连接的 AMF 通过与 NSSF 的交互触发 UE 的网络切片实例组的选择，这会引起 AMF 的改变。在 PLMN 中，一个 PDU 会话仅属于一个特定网络切片实例。尽管不同的网络切片实例可以具有使用相同 DNN 的切片特定 PDU 会话，不同的网络切片实例却不能分享 PDU 会话。在切换时，源 AMF 通过与网络存储功能（network repository function，以下简称 NRF）交互选择目的 AMF。

3.2.2.2　网络切片的标识和选择：S–NSSAI 和 NSSAI

3.2.2.2.1　参数介绍

网络切片标识是网络切片技术中最重要的参数。S–NSSAI 唯一标识一个网络切片，而 NSSAI 是 S–NSSAI 的集合，标识一组网络切片。NSSAI 在切片选择过程中起到很重要的作用，根据其存储位置和作用的不同，NSSAI 可以分为：①配置的 NSSAI。预先配置在 UE 中的 NSSAI，此 NSSAI 也可由 NSSF 或 AMF 生成并下发 UE，主要用于生成初始注册时使用的 Requested NSSAI。②签约的 NSSAI。存储在 UDM（统一数据管理功能）中的用户签约的 NSSAI 信息。③允许的 NSSAI。允许 UE 在当前注册区接入的 NSSAI。由 NSSF 根据 Requested NSSAI、签约的 NSSAI 及相关策略计算生成后传送给 AMF 与 UE（某些场景也可由 AMF 直接生成），并保存在 UE 与 AMF 中。④拒绝的 NSSAI。拒绝 UE 接入的切片。对于 PLMN 不支持的切片，UE 在该 PLMN 下不能再接入。对于当前注册区不支持的切片，UE 在移出该注册区前不能再接入。拒绝 NSSAI 包括当前 PLMN 或独立组网的非公众网络（standalone non–public network，以下简称 SNPN）的拒绝 NSSAI；当前注册区域的拒绝 NSSAI。⑤请求的 NSSAI。由 UE 根据配置的 NSSAI 与允许的 NSSAI 生成，可携带在初始注册消息的无线资源控制（radio resource control，以下简称 RRC）与 NAS 层消息中，表示 UE 在本次注册中请求使用的 NSSAI。

S-NSSAI 标识一个网络切片，S-NSSAI 由切片/业务类型（slice/service type，以下简称 SST）和切片区分符（slice differentiator，以下简称 SD）组成。SST 指的是在特性和业务方面期望的网络切片行为。SD 是可选信息，是对 SST 的补充，用于区分相同切片/业务类型的多个网络切片。S-NSSAI 可分为具有标准值和具有非标准值两类。具有非标准值的 S-NSSAI 标识 PLMN 中的单一网络切片，PLMN 是与该网络切片相关的 PLMN。具有非标准值的 S-NSSAI 不能被 UE 用于除了 S-NSSAI 关联的 PLMN 之外的其他任意 PLMN 的接入层流程。UE 路由选择策略（user equipment routing selection policy，以下简称 URSP）的网络切片选择策略（network slice selection policy，以下简称 NSSP）中的 S-NSSAI 和订阅 S-NSSAI 只包含 HPLMN S-NSSAI 值（TS23.503 6.6.2）。配置的 NSSAI、允许的 NSSAI、请求的 NSSAI、拒绝的 S-NSSAI 中的 S-NSSAI 只包含来自服务 PLMN 的值。服务 PLMN 为 HPLMN 或 VPLMN。

PDU 会话建立中的 S-NSSAI 包含一个服务 PLMN S-NSSAI 值，另外可以包含一个对应的 HPLMN S-NSSAI 值，两个值具有映射关系。服务 PLMN S-NSSAI 值到 HPLM S-NSSAI 值的可选映射包含服务 PLMN S-NSSAI 值和对应的映射 HPLMN S-NSSAI 值。NSSAI 是多个 S-NSSAI 的集合。NSSAI 可以是配置的 NSSAI、请求的 NSSAI 或允许的 NSSAI。在 UE 和网络之间的信息消息中最多可以发送 8 个 S-NSSAI，包括允许的 NSSAI 和请求的 NSSAI。UE 发送给网络的请求的 NSSAI 允许网络为该 UE 选择服务 AMF，网络切片和网络切片实例。基于运营者的运营和部署需要，网络切片实例能够与一个或多个 S-NSSAI 关联，一个 S-NSSAI 能够与一个或多个网络实例关联。具有相同 S-NSSAI 的多个网络切片实例能够部署在相同或不同的跟踪区域内（tracking area，以下简称 TA）。当部署在同一个跟踪区域时，服务于 UE 的 AMF 实例从逻辑上属于与该 S-NSSAI 关联的多个网络切片实例。

在一个 PLMN 中，当一个 S-NSSAI 与多个网络切片实例关联时，其中一个网络切片实例作为网络切片实例选择过程的结果，为允许使用该 S-NSSAI 的 UE 服务。对于任意 S-NSSAI，在任意时间，网络仅使用与该 S-NSSAI 关联的网络切片实例为 UE 提供服务，直到例如网络切片实例在给定的注册区域内不再有效，或者 UE 允许的 NSSAI 发生了变化等情形发生。基于请求的

NSSAI 和订阅信息，5GC 负责选择网络切片为 UE 服务，包括对应于该网络切片的 5GC 控制平面和用户平面。

在 5GC 通知 RAN 允许的 NSSAI 之前，RAN 使用通过接入层信令中的请求的 NSSAI 来解决 UE 控制平面连接。请求的 NSSAI 被 RAN 用于 AMF 选择。当 UE 请求重新开始 RRC 连接并且与处于具有 RRC 非激活态的连接管理（connect management，以下简称 CM）CM-Connected 时，UE 应当不在 RRC Resume 中包括请求的 NSSAI。当 UE 通过接入类型成功注册，CN 通过为对应的接入类型提供允许的 NSSAI 来通知 RAN。

3.2.2.2.2 标准 SST 值

标准 SST 值为切片提供一种建立全球互操作性的方式，使得 PLMN 在更普遍使用切片 / 业务类型时能够更有效地支持漫游应用场景。标准 SST 值如表 3-2-1 所示。

表 3-2-1 标准 SST 值

切片 / 业务类型	SST 值	特性
eMBB	1	适用于处理 5G 增强移动宽带的切片
URLLC	2	适用于处理高可靠、低时延通信的切片
MIoT	3	适用于处理大规模机器通信的切片

3.2.2.3 订阅

订阅信息包括一个或多个 S-NSSAI，例如订阅的 S-NSSAI。基于运营者的策略，可以将一个或多个订阅 S-NSSSAI 标记为默认 S-NSSAI。当 UE 没有在注册请求消息中向网络发送任意有效 S-NSSAI 作为请求接入的 NSSAI 的一部分时，如果一个 S-NSSAI 被标记为默认值，则网络使用与之相关且适用的网络切片实例来为 UE 提供服务。

网络核实 UE 在注册请求中提供的请求接入的 NSSAI 与订阅信息是否一致。在漫游情况下，UDM 仅向 VPLMN 提供订阅 S-NSSAI 中的 S-NSSAI。该订阅 S-NSSAI 是 HPLMN 允许 VPLMN 中的 UE 使用的。

当 UDM 向服务 AMF 更新订阅 S-NSSAI 时，基于该 AMF 的配置，AMF 自己或者 NSSF 确定服务 PLMN 的配置 NSSAI 和 / 或允许的 NSSAI 与订阅

S-NSSAI 的映射。然后，服务 AMF 更新具有上述信息的 UE。具体可以通过 Nudm_SDM_Notification 消息中的路由指示符默认配置 NSSAI。

3.2.2.4　UE NSSAI 配置和存储

3.2.2.4.1　UE 网络切片配置

网络切片配置信息包括一个或多个配置的 NSSAI。一个配置的 NSSAI 或者由服务 PLMN 配置并应用于服务 PLMN，或者为 HPLMN 配置的配置 NSSAI 并且应用于任意 PLMN，对于该任意 PLMN 没有特定的配置 NSSAI 提供给 UE。对于每个 PLMN 最多有一个配置的 NSSAI。

如果在 UE 中配置了默认配置 NSSAI，仅当 UE 没有用于该服务 PLMN 的配置 NSSAI 时，才被 UE 在服务 PLMN 中使用该默认配置 NSSAI。PLMN 的配置 NSSAI 包括具有标准值或 PLMN 特定值的 S-NSSAI。

服务 PLMN 的配置 NSSAI 包括 S-NSSAI 值，S-NSSAI 值能够用于服务 PLMN，以及将配置 NSSAI 的每个 S-NSSAI 映射到一个或多个对应的 HPLMN S-NSSAI 值。

可以为 UE 预配置默认配置 NSSAI。UE 被提供或者被更新为默认配置 NSSAI，被 HPLMN 中的 UDM 确定，通过 TS23.502 的第 4.20 节定义的 UDM 控制平面流程使用 UE 参数更新。默认配置 NSSAI 中的每个 S-NSSAI 具有相应的 S-NSSAI 作为订阅 S-NSSAI 的一部分。如果订阅 S-NSSAI 被更新，而该订阅 S-NSSAI 同样出现在默认配置 NSSAI，则 UDM 应该在 UE 中更新该默认配置 NSSAI。

在 HPLMN 中，配置 NSSAI 中的 S-NSSAI 描述在第 5.15.4.2 节，当他们被提供给 UE，应当与 UE 的订阅 S-NSSAI 匹配。当订阅 S-NSSAI 被更新（例如，某些现有的 S-NSSAI 被删除和 / 或增加新的 S-NSSAI），并且一个或多个是用于 UE 注册的服务 PLMN，或者当关联的映射被更新，AMF 应该用服务 PLMN 的配置 NSSAI 和 / 或允许 NSSAI 和 / 或 HPLMN S-NSSAI 关联映射更新 UE。当需要更新允许 NSSAI 时，AMF 应当为 UE 提供新的允许 NSSAI 和 HPLMN S-NSSAI 的关联映射，除非 AMF 不能确定新的允许 NSSAI，此时，AMF 不向 UE 发送任何允许 NSSAI，而是指示 UE 执行注册流程。如果 UE 处于 CM-IDLE 状态，AMF 通过网络触发业务请求或等待直到 UE 处于 CM-Connected 状态。

当在注册时向网络提供请求的 NSSAI，给定 PLMN 中的 UE 仅包括和使用应用于该 PLMN 的 S-NSSAI。还提供请求的 NSSAI 的 S-NSSAI 到 HPLMN S-NSSAI 的映射。当配置 NSSAI 和允许 NSSAI 可获得时，请求的 NSSAI 中的 S-NSSAI 是适用于该 PLMN 的配置 NSSAI 和 / 或允许 NSSAI 的一部分。当配置 NSSAI 和允许 NSSAI 都不可获得时，如果 UE 配置有默认配置 NSSAI，则请求的 NSSAI 中的 S-NSSAI 对应于默认配置 NSSAI。当通过接入类型的 UE 注册过程成功完成时，UE 从 AMF 获得针对该接入类型的允许 NSSAI，其包括一个或多个 S-NSSAI，以及必要时，还包括他们到 HPLMN S-NSSAI 的映射。该 S-NSSAI 对于当前注册区域和接入类型有效，当前注册区域和接入类型由 AMF 提供，能同时被 UE 使用。

UE 能够从 AMF 获得具有拒绝原因和有效性的一个或多个拒绝 S-NSSAI。一个 S-NSSAI 针对整个 PLMN 或者针对当前注册区域被拒绝。

当它在 PLMN 中保持 RM-Registered，并且不论接入类型是什么，UE 不能再次尝试向针对整个 PLMN 被拒绝的 S-NSSAI 注册，直到该拒绝 S-NSSAI 被删除。

当它在 PLMN 中保持 RM-Registered，UE 不能向在当前注册区域中被拒绝的 S-NSSAI 再次尝试注册，直到它离开当前注册区域。

在一个 PLMN 中，服务 PLMN 为 UE 配置每个 PLMN 的配置 NSSAI。另外，HPLMN 为 UE 配置单个默认配置 NSSAI，如果 UE 既没有配置 NSSAI 也没有允许 NSSAI，则在该 PLMN 内将默认配置 NSSAI 视为有效。在 SNPN 内，SNPN 为 UE 配置一个适用于该 SNPN 的配置 NSSAI。而在 SNPN 中是否支持默认配置 NSSAI，则留待进一步研究。

当前注册区域的允许 NSSAI 和拒绝 NSSAI 按照每个接入类型（例如，3GPP 接入或非 3GPP 接入）独立管理，并且适用于当前注册区域。当 UE 离开接收到允许 NSSAI 的注册区域时，与注册区域关联的允许 NSSAI 能用于形成针对任意等效 PLMN 的请求 NSSAI，注册区域包括注册区域标识（tracking area identity，以下简称 TAI）属于不同的 PLMN，这些不同的 PLMN 是等价 PLMN。

当前 PLMN 或 SNPN 的拒绝 NSSAI 适用于整个注册 PLMN 或 SNPN。当注册区域包括仅属于注册 PLMN 的 TAIs 时，AMF 仅发送当前 PLMN 的拒绝

NSSAI。如果 UE 接收到当前 PLMN 的拒绝 NSSAI，并且注册区域也包括属于不同 PLMN 的 TAIs，UE 应该将接收到的针对当前 PLMN 的拒绝 NSSAI 视为适用于整个注册 PLMN 的。

UE 在请求的 NSSAI 中提供的 S-NSSAI，即不再允许 NSSAI，也不再拒绝 S-NSSAI，应该不被 UE 视为拒绝，例如，UE 可以在下次发送请求的 NSSAI 时，再次请求注册这些 S-NSSAI。

UE 保存（S-）NSSAI 如下所述：当使用配置 NSSAI 用于 PLMN 时和 / 或配置 NSSAI 到 HPLMN S-NSSAI 的映射，或者当由于网络切片订阅变化而请求移除配置时，UE 应当使用该 PLMN 的新配置 NSSAI 替换旧配置 NSSAI，删除该 PLMN 的旧配置 NSSAI 到 HPLMN S-NSSAI 的映射，存储新映射。删除该 PLMN 存储的拒绝 S-NSSAI。当注册到其他 PLMN 时，在 UE 中保留接收到的 PLMN 的配置 NSSAI 和关联到 HPLMN S-NSSAIs 的映射，直到 UE 有了新的该 PLMN 的配置 NSSAI 和关联映射，或者直到网络切片订阅改变。UE 中保存的配置 NSSAI 和关联映射的数量取决于 UE 的具体实施。UE 至少能够存储默认配置 NSSAI 和服务 PLMN 的配置 NSSAI 到 HPLMN S-NSSAI 的映射。

当该 PLMN 的至少一个 TAI 包括在路由区 / 跟踪区标识 RA/TAI 列表时，在注册接收消息或者 UE 配置更新命令中接收到的允许 NSSAI 应用于 PLMN，RA/TAI 列表包括在注册接收消息或者 UE 配置更新命令中。如果 UE 配置更新命令中包括了不在 TAI 列表中的允许 NSSAI，最后接收到的 RA/TAI 列表用于确定允许 NSSAI 在哪个 PLMN 上可用。如果接收到，PLMN 的允许 NSSAI 和接入类型以及该允许 NSSAI 到 HPLMN S-NSSAIs 的任一映射都应该存储在 UE 中。另外，当 UE 关机或者网络切片订阅改变时，UE 同样存储允许 NSSAI 和该允许 NSSAI 到 HPLMN S-NSSAIs 的任一映射，UE 在关机时是否存储取决于 UE 的具体实施。

当 PLMN 的新的允许 NSSAI 和允许 NSSAI 到 HPLMN S-NSSAIs 的任一关联映射通过接入类型被接受时，UE 应当替换存储的允许 NSSAI 和关联映射为新的允许 NSSAI 和允许 NSSAI 到 HPLMN S-NSSAIs 的关联映射，以及新允许 NSSAI 的接入类型；删除存储的该 PLMN 的旧允许 NSSAI 到 HPLMN S-NSSAIs 的关联映射，如果存在新允许 NSSAI 到 HPLMN S-NSSAIs 的关联映射，则存储新的关联映射。

如果接收到，当 PLMN 中的 RM-Registered 时，应该在 UE 中存储被整个 PLMN 拒绝的 S-NSSAI，而不论接入类型或者直到该 S-NSSAI 被删除。如果接收到，当 RM-Registered 时，应该在 UE 中存储被当前注册区域拒绝的 S-NSSAI，直到 UE 移出当前位置区域或者直到该 S-NSSAI 被删除。

3.2.2.4.2 允许 / 请求 NSSAI 的 S-NSSAI 值与 HPLMN 使用的 S-NSSAI 值的映射

向 UE 提供的允许 NSSAI 中的一个或多个 S-NSSAI 具有不属于服务 PLMN 的 UE 当前网络切片配置信息的值。在这种情况下，网络允许 S-NSSAI 以及该允许 NSSAI 的每一个 S-NSSAI 与 HPLMN 的对应 S-NSSAI 的映射。该映射信息允许 UE 根据 URSP 规则的 NSSP 或者根据 UE 本地配置将应用关联到 HPLMN 的 S-NSSAI。

在漫游情景下，UE 需要提供请求 NSSAI 中的 S-NSSAI 值到 HPLMN 中使用的 S-NSSAI 值的映射。这些值从之前服务 PLMN 接收的映射中找到，该映射为服务 PLMN 的配置 NSSAI 的 S-NSSAI 到 HPLMN 中使用的 S-NSSAI 的映射，或者服务 PLMN 和接入类型的允许 NSSAI 的 S-NSSAI 到 HPLMN 中使用的 S-NSSAI 的映射。

3.2.2.4.3 UE 网络切片配置更新

任意时间，AMF 可能向 UE 提供针对服务 PLMN 的新的配置 NSSAI，以及配置 NSSAI 到 HPLMN S-NSSAI 的映射。该新的配置 NSSAI 以及关联的映射信息既可以由 AMF 确定，也可以由 NSSF 确定。AMF 提供更新的配置 NSSAI。

如果 HPLMN 执行注册在 HPLMN 中的 UE 的配置更新，将导致 HPLMN 的配置 NSSAI 的更新。如果配置更新影响了当前允许 NSSAI 中的 S-NSSAI，则允许 NSSAI 以及允许 NSSAI 和 HPLMN S-NSSAI 的关联映射也将被更新。

如果 VPLMN 执行注册在 VPLMN 中的 UE 的配置更新（例如，由于订阅 S-NSSAI 的变化），将导致服务 PLMN 的配置 NSSAI 及其关联映射被更新，如果配置更新影响了当前允许 NSSAI 中的 S-NSSAI，则允许 NSSAI 以及允许 NSSAI 和 HPLMN S-NSSAI 的关联映射也将被更新。

当订阅 S-NSSAI 改变，在 HPLMN 中设立一个 UDR 标签，以确保 UDM

通知当前 PLMN 网络切片的订阅数据发生改变。当从 UDM 接收到订阅改变的指示时，AMF 指示 UE 订阅已经改变，并且使用来自 UDM 的任意更新的订阅信息更新 UE。一旦 AMF 更新了 UE，并且从 UE 获得响应，AMF 通知 UDM 配置成功，UDM 清楚用户数据存储库（user data repository，以下简称 UDR）标签。如果 UE 处于 CM-IDLE 状态，AMF 触发网络触发业务请求或者等待直到 UE 处于 CM-Connected 状态。

如果 UE 从 AMF 接收到网络切片订阅发生改变的指示，UE 本地删除除了默认配置 NSSAI 之外的用于所有 PLMN 的网络切片信息，并利用任意从 AMF 接收到的值更新当前 PLMN 网络切片配置信息。

3.2.2.5　详细操作概览

通过网络切片实例建立用户平面和数据网络的连接包括两步：执行 RM 过程以选择支持需要的网络切片的 AMF；通过网络切片实例建立一个或多个到需要的数据网络的 PDU 会话。

3.2.2.5.1　选择支持网络切片的服务 AMF

1.向一组网络切片注册

当 UE 通过 PLMN 的接入类型注册时，如果 UE 具有针对该 PLMN 的配置 NSSAI 并且接入类型具有允许 NSSAI，UE 应当在接入层和非接入层向网络提供请求接入的 NSSAI，该请求接入的 NSSAI 包括对应于 UE 希望注册的网络切片的 S-NSSAI 以及 UE 被分配的 5G-S-TMSI。

请求接入的 NSSAI 是下列之一：默认配置 NSSAI，例如，UE 没有配置 NSSAI 和允许 NSSAI；配置 NSSAI；用于请求的 NSSAI 在其上发送的接入类型的允许 NSSAI；用于请求的 NSSAI 在其上发送的接入类型的允许 NSSAI；加上对于该接入类型还不在允许 NSSAI 中的配置 NSSAI 中的一个或多个 S-NSSAI。

为了形成请求的 NSSAI，UE 使用新注册的 PLMN 提供的允许 NSSAI；或者可替代的从前一个注册区域接收的允许 NSSAI，在该注册区域中新注册的 PLMN 作为一个等效的 PLMN。

请求的 NSSAI 提供的配置 NSSAI 中的 S-NSSAI 分组包括适用于该 PLMN 的配置 NSSAI 中的一个或多个 S-NSSAI，对于 PLMN 中的该接入类型没有对应的 S-NSSAI。UE 不应包含在已经被网络拒绝的请求 NSSAI 和 S-NSSAI。向一个 PLMN 注册时，当没有适用于该 PLMN 的配置 NSSAI 和允许 NSSAI 时，请求 NSSAI 提供的 S-NSSAI 应该被提供在 NSA 注册请求消息中的请求 NSSAI 映射中，请求的 NSSAI 提供的 S-NSSAI 对应于默认配置 NSSAI 中的 S-NSSAI，请求 NSSAI 中没有对应 VPLMN S-NSSAI。

当 UE 通过 PLMN 的接入类型注册时，UE 应当在注册请求消息中指示什么时候请求的 NSSAI 基于默认配置 NSSAI。

UE 应当在 RRC 连接建立和 N3IWF 连接建立中包括请求的 NSSAI。UE 不应当在 RRC 连接建立或初始 NSA 消息中指示任意 NSSAI，除非 UE 具有针对对应 PLMN 的配置 NSSAI 和针对对应 PLMN 和接入类型的允许 NSSAI，或者默认配置 NSSAI。

如果 UE 具有用于建立 PDU 会话的 HPLMN S-NSSAI，HPLMN S-NSSAI 应当在 NAS 注册请求消息的请求 NSSAI 映射中被提供，而不取决于 UE 是否具有对应的 VPLMN S-NSSAI。RAN 应当在 UE 和 AMF 之间路由 NAS 信令。分别在 RRC 连接建立或连接到 N3IWFAMF 时获取请求的 NSSAI，使用该请求的 NSSAI 选择上述 AMF。

如果 RAN 不能够基于请求的 NSSAI 选择 AMF，它将 NAS 信令路由到默认 AMF 集中的一个 AMF。在 NSA 信令中，UE 能够提供请求的 NSSAI 的每个 S-NSSAI 到一个对应的 HPLMN S-NSSAI 的映射。

当 UE 向 PLMN 注册，如果针对该 PLMN，UE 没有包括请求的 NSSAI 或者建立到 RAN 的连接时没有全球唯一的 AMF 标识符（global unique AMI，以下简称 GUAMI），RAN 将所有的来自 UE 或者发给 UE 的 NAS 信令路由默认 AMF。当从 UE 接收到请求的 NSSAI，并且从 RRC 连接建立或者建立到 N3IWF 的连接中接收到 5G-S-TMSI 或者 GUAMI，如果 5G-AN 能够到达对应于 5G-S-TMSI 或 GUAMI 的 AMF，5G-AN 将请求转发给该 AMF。否则，5G-AN 根据 UE 提供的请求 NSSAI 选择一个合适的 AMF，并且将请求转发给该选择的 AMF。如果 5G-AN 无法基于 UE 提供的请求 NSSAI 选择一个合适的 AMF，则将请求发送给默认 AMF。

当 AN 选择的 AMF 接收到 UE 注册请求：AMF 询问 UDM 以获取 UE 的订阅信息，订阅信息包括订阅的 S-NSSAI；AMF 订阅的 S-NSSAI 核实请求的

NSSAI 中的 S-NSSAI 是否被允许。

当 AMF 中的 UE 上下文不包括针对对应接入类型的允许的 NSSAI 时，AMF 询问 NSSF，NSSF 的地址被本地配置在 AMF 中。除非，基于 AMF 中的配置，AMF 被允许确定它是否能够服务于该 UE。

2. 调整 UE 的网络切片组

当 UE 注册到网络后，在下述特定条件下，UE 的网络切片组可以随时由网络或 UE 发起改变。基于本地策略，网络订阅变化和 / 或 UE 移动性，操作原因［例如，网络切片实体不再可用或者网络数据分析功能（network data analytics function，以下简称 NWDAF）提供的网络切片实例负载水平信息］可能改变 UE 注册的网络切片组，并向 UE 提供新注册区域和 / 或允许的 NSSAI 和该 NSSAI 到 HPLMN-NSSAI 的映射，对于每一个接入类型，UE 通过上述新信息进行注册。另外，网络提供用于服务 PLMN 的配置 NSSAI，关联映射信息以及拒绝 S-NSSAI。网络会在注册流程中在每个接入类型上执行这样的改变，或者使用 UE 配置更新流程向 UE 触发网络切片变更的通知。

AMF 向 UE 提供：需要来自 UE 的确认的指示；用于服务 PLMN 的配置 NSSAI，拒绝 S-NSSAI 和 TAI 列表；针对每个接入类型的带有关联映射的新的允许 NSSAI，除非 AMF 不能确定新的允许 NSSAI。

如果建立了与紧急业务关联的 PDU 会话，服务 AMF 向 UE 指示需要 UE 执行注册流程，但不释放面向 UE 的 NSA 信令连接。UE 仅在用于紧急业务的 PDU 会话释放后才执行注册流程。

另外，向 UE 发送新的允许 NSSAI，当用于一个或多个 PDU 会话的网络切片对于 UE 不再可用时，采用下列的手段：如果在相同 AMF 下网络切片不再可用，AMF 向 SMF 指示对应于 S-NSSAI 的哪一个 PDU 会话应该被释放。SMF 释放 PDU 会话。

当 AMF 改变时网络切片不再可用，新 AMF 向旧 AMF 指示应当被释放的 PDU 会话。旧 AMF 通知对应的 SMF 释放指示的 PDU 会话。SMF 释放 PDU 会话。然后新 AMF 对应的调整 PDU 会话状态。在注册接收消息中接收到 PDU 会话状态或本地释放 UE 中的 PDU 会话上下文。

UE 使用 URSP 规则或者 UE 本地配置来确定正在进行的业务能够被通过属于其他网络切片的当前 PDU 会话路由，还是建立与相同 / 其他网络切片关联的新 PDU 会话。

为了改变 UE 注册的关于一种接入类型的一组 S–NSSAI，UE 应当发起关于该接入类型的注册流程。对于建立的 PDU 会话：映射中的 HPLMN 的任意 S–NSSAI 的值都不与 PDU 会话关联的 HPLMN 的 S–NSSAI 匹配，映射指的是请求的 NSSAI 到注册请求中包括的 HPLMN 的 S–NSSAI 的映射。请求的 NSSAI 中的 S–NSSAI 的任意值都不与 PDU 会话关联的 HPLMN 的 S–NSSAI 的值匹配，并且请求的 NSSAI 到 HPLMN 的 S–NSSAI 的映射不包括在注册请求中。

网络应该释放 PDU 会话：AMF 通知对应的 SMF 释放指示的 PDU 会话。SMF 释放 PDU 会话。AMF 调整 PDU 会话状态。从 AMF 接收到 PDU 会话状态后，PDU 会话上下文在 UE 中被本地释放。服从于运营商策略，UE 注册的一组 S–NSSAI 的改变会导致 AMF 改变。

3. 基于网络切片支持的 AMF 重分配

在 PLMN 的注册流程中，如果网络决定 UE 应该被一个不同的 AMF 服务，最初接收到注册请求的 AMF 应当将该注册请求重定向到另一个 AMF，通过 RAN 或者初始 AMF 和目的 AMF 之间的直接信令进行重定向。如果目的 AMF 从 NSSF 返回并且被一串候选 AMF 标识，重定向消息只要通过初始 AMF 和目的 AMF 之间的直接信令发送。如果 AMF 通过 RAN 发送重定向信令，消息中应当包含用于选择服务于 UE 的新 AMF 的信息。

对于已经注册的 UE，系统应当支持 UE 的网络发起的从服务 AMF 向目的 AMF 的重定向，该重定向基于网络切片的考虑（例如，运营商改变了网络切片实例和服务 AMF 之间的映射）。运营商策略决定是否被允许 AMF 之间的重定向。

3.2.2.5.2　在网络切片中建立 PDU 会话

网络切片实例到 DN 中的 PDU 会话建立允许在网络切片中进行数据传输。一个 PDU 会话与一个 S–NSSAI 和一个 DNN 关联。UE 通过接入类型在 PLMN 中注册，并且获得对应的允许 NSSAI，UE 应该根据 URSP 规则中的 NSSP 或根据 UE 本地配置在 PDU 会话建立流程中指示 S–NSSAI 和 PDU 会话关联的 DNN。UE 包括来自允许的 NSSAI 中的合适的 S–NSSAI，如果提供了允许

NASSI 到 HPLMN S-NASSAI 的映射，UE 还包括具有来自上述映射的对应值的 S-NSSAI。

如果在执行 PDU 会话的应用关联后，UE 不能确定任何 S-NSSAI，UE 不应该在 PDU 会话建立流程中指示任何 S-NSSAI。

网络可以向 UE 提供 NSSP 作为 URSP 规则的一部分。当订阅信息包括多于一个 S-NSSAI，并且网络希望控制 / 调整 UE 使用的 S-NSSAI，则网络将 URSP 规则中的 NSSP 提供 / 更新 UE。当订阅信息仅包括一个 S-NSSAI，网络不需要向 UE 提供 NSSP 作为 URSP 规则的一部分。NSSP 规则将一个应用与一个或多个 HPLMN S-NSSAI 关联。同样包括将所有应用匹配到 HPLMN S-NSSAI 的默认规则。

UE 应该存储和使用 URSP 规则，包括 NSSP。当与特定 S-NSSAI 关联的 UE 应用请求数据传输时：

如果 UE 具有一个或多个对应于特定 S-NSSAI 建立的 PDU 会话，UE 在其中的一个 PDU 会话中路由该应用的用户数据，除非其他情况下 UE 禁止使用这些 PDU 会话。如果应用提供一个 DNN，UE 根据该 DNN 确定使用哪个 PDU 会话。

如果 UE 没有对应于特定 S-NSSAI 建立的 PDU 会话，UE 根据该 S-NSSAI 和该应用提供的 DNN 请求一个新 PDU 会话。为了使 RAN 选择合适资源用于支持 RAN 中的网络切片，RAN 需要感知 UE 使用的网络切片。

如果 AMF 无法确定合适的 NRF 以询问 UE 提供的 S-NSSAI，AMF 将向 NSSF 询问该特定 S-NSSAI、位置信息、签约永久标识（subscription permanent identifier，以下简称 SUPI）的 PLMN ID。NSSF 确定并返回合适的 NRF，用于选择选定的网络切片实例中的 NFs/ 业务。NSSF 同时返回一个 NSI ID 用于在选定的网络切片实例中选择 NFs。AMF 中本地配置了 NSSF 的地址。

当从 UE 接收到用于建立 PDU 会话的 SM 消息时，AMF 在选定的网络切片实例中发起 SMF 的发现和选择。合适的 NRF 用来协助针对选定的网络切片实例的需要的网络功能的发现和选择任务。

当 UE 触发 PDU 会话建立时，AMF 基于 S-NSSAI、DNN、NSI-ID 和其他信息，例如 UE 订阅和本地运营商策略来询问合适的 NRF 以在网络切片实例中选择一个 SMF，选定的 SMF 基于 S-NSSAI 和 DNN 建立 PDU 会话。

当 AMF 属于多个网络切片实例，基于配置，AMF 使用一个具有合适等级的 NRF 进行 SMF 选择。

当使用特定网络切片实例建立具有给定 S-NSSAI 的 PDU 会话时，CN 对应于该网络切片实例向 RAN 提供 S-NSSAI 以使得 RAN 执行接入特定功能。

如果目的接入类型的允许 NSSAI 不包括 PDU 会话的 S-NSSAI，则 UE 不应该执行从一个接入类型到另一个接入类型的 PDU 会话切换。

3.2.2.6　支持漫游的网络切片

对于漫游场景：如果 UE 使用标准 S-NSSAI 值，VPLMN 可以使用与 HPLMN 相同的 S-NSSAI 值。

如果 VPLMN 和 HPLMN 具有服务等级协议（service level agreement，以下简称 SLA）以支持 VPLMN 中的非标准 S-NSSAI 值，VPLMN 的 NSSF 将订阅 S-NSSAI 值映射到 VPLMN 中使用的 S-NSSAI 值。VPLMN 中的 NSSF 基于 SLA 确定 VPLMN 中使用的 S-NSSAI 值。VPLMN 中的 NSSF 不需要通知 HPLMN 在 VPLMN 中使用哪种值。根据运营商策略和 AMF 中的配置，AMF 决定 VPLMN 中要使用的 S-NSSAI 和到订阅 S-NSSAI 的映射。

如果 UE 中保存了映射关系，则 UE 构造请求 NSSAI 并提供请求 NSSAI 到 HPLMN S-NSSAI 的 S-NSSAI 的映射。VPLMN 中的 NSSF 确定允许 NSSAI，而不必与 HPLMN 交互。注册接收中的允许 NSSAI 包括 VPLMN 中使用的 S-NSSAI。也将上述映射信息提供给具有允许 NSSAI 的 UE。

在 PDU 会话建立流程中，UE 包括：①与应用匹配的 S-NSSAI，该应用处在 URSP 规则中的 NSSP 或 UE 本地配置中。该 S-NSSAI 的值用于 VPLMN。②使用允许 NSSAI 和 HPLMN S-NASSAI 的映射将属于允许 NSSAI 的 S-NSSAI 映射于①，该 S-NSSAI 的值用于 VPLMN。

对于归属地路由情形，V-SMF 向 H-SMF 发送 PDU 会话建立请求消息以及 HPLMN 中使用的 S-NSSAI 值。当 PDU 会话建立后，CN 向 AN 提供对应于 PDU 会话的 VPLMN 的 S-NSSAI 值。VPLMN 通过使用 S-NSSAI 值和询问 NRF 选择 VPLMN 中的网络切片实例特定网络功能，该 NRF 可为预配置或由 VPLMN 中的 NSSF 提供。VPLMN 还选择 HPLMN 中的网络切片特定功能，通过 HPLMN 中的合适的 NRF 的支持，使用 HPLMN 中使用的相关的 S-NSSAI

来进行选择。

3.2.2.7 网络切片和 EPS 的互通

支持网络切片 5GS 的有与它的 PLMN 或其他 PLMN 中的 EPS 进行互通的需求，EPC 支持专用核心网（dedicated core networks，以下简称 DCN）。在某些部署中，UE 提供给 RAN 的 DCN-ID 可以辅助 MME 的选择。5GC 和 EPC 之间的移动性还不能保证所有的激活 PDU 会话能够传送给 EPC。

在 EPC 中的 PDN 连接建立中，UE 分配 PDU 会话 ID，并通过 PCO 将其发送给 PGW-C+SMF。PGW-C+SMF 基于运营商策略确定与 PDU 连接关联的 S-NSSAI，例如基于 PGW-C+SMF 地址和 APN 的组合，并且 S-NSSAI 及与其相关的 PLMN ID 被发送给 UE。在归属地路由情况下，UE 从 PGW-C+SMF 接收一个 HPLMN S-NSSAI 值。如果 PGW-C+SMF 支持不止一个 S-NSSAI，且 APN 对于该不止一个 S-NSSAI 有效，PGW-C+SMF 只能选择映射到 UE 的订阅 S-NSSAI 的 S-NSSAI。UE 保存 S-NSSAI 和与 PDN 连接关联的 PLMN ID。UE 通过考虑接收到的 PLMN ID 来获取请求的 NSSAI。请求的 NSSAI 包含在 NSA 注册请求消息中，如果 UE 未漫游，或者在漫游时具有 VPLMN 的配置的 NSSAI，当 UE 注册到 5GC 时，RRC 消息携带该注册请求。如果 UE 不具有 VPLMN 的配置的 NSSAI，UE 将 HPLMN S-NSSAI 包含在 NSA 注册请求消息中。

3.2.2.7.1 空闲状态

当 UE 从 5GS 移动到 EPS 时，AMF 向 MME 发送的 UE 上下文信息包括 UE 使用类型，该信息作为订阅数据的一部分，由 AMF 从 UDM 获取。

当 UE 从 EPS 移动到 5GS，UE 包含与 PDN 连接关联的 S-NSSAI，该 PDN 连接是在 RRC 连接建立和 NAS 中的请求 NSSAI 中建立的。UE 还在注册请求消息向 AMF 提供映射信息。UE 使用 EPS 和 5GS 的最新可获得信息获取服务 PLMN 的 S-NSSAI 值。在归属地漫游情景下，AMF 选择默认 V-SMF。PGW-C+SMF 向 AMF 发送 PDU 会话 ID 和相关的 S-NSSAI。

当 UE 发起注册过程，UE 在 RRC 连接建立中的请求 NSSAI 中包含与建立的 PDN 连接关联的 S-NSSAI。

当使用 PDU 会话建立请求消息将 PDN 连接移动到 5GC 时，UE 包括

PDN 连接的 S-NSSAI 和从 PCO 接收到的 HPLMN S-NSSAI 作为映射信息。

3.2.2.7.2　连接状态

当 5GC 中的处于 CM-Connected 状态的 UE 向 EPS 的切换发生时，AMF 基于源 AMF 区域 ID、AMF 设置 ID 和目的位置信息来选择目的 MME。在 UE 上下文中，AMF 同样包含 UE 使用类型，该 UE 使用类型是订阅数据的一部分。切换过程在 23.502 中记载。当切换过程完成后，UE 执行跟踪区更新，完成在目的 EPS 中的注册。如果目的 EP 使用，UE 获得 DCN-ID。

当 EPC 中处于 ECM-Connected 状态的 UE 执行到 5GS 的切换，MME 基于目的位置信息例如 TAI 和任意其他可获得的本地信息（例如，UE 订阅数据中的 UE 使用类型），并通过 N26 接口将 UE 上下文转发给选中的 AMF。在归属地路由漫游情景下，AMF 选择默认 V-SMF。PGW-C+SMF 向 AMF 发送 PDU 会话 ID 以及相关的 S-NSSAIs。UE 在目的 5GS 中完成注册，并获得允许 NSSAI。

3.2.2.8　PLMN 中的网络切片可用性配置

一个网络切片应该在整个 PLMN 或者 PLMN 的一个或多个跟踪区域中可获得。网络切片的可获得性指的是在相关的 NFs 中支持 S-NSSAI。例外，NSSF 中的策略受限于在特定 TA 中使用特定网络切片。

在 TA 中，使用网络功能中的操作和维护（operationand maintenance，以下简称 OAM）和信令的组合建立端到端的网络切片的可用性。通过使用 5G-AN 中每个 TA 支持的 S-NSSAI，AMF 支持的 S-NSSAI 和 NSSF 中的每个 TA 的运营商策略来获得网络切片的可用性。

当 5G-AN 节点建立或者更新与 AMF 的 N2 连接时，AMF 学习每个 TA 支持的 S-NSSAI。每个 AMF 组中的一个或所有 AMF 提供和更新每个 TA 支持的 NSSF 的 S-NSSAI。当 5G-AN 节点与 AMF 建立 N2 连接或当 AMF 更新与 5G-AN 的 N2 连接时，5G-AN 学习每个 PLMN ID 的 S-NSSAI。

根据运营商策略配置 NSS，运营商策略规定了在什么情况下 S-NSSAI 在 UE 的每个 TA 或每个 HPLMN 中被限制。在网络建立和改变时，每个 TA 限制的 S-NSSAI 被提供给 AMF 组中的 AMF。

3.2.3　无线接入网

为了实现端到端的网络切片，不仅涉及核心网，同时还包括了无线接入网（RAN）、传输网和终端。3GPP R15 版本标准提出 NG-RAN 侧支持网络切片的主要原则和要求，包括切片的感知、RAN 侧网络切片选择、RAN 对 CN 实体的选择、RAN 侧支持切片间的资源隔离和切片的资源管理、切片对 QoS 支持、切片的粒度、UE 对多切片的支持和 UE 的切片准入验证。

RAN 的网络切片研究最早出现在 5G 研究报告 TR 38.801[12]、TR 38.804[13] 中，这两个研究报告对 RAN 实现网络切片的关键原则和需求进行了阐述，后续形成了 TS 38.300[6]标准，该标准对 5G 的无线接入网网络切片的相关内容进行规定。本章主要根据 TS38.300 的规定对无线接入网网络切片展开介绍。

3.2.3.1　无线接入网概述

网络切片是一种允许根据每个用户的需求进行差别对待的概念。通过切片，移动网络运营商基于业务等级协议 SLA 和订阅能够为不同租用类型并且具有不同业务需求的用户配置使用的切片类型。

网络切片通常包括 RAN 部分和 CN 部分。对网络切片的支持依赖于不同切片的业务由不同 PDU 会话解决。网络能够通过调度以及提供不同的 L1/L2 配置来实现不同网络切片。每个网络切片被 S-NSSAI 唯一标识。NSSAI 包括一个或一串 S-NSSAI，其中 S-NSSAI 由下列信息组成：强制 SST（切片/服务类型）域，其标识网络切片的类型，包括 0bit（取值范围是 0~255）；可选 SD（切片区分）域，其区分具有相同 SST 域的切片，包括 24bit。一串 S-NAASI 最多包括 8 个 S-NNSAI。

UE 在 RRC Setup Complete 消息中为网络切片选择提供 NSSAI。尽管网络能够支持大量的切片（数百），UE 同时支持的切片数则不超过 8 个。

3.2.3.2　NG-RAN 中用于支持网络切片的关键原则

（1）RAN 感知切片，NG-RAN 支持为预配置的不同网络切片的业务提供差异化处理。NG-RAN 如何支持由 NG-RAN 功能实现的切片（例如，包括每个切片的一组网络功能）取决于具体实现。

（2）RAN 部分的网络切片的选择，NG-RAN 通过 UE 提供的 NSSAI 或者通过 5GC 在 PLMN 里明确地标识的一个或多个预定义网络切片，来实现 RAN

侧的网络切片选择。

（3）切片间的资源管理，NG-RAN 支持根据不同切片间的 SLA 执行相应的资源管理策略。单个 NG-RAN 节点能够支持多个切片。在每一个支持的切片中，NG-RAN 应该能够自由地针对不同的服务等级协议应用最优的 RRM 策略。

（4）QoS 支持能力，NG-RAN 在一个切片内支持不同的 QoS。

（5）CN 实体的 RAN 选择，对于初始接入，UE 需要提供 NSSAI 以支持 AMF 的选择。如果可能的话，NG-RAN 通过这个信息来将初始 NAS 路由到 AMF。如果 NG-RAN 不能使用该信息选择 AMF，或者 UE 没有提供上述信息，则 NG-RAN 将 NAS 消息发送到其中一个默认 AMF。对于后续的接入，UE 提供临时 ID，这个 ID 由 5GC 分配给 UE，只要临时 ID 有效（NG-RAN 能够感知并到达与临时标识关联的 AMF），NG-RAN 就能将 NAS 消息路由到合适的 AMF。否则，采用初始接入的方法。

（6）切片间的资源隔离，NG-RAN 支持切片间的资源隔离。NG-RAN 资源隔离可以通过无线资源管理策略和相应的保护机制来保障，在某个切片共享资源紧缺时不破坏其他切片的服务等级。NG-RAN 可为一个特定的切片分配所有资源。NG-RAN 如何支持资源隔离取决于具体实现。

（7）接入控制，通过统一的接入控制，运营商定义的接入类别能够实现不同切片的差异化处理。NG-RAN 广播阻塞控制信息（例如，与运营商定义接入类别相关的一系列阻塞参数）来最小化拥挤的切片的影响。

（8）切片可用性，某些切片可能只在网络局部可用。NG-RAN 支持由 OAM 配置 S-NSSAI（s）。假设在 UE 的注册区域内切片的可用性不变，NG-RAN 感知邻区所支持的切片，有利于连接态的异频移动性。在指定区域内，与一个业务请求相关的切片是否可用，由 NG-RAN 和 5GC 负责判断并做相应处理。一个切片接入的准入和拒绝，取决于多方面的因素，例如，NG-RAN 是否支持相应切片、资源可用性、是否支持相应的业务等。

（9）支持 UE 与多个网络切片同时关联，在 UE 同时关联多个网络切片时，只能存在一个信令连接，并且对同频小区重选，UE 总是尝试驻留在最佳小区。对异频小区重选，可用专用优先级控制 UE 驻留的频率。

（10）切片感知粒度，在所有包含 PDU 会话资源信息的信令中，通过指示与 PDU 会话对应的 S-NSSAI，NG-RAN 的切片感知为 PDU 会话级别。

（11）UE 接入网络切片的权限验证，5GC 负责验证 UE 是否具有接入网络切片的权限。在接收到初始上下文建立请求消息之前，基于对 UE 请求接入的切片的感知，NG-RAN 被允许执行一些临时或本地的策略。在初始上下文建立过程中，网络切片所需资源请求将通知 NG-RAN。

3.2.3.3　AMF 和 NW 切片选择

3.2.3.3.1　CN-RAN 交互和内部 RAN

NG-RAN 基于 UE 通过 RRC 提供的临时 ID 和 NSSAI 选择 AMF，具体的选择方式如表 3-2-2 所示。RRC 协议使用的机制将在下一节介绍。

表 3-2-2　基于 Temp ID 和 NSSAI 选择 AMF

Temp ID	NSSAI	NG-RAN 的 AMF 选择
不能获得或无效	不能获得	选择其中一个默认 AMF
不能获得或无效	可以获得	选择支持 UE 请求的切片的 AMF
有效	不能获得或可以获得	临时 ID 中的 CN 实体信息选择 AMF
注：默认 AMF 由 NG-RAN 节点通过 OAM 配置		

3.2.3.3.2　无线接口

当被高层触发时，UE 以被高层显式指示的格式通过 RRC 传送 NSSAI。

3.2.3.4　资源隔离和管理

资源隔离能够实现定制化并避免切片间的相互影响。软件和硬件资源的隔离取决于实现。每个切片都被分配的共享或者专有的无线资源用于 RRM 实现和 SLA。为了实现具有不同 SLA 的网络切片的差异化处理：NG-RAN 被 OAM 配置为不同网络切片具有一组不同配置。为了为每个网络切片选择合适的配置，NG-RAN 接收指示特定网络切片的配置的相关信息。

3.2.3.5　信令

本节给出 NG-RAN 中实现网络切片的相关信令流程。

3.2.3.5.1 AMF 和 NW 切片选择

RAN 基于 UE 提供的 Temp ID 或 NSSAI 选择 AMF。AMF 选择流程如图 3-2-4 所示。

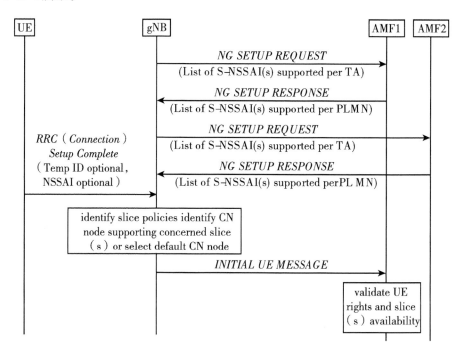

图 3-2-4 AMF 选择

资料来源：3GPP.3GPP TS 38.300 V15.7.0 NR and NG-RAN overall description［S/OL］.［2020-03-28］. https：//www.3gpp.org/ftp/Specs/archive/38_series/38.300/38300-f70.zip.

注：图中 NG SETUP REQUEST 消息包含每个 TA 支持的 S-NSSAI 列表；NG SETUP RESPONSE 消息包含每个 PLMN 支持的 S-NSSAI 列表。

识别切片策略：识别支持相关切片的 CN 节点或者选择默认 CN 节点；验证 UE 权限和切片可用性。

当 Temp ID 不可获得时，NG-RAN 使用 RRC 连接建立中 UE 提供的 NSSAI 来选择合适的 AMF（该信息是在随机接入过程的 MSG3 之后提供的）。如果上述信息也不可获取，NG-RAN 将 UE 路由到其中一个配置的默认 AMF。NG-RAN 使用事先从 NG 建立响应消息中获得的可支持 S-NSSAI 列表以通过 NSSAI 选择 AMF。该列表通过 AMF 配置更新消息进行更新。

3.2.3.5.2 UE 上下文处理

初始接入之后，建立 RRC 连接和选择正确的 AMF，AMF 通过在 NG-C 上向 NG-RAN 发送初始上下文建立请求消息来建立完成的 UE 上下文。

该消息包含允许的 NSSAI，另外包含作为 PDU 会话资源描述的一部分的 S-NSSAI。当成功建立 UE 上下文，并向相关网络切片分配 PDU 会话资源时，NG-RAN 回应初始上下文建立响应消息，具体流程如图 3-2-5 所示。

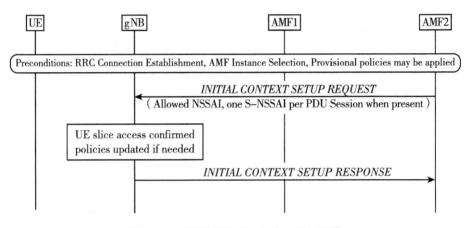

图 3-2-5　网络切片感知初始上下文设置

资料来源：3GPP.3GPP TS 38.300 V15.7.0 NR and NG-RAN overall description［S/OL］.［2020-03-28］. https：//www.3gpp.org/ftp/Specs/archive/38_series/38.300/38300-f70.zip.

3.2.3.5.3 PDU 会话管理

当需要建立新 PDU 会话时，5GC 通过在 NG-C 上的 PDU 会话资源建立流程来请求 NG-RAN 分配与会话相关的资源，因此，NG-RAN 能够根据网络切片代表的 SLA 提供 PDU 会话级策略，能够在同一切片中提供差异化的 QoS。

NG-RAN 通过发送 NG-C 接口发送 PDU 会话资源建立响应消息来确认与特定网络切片相关的 PDU 会话资源的建立。

TS24.501 还定义了为了在网络切片中进行 PDU 传输，UE 面向数据网络 DN 请求在一个网络切片中建立一个 PDU 会话，该数据网络与 S-NSSAI 和数据网络名称 DNN 关联。S-NSSAI 包括服务 PLMN 或 SNPN 的允许 NSSAI 的一部分，该 S-NSSAI 是在服务 PLMN 或 SNPN 中有效的 S-NSSAI 值。在漫游场景下，映射 S-NSSAI 同样包括在 PDU 会话中。UE 确定是否建立新 PDU 会话或基于 URSP 规则使用已建立的 PDU 会话，或基于 UE 的本地配置。PDU 会话资源建立流程如图 3-2-6 所示。

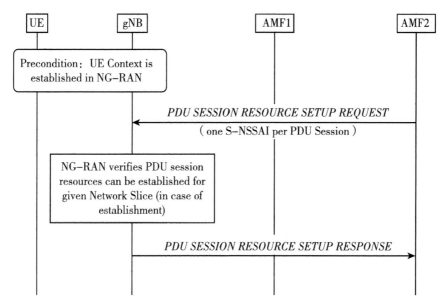

图 3-2-6　网络切片感知 PDU 会话资源设置

资料来源：3GPP.3GPP TS 38.300 V15.7.0 NR and NG-RAN overall description［S/OL］.［2020-03-28］. https：//www.3gpp.org/ftp/Specs/archive/38_series/38.300/38300-f70.zip.

3.2.3.5.4　移动性管理

为了在网络切片的情况下获得移动性切片感知，引入了 S-NSSAI 作为 PDU 会话信息的一部分，并在移动性信令中传送。这能够实现切片感知准入和拥塞控制。

无论切片是否支持目的 NG-RAN 节点，都允许 NG 和 Xn 切换。例如，目的 NG-RAN 节点不支持与源 NG-RAN 节点相同的切片和 Xn 切换。图 3-2-7 示出了在跨不同注册区域的连接态移动性情形下的 NG 切换，图 3-2-8 示出了相同情况下的 Xn 切换。

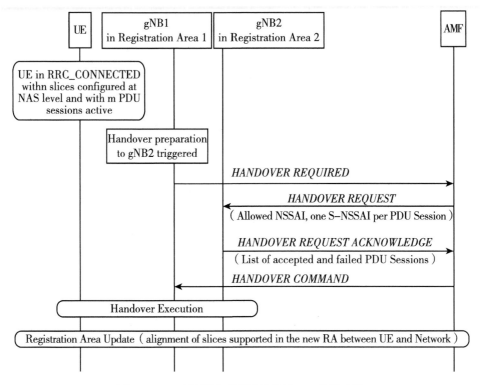

图 3-2-7　跨不同注册区域的基于 NG 的移动性

资料来源：3GPP.3GPP TS 38.300 V15.7.0 NR and NG-RAN overall description［S/OL］.［2020-03-28］.
https：//www.3gpp.org/ftp/Specs/archive/38_series/38.300/38300-f70.zip.

　　对于移动性管理，TS24.501 还定义了对于 PLMN 或 SNPN 的注册，UE
应当向 AMF 发送请求 NSSAI，如果 UE 具有用于当前 PLMN 或 SNPN 的配置
NSSAI 或允许 NSSAI 时，请求 NSSAI 包括一个或多个用于 PLMN 或 SNPN 或配
置 NSSAI 的允许 NSSAI 的 S-NSSAIs，请求 NSSAI 还与 UE 欲注册的网络切片
对应。或者当 UE 不具有用于当前 PLMN 的允许 NSSAI 和配置 NSSAI，而是具
有默认配置 NSSA 时，UE 向 AMF 指示请求 NSSAI 产生于默认配置 NSSAI。

　　请求 NSSAI 还可以基于 UE 中可获得的 S-NSSAI（s）形成。在漫游场景
下，UE 还应该提供与请求 NSSAI 对应的映射 S-NSSAI（s）。AMF 基于 UE 订
阅的订阅 S-NSSAIs 和 UE 提供的映射 S-NSSAI 检验请求 NSSAI 是否被允许，
如果被允许，AMF 向 UE 提供用于 PLMN 或 SNPN 的允许 NSSAI，并且在可
以获得情况下向 UE 提供 PLMN 的允许 NSSAI 的映射 S-NSSAI。AMF 保证不

会出现允许 NSSAI 的两个或多个 S-NSSAI 映射到 HPLMN 的相同 S-NSSAI 上。在请求 NSSAI 被禁止或 UE 中不包括请求 NSSAI，并且没有默认 S-NSSAI 的情况下，AMF 拒绝注册请求。

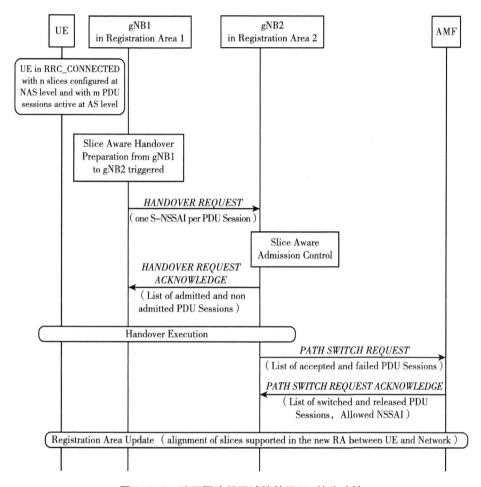

图 3-2-8　跨不同注册区域的基于 Xn 的移动性

资料来源：3GPP.3GPP TS 38.300 V15.7.0 NR and NG-RAN overall description［S/OL］.［2020-03-28］. https：//www.3gpp.org/ftp/Specs/archive/38_series/38.300/38300-f70.zip.

　　在 UE 向 PLMN 或 SNPN 注册时 UE 的网络切片组都可能发生改变，这种改变可能由 UE 或网络发起。此时，在注册流程或一般 UE 配置更新流程中允许 NSSAI 和关联的注册区域会发生改变。另外，为了更新允许 NSSAI，网络使用一般 UE 配置更新流程触发注册流程。

1. NSSAI 存储

配置 NSSAI 和允许 NSSAI 通常存储在 ME 的非易失性存储中。UE 中存储的每个配置 NSSAI 都是由最多 16 个 S-NSSAI 组成的集合，UE 中存储的每个允许 NSSAI 都是由最多 8 个 S-NSSAI 组成的集合，并且与 PLMN ID、SNPN ID 和接入类型关联。除了默认配置 NSSAI 外，每个配置 NSSAI 和拒绝 NSSAI 与 PLMN ID 和 SNPN ID 关联。当前注册区域的拒绝 NSSAI 中的 S-NSSAI 进一步与无法获得拒绝 S-NSSAI 的注册区域关联。当前 PLMN 或 SNPN 的拒绝 NSSAI 中的 S-NSSAI 应当视为被当前 PLMN 或 SNPN 拒绝，而不考虑接入类型。在配置 NSSAI，允许 NSSAI，当前 PLMN 或 SNPN 的拒绝 NSSAI，当前注册区域的拒绝 NSSAI 中没有复制的 PLMN ID 和 SNPN ID。

UE 按照以下方式存储 NSSAI：

（1）保存配置 NSSAI 直到接收到给定 PLMN 或 SNPN 的新的配置 NSSAI，网络向 UE 提供新配置 NSSAI 的映射 S-NSSAI，该映射 S-NSSAI 同样存储在 UE 中。当 UE 接收到新配置 NSSAI 时，UE 将现存的配置 NSSAI 替换为新配置 NSSAI，删除现存配置 NSSAI 的映射 NSSAI，存储新配置 NSSAI 的映射 NSSAI；如果 UE 在相同的 CONFIGURATION UPDATE COMMAND 消息中接收到新配置 NSSAI，并且注册请求比特设置为 "registration requested" 的配置更新指示信元，也包括该 PLMN 或 SNPN 的新的允许 NSSAI，则删除现存的允许 NSSAI 和其映射 S-NSSAI；删除当前 PLMN 或 SNPN 的拒绝 NSSAI 和当前注册区域的拒绝 NSSAI。

如果在 EPS 的 PDN 连接建立过程中，UE 从网络接收到与 PLMN ID 关联的 S-NSSAI，UE 为该 PLMN ID 标识出的 PLMN 在配置 NSSAI 中存储接收的 S-NSSAI。当 UE 在其他 PLMN 中注册时，如果能够获得，UE 应继续存储该接收到的配置 NSSAI 和关联的映射 S-NSSAI。

（2）保存允许 NSSAI 直到接收到给定 PLMN 或 SNPN 的新的允许 NSSAI。网络向 UE 提供新允许 NSSAI 的映射 S-NSSAI，该映射 S-NSSAI 同样存储在 UE 中。当 UE 接收到新允许 NSSAI 时，UE 将现存的允许 NSSAI 替换为新允许 NSSAI，删除现存允许 NSSAI 的映射 NSSAI，存储新允许 NSSAI 的映射 NSSAI；从现存的拒绝 NSSAI 中删除包括在新允许 NSSAI 中的当前 PLMN 或 SNPN 的拒绝 S-NSSAI。

如果 UE 接收到的 CONFIGURATION UPDATE COMMAND 消息中的配置更新指示信元的注册请求被设置为 "registration requested"，并且不包括其他参数，UE 删除现存的允许 NSSAI 及其映射 S–NSSAI。

（3）当 UE 在注册接收消息、注册拒绝消息或配置更新命令消息中接收到包括在拒绝 NSSAI 的 S–NSSAI 时，UE 基于相关的拒绝原因将 S–NSSAI 存储到拒绝 NSSAI；从现存的允许 NSSAI 中移除该拒绝 S–NSSAI，具体包括两种情况：针对每个接入类型的当前 PLMN 或 SNPN 的拒绝 NSSAI 和与相同接入类型关联的当前注册区域的拒绝 NSSAI。当 UE 使用显式信令从当前 PLMN 注销或者在当前 PLMN 中进入 5GMM–Deregistered 状态，或成功注册到新的 PLMN，或在向新 PLMN 注册失败后进入 5GMM–Deregistered 状态时，并且 UE 没有通过其他接入注册到当前 PLMN，则删除当前 PLMN 的拒绝 NSSAI。一旦 UE 在一个接入类型上注销，对应于该接入类型的当前注册区域的拒绝 NSSAI 应该被删除。如果 UE 移除该注册区域，针对当前注册区域存储的拒绝 NSSAI 应该被删除。

（4）对于 PLMN，当 UE 从注册接收消息或配置更新命令消息中接收到的网络切片指示信元的网络切片订阅改变指示被设置为 "Network slicing subscription changed"，UE 应当删除每个 PLMN 的网络切片信息（不包括当前 PLMN）。UE 不删除默认配置 NSSAI。

2. 5GMM–IDLE 模式中的低层 NSSAI

当 5GMM–IDLE 模式中的 UE 发送初始 NAS 消息时，UE NAS 层向低层提供 NSSAI。通过注册接收消息中的 NSSAI 包含模式信元，AMF 指示 UE 在 NSSAI 包含模式中操作。

3.2.4　网络切片技术专利分析

3.2.4.1　全球申请分析

网络切片的概念是随着 R14、R15 的进展而提出来的，在此之前，并没有明确的网络切片的概念，"切片"的思想更多地体现在 NFV 和 SDN 技术中。因此，在 2016 年之前，明确提出"网络切片"这一概念的专利申请很少。而随着标准的进展，特别是 R15 的进展，网络切片技术作为 5G 的必选特性的重要性体现出来，2016 年以后网络切片技术专利申请陡然增加。同时，网络切片的很多问题在 R15 版本中未得到解决，这些问题将在 R16 或以后的版本中进一步获得解决，这样看来，至少在 R16 版本定稿之前，网络切片的专利申请整体会一直处于增长阶段。从图 3-2-9 可以直观地看到全球网络切片技术的专利申请趋势。其中，2019 年的数据未包括尚未公开的专利申请。

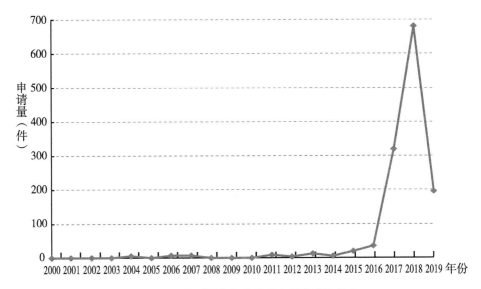

图 3-2-9　全球网络切片技术专利申请量趋势

从图 3-2-9 可以看出网络切片技术申请集中在 2016 年以后，从 2016 年开始申请量急速增长。即使不包含未公开的数据，2018 年的申请量也达到了近 700 件。

网络切片技术全球专利申请共涉及 500 多个申请人，其中申请量排名前 100 的申请人，申请了约 71% 的专利，可见，网络切片技术的技术垄断性较高。

从图 3-2-10 可以看出，涉及网络切片技术的专利申请目标地首先是世界知识产权组织，38.76% 的专利申请是通过向世界知识产权组织提出国际申请来进行全球布局。而美国是第二大目标国，美国申请占比为 24.72%。而中国和美国的占比相差不大，中国占比为 23.63%，说明美国和中国是网络切片技术专利布局的最主要的目标国。而欧洲、日本、印度和韩国，各占 5.13%、2.64%、2.45% 和 2.36%。可见，除了传统的五大局外，印度也是网络切片技术的较为重要的布局地。

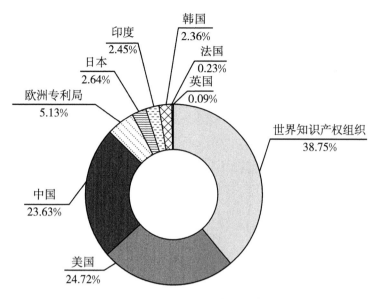

图 3-2-10　网络切片技术专利申请目标国

分析申请人国别可以看出，41.07% 的专利申请是中国申请人申请的，美国申请人申请量占比为 24.55%，是第二大技术原创国，欧洲申请人贡献了约 13% 的申请，是第三大技术原创地，韩国申请人的申请量占比为 12.27%，如图 3-2-11 所示。这一数据表明在网络切片技术领域，中国申请人在申请量上的优势较为明显。

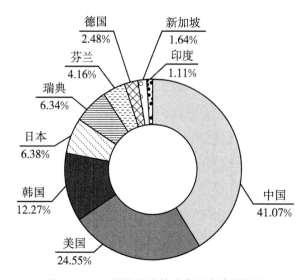

图 3-2-11　网络切片技术专利申请原创国

图 3-2-12 分析了网络切片技术专利申请的发明人所属的国家，可以看出 29.84% 的发明人是美国籍，其占比高于中国籍发明人，中国籍发明人占比为 24.05%。对比网络切片技术专利申请原创国的占比数据，可以看出虽然中国申请人的专利申请量占比最高，远高于美国申请人的专利申请量占比，但是中国籍发明人的占比却略低于美国籍发明人的占比，说明在网络切片技术领域美中两国的技术创新能力相近。而欧洲国家的发明人占比约为 21%，位居第三位。韩国籍发明人的占比为 12.64%，而日本发明人的占比仅为 3.34%，仅略高于印度发明人的占比。可以看出不论是专利布局还是专利原创，印度都在网络切片技术中占据了一席之地。

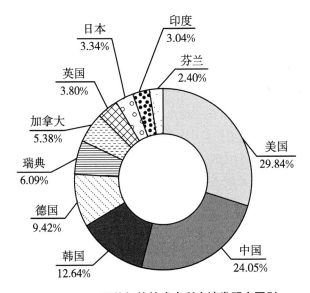

图 3-2-12 网络切片技术专利申请发明人国别

进一步分析申请人的申请量排名，可以看到在前 50 的申请人中，既包括传统的电信设备商，也包括计算机企业。其中，华为技术有限公司作为 5G 技术的主导企业在网络切片领域申请量也位居全球第一。而中兴通讯股份有限公司、诺基亚公司、爱立信公司、高通公司等传统电信设备商也都在此列，由于网络切片技术依赖的支撑技术 SDN 和 NFV 都属于计算机网络技术，因此，计算机领域的巨头企业在网络切片技术中具有较大的技术优势，例如，思科公司、IBM 公司、微软公司和英特尔公司等。除此之外，科研院所和高校也成为网络切片技术研发的重要力量。

通过对 CPC 分类号进行排序分析，可以获知网络切片专利涉及的主要的技术主题。对小类进行排名，可知，92% 的网络切片专利申请都分布在 H04W 和 H04L，其中 H04W 下的专利申请占比约为 65%，H04L 下的专利申请占比约为 27%。进一步对大组进行申请量排名，可知，申请量排名前十的 CPC 分类号涉及的技术主题如图 3-2-13 所示。其中，H04W48/18 涉及选择网络或通信业务；H04W60/00 涉及加入网络（例如注册），中止加入网络（例如撤销注册）；H04W76/27 涉及连接管理中的在无线资源控制状态间的转变；H04W76/11 涉及连接建立时的连接标识符的分配或使用；H04W48/16 涉及发现、处理接入限制或接入信息；H04W12/06 涉及认证；H04W76/10 涉及连接建立；H04W84/042 涉及大规模网络的公共陆地移动系统（例如蜂窝系统）；H04W36/14 涉及重选网络或空中接口；H04W80/10 涉及上层协议的会话管理。

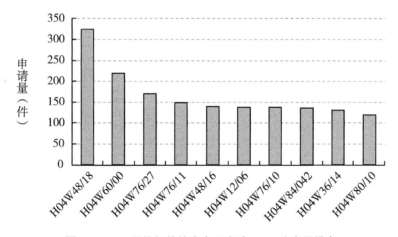

图 3-2-13　网络切片技术专利申请 CPC 分类号排名

3.2.4.2　中国申请分析

从图 3-2-14 可以看出，中国 2016 年以前网络切片相关的专利仅有零星申请，2016 年以后年申请量迅速走高，2017 年的年申请量超过了 200 件。2018 年和 2019 年的申请尚未完全公开，按照专利公开的规律，可以预测专利申请完全公开以后网络切片专利申请仍在高位，甚至有继续走高的潜力。说明在中国范围内，网络切片技术是近三年热度非常高的技术。

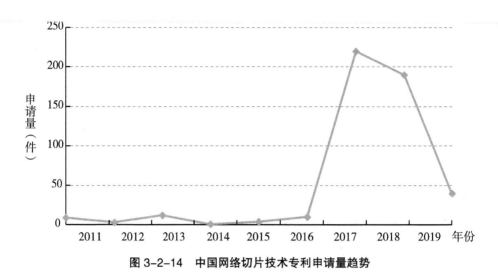

图 3-2-14　中国网络切片技术专利申请量趋势

图 3-2-15 则示出了中国网络切片技术专利申请的申请人占比，可以看出中国申请人占比高达 83.13%，占有绝对优势，排名第二的美国申请人仅占 5.97%。一方面，说明中国申请人非常重视在中国本土进行专利布局，而国外申请人不重视在中国进行网络切片技术相关的专利布局；另一方面，说明中国申请人在中国具有绝对领先的技术优势。

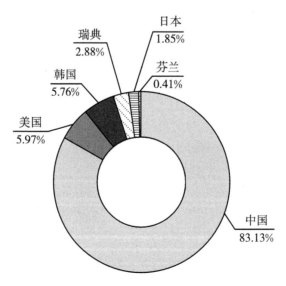

图 3-2-15　中国网络切片技术专利申请人国别

下面进一步分析哪些申请人的专利布局最多，图 3-2-16 示出了专利申请量超过 10 件的申请人排名。可以看到华为技术有限公司的专利申请量最多，有约 260 件，而排名第二位的中兴通讯股份有限公司则低于 50 件。说明在中国网络切片技术的专利垄断程度较高。

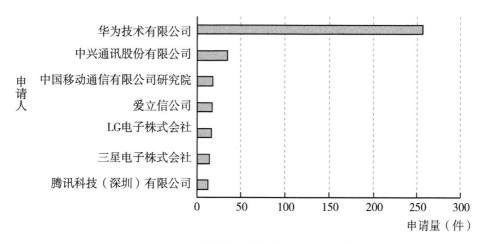

图 3-2-16 中国网络切片技术专利申请人排名

从申请人类型来看，企业申请人占 94.06%，科研单位占 4.92%，其他类型申请人的申请量仅占 1.02%，如图 3-2-17 所示。说明网络切片技术是技术门槛较高的技术。

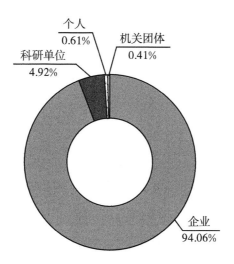

图 3-2-17 中国网络切片技术专利申请人类型

下面从申请类型和有效性两个方面分析网络切片专利申请在中国的申请
状况。首先，网络切片专利申请几乎都是发明专利申请，这是由于网络切片
专利是重要的技术，并且其中涉及较多的方法流程，更适合用发明专利的形
式进行保护。目前，88.27% 的网络切片技术专利申请都处于在审状态，这符
合网络切片技术专利申请的申请趋势和审查规律，网络切片技术大都是 2016
年以后申请的，按照审查周期规律，应当在 2018~2019 年陆续进入审查阶段。
在已经审结的 11.73% 的专利申请中，10.08% 处于有效状态，也就是说已审
结的专利申请中授权率达到了 85.93%，说明网络切片技术领域是一个技术空
白较多的新技术领域，专利布局的难度较低，如图 3-2-18 所示。

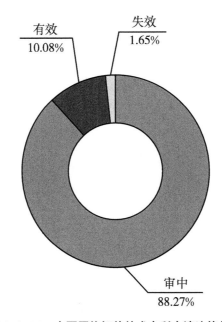

图 3-2-18　中国网络切片技术专利申请法律状态

3.2.4.3　专利运营状况

网络切片技术专利的运营主要体现在转让上，从图 3-2-19 可以看出，
网络切片技术的转让从 2016 年开始逐年上升，说明网络切片技术自 2016 年
以来越来越活跃。

转让类型则包括发明人向其所在的公司转让，以及向其他公司的转让。
其中 OFINNO 公司的情况属于前者，而华为技术有限公司、英特尔公司、高

通公司等多属于后者。活跃的专利转让情况说明除了通过自行研发布局，各创新主体还通过技术转让的形式完善自身在该领域的布局。

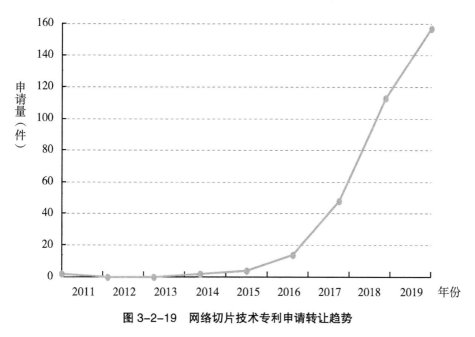

图 3-2-19　网络切片技术专利申请转让趋势

3.2.4.4　技术路线

网络切片技术随着 R14 和 R15，特别是 R15 的进展而进行布局，其发展了仅仅四年的时间，在技术路线上，按照贴近标准的方式进行发展，是一种在短时间内各技术分支齐头并进的方式。从网络功能来看，创新主体对网络切片的技术布局主要体现在涉及网络切片的初始接入流程的改进、移动性管理、网络切片管理、安全等方面，从网络构成来看涉及接入网切片、核心网切片、传输网切片、终端切片等方面。

由于网络切片是 R15 的必选特性，因而，在主要的网络流程中都涉及网络切片技术。在重要专利申请中，与网络切片管理、移动性管理、初始接入流程和安全等相关的文献较多。下面结合技术路线路图 3-2-20 介绍一些典型的专利申请和技术方案。

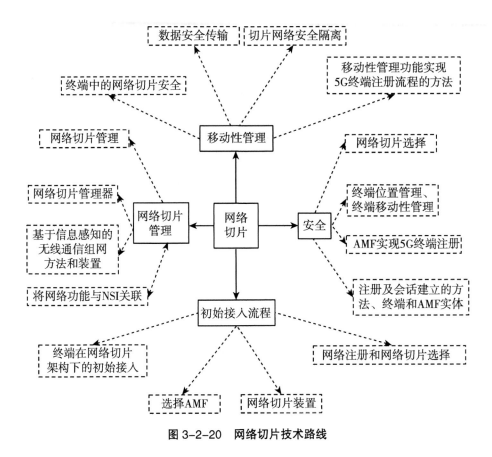

图 3-2-20　网络切片技术路线

　　作为一种网络资源，网络切片能够被用户根据需要进行管理，包括网络切片的创建、删除、感知等。例如，涉及网络切片的管理方法及管理单元的方案，提供了选择向租户提供共享的网络切片或独享的网络切片的具体解决方案。该方法包括：第一管理单元获取网络切片的隔离共享需求信息或第一指示信息，所述第一指示信息用于获取网络切片的隔离共享需求信息；所述第一管理单元向第二管理单元发送网络切片管理请求消息，所述网络切片管理请求消息携带所述网络切片的隔离共享需求信息或所述第一指示信息，所述网络切片管理请求消息用于指示所述第二管理单元选择、创建、配置或请求配置所述网络切片。涉及一种网络切片管理器及其管理方法的专利申请，能够根据用户需求，创建出满足需求的网络切片，有效地将网络切片的利用率最大化，从而提高网络资源利用率。该管理器包括创建模块、扩容模块、删除模块、用户请求表、网络切片参数表和网络切片状态表，以及多个外部接口；其中，创建模块分别与用户请求表、网络切片参数表相连；扩容模块分别与网络切片参数表、网络切片状态表相连；删除模块分别与网络切片参数表、网络切片状态表相连；创建模块通过外部接口与核心网、接入网、物理资源池和用户连接，扩容模块通过外部接口与已存在的网络切片和物理资源池相连，删除模块通过外部接口与已存在的网络切片相连；所述创建模块用于网络切片的创建；创建模块接收用户发送的网络切片申请请求后，对包括用户申请网络切片的业务类型和申请时间在内的申请信息进行收集并存储至用户请求表中，所述申请信息根据设定周期定时由创建模块更新；创建模块根据前一周期收集的申请信息分析出用户所需网络切片的各项参数，主要包括网络切片类型、网络切片中包含的网络功能、网络切片的创建时间、网络切片的预测持续时间和网络切片的用户容量并将这些参数存储至网络切片参数表中，根据网络切片参数利用核心网或接入网中相应的网络功能以及物理资源池中相应的物理资源创建网络切片，或者向用户反馈网络切片创建失败的信息；其中，同一业务类型的网络切片类型及该网络切片包含的网络功能唯一确定；创建时间根据本次和上次该网络切片的申请时间被创建模块更新，作为下次创建该类网络切片的创建时间。涉及一种基于信息感知的无线通信组网方法和装置，其能够支持多种多样的业务需求的专利申请，能够提高网络对用户业务的感知能力，提升网络资源利用率。该方法包括周期性获取网络中各协议层的参数，其中，所述各协议层从下到上依次包括物理层、介质访问控制层、网络层、网络切片编排控制层和业务层；对所述参数进行数据挖掘，实现信息感知，得到信息感知结果，其中，所述实现信息感知包括实现终端感知、实现用户感知、实现业务感知、实现网络资源感知和实现网络服务质量感知；根据所述信息感知结果，确定网络切片的种类，并确定每种网络切片的配置方案；根据周期性获取的网络中各协议层的参数，判断是否需要对所述每种网络切片进行调整，如果是，确定调整方案，以使所述网络切片进行调整。涉及一种用于将移动无线通信网络中的网络功能与 NSI 关联的方法的专利申请，使用多个核心网切片实例来支持不同的用户等级和负载平衡，避免了单一网络切片上的过载。所述方法包括一个网络切片管理功能 NSMF，NSMF 为一个网络切片实例创建一个识别符 NSI 用于操作管理 OAM，其中移动无线通信网络包括一个核心网和一个 OAM 系统，其中操作管理系统 OAM 至少包括 NSMF，NSMF 具有接入核心网中的网络功能的接口。其中网络功能向移动终端提供通信服务，并且核心网进一步包括网络存储功能 NRF，NRF 与网络功能和移动无线通信网络的网络切片实例保持关联；NSMF 或 NRF 通知一个或多个网络功能所述与网络切片实例的关联。

在初始接入流程方面，为了解决在多网络切片系统架构下，终端初始接入网络过程中网络架构灵活性不足的问题，提供了一种方法，包括：在终端初始接入过程中，接收终端发送的携带有网络切片选择信息的连接建立请求消息；为终端选择提供服务的控制面实体以与终端建立连接。为了解决现有技术没有在用户注册过程中选择 AMF 的具体方法的问题，提出了一种选择 AMF 的方法。该方法包括：初始 AMF 接收用户终端 UE 发送的注册请求消息；所述初始 AMF 根据所述注册请求消息向所述网络切片选择功能 NSSF 查询支持所述 UE 的网络切片选择的 AMF，并向所述网络功能库功能 NRF 查询支持所述 UE 的网络功能选择的 AMF；所述初始 AMF 接收所述 NSSF 返回的第一 AMF 信息和所述 NRF 返回的第二 AMF 信息，其中所述第一 AMF 信息包含支持所述 UE 的网络切片选择的 AMF 的信息，所述第二 AMF 信息包含支持所述 UE 的网络功能选择的 AMF 的信息；所述初始 AMF 获取所述第一 AMF 信息和所述第二 AMF 信息的交集；所述初始 AMF 从所述交集中选择目标 AMF。另外，通信系统中的网络切片装置，具有用于选择指示通信优先级的预配置接入类型的处理电路，能够避免不必要的无线信令负担，并在初始上下文建立流程之前使能临时网络切片策略。该装置包括处理电路，该处理电路被配置为选择指示基于网络切片标准的通信优先级的预配置接入类型，根据通信系统的随机接入类型发送包括所述预配置接入类型的接入消息（MSG3）。而用于网络注册和网络切片选择的方法，能够支持多个不同的部署选项以适应不同的切片和服务提供，并保持该网络运营商的灵活性。具体来说，AMF 接收关于用户设备 UE 连接到接入节点的非接入层 NAS 注册请求；至少部分地响应于所述注册请求：在网络中注册所述 UE；根据所述注册请求中的信息，为所述 UE 建立协议数据单元 PDU 会话；以及所述 AMF 向所述 UE 发送注册响应。

漫游场景是网络切片网络架构下的重要场景，移动性管理相关技术点也是网络切片专利布局的重要方面，例如，为了解决现有技术存在的无法确保用户在拜访地得到与归属地同样的体验的问题，公开了一种网络切片的选择方法，所述方法包括：VPLMN 的第一 SSF 接收切片选择请求，所述切片选择请求用于请求所述第一 SSF 为漫游的终端设备选择网络切片，所述切片选择请求中包括所请求的网络切片应满足的条件信息；所述第一 SSF 将所述条件信息发送给 HPLMN 的第二 SSF；所述第一 SSF 接收所述第二 SSF 发送的满足所述条件信息的第一网络切片的切片信息；所述第一 SSF 基于所述第一网络切片的切片信息为所述终端设备选择第二网络切片。又如，一种终端位置管理、终端移动性管理的方法及网络节点，用于在终端移动到不同的区域时获取终端位置，及为该终端在该区域内选择或创建符合其业务需求的特定网络切片提供服务。其中，在进行位置管理时，能力开放功能实体 CEF 向为终端提供服务的网络切片发送对所述终端的位置订阅请求；所述 CEF 接收当前为所述终端提供服务的网络切片的上报，获取所述终端的位置信息。进行移动性管理方法时，CEF 通过网络切片管理功能实体 NSMF 为终端选择或创建一个目标网络切片；所述 CEF 通过当前为所述终端提供服务的网络切片，通知所述终端切换到所述目标网络切片。再如，一种接入和移动性管理实体 AMF 实现 5G 终端注册的方法，能够获取 UE 的网络切片特定区域的信息，并基于区域信息为管理终端分配注册区域。该方法包括向 NSSF 发送包括终端请求的至少一个 NSSAI 的第一消息；响应于第一消息，从 NSSF 接收包括终端允许 NSSAI 和能被至少一个网络切片服务的区域上的信息的第二消息。而为了解决 UE 没有被预配置某一 VPLMN 的 NSSP 的情况，当 UE 漫游到该 VPLMN 下时，UE 无法确定在哪个切片上建立 PDU 会话的技术问题，终端向接入与移动管理功能 AMF 实体发送第一消息，第一消息包含第一信息、第一网络切片选择信息和第二网络切片选择信息，第一信息包含请求建立协议数据单元 PDU 会话的信息，第一网络切片选择信息用于 AMF 实体选择第一会话管理控制功能 SMF 实体，第二网络切片选择信息用于 AMF 实体选择第二 SMF 实体；终端接收 AMF 实体发送的第二消息，第二消息包含第二信息，第二信息包含 PDU 会话建立接受的信息。以便于 PDU 会话建立过程中，AMF 实体准确地确定 SNSSAI，完成 PDU 会话的建立。

在基于网络切片的网络架构中，网络切片的安全、隔离等技术也是一个重要的专利布局点。例如，一种移动网络中的安全设备，能够使得 UE 仅在需要时执行信息查找，使得数据管理变得简单，网络允许切片安全隔离以支持关联不同业务的不同安全需求。该安全设备包括：用于存储切片安全需求的存储器，每个切片 ID 的安全需求不同，切片 ID 指示核心网中的网络切片；用于响应于为网络切片选择安全算法的请求向移动网络中的网络设备发送切片安全需求的发送器。涉及一种数据安全传输的方法，能够提高网络切片的网络架构下的数据传输过程的安全性、可靠性，满足不同网络切片对用户面安全的不同需求，提高了数据加 / 解密的灵活性和差异性，提高了数据加密兼容性。该方法包括：第一接入网设备接收终端设备发送的请求消息；所述请求消息中包括一个或多网络切片选择信息；所述第一接入网设备向第一核心网设备发送所述一个或多个网络切片选择信息；所述第一接入网设备接收所述第一核心网设备发送的响应消息；所述响应消息中包括所述第一核心网设备为所述终端设备配置的用户面安全信息；所述用户面安全信息包括用户面加 / 解密位置指示信息，用于加 / 解密所述终端设备选择的网络切片关联的业务传输的用户面数据包；所述第一接入网设备向所述终端设备发送所述用户面安全信息；所述第一接入网设备接收所述终端设备传输的加密后的数据，并向所述第一核心网设备传输所述加密后的数据，所述加密后的数据为所述终端设备根据所述用户面安全信息处理后的数据。一种切片网络安全隔离的方法和装置，其通过网络侧和终端能够分别针对不同的切片网络生成其专用的密钥，使得每个切片网络都有专用的安全保护手段，实现了切片网络间的安全隔离，提高了切片网络通信的安全性。该方法包括第一控制面功能实体（CPF）向第二 CPF 发送密钥信息，并接收来自第二 CPF 的切片网络安全策略；第一 CPF 向终端发送切片网络安全策略，切片网络安全策略用于生成与终端和切片网络相关的密钥集合，其中切片网络由切片网络安全策略中的信息指示，切片网络安全策略包含与切片网络相关的派生信息或密钥长度信息，派生信息包含指定密钥是否派生的指示或派生参数。一种网络切片内鉴权方法、切片鉴权代理实体及会话管理实体，其能够完成网络切片内的鉴权，进一步保障切片安全，解决了现有技术中切片安全的鉴权方案不够完善的问题。网络切片内鉴权的方法有：接收会话管理实体发送的网络切片内认证请求和切片安全策略；根据网络切片内认证请求和切片安全策略，进行网络切片内鉴权的操作。切片安全策略包括鉴权方式标识和鉴权方地址，在鉴权方式标识指示代理方式时，进行网络切片内鉴权的操作步骤包括：根据切片安全策略中的鉴权方地址向对应的鉴权实体发送认证向量请求；接收鉴权实体根据认证向量请求反馈的终端认证向量；利用终端认证向量与对应终端进行网络切片内鉴权。

参考文献

［1］3GPP.3GPP TS22.261 V16.8.0 Service requirements for the 5G system［S/OL］. 2019［2020-03-28］.https：//www.3gpp.org/ftp/Specs/archive/22_series/22.261/22261-g80.zip.

［2］3GPP.3GPP TR 28.801 V15.1.0 Study on management and orchestration of network slicing for next generation network［S/OL］. 2018［2020-03-28］.https：//www.3gpp.org/ftp/Specs/archive/28_series/28.801/28801-f10.zip.

［3］3GPP.3GPP TR 23.799 V14.0.0 Study on Architecture for Next Generation System［S/OL］. 2016［2020-03-28］.https：//www.3gpp.org/ftp/Specs/archive/23_series/23.799/23799-e00.zip.

［4］3GPP.3GPP TR 33.811 V15.0.0 Study on security aspects of 5G network slicing management［S/OL］. 2018［2020-03-28］.https：//www.3gpp.org/ftp/Specs/archive/33_series/33.811/33811-f00.zip.

［5］魏垚，谢沛荣.网络切片标准分析与进展现状［J］.移动通信，2019，43（4）：25-30.

［6］3GPP.3GPP TS 38.300 V15.7.0 NR and NG-RAN Overall Description［S/OL］. 2019［2020-03-28］.https：//www.3gpp.org/ftp/Specs/archive/38_series/38.300/38300-f70.zip.

［7］3GPP.3GPP TS 23.501 V16.2.0 System architecture for the 5G System（5GS）［S/OL］. 2019［2020-03-28］.https：//www.3gpp.org/ftp/Specs/archive/23_series/23.501/23501-g20.zip.

［8］3GPP.3GPP TS 23.502 V15.7.0 Procedures for the 5G System（5GS）［S/OL］.2019［2020-03-28］.https：//www.3gpp.org/ftp/Specs/archive/23_series/23.502/23502-f70.zip.

［9］3GPP.3GPP TS 38.413 V15.4.0 NG Application Protocol［S/OL］. 2019［2020-03-28］.https：//www.3gpp.org/ftp/Specs/archive/38_series/38.413/38413-f40.zip.

［10］3GPP.3GPP TS 38.423 V15.4.0 Xn application protocol［S/OL］. 2019［2020-03-28］.https：//www.3gpp.org/ftp/Specs/archive/38_series/38.423/38423-f40.zip.

［11］3GPP.3GPP TS 24.501 V16.2.0 Non-Access-Stratum（NAS）protocol for 5G System（5GS）［S/OL］.2019［2020-03-28］.https：//www.3gpp.org/ftp/Specs/archive/24_series/24.501/24501-g20.zip.

［12］3GPP.3GPP TR38.801 V0.6.0 Study on new radio access technology：Radio access architecture and interfaces［S/OL］.2016［2020-03-28］.https：//www.3gpp.org/ftp/Specs/archive/38_series/38.801/38801-060.zip.

［13］3GPP.3GPP TR38.804 V0.4.0 Study on new radio access technology Radio interface protocol aspects［S/OL］.2016［2020-03-28］.https：//www.3gpp.org/ftp/Specs/archive/38_series/38.804/38804-040.zip.

3.3 移动边缘计算

3.3.1 移动边缘计算基本原理

当 4G 通信技术无法满足爆发式增长的数据流量、多种多样的终端类型和丰富变换的服务场景时，5G 通信时代就应运而生。在多种多样的终端类型的需求下，移动核心网服务的对象不再仅是手机，而是进一步扩展到各种可能的通信设备，例如，各种传感器、移动车辆、照相设备、平板电脑等。相应地，便可以适应越来越多样化的服务场景，例如，物联网应用、移动宽带、高可靠低时延通信等。因此，5G 通信网络在可靠性、时延性、安全性、移动性等多个方面相比于 4G 通信网络都有了明显的改进。[1]

在 5G 通信网络需要达到高宽带、低时延要求的同时，还需要考虑尽量避免增加网络的负荷。因此，对于 5G 通信网络而言，期待达到的目标为：利用 NFV/SDN 技术实现虚拟化设计，将核心网络的功能下沉到基站侧。[2] 为实现上述目标，可以通过将通信网络架构与云计算技术相结合，来搭建更加智能的通信网络平台。在上述设计思路的指引下，就诞生了 4G 到 5G 过渡的关键技术——移动边缘计算。移动边缘计算将原来位于云数据中心的功能下沉到移动网络的边缘，在移动网络边缘便可以实现存储和计算。由于移动边缘计算更贴近用户侧，所以可以减少通信过程中网络的操作带来的时延，改善用户体验。

在边缘计算发展初期，首先出现的是微云计算（Cloudlet），于 2009 年提出，它是边缘计算和云计算结合产生的新型网络架构平台，位于云和终端设备的中间层，其架构设计类似于 Wi-Fi 热点场景，终端设备的连接依赖于核心网络的覆盖范围，这样给微云计算的应用带来了很多局限性。移动边缘计算的概念由 ETSI 在 2014 年提出，凭借其高效性、低时延和应用灵活性得到了学术界和产业界的广泛关注。[3]

2014 年 12 月开始，ETSI 移动边缘计算 ISG 工作组开始着手于移动边缘计算的研究，并发布相关的技术规范。经过一段时间的研究，ETSI 移动边缘计算 ISG 公布了关于移动边缘计算的基本技术需求和参考构架方面的规范。图 3-3-1 显示了移动边缘计算的基本架构。[1] 移动边缘计算的基本架构按层次可以被划分为三个部分，从低到高分别是网络水平、移动边缘主机水平和移动边缘系统水平。移动边缘主机水平包括移动边缘主机和移动边缘主机水平管理。移动边缘主机进一步又包括移动变换平台、虚拟化基础设施和移动边缘应用。网络水平则包括 3GPP 网络、本地网络和外部网络。而位于整个架构最上层的移动边缘系统水平，包括移动边缘系统水平管理，可以实现对系统的全局管理。

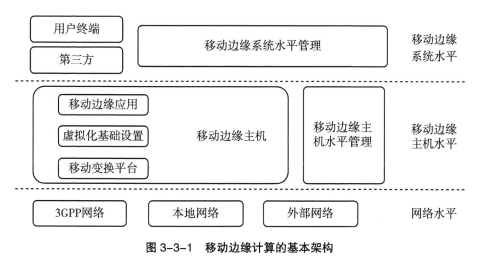

图 3-3-1　移动边缘计算的基本架构

资料来源：李子姝，谢人超，孙礼，黄韬. 移动边缘计算综述［J］. 电信科学，2018，34（1）：87-101.

3.3.1.1　技术优势

相比于传统的网络架构和模式，移动边缘计算具有很多明显的优势，能改善传统网络架构和模式下时延高、效率低等诸多问题，也正是这些优势，使得移动边缘计算成为未来 5G 的关键技术。[1]

3.3.1.1.1　低时延

移动边缘计算将计算和存储能力"下沉"到网络边缘，由于距离用户更近，请求不再需要经过漫长的传输网络到达遥远的核心网被处理，而是由部署在本地的移动边缘计算服务器将一部分流量进行卸载，直接处理并响应用户，因此通信时延将大大降低。移动边缘计算的时延节省特性在视频传输和 VR 等时延敏感的相关应用中表现尤为明显。以视频传输为例，在不使用移动边缘计算的传统方式下，每个用户终端在发起视频内容调用请求时，首先需要经过基站接入，然后通过核心网连接目标内容，再逐层进行回传，最终完成终端和该目标内容间的交互，可想而知，这样的连接和逐层获取的方式是非常耗时的。引入移动边缘计算解决方案后，在靠近 UE 的基站侧部署移动边缘计算服务器，利用移动边缘计算提供的存储资源将内容缓存在移动边缘计算服务器上，用户可以直接从移动边缘计算服务器获取内容，不再需要通过漫长的回程链路从相对遥远的核心网获取内容数据。这样可以极大地节省用户发出请求到被响应之间的等待时间，从而提升用户服务质量体验。此外，在 Wi-Fi 和 LTE 网络中使用边缘计算平台可以明显改善互动型和密集型应用的时延。通过微云在网络边缘进行计算卸载，可以改善响应时延至中心云卸载方案的 51%。因此，移动边缘计算对于 5G 网络 1msRTT 的时延要求来说是非常有价值的。

3.3.1.1.2　改善链路容量

部署在移动网络边缘的移动边缘计算服务器能对流量数据进行本地卸载，从而极大地降低对传输网和核心网带宽的要求。以视频传输与例，对于某些流行度较高的视频，例如，NBA 比赛、电子产品发布会等，经常是以直播这种高并发的发布方式发布，同一时间内就有大量用户接入，并且请求同一资源，因此对带宽和链路状态的要求极高。通过在网络边缘部署移动边缘计算服务器，可以将视频直播内容实时缓存在距离用户更近的地方，在本地进行用户请求的处理，从而减少对回程链路的带宽压力，同时也可以降低发生链路拥塞和故障的可能性，从而改善链路容量。在网络边缘部署存储可以节省 20% 左右的回程链路资源，对于带宽需求型和计算密集型应用来说，在移动网络边缘部署缓存可以节省 60% 左右的运营成本。

3.3.1.1.3　提高能量效率

在移动网络下，网络的能量消耗主要包括任务计算耗能和数据传输耗能两个部分。能量效率和网络容量是 5G 实现广泛部署需要克服的一大难题。一方面，移动边缘计算的引入能极大地降低网络的能量消耗。移动边缘计算自身具有计算和存储资源能力，能够在本地进行部分计算的卸载，对于需要大量计算能力的任务，再考虑上交给距离更远、处理能力更强的数据中心或云进行处理。因此，可以降低核心网的计算能耗。另一方面，随着缓存技术的发展，存储资源相对于带宽资源来说成本逐渐降低，移动边缘计算的部署也是一种以存储换取带宽的方式，内容的本地存储可以极大地减少远程传输的必要性，从而降低传输能耗。当前已有许多工作致力于研究边缘计算的能量消耗问题。边缘计算能明显降低 Wi-Fi 网络和 LTE 网络下不同应用的能量消耗。使用微云进行计算卸载，中心云卸载方案可以节省 40% 左右的能量消耗。

3.3.1.1.4 感知链路状态

部署在网络接入网的移动边缘计算服务器可以获取详细的网络信息和终端信息，同时还可以作为本区域的资源控制器对带宽等资源进行调度和分配。仍以视频应用为例，移动边缘计算服务器可以感知用户终端的链路信息，回收空闲的带宽资源，并将其分配给其他需要的用户，用户在得到更多的带宽资源之后，就可以观看更高速率版本的视频，在用户允许的情况下，移动边缘计算服务器还可以为用户自动切换到更高的视频质量版本。链路资源紧缺时，移动边缘计算服务器又可以自动为用户切换到较低速率版本，以避免卡顿现象的发生，从而给予用户极致的观看体验。同时，移动边缘计算服务器还可以基于用户位置提供一些基于位置的服务，例如，餐饮、娱乐等推送服务，进一步提升用户的服务质量体验。

3.3.1.2 应用场景

作为 5G 移动通信网络的关键技术，移动边缘计算的核心功能就是在网络边缘侧实现便捷化和智能化，不仅能准确及时地处理本地数据和实时业务，也能满足不同的设备在不同环境中实现跨应用、跨厂商的集成。

低时延、高可靠的移动边缘计算引起了业界的广泛关注和研究，以实现更好地为用户提供服务和应用解决方案。下面列举移动通信系统中的几种典型应用场景，并分析移动边缘计算与这些场景相结合带来的应用价值。[3]

3.3.1.2.1 海量数据计算

5G 的实现，将产生数以亿计的海量数据，广大用户对高带宽、低时延的要求越来越高，在很短的时间内进行大量计算已成为迫在眉睫的需求。增强现实（AR）和虚拟现实（VR）就是典型的实时型应用。增强现实技术是一种使用计算机生成的附加信息来增强或扩展用户所看到的真实世界愿景的技术。虚拟现实是一种计算机模拟技术，它利用计算机对多种信息和物理行为进行整合，进而模拟出三维动态视觉场景。这两种技术都需要收集与用户状态有关的实时信息，包括用户位置和方向，然后根据计算结果进行处理。移动边缘计算服务器可以提供丰富的计算资源和存储资源，缓存流行的音频、视频内容，合并位置信息以确定推送内容，并将其发送给用户，或者快速模拟三维动态场景与用户进行交互。

3.3.1.2.2　物联网

物联网是一种基于互联网开发的万物互联的新型场景。从物联网的结构来看，移动边缘计算是靠近物联网边缘的集计算、分析、存储和优化于一体的新型模式。而云计算可认为位于物联网的顶层。两者发挥各自最大优势，才能实现最终意义的"万物互联"。

各种各种的终端产生的海量数据，迅速增加的网络边缘设备，以及不断复杂化的网络构架，使得移动边缘计算成为越来越必要的技术。通常情况下，物联网设备在处理器和内存容量方面受到资源限制，因此移动边缘计算可以作为物联网汇聚网管使用，将终端生成的海量数据进行汇总和分析，这些来自不同协议的数据可以分组、分析和分发。此外，移动边缘计算还可以通过控制节点来远程控制这些物联网设备并提供实时分析和配置。

3.3.1.2.3　车联网

车联网是物联网的一个特定场景，对应着多种多样的服务，此场景下存在大量的终端用户和基于 V2X 的应用，其中的"X"代表着 everything，V2X 实现了车与车、车与基站、基站与基站、车与其他物体之间的通信，是未来智能交通系统的关键技术。此关键技术推动了无人驾驶技术的迅速发展，该新兴的驾驶环境要求能够及时迅速地对道路中可能出现的情况进行紧急决策，对数据处理的实时性、高效性和低时延要求更高。

将移动边缘计算应用到车联网中，利用移动边缘计算技术在 LTE 基站或相关设施中部署边缘服务器，可以减少对网络资源的无效占用，增加实时通信的可用带宽，降低服务交付的时延。同时，使用车载应用和道路传感器接收本地信息，分析并处理需要大量计算的高优先级紧急事件和服务，这样确保了交通安全、避免了交通拥堵，并增强了车载应用的用户体验。

3.3.2　移动边缘计算关键技术

移动边缘计算是一种可以使得云计算能力和业务环境被应用于蜂窝网络边缘的网络架构概念。移动边缘计算所拥有的低时延、高带宽、降低的回传业务和一些新业务场景，使其备受关注。接下来将着重介绍移动边缘计算的网络架构设置和推荐的解决方案。[4]

3.3.2.1　功能网元设置

本节将对移动边缘计算所需要的功能网元进行逐一介绍。

3.3.2.1.1　边缘使能服务器

边缘使能服务器为边缘应用服务器提供所需的支持功能，从而使得边缘应用服务器可以在边缘数据网络中运行。

边缘使能服务器的功能有：①配置信息以能够与边缘应用服务器交换应用数据业务的相关信息；②为边缘应用服务器提供信息，如是否可连接边缘使能客户端等。

3.3.2.1.2　边缘使能客户端

边缘使能客户端为应用客户端提供各种支持功能。

边缘使能客户端的功能有：①为边缘应用服务器提供应用数据业务的配置信息检索和准备；②在边缘数据网络中发现边缘应用服务器。

3.3.2.1.3　边缘数据网络配置服务器

边缘数据网络配置服务器为需要连接到边缘使能服务器的用户提供支持。

边缘数据网络配置服务器的功能是：为边缘使能客户端提供边缘数据网络配置信息。边缘数据网络配置信息的内容包括：用户设备利用边缘数据网络的业务服务范围连接到边缘数据网络所需的信息；建立与边缘使能服务器（例如 URI）的连接所需要的信息。

3.3.2.2　参考点设置

使能边缘应用服务器需要设置相应的参考点。本节对参考点的设置进行介绍。

3.3.2.2.1　EDGE-1

EDGE-1 实现在边缘使能服务器和边缘使能客户端之间使能边缘计算的信息交互。这种参考点支持如下功能：①为用户设备检索和提供配置信息；②在边缘数据网络发现可用的边缘应用服务器。

3.3.2.2.2　EDGE-2

EDGE-2 参考点提供边缘使能服务器和 3GPP 网络之间的边缘使能层信息交互功能。这种参考点支持对 3GPP 网络功能的接入，并提供用于检索网络能力信息的 API。

3.3.2.2.3　EDGE-3

EDGE-3 参考点提供边缘使能服务器和边缘应用服务之间的边缘使能层信息交互。这种参考点支持利用可用信息（例如，时间限制、位置限制等）注册到边缘应用服务器，提供对网络能力信息（例如，位置信息）的接入。

3.3.2.2.4　EDGE-4

EDGE-4 参考点提供边缘数据网络配置服务器和边缘使能客户端之间的边缘使能层信息交互。这种参考点支持在用户设备端为边缘使能客户端提供边缘数据网络配置信息。

3.3.2.3　解决方案

3.3.2.3.1　边缘应用服务器发现

边缘使能服务器驱动边缘使能客户端发现在边缘数据网络的边缘主机平台上运行的边缘应用服务器和被边缘主机平台具体示例的边缘应用服务器。边缘使能服务器使用鉴权检测、发现滤波器，并向边缘使能客户端提供被请求的信息。

图 3-3-2 显示了边缘使能客户端用于边缘应用服务器发现的信息交互过程。

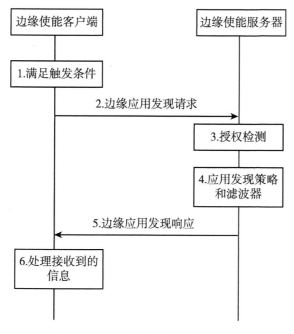

图 3-3-2　边缘应用服务器发现过程

资料来源：3GPP.3GPP TR 23.758 V0.2.0 study on application architectures for enabling edge applications ［S/OL］.［2020-03-28］.https：//www.3gpp.org/ftp/Specs/archive/23_seriers/23.758/23.

边缘应用服务器发现的预设条件如下：①边缘使能客户端配置用于初始化边缘应用服务器发现请求的触发条件；②边缘使能客户端获得与边缘使能服务器相关的信息。

其中，一些被配置的触发条件包括：用于建立 PDU 会话或 PDN 连接至边缘数据网络、第一次连接到边缘使能服务器、周期定时器超时、进入或离开一个位置区域（如边缘数据网络服务区域）等。或是，在边缘使能客户端进行配置触发条件的组合。

在图 3-3-2 步骤 1 之后，边缘使能客户端发送一个边缘应用服务器发现请求到边缘使能服务器。发现请求中包括查询滤波器的设置信息，以获得关于一个特殊边缘应用服务器或一类边缘应用服务器的信息，例如，游戏应用等。如果没有包括查询滤波器的设置信息，这就意味着请求发现所有可以获得的边缘应用服务器。

在从边缘使能客户端接收到请求后，边缘使能服务器检测边缘使能客户端是否被授权以发现所请求的边缘应用服务器。鉴权检查可以被应用到一个单独的边缘应用服务器、一类边缘应用服务器，或是边缘数据网络，如所有的边缘应用服务器。

如果边缘使能客户端被授权，边缘使能服务器将边缘应用服务器的信息进行归档。上述信息包括 FQDN 的一个列表以及在边缘数据网络的边缘主机平台上运行的边缘应用服务器的 IP 地址的一个映射。虽然可以获得边缘应用服务器，但是并没有对其进行具体的示例，边缘使能服务器需要获得相关信息。此外，边缘使能服务器可以应用任何发现策略或是滤波器，包括接收到的在边缘应用服务器发现请求中涉及的滤波器，以获得任何信息。

在边缘应用服务器发现响应中，边缘使能服务器发送被滤波的请求至边缘使能客户端。当边缘使能客户端接收到边缘应用服务器发现响应，边缘使能客户端使用 FQDN 和 / 或 IP 地址映射来解析应用客户端所请求的域名，以将要输出的应用数据业务路由，并将其按所需导向在边缘数据网络中的边缘应用服务器。进一步来说，边缘使能客户端为边缘提示应用客户端提供必要的通知信息。

3.3.2.3.2　提供边缘数据网络配置

在运营商网络中灵活运用边缘数据网络，进行网络构造的准则为灵活运用，即在单一的 PLMN 运营商网络中，可以有多个边缘计算业务提供商。边缘数据网络是 PLMN 中的一个子部分。在这个解决方案中，假设有多个边缘计算业务提供商，每个边缘数据网络都是 PLMN 的一个子部分。用户设备被配置边缘数据网络来识别基于用户位置的边缘计算业务是否可以获得，以建立到边缘数据网络和边缘使能服务器的连接。

为了能够为其他网元提供信息，用户设备需要在应用层连接至原始的供应服务器（例如边缘数据网络配置服务器）。供应服务器为用户设备提供如下信息：①针对用户设备的用于连接至边缘数据网络的信息；②附加业务区域识别信息；③用于建立连接至边缘使能服务器的信息。

3.3.2.3.2.1　提供边缘数据网络配置的流程

提供边缘数据网络配置的预设条件为：①作为用户设备的边缘使能客户端被配置边缘数据网络配置服务器可以识别的地址（如 URI）。该地址

可以预先配置或采用预先定义的值（如 http：//edgeconfiguration.<domain>/
provisioning，其中的 <domain> 在 3GPP TS 23.003 的第 13.2 节有所描述）。
②对边缘使能客户端进行鉴权。边缘使能客户端知晓用户识别符。

在图 3-3-3 中，用户设备向边缘数据网络配置服务器发送初始的提供
请求，提供请求如表 3-3-1 所示。该请求消息包括用户设备的识别符（例如
GPSI，GPSI 的定义可以参见 3GPP TS 23.003 第 28.8 节）。

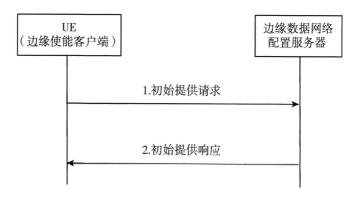

图 3-3-3　提供边缘数据网络配置

表 3-3-1　提供请求

信息元素	状态	描述
用户设备识别符	M	用户设备的识别符号

资料来源：3GPP.3GPP TR 23.758 V0.2.0 study on application architectures for enabling edge applications
［S/OL］.［2020-03-28］.https：//www.3gpp.org/ftp/Specs/archive/23_seriers/23.758/23.

边缘数据网络配置服务器发送边缘数据网络配置列表作为对用户设备的
提供响应，提供响应如表 3-3-2 所示。一条边缘数据网络配置信息包括边缘
数据网络的识别符、业务区域信息和用户建立边缘使能服务器的信息（例如
URI）。

表 3-3-2　提供响应

信息元素	状态	描述
EDN 连接信息	M	DNN（或 APN），S-NSSAI 等
EDN 业务区域	O	小区列表、TA 列表、PLMN ID

续表

信息元素	状态	描述
EES 连接信息	M	边缘使能服务器的目的节点地址（如 URI）
边缘计算 SP 信息	O	用于边缘计算业务提供商的信息

资料来源：3GPP.3GPP TR 23.758 V0.2.0 study on application architectures for enabling edge applications ［S/OL］.［2020-03-28］.https：//www.3gpp.org/ftp/Specs/archive/23_seriers/23.758/23.

3.3.2.3.2.2 初始提供和连接至边缘使能服务器的流程

在初始提供和连接至边缘使能服务器的流程中，预设的条件为：用户设备被触发来执行初始注册（例如打开电源）。

用户设备和 3GPP 网络执行初始化注册和会话建立流程。如果 3GPP 网络是 EPC，用户设备和 EPC 执行在 3GPP TS23.401 第 5.3.2 节中定义的初始化附着过程。如果 3GPP 网络是 5GC，用户设备和 5GC 执行在 3GPP TS 23.502 第 4.2.2.2 节中定义的初始化注册和 3GPPTS23.502 第 4.3.2 节中定义的会话建立流程。需要注意的是，如果用户设备必须通过因特网接入连接到 EDN 配置服务器，这个步骤则是必需的。

用户设备执行在图 3-3-4 定义的初始化提供流程。

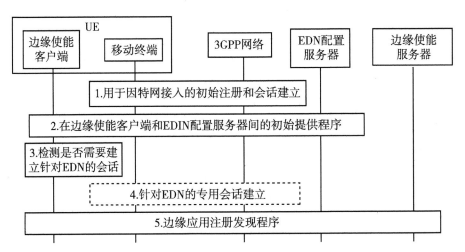

图 3-3-4 初始提供和连接至边缘使能服务器的流程

资料来源：3GPP.3GPP TR 23.758 V0.2.0 study on application architectures for enabling edge applications ［S/OL］.［2020-03-28］.https：//www.3gpp.org/ftp/Specs/archive/23_seriers/23.758/23.

用户设备检测在步骤 1 中 EDN 配置所规定的 DNN（或 APN）是否为一个建立的会话。当使用一个通用 DN 用于因特网接入以接入到边缘数据网络时，DNN（或 APN）与步骤 1 中建立会话的过程中所起的作用相同。在这种情况下，用户设备并不需要建立一个新的 PDU 会话（或 PDN 连接）。当使用一个专用 DN 时，用户设备需要检测当前的用户设备位置和边缘数据网络业务区域信息，以判决在当前的用户设备位置，边缘数据网络是否可用。如果用户设备判定用户设备位于 EDN 业务区域，用户设备发起到3GPP 网络的 PDU 会话（PDN 连接）的建立。当使用 LADN 时，用户设备发现 LADN 业务区域使用注册区域用于 EDN 配置中的指定 DNN。如果此时用户设备位于 LADN 业务区域，用户设备发起到 3GPP 网络的 PDU 会话的建立。

如果用户设备在步骤 3 中判断是否需要建立一个新的专用会话时，用户设备和 3GPP 网络执行用于 EDN 的专用会话建立。这个建立的步骤如 3GPP TS 23.502 第 4.3.2 节中所定义。

如果用户设备检测到在当前位置边缘使能服务器可用，边缘使能客户端初始化流程以连接到边缘使能服务器。

这个解决方案可以支持区域性边缘数据网络和部分边缘数据网络的使用。同时，该方案还使得 MNO 可以使用多个边缘主机环境，每个边缘主机环境可以在多边缘计算业务提供商下运行。

3.3.2.3.3 使用 LADN 的边缘数据网络

本方案描述了使用 LADN 的边缘数据网络及其业务区域。在此方案中，边缘数据网络可以由 LADN DNN 识别，边缘数据网络业务区域被定义为 LADN 业务区域（参见 3GPP TS 23.501 第 5.6.5 节中关于 LADN DNN 和 LADN 业务区域的描述）。

在如 3GPP TS 23.502 第 4.2.2.2 节中所定义的初始注册过程之后，用户设备执行初始化提供流程。如果边缘数据网络配置信息包括作为边缘数据网络识别符的 LADN DNN，用户设备则将 LADN 视为边缘数据网络。

由于 LADN 是边缘数据网络，用户设备可以通过使用在 3GPP TS 23.502 第 4.2.2.2 节中定义的注册流程，发现 LADN 服务区域，进一步发现边缘数据网络的服务区域。

用户设备通过判断其是否处于 LADN 业务区域来判断边缘数据网络是否可用。当用户设备检测到其移入 LADN 业务区域后，用户设备发起用于 LADN 的 PDU 会话建立。

当 MNO 重注册到 LADN 业务区域时，如 3GPP TS 23.501 中的第 5.6.5 节所示，AMF 使用用户设备配置更新流程来通知用户设备改变 LADN 业务区域。

3.3.2.3.4 位置报告 API

边缘使能服务器将位置报告 API 发送至边缘应用服务器，以支持追踪或是检测用户设备的有效位置。通知到边缘使能服务器的位置报告 API 依赖于 SCEFN/NEF 极限值 API，用以监测用户设备的位置。

边缘应用服务器请求位置报告 API，以获得当前用户设备位置的一次报告。同时，位置应用服务器还利用对位置报告 API 的请求，连续报告对用户设备位置的追踪。

位置报告 API 方案下的预设条件如下：①边缘应用服务器被授权来发现和使用由边缘使能服务器提供的位置报告 API；②边缘使能服务器被授权使用基于 SLA 和 MNO 的用于位置报告的 Nnef 事件公开 API；③在边缘应用服务器和边缘使能服务器之间的用户设备识别符被授权用于位置报告 API；④在用户设备和边缘使能服务器之间存在用户授权，以公开用户设备的位置信息给边缘应用服务器。

3.3.2.3.4.1 请求响应模型

边缘应用服务器基于来自边缘应用服务器的判决，向边缘使能服务器请求位置报告 API（包括用户设备识别符、位置粒度等）。边缘应用服务器中知晓用于设备识别符。位置粒度是一个指示位置的优化参数，例如，GPS 位置、小区 ID、追踪区域 ID 或城市地址（如街道、行政区域等）等这些可以被边缘应用服务器识别的参数，如图 3-3-5 所示。

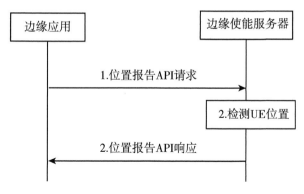

图 3-3-5　请求响应模型

资料来源：3GPP.3GPP TR 23.758 V0.2.0 study on application architectures for enabling edge applications［S/OL］.［2020-03-28］.https：//www.3gpp.org/ftp/Specs/archive/23_seriers/23.758/23.

边缘使能服务器核查用户设备的位置，并进行如下操作：①如果来自边缘应用服务器的请求中包括位置粒度，边缘使能服务器就参考位置粒度参数来核查用户设备的位置；②如果边缘使能服务器最后在本地缓存了用户设备的位置，边缘使能服务器就会使用这些信息，以响应边缘应用服务器；③边缘使能服务器可以修改位置信息的格式，以适应在步骤 1 中来自边缘应用服务器的位置粒度。例如，如果边缘使能服务器接收到包括追踪区域 ID 或小区 ID 格式的用户设备位置信息，边缘使能服务器可以按边缘应用服务器的请求，将位置信息修改为 GPS 坐标或是城市地址的形式（如街道、行政区域等）。

边缘使能服务器使用用户设备的位置来响应边缘应用服务器，优选的是，响应信息中还包括位置的时间戳。时间戳可以用来指示位置信息的时间属性。

3.3.2.3.4.2　订阅通知模型

边缘应用服务器为了连续追踪用户设备的位置，请求位置报告订阅操作（请求用户设备的识别符、位置粒度）。边缘应用服务器中存储有用户设备的识别符。位置粒度是一种用来指示位置的可选参数，包括 GPS 坐标、小区 ID、追踪区域 ID 或城市地址（如街道、行政区等）。

边缘使能服务器判断来自边缘应用服务器的请求是否授权。如果被授权，边缘使能服务器则向订阅请求返回 ACK 响应。如果没有被授权，边缘使能服务器则将原因作为拒绝的理由，如图 3-3-6 所示。

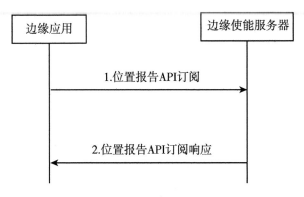

图 3-3-6　订阅操作

资料来源：3GPP.3GPP TR 23.758 V0.2.0 study on application architectures for enabling edge applications［S/OL］.［2020-03-28］.https：//www.3gpp.org/ftp/Specs/archive/23_seriers/23.758/23.

　　边缘使能服务器检测用户设备的位置，如接收针对用户设备的来自3GPP系统的位置报告的方式。边缘使能服务器在本地缓存检测到的位置信息，并附时间戳作为最近的用户设备的位置信息。边缘使能服务器将用户设备的位置信息通知到已经订阅位置报告的边缘应用服务器。

　　边缘使能服务器向边缘应用服务器发送位置报告通知操作。边缘使能服务器存储有用户设备的位置和可选的位置时间戳信息，如图3-3-7所示。

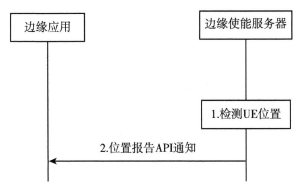

图 3-3-7　通知操作

资料来源：3GPP.3GPP TR 23.758 V0.2.0 study on application architectures for enabling edge applications［S/OL］.［2020-03-28］.https：//www.3gpp.org/ftp/Specs/archive/23_seriers/23.758/23.

　　边缘使能服务器可以修改位置信息的格式去适应在订阅操作中边缘应用服务器所请求的位置的粒度。例如，如果边缘使能服务器接收到的用户设备的位置是追踪区域 ID 或小区 ID 的格式，边缘使能服务器可以按照边缘应用服务器的请求，将上述信息修改为 GPS 坐标、城市地址（如街道、行政区域等）这种形式的位置信息。

3.3.2.3.4.3 从 3GPP 系统检测用户设备的位置

边缘使能服务器与 3GPP 系统（如 5GS、EPS）进行交互，从而获知用户设备的位置信息，如图 3-3-8 所示。例如，边缘使能服务器使用 SCEF/NEF 所公开的 API、LCS（位置业务）或 NWDAF，上述参数在 3GPP TS 23.502 中已经被定义。

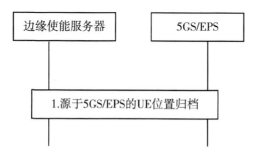

图 3-3-8　从 3GPP 系统检测用户设备的位置

资料来源：3GPP.3GPP TR 23.758 V0.2.0 study on application architectures for enabling edge applications〔S/OL〕.〔2020-03-28〕.https：//www.3gpp.org/ftp/Specs/archive/23_seriers/23.758/23.

边缘使能服务器向 3GPP 系统请求连续的位置报告，保持追踪用户设备最新的位置信息，以避免重复向 3GPP 系统发送位置报告。因此，边缘使能服务器可以检测到最新的用户设备位置信息。

边缘使能服务器考虑从边缘应用服务器请求的位置粒度参数（如 GPS 坐标、小区 ID、追踪区域 ID 或城市地址），以针对从 3GPP 系统获得的用户设备位置进行数据处理。

3.3.2.3.5　用户设备识别符 API

边缘使能服务器将用户设备识别符 API 发送至边缘应用，以提供有效的用户设备识别符。用户设备识别符 API 提供的用户设备识别符被称为边缘用户设备 ID。边缘应用使用边缘用户设备 ID 来识别针对不同业务 API 的用户设备，如图 3-3-9 所示。

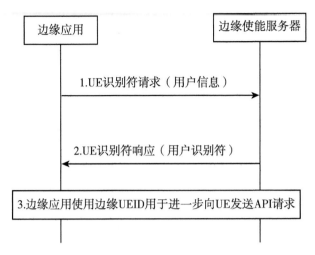

图 3-3-9　用户设备识别符 API

资料来源：3GPP.3GPP TR 23.758 V0.2.0 study on application architectures for enabling edge applications〔S/OL〕.〔2020-03-28〕.https：//www.3gpp.org/ftp/Specs/archive/23_seriers/23.758/23.

用户设备识别符 API 方案下的预设条件为：①边缘应用被授权以发现和使用由边缘使能服务器提供的用户设备识别符 API；②边缘使能服务器能够基于接受自边缘应用的用户信息，判决边缘用户设备 ID；③用户和边缘应用同意公开用户信息。

边缘应用从边缘使能服务器请求用户设备识别符 API（包括用户信息、边缘应用识别符）。用户信息可以是 ACR（匿名客户参考）、边缘应用用户 ID 或应用客户的 IP 地址的形式。

边缘使能服务器在步骤 1 中基于接收到的用户信息来判决用户设备。如果边缘使能服务器在鉴权的过程中获得针对用户的信息（如 ACR 或 IP 地址），边缘使能服务器能够根据请求判定用户设备。边缘使能服务器可以查询 3GPP 网络来获得对应于用户信息的 GPSI。在边缘使能服务器是基于 TS29.122 所规定的 T8 API 时，GPSI 被应用。

在判决了用户设备之后，边缘使能服务器与包括作为边缘用户设备 ID 的 GPSI 的边缘应用相对应。

边缘应用使用在步骤 2 中接收到的边缘用户设备 ID 来进一步获得边缘使能服务器提供的能力公开 API。

如果变换用户设备 ID 因为私密原因（如 GPSI 的改变）被更改，边缘使能服务器需要更新边缘用户设备 ID 至边缘应用。如果不需要支持边缘用户设备 ID 用于容量公开 API，边缘使能服务器能够从边缘应用清除边缘用户设备 ID。

3.3.2.3.6　针对边缘计算的业务授权

通过使用边缘计算，运营商将位于边缘数据网络的主机边缘应用服务器提供给 5G 应用。移动网络运营商可以提供业务的区分。

针对用户设备的鉴权和授权，本方案基于用户面或订阅标识，来区分用户的边缘计算业务。本方案广泛采用 OAUTH2 架构来鉴权 / 授权用户设备，如图 3-3-10 所示。

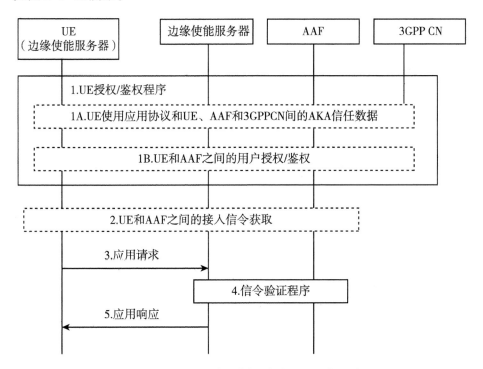

图 3-3-10　利用应用鉴权 / 授权进行业务区分

资料来源：3GPP.3GPP TR 23.758 V0.2.0 study on application architectures for enabling edge applications ［S/OL］.［2020-03-28］.https：//www.3gpp.org/ftp/Specs/archive/23_seriers/23.758/23.

如果需要进行用户设备的鉴权/授权，在用户设备和鉴权/授权功能（AAF）之间就需要执行鉴权/授权。鉴权/授权功能决定恰当的鉴权方法。如果 AAF 决定执行 AKA 方法，AAF 请求 3GPP 核心网去鉴权用户设备。否则，用户鉴权/授权就会被执行。在成功鉴权/授权之后，AAF 为用户设备从 UDM 提取应用面数据。

在用户设备和 AAF 之间执行接入令牌获取流程。

用户设备发送应用请求至应用功能（如边缘使能服务器），应用请求消息包括接入令牌。

边缘使能服务器与 AAF 执行接入令牌审核流程。如果 AAF 成功审核接入令牌，其将向应用功能响应审核结果和授权的应用面数据。

边缘使能服务器基于应用面向用户设备提供授权的应用业务或请求的信息。

3.3.2.3.7 边缘应用服务器的动态可用性

边缘使能客户端向边缘使能服务器订阅动态信息。这种订阅可以是指定一个边缘应用服务器，也可以是包括在边缘数据网络的边缘主机平台上运行的所有边缘应用服务器。

边缘应用服务器的动态可用性方案的预设条件是：与边缘使能服务器相关的信息在边缘使能客户端是可用的。

在图 3-3-11 的步骤 1 中，为了订阅动态可用性信息，边缘使能客户端发送动态信息订阅请求至边缘使能服务器。该请求指示边缘使能客户端请求的动态信息的级别。边缘使能客户端指示通知和订阅请求的触发条件。该请求包括附加准则（用于过滤对订阅请求的响应）。

在步骤 2 中，边缘使能服务器核查边缘使能客户端是否被授权订阅动态信息，并过滤掉没有授权的请求。如果授权，边缘使能服务器创建订阅，并向边缘使能客户端发送动态信息订阅响应。

在步骤 3 中，边缘应用服务器更新可用性信息或相关准则，例如，边缘使能客户端发现的可用的时间或位置。

在步骤 4 中，从边缘应用服务器对触发条件或是触发条件的组合，如信息，进行更新。

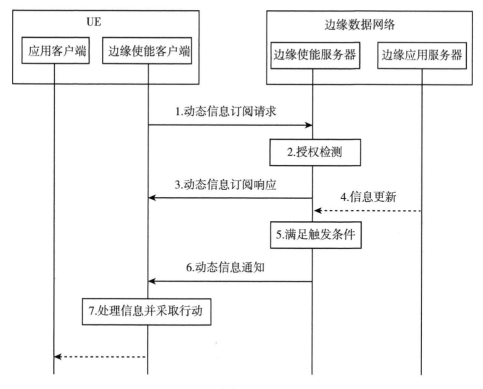

图 3-3-11　动态可用性订阅和通知

资料来源：3GPP.3GPP TR 23.758 V0.2.0 study on application architectures for enabling edge applications［S/OL］.［2020-03-28］.https：//www.3gpp.org/ftp/Specs/archive/23_seriers/23.758/23.

　　作为步骤 5 的结果，边缘使能服务器触发通知，发送至边缘使能客户端，该通知中包括可用性信息的最新更新。

　　在步骤 6 中，一旦接收到通信后，边缘使能客户端处理通知，调整用户的行为，例如，重路由应用业务等。

　　在步骤 7 中，当收到步骤 6 发送的通知后，边缘使能客户端会处理该通知，并调整用户行为。

　　边缘使能客户端通知边缘提示应用客户端关于边缘应用服务器在可用性方面的改变。一旦接收到来自边缘使能客户端的通知，应用客户端调整其自身行为，例如，改变 QoS 需求、警示特征设置、改变接口等。

3.3.3 专利分析

3.3.3.1 全球申请分析

移动边缘计算技术由 ETSI 在 2014 年正式提出，但其实在之前的若干年里，相关领域已经有了一定的技术累积。截至 2019 年 10 月，在 2015 年之前，移动边缘计算技术的专利申请量一直处于一种初期平稳的态势，从 2000 年的 77 件，发展到 2014 年的 255 件。自移动边缘计算技术的概念被正式提出后，专利申请量开始迅速增长。2015 年突破 300 件，达到了 393 件。2016 年，则翻倍达到了 810 件。2017 年和 2018 年更是超过千件大关，分别达到 1122 件和 1970 件，如图 3-3-12 所示。

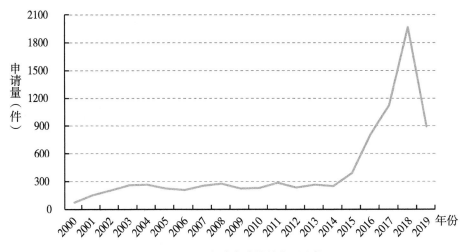

图 3-3-12 全球申请量的发展趋势

除去专利申请公开的滞后时间，移动边缘计算领域专利申请公开趋势与上述申请发展趋势基本保持同步。经过前期的平稳发展之后，从 2015 年申请量开始激增。在 2016~2017 年，该领域的专利申请公开量也出现了明显的增长。在 2015 年专利申请的公开量只有 261 件，到 2016 年，则增加到 358 件，2017 年，则更是翻倍达到了 700 件。2018 年则突破 1000 件，达到 1487 件。2019 年更是再次翻倍，达到了 2949 件之多，如图 3-3-13 所示。

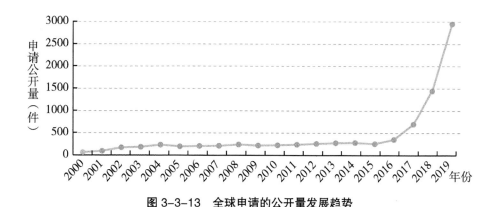

图 3-3-13　全球申请的公开量发展趋势

　　在移动边缘计算领域，专利申请主要集中在电数字数据处理领域 G06F、数字信息的传输 H04L 和无线通信网络 H04W 领域。其中，涉及网络配置改进的 G06F 领域，专利申请量最多，达到了 2317 件。其次，关于核心网侧数据交换改进技术的 H04L 领域也超过了 2000 件，关于无线通信改进技术的 H04W 领域也有 1425 件之多，如图 3-3-14 所示。由上述技术分布可以看出，在移动边缘计算技术兴起的这些年，关于网络配置和核心网侧数据交换方面的改进技术最受关注，成为专利申请的中坚力量。

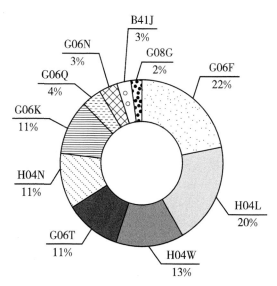

图 3-3-14　全球申请技术构成

由图 3-3-15 可以看出，申请量最大的是美国，其技术构成与全球申请的技术构成相同，主要研究领域也是集中在电数字数据处理 G06F 领域、数字信息的传输 H04L 和无线通信网络 H04W 领域，其中研究最多的涉及网络配置改进的 G06F 领域达到了 1311 件。紧居美国之后的我国，更侧重于研究数字信息的传输 H04L 领域，在该领域的专利申请量达到了 857 件，其后是无线通信网络 H04W 领域，有 547 件，之后才是电数字数据处理 G06F 领域，为 439 件。由此可以看出，在电数字数据处理 G06F 领域，美国具有非常明显的竞争优势，专利申请量达到我国的 3 倍之多。而在数字信息的传输 H04L 和无线通信网络 H04W 领域，我国相比美国，反倒占据微弱的优势，数量呈现反超的状态。

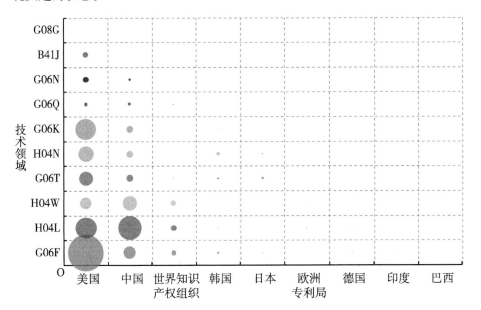

图 3-3-15　全球申请技术分布

从图 3-3-16 可以看出，在移动边缘计算领域的研究进程中，2016 年以后专利申请开始愈加活跃。数量最集中的电数字数据处理 G06F 领域自 2000 年开始就遥遥领先于其他技术领域，但在 2015 年以后，开始被数字信息的传输 H04L 领域反超。到了 2016 年，数字信息的传输 H04L 和无线通信网络 H04W 领域的专利申请量均超过了电数字数据处理 G06F 领域的专利申请量。从这一现象可以看出，对移动边缘计算的研究早期集中于对计算机硬件的改进，而 2015 年以后，更侧重于核心网网络技术以及无线通信技术的研究。

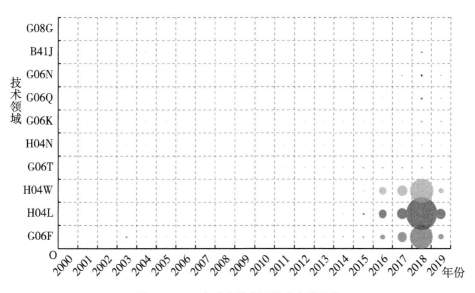

图 3-3-16　全球申请主要技术申请趋势

在移动边缘计算领域，由图 3-3-17 可以看出，专利申请量最多的国家地区分别是美国和中国，其中，美国拥有 3541 件专利申请，占全球总申请量的 39.83%，中国拥有 2680 件专利申请，占全球总申请量的 30.15%，两者的专利申请数量均远超其他国家 / 地区的专利申请量。

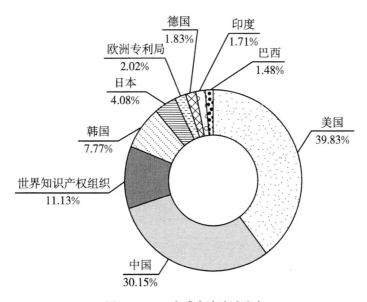

图 3-3-17　全球申请地域分布

在移动边缘计算领域，专利申请数量最多的前三名，分别为 SAS 软件研究所、华为技术有限公司和英特尔有限公司。最多的 SAS 软件研究所的专利申请数量达到 268 件，华为技术有限公司的专利申请量也有 224 件，英特尔公司的专利申请量则为 217 件。虽然总体而言，美国专利申请人所占有的专利申请量最多，但综合来看，我国在移动边缘计算领域也占据重要的席位，拥有一定的话语权。

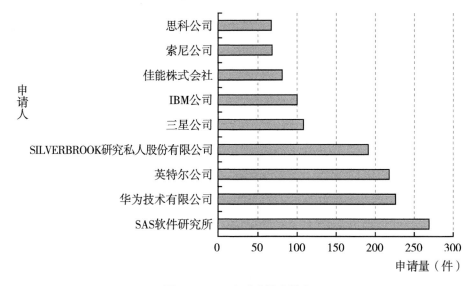

图 3-3-18　全球申请人排名

在移动边缘计算领域，目前的专利诉讼只发生在国外公司之间。诉讼量最多的当事人当属麦格纳国际有限公司、2K 运动有限公司、加速海湾有限公司等，如图 3-3-19 所示。

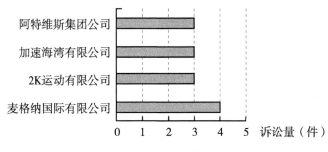

图 3-3-19　全球申请诉讼人排名

在移动边缘计算领域，专利转让自 2012 年开始变得活跃，如图 3-3-20 所示。尤其从 2016~2018 年，保持持续增加，从 401 件增长到 2018 年的 682 件。不难看出，移动边缘技术领域的专利申请已经开始受到越来越多的关注。

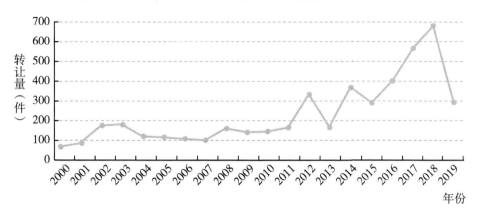

图 3-3-20　全球申请转让趋势

在移动边缘计算领域，专利转让活跃的转让人多为国外企业或个人，如图 3-3-21 所示。其中，转让最多的转让人分别是西尔弗布鲁克研究股份有限公司、扎姆泰科有限公司、保罗·拉普斯顿等。由于前期他们拥有移动边缘计算相关的技术积累，才使得转让人受到受让人的青睐，从而促成了专利转让的达成。

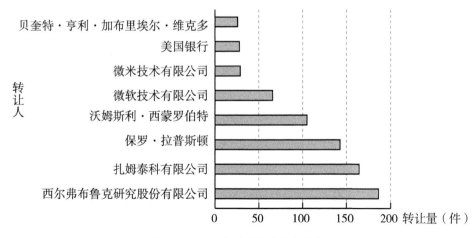

图 3-3-21　全球申请转让人排名

在移动边缘计算领域，受让人排在前三甲的分别是SAS软件研究所、扎姆泰科有限公司和英特尔公司，分别受让214件、185件和178件。SAS软件研究所还是全球移动边缘计算专利申请量最多的申请人，同时作为受让最多的受让人，使得其在移动边缘计算领域独占鳌头。英特尔公司既是该领域专利申请量前三名又是受让人前三名，同样也显示了其雄厚的技术实力。

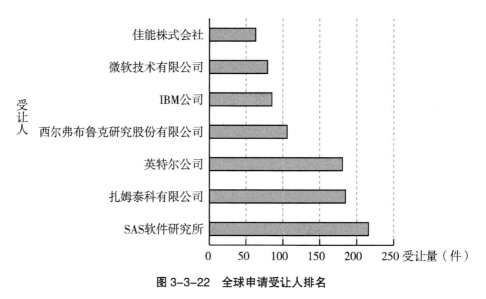

图 3-3-22　全球申请受让人排名

3.3.3.2　中国申请分析

与其他的5G技术领域相似，在移动边缘计算领域，就专利申请量而言，在我国范围内排在前三位的省市依次为广东、北京和江苏。拥有华为技术有限公司等顶级技术研发公司的广东省，其专利申请量达到了497件，而创新之都北京也达到了437件，均为江苏212件的2倍之多，如图3-3-23所示。就细分的技术领域而言，我国各省市研究较多的细分技术领域均依次为数字信息的传输H04L领域、无线通信网络H04W领域和电数字数据处理G06F领域，与全国的总技术分布相同，如图3-3-24所示。

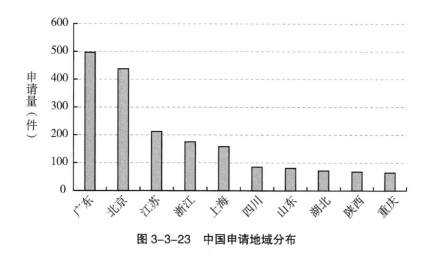

图 3-3-23　中国申请地域分布

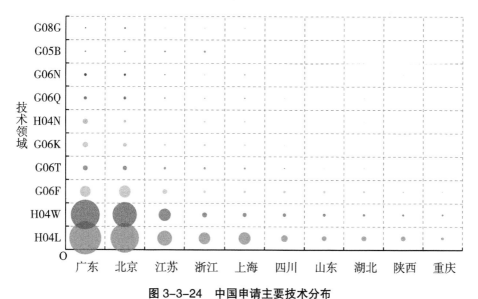

图 3-3-24　中国申请主要技术分布

由之前的专利申请人排名情况可以看出，在我国，走在移动边缘计算研究最前沿的还是技术积累雄厚的公司企业，如华为技术有限公司，占比高，达到 66.28%。其次是科研实力不容小觑的大专院校，占比为 26.86%，传统的科研院所则达到了 3.86%。在全国大众创新的积极倡导下，就移动边缘计算领域，个人也显现出了浓厚的研究兴趣，申请量占比达到了总量的 2.02%，如图 3-3-25 所示。

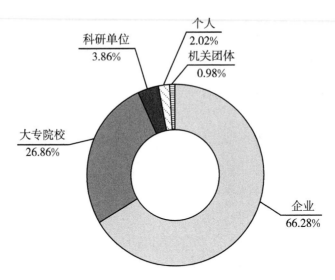

图 3-3-25　中国申请申请人类型

　　就我国在移动边缘计算领域的申请所处的法律状态而言，如图 3-3-26
所示，由于申请多是近年来的新申请，因而处于实质审查状态的专利申请最
多，有 1604 件，占总数的 59.85%。处于已结状态的案件中，授权量为 555
件，占总数的 20.71%；撤回 70 件，占总数的 2.61%；驳回 21 件，占比为
0.78%。可见，在移动边缘计算领域，由于技术的先进性，最终能够走向授权
的案件要远多于其他类型的案件。

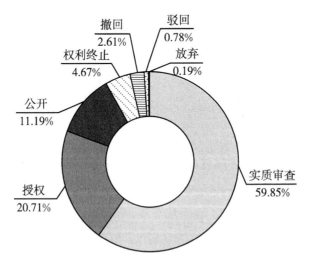

图 3-3-26　中国申请法律状态

在我国，移动边缘计算领域的专利申请多数以发明的形式出现，发明申请占到了总数的 85.41%，发明授权则达到了 10.78%，属于专利申请中的绝大多数。其次，才是实用新型和外观设计，只占有总数的 3.51% 和 0.3%，如图 3-3-27 所示。

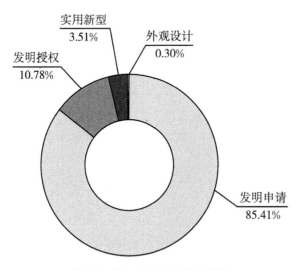

图 3-3-27　中国申请专利类型

由于移动边缘计算领域的专利申请提出较晚，进审的时间较短，目前 71.04% 的申请还是处于在审的状态，并没有结案。而在已结案件中，有效案件占总数的 20.71%，无效案件占 8.25%，如图 3-3-28 所示。

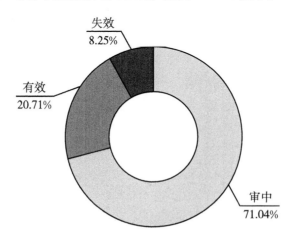

图 3-3-28　中国申请专利有效性

3.3.3.3 技术路线图

2014 年开始，移动边缘计算技术相关的专利申请开始出现，如图 3-3-29 所示。在早期，移动边缘计算技术从以计算为主的对数据处理技术开始，研究对原始数据如何进行合理的划分和组合，如视频序列分割中的边缘比较等，以便于实现对数据的边缘计算。

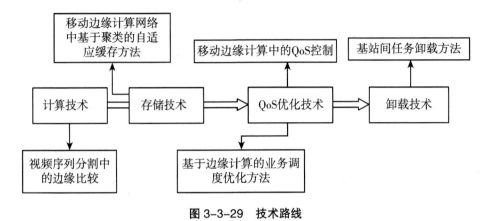

图 3-3-29　技术路线

在数据处理之后，针对待处理数据的高速存储相关的存储技术、系统性能的优化技术等纷纷被投入研究，存储技术中，基于聚类的自适应缓存方法等能够动态调节的存储技术备受关注。

典型的移动边缘计算网络中基于聚类的自适应缓存方法，其包括以下步骤：①将用户请求发送至移动边缘计算服务器上；②反馈用户请求；③生成特征向量；④获得该用户请求内容的预测流行度；⑤根据预测流行度判断是否需要将该用户请求内容缓存至移动边缘计算服务器上，并根据判断结果进行相应的操作；⑥移动边缘计算服务器通过在线学习优化特征空间；⑦当下一个用户请求到达移动边缘计算服务器时，重复步骤②至步骤⑥，直至完成所有用户请求为止，其中，当每完成特定用户请求后，则对所有已缓存用户请求内容进行流行度的预测，并更新有序信息表，该方法能够通过对移动边缘计算网络中的内容进行流行度预测，并以此决定缓存内容，缓存的命中率较高。

在计算技术、存储技术逐渐成熟以后，对一些相关技术的优化技术的研究被提上日程，这其中就包括 QoS 优化技术，主要涉及 QoS 控制、业务调度

优化方法等。典型案例如下 :

其一,针对本地处理,所提出的涉及一种基于边缘计算的任务调度优化方法,包括 : 确定当前边缘计算的网络场景模型,根据设定的用户服务质量要求以及用户终端到各个边缘云的时间开销确定用户终端对应的目标边缘云作为接收用户终端分发的任务 ; 根据用户终端对应的目标边缘云对网络场景模型进行更新,以获取物理模型 ; 在物理模型中添加源节点、汇节点和哑节点,通过物理参数映射将用户终端在网络场景模型中的点的属性映射为物理模型中边的属性 ; 根据用户终端到每个边缘云的能量开销以及边的属性,应用设定的最短路径算法计算源节点到汇节点的路径中满足设定的能耗条件的路径,直到满足计算终止条件时确定用户终端要分发的任务的分配方案。因此,该方案能够降低系统能耗,并减少计算资源。

其二,针对系统性能的优化,所提出的一种在移动边缘计算业务中进行 QoS 控制的方法、系统和软件,包括 : 在 RAN 中设置的移动边缘计算服务器提供移动边缘计算业务 ; 移动边缘计算服务器向核心网络查询针对一个移动终端设备的 QoS 策略,并接收核心网络返回的查询结果 ; 移动边缘计算服务器监测用于对 QoS 场景进行选择的触发事件 ; 作为对触发事件的响应,针对用户面配置在移动终端设备和边缘应用之间建立移动边缘计算业务选择 QoS 场景,并为基站提供针对 QoS 场景的 QoS 场景识别符,以迫使实现在用户面的 QoS 场景。

目前,新兴的卸载技术,作为移动边缘计算中的一项重要技术,正处于研发热潮阶段。例如,某项申请公开一种基于移动边缘计算的蜂窝基站间任务卸载方法,该方法包括 : 热区基站向周边基站发送携带建立协作簇请求的参考信号 ; 所述热区基站收到至少一个基站的汇报,在预设时隙内选择信道较优的,且剩余计算资源足够计算卸载请求的 N 个协作基站,建立协作簇 ; 初始化所述热区基站向协作簇内各个协作基站的发送功率,并判断各个发送功率是否满足卸载请求的时延要求 ; 根据所述热区基站的发送功率和时延确定联合效用值,并选取所述联合效用值最小的一组数据中的发送功率作为实际的发送功率。该申请基于移动边缘计算的蜂窝基站间任务卸载方法,在提升热区用户体验质量的同时,尽可能减少功率的消耗,同时提高小基站的计算资源的利用率。

在经历了对计算技术、高速存储、系统性能的优化、卸载技术等多方面研究之后，移动边缘计算技术正在朝着越来越多元化、性能更优的方向发展，并为 5G 的移动场景提供更加优越的用户体验。

参考文献

［1］李子姝，谢人超，孙礼，黄韬.移动边缘计算综述［J］.电信科学，2018，34（1）：87-101.

［2］王胡成，徐晖，程志密，等.5G 网络技术研究现状和发展趋势［J］.电信科学，2015，31（9）：149-155.

［3］虞湘宾，王光英，许方铖.未来移动通信网络中移动边缘计算技术［J］.南京航空航天大学学报，2018，50（5）：586-594.

［4］3GPP.3GPP TR 23.758 V0.2.0 study on application architectures for enabling edge applications ［S/OL］.［2020-03-28］.https://www.3gpp.org/ftp/Specs/archive/23_seriers/23.758/23.

第 4 章　5G 无线接入网关键技术

4.1　大规模天线技术

　　大规模天线技术，是以多天线发送和多天线接收（multiple-input multiple-output）技术，是以 MIMO 技术为基础的。MIMO 技术，就是利用空间信道的多径衰弱特性，在信息的发射端和接收端均设置多个天线，通过基站与手机的天线之间进行电磁波传播，通过空时处理技术获得分集增益或者是复用增益，进而提高通信质量。MIMO 技术充分利用了空间资源，可以自行调节每个天线的信号相位，将这些信号在手机的信号接收天线上进行电磁波的叠加，达到增强手机网络质量的目的。该技术同时也是目前 4G 技术的核心技术之一，相对于 4G 通信网络而言，5G 网络无论是在传输速率、空间容量、网络质量还是在移动性能、连接密度等方面都有很大的提高。依照目前 4G 网络的速率来看，如果升级到 5G，那么 5G 的峰值速率至少会达到 10G，因此，应用大规模天线技术，可以有效利用空间资源，提高用户的体验性，富有极大的现实意义。采用 MIMO 技术是挖掘无线空间维度资源、提高频谱效率和功率效率的基本途径，近二十年来 MIMO 技术一直是移动通信领域研究开发的主流技术之一。1G 到 4G 每一代通信系统都有一个核心技术，例如，1G 时代的频分多址、2G 时代的时分多址、3G 时代的码分多址、4G 时代的正交频分多址等，而大规模天线技术将是 5G 技术体系中的一项核心技术。

　　相较于 4G 网络中四根或八根天线数，大规模天线系统增加了一个量级以上，在基站覆盖区域内，配置数十根或数百根天线，将这些天线在某个通信基站内以大规模阵列的方式集中布置，通过增加基站侧配天线，深度挖掘空间维度内的可用无线资源，以此应对日益增长的无线网络需求量，提升系统频谱效率。天线数量的增多，会让多用户信道呈现正交的情况，高斯噪声和其他小区之间的信号干扰会逐渐被消除，4G 系统基站所带来的问题就此被解决，而用户发送功率可以任意低，此刻单个用户的容量仅受其他小区中采用相同导频序列用户的干扰。小区内天线的分散式和阵列式分布出发点相同，都是通过增加基站侧配置天线的数量，所以两者涉及的问题一致。节点、天线数量的增多，让传统 MIMO 技术得到了量变到质变的转化。随着移动通信使用的无线电波频率逐渐提高，路径损耗也逐渐增大，如果使用的天线尺寸固定，那么无线波长也是固定的，载波频率的提高就意味着天线变得越来越小，在同样的空间内，可以通过设置更多天线来补偿高频率路径所带来的损耗。一旦频率超过 10GHz，衍射就不再是主要的信号传播方式，反射、散射则成了主要的信号传播方式，而使用大规模 MIMO，就可生成可调节的赋形波束，该波束非常窄，能够改善信号干扰的问题。

如表 4-1-1 所示，普通居民小区平均频谱效率和基站天线数量有着直接的关系。

表 4-1-1　小区平均频谱效率

天线数	小区用户频谱效率（bit/s/Hz）
16	4
32	12
64	25
128	42

MIMO 技术可以提供分集增益、复用增益和功率增益。分集增益可以提高系统的可靠性，复用增益可以支持单用户的空间复用和多用户的空间复用，而功率增益可以通过波束成形提高系统的功率效率。MIMO 技术已经被 LTE（long term evolution，以下简称 LTE）、IEEE 802.11ac 等无线通信标准所采纳。但是，现有 4G 系统基站配置天线的数目较少，空间分辨率低，性能增益仍然有限。并且在现有系统配置下，逼近多用户 MIMO 容量的传输方法复杂度仍然较高。

为了适应移动数据业务量密集化趋势，突破现有蜂窝系统的局限，研究者们提出在热点覆盖区域显著增加协作节点或小区的个数，或在各节点以大规模阵列天线替代目前采用的多天线，由此形成大规模协作无线通信环境，从而深度挖掘利用无线空间维度资源，解决未来移动通信的频谱效率问题和功率效率问题。

大规模天线系统可分散在小区内（称为大规模分布式 MIMO，即 large-scale distributed MIMO），或以大规模天线阵列方式集中放置（称为大规模 MIMO，即 massive MIMO）。理论研究及初步性能评估结果表明，随着基站天线个数或分布式节点总天线数目趋于无穷大，多用户信道间将趋于正交。这种情况下，高斯噪声以及互不相关的小区间干扰将趋于消失，而用户发送功率可以任意低。此时，单个用户的容量仅受限于其他小区中采用相同导频序列的用户的干扰。

大规模 MIMO 和大规模分布式 MIMO 的出发点是一致的，即通过显著增加基站侧配置天线的个数，以深度挖掘无线空间维度资源，显著提升频谱效率和功率效率，因而它们所涉及的基本通信问题也是一致的。节点个数、节点配备的天线数目以及空分用户数的大规模增加，使得从传统 MIMO 及协作 MIMO 到大规模天线系统的演变，是一个从量变到质变的过程。因此，大规模天线系统的无线通信理论与方法研究与传统 MIMO 系统也存在较大的差异。这也为研究者们提出了新的更具挑战性的基础理论和关键技术问题，包括大规模天线系统的容量分析、信道信息获取、无线传输技术、资源分配技术等。

应用了 MIMO 技术的 5G 通信网络有其独特的优势，它突破了传统的 4G 技术的一些弊端，具备一些传统天线技术所没有的技术优势，提高传输效率，拥有 N 个发射通道，发射的总功率相当于单个天线的 N 倍，增加了基本上是 4G 网络数倍的通信效率，对于用户最关心的网速问题有着极大的提升空间，有效提高频谱效率。因此，现在 MIMO 技术已经备受关注，未来有着广阔的发展前景。

4.1.1 基本原理

MIMO 技术需要利用空间信道的多径衰弱特性，在信息的发射端和接收端均设置多个天线，通过基站与手机的天线之间进行电磁波传播，通过空时处理技术获得分集增益或者复用增益，进而提高通信质量。MIMO 技术充分利用了空间资源，可以自行调节每个天线的信号相位，将这些信号在手机的信号接收天线上进行电磁波的叠加，达到增强手机网络质量的目的。

在大规模天线技术当中，因为天线数量的不断增加和用户人数的持续增多，对于上行的线路，应用的是正交导频，导频的费用是根据天线的数量来决定的。从广义的范围上来说，要获得大范围的天线系统的信息数据，设法降低导频的费用，而要提高获取信息的精确度是一个重要问题，需要更深层次的研究，因为这里面包含的技术问题较多，包括了对导频信号的设计、科学运用先进的信道估计方法等。大规模天线无线传输的理论基础，是多用户广播信道和用户接入信道的信息理论。随着用户数量以及天线数量的增加，无论是上行用户还是下行多用户发送，都难以实现最优传输。研究表明，大规模 MIMO 和大规模分布式 MIMO，当天线数目呈"无限大"时，上行接收采用最大比合并，下行采用较为简单的最大比传输，以此获得理论层面最优的性能。

5G 大规模天线系统，是在基站所覆盖的区域内配置多个天线，与 4G 系统的四根或者八根天线数增加一个以上的量级。为满足居民需求，将这些天线分散在各个小区内部，或是通过大规模的阵列方式对其进行集中性的放置，可将其统称大规模 MIMO。大规模协助式无线通信环境能够通过深入挖掘采用无线空间的维度资源，将未来移动通信网络中存在的功率效率与频率效率问题加以解决。对大规模评估系统的研究表明，随着天线个数的不断增多，甚至逐渐趋向无穷大，或是多用户信道逐渐趋向正交，针对互补相关的小区，或是受到高斯噪声干扰的区域会逐渐消失，但其可以随意降低用户的发送功率。与此同时，针对单个用户来说，其信息容量仅会受到其他小区内采用相同序列的用户干扰。

在多用户大规模天线系统中，随着天线数量和用户数量的增多，信道信息的获取成了该系统性能提升的瓶颈。首先，结合大规模 MIMO 上下行传输的能耗效率和频谱效率，同时考虑导频污染、信道估计、路径损耗等因素，每个用户基站天线个数和接收机技术有着密切联系，且大规模 MIMO 频谱效率也会受到相应的影响；其次大规模 MIMO 对蜂窝移动通信提出了新的挑战，但这也为其设计提出了一个新的参考。

5G 通信系统中的频谱效率是基于 5G 基础频率而来的，其对于 5G 通信系统的信息传播稳定有着重要意义。在频谱效率过低的情况下，5G 系统中的频率波动值往往较大，难以稳定，进而导致 5G 网络信号的接收也会出现波动，不够稳定。而 5G 网络作为比 4G 网络更加安全、高效、稳定而低能耗的通信网络，其信号应当保持足够稳定，波动较小，这就要求其频谱效率质量必须维持在一定水平之上。信道容量分析作为评估 5G 通信系统设计与性能的基础形式，其是基于 MIMO 多天线技术而提出来的，并且被发现能够适用于大规模天线系统的容量分析。不过，由于大规模天线系统本身更为复杂，故而其信道容量分析的难度也更大，为 5G 通信的频谱效率质量控制带来了较大难题。首先，大规模天线系统本身较为复杂，包含的天线数目极多，使得信道信息获取较为困难。对此，只能进行信道估计，同时考虑导频污染、路径损耗及天线相关损耗等，利用大规模 MIMO 的频谱效率来探析基站天线个数和接收机个数间的关系。其次，大规模天线系统对蜂窝移动通信网络造成了一定影响。后者本身容量虽然有限，但是在对其容量进行评估时，还需要考虑大规模天线系统下的基站节点分布与用户分布，进而为蜂窝系统的设计提供数据指导。因此，从理论上来看，信道容量分析是大规模天线无线传输的关键。只有在良好的容量分析下，大规模天线系统的频谱效率才有可能始终处于较为稳定的状态，进而保障 5G 通信网络信号的传输稳定，确保 5G 网络的建设与发展进程能够顺利推进，为人们提供更好的网络服务。

4.1.1.1 传输信息信道的理论与技术

在 5G 网络的大规模天线的无线传输技术中，信息信道理论技术属于一项重要的技术，在该传输技术中，随着使用用户的人数增多，能不断增多不同的信息与数据的数量，这为该技术的发展带来阻碍。在获取信道和传输信道中，可对导频进行合理的控制和管理，但是想要完成这一任务需要投入一定的资金；如果导频位于高频，会出现高频支出多于主体人数的使用量，此外，还可能会增加获取信息与数据的难度。因此，应发挥导频实际应用性，加强对导频财务支出方面内容的研究，在分析该方面内容时应了解其资金的支出情况与运行情况，使用导频服用技术设计导频信号，进而可以确保导频财务支出的有效性，此外，在校正信道标准时，应遵守互异性原则。针对大规模天线系统来说，如果基站天线用户量增加，会给用户获得信息速度带来阻碍。因此，从获取信息的角度出发，控制对导频资金方面的投入。如果开发导频的开销比用户的数量大很多，这会对用户获取信息带来阻碍。因此，为了能够有效地减少导频的投入，应将已开发的导频资源功能发挥出来。导频的内容主要包括设计信号、复用手段等内容，以下介绍判断信道互异性的两个标准：第一，电路的判断。其主要是针对硬件电路，应用多路方式，并采用耦合器与信道天线进行关联，确保信道线路的接收与发送工作可以有效进行。第二，校准与判断空间信号。对校准的信息与数据进行计算与判断，进而达到对现代化数据与信息获取的目的。

5G 网络大规模天线无线的理论传输方法实际上是在广播与接入信道的基础上所设计出的一种传输性渠道。从理论的角度来看，通过对接入信道通的检测，可以满足容量的基本要求。其中，广播信道，可以采用污纸编码的方式达到目的。随着天线和使用该系统数量的增加，难以实现对该系统的传输功能。通过对该系统进行分析与讨论可知，如果 MIMO 技术的天线数量最多，为了能够保障其达到接近容量的目的，其上行应使用最大比进行合并，而下行可以使用最大比传输。此外，如果使用规模大的天线，能够减少上行和下行之间信息难度，但由于受到多种因素的影响，增加了其复杂性。因此，针对这一现象，应采用适当的解决方式，例如，采用空分多址等传输方式。

在多用户大规模天线系统中，随着天线数量和用户数量的增多，信道信息的获取成了该系统性能提升的瓶颈。结合大规模 MIMO 上下行传输的能耗效率和频谱效率，同时考虑导频污染、信道估计、路径损耗等因素，每个用户基站天线个数和接收机技术有着密切联系，且大规模 MIMO 频谱效率也会受到相应的影响；此外，大规模 MIMO 对蜂窝移动通信提出了新的挑战，但这也为其设计提出了一个新的参考。

近年来，有关系统级频谱效率的研究主要采用随机几何法，即根据接收机的信号干噪比，结合香农公式对频谱效率进行计算，假设基站的部署以泊松分布开始，进而得出相应的频谱效率数据，这也是近几年关注度最广泛的系统级频谱效率研究方法。另一种分析方法是假设基站位置已知，且用户在小区内呈均匀分布的情况，根据信道容量和用户期望值，对系统级频谱效率进行计算。当前，国内外的学者对信道信息多天线系统容量的理想值进行了大量研究，未来，非理想值则会成为研究多天线系统容量的主要方向。假设存在导频污染的情况，综合考虑正则迫零预编码或迫零预编码，其容量相关的数值则需进行进一步研究。

信道容量分析是系统设计和性能评估的基础。随着 MIMO 技术的提出，许多研究学者重新发展了随机矩阵理论，包括 Wishart 矩阵及其特征值的统计特性、大维随机矩阵的渐近统计特性、自由概率理论以及确定性等同方法。利用这些数学工具，研究学者对不同 MIMO 信道环境（包括多用户 MIMO，分布式多用户 MIMO）的信道容量进行了大量的研究。在理想信道信息下，这些方法同样适用于大规模天线系统的容量分析。然而，大规模天线系统也为研究者们提出了新的更具挑战性的理论问题。

首先，多用户大规模天线系统中，随着用户数和天线数目（或协作节点个数）大规模增加，信道信息的获取是系统实现的瓶颈。因此，必须研究导频资源受限下的信息理论。

其次，大规模 MIMO 为蜂窝移动通信提出了更具挑战的问题，即多小区、多用户蜂窝移动通信系统容量的极限问题。系统级的容量是在多小区、多用户容量分析的基础上，进一步考虑基站节点分布和用户分布，对整个蜂窝系统的容量评估，它对蜂窝系统的设计具有重要的指导意义。

下面以多小区多用户分布式天线系统为例（大规模 MIMO 是其特例），考虑导频复用，对非理想信道信息下系统进行建模，然后给出系统的渐近容量的闭合表达式。考虑非理想信道信息时，系统级频谱效率分析的结果还很少见，我们给出了一些可以进一步深入研究的方向。

考虑如图 4-1-1 所示的多小区多用户大规模分布式天线系统。系统中有 l 个小区，每个小区有 k 个单天线用户和 m 个无线远端单元（remote radio unit，以下简称 RRU），每个节点配置 n 根天线。每个小区的所有 RRU 通过光纤连接到基带处理单元（baseband unit，以下简称 BBU）。以小区 l 为研究对象，假设第 l 个小区的第 k 个用户到第 1 个小区的所有节点的信道矩阵为 gl；k，它可以建模为上述信道模型中，我们假设用户到某个节点的所有天线的大尺度衰落相同，l；m；k 表示第 l 个小区的第 k 个用户到第 1 个小区的第 m 个节点的大尺度衰落，′l；k 表示第 l 个小区的第 k 个用户到第 1 个小区的所有节点的大尺度衰落矩阵，它是一个 M_M 对角阵，l；k 是第 l 个小区的第 k 个用户到第 1 个小区的 M 个节点所有天线的大尺度衰落矩阵。Rl；m；k 表示第 l 个小区的第 k 个用户到第 1 个小区的第 m 个节点的接收相关矩阵，它是一个 N_N 的矩阵，而 Rl；k 表示第 l 个小区的第 k 个用户到第 1 个小区的所有节点的接收相关矩阵，它是一个 MN_MN 的块对角矩阵。hl；m；k 表示第 l 个小区的第 k 个用户到第 1 个小区的第 m 个节点的小尺度快衰落，它是一个 N_1 的矢量，它的每个元素为独立同分布的均值为 0 方差为 1 的循环对称复高斯随机变量。而 hl；k 表示第 l 个小区的第 k 个用户到第 1 个小区的所有节点的小尺度快衰落，它是一个 MN_1 的矢量。因此，第 l 个小区的所有 K 个用户到第 1 个小区的 M 个节点所有天线间的信道矩阵可以表示为 Gl＝［gl；1 _ _ _gl；K］。

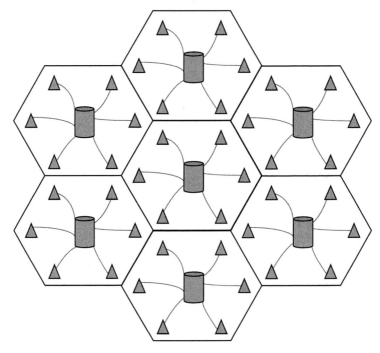

图 4-1-1 多小区多用户大规模分布式天线系统

考虑 BBU 通过导频信号得到上行链路的信道信息。假设 L 个小区的 K 个用户，均采用单位阵作为导频矩阵，即时频正交导频序列，表示当某个用户在一个时频资源上发送导频符号 1 时，同小区其他用户均发送 0。由于小区间完全复用导频，这会产生严重的小区间导频污染。由于不同的用户到小区 1 的节点的小尺度衰落是互不相关的，我们以第 k 个用户的信道估计作为例子，对其信道参数估计进行推导。

从上面的理论结果可以看出，当基站侧天线个数远大于用户数时，系统容量随着用户数的增加而增加。但是考虑到上行链路如果采用正交导频，导频开销随用户数目线性增加，系统存在最大支持的用户数目。我们还可以看到，在非理想信道信息下，大规模天线系统是干扰受限系统，用户的性能受限于相邻小区采用相同导频的用户。相同条件下，上行链路采用 MMSE 接收机时，相比大规模 MIMO，大规模分布式 MIMO 可以提升 100% 的容量；下行链路采用 MRT 时，大规模分布式 MIMO 可以提升 50% 的容量。

研究学者对理想信道信息多天线系统的容量已经进行了大量研究。非理想信道信息将是未来人们研究多天线系统容量的一个重要方向。存在导频污染时，考虑迫零（zero forcing，以下简称 ZF）或正则迫零（regularized ZF，以下简称 RZF）预编码，其容量分析仍需要进一步研究。近期，非理想硬件对系统容量的影响受到众多研究学者的关注。另外，对于时分双工，上下行不互易对系统级频谱效率的影响仍然需要进一步研究。而考虑非理想信道信息存在节点间协作时，系统级频谱效率的渐近分析也是一个非常有挑战的研究方向。

4.1.1.2 系统的资源配置

该系统中，为了可以更好地提升资源利用率，应合理地优化该系统资源，做好资源配置工作，为了能将该系统的优势作用发挥出来，应采用优化和分配资源的方式进行，这种方式属于一种较为简单的设计方案，分析与探讨该系统中的 MIMO 技术的空域资源的实际分配情况得出以下结论：①采用统计空分复用的方式可有效降低 MIMO 技术的难度，并在其使用过程中会对用户分簇产生一定的影响。②要实现将容量最大化的目的，可以合理地对信道信息进行统计，此外为了达到用户分簇的目的，可以采用统计信道信息和贪婪算法，并将一些存在相似信道的用户分配于同簇内。③由于相关工作人员对分簇方法的具体实施与其性能有着一定的影响，因而，其传输方法会对其性能产生极大影响。于是，应适当调整分簇度量，可以使用弦距离代替，并指出分簇算法，以达到合理分配资源的目的。④ 5G 大规模天线无线传输理论和技术，属于目前重要的研究题目，对该方面的研究虽已获得明显的效果，但是该技术在降低其复杂性的方面，还需要进行深入研究，并找出合理的应对措施，深入研究无线系统的资源分配方案的设计，进而推动该技术的可持续发展。

5G 新空口标准制定分为 Rel-15 和 Rel-16 两个阶段，其中 Rel-15 主要面向增强移动宽带（enhanced mobile broadband，以下简称 eMBB）和低时延高可靠（ultra-reliable and low latency communications，以下简称 uRLLC）需求设计，已于 2017 年 12 月完成了非独立组网版本，2018 年 6 月完成了独立组网版本。Rel-16 在 Rel-15 已经形成的标准版本基础上进一步增强，涵盖了基础能力的提升、增强移动宽带能力的提升、物联网业务扩展等多个方面。

大规模天线技术作为 5G 的核心关键技术，在满足 eMBB、uRLLC 和海量机器类通信（massive machine type of communication，以下简称 mMTC）业务的技术需求中发挥着至关重要的作用。例如，针对 eMBB 场景，其主要技术指标为频谱效率、峰值速率、能量效率、用户体验速率等，高阶 MU-MIMO 传输可以获得极高的频谱效率，同时，随着天线规模的增加，用户间干扰和噪声的影响都趋于消失，达到相同的覆盖和吞吐量所需的发射功率也将降低，提升能量效率。此外，高频段大带宽是达到峰值速率的关键，大规模天线技术提供的赋形增益可以补偿高频段的路径损耗，使得高频段的移动通信应用部署成为可能。针对 uRLLC 场景，其主要技术指标为时延和可靠性，半开环 MIMO 传输方案通过分集增益的方式增强传输的可靠性。分布式的大规模天线或者多 TRP 传输技术，将数据分散到地理位置上分离的多个传输点上传输，可以进一步提升传输的可靠性。针对 mMTC 场景，其主要技术指标为连接数量和覆盖，大规模天线技术的波束赋形增益有助于满足 mMTC 场景的覆盖指标，同时，高阶多用户 - 多输入多输出（multi-user multiple-input multiple-output，以下简称 MU-MIMO）也有利于连接数量的大幅提升。

基于前期的积累，例如，Rel-12 阶段开始的 3D 信道模型与场景研究，Rel-14 阶段完成的全维度多输入多输出（full-dimension MIMO，以下简称 FD-MIMO）技术标准化，3GPP 在 Rel-15 阶段完成了大规模天线技术在 NR 第一个版本的标准化。在这个版本中，主要包括了大规模天线技术的传输方案、信道状态信息（channel state information，以下简称 CSI）反馈机制、参考信号设计以及波束管理的相关设计。面向 Rel-16 阶段的 NR 第二个版本，大规模天线技术在增强移动宽带能力的提升方面发挥着重要作用，业界讨论的技术热点包括高分辨率信道状态信息反馈、多多发送接收节点传输、增强的高频支持、增强的上下行信道互易支持等。

3GPP 在 Rel-15 阶段针对大规模天线技术进行了多个方向的探讨，具体包括：高频段信道建模、同步信道设计、控制信道设计、波束管理技术、信道测量与反馈、多点协作（coordinated multiple points，以下简称 CoMP）技术等。高频段信道建模模型是系统设计性能评估的基础。继 2015 年开发三维空间信道模型后，3GPP 在 2016 年发起了关于 NR 信道建模的研究项目，涵盖 6 ~ 100 GHz 的高频段，最终形成技术标准 TS 38.900。建立的高频段信道模型涵盖了室内办公室、商场和市中心等典型的部署场景，包括了路径损耗、天线去耦、LOS（line-of-sight）概率、空间一致性等多个参数，能够有效地支撑大规模天线技术的评估。

4.1.1.3　大规模天线系统的传输方法

大规模天线无线传输的理论基础，是多用户广播信道和用户接入信道的信息理论。随着用户数量和天线数量的增加，无论是上行用户还是下行多用户发送，都难以实现最优传输。研究表明，大规模 MIMO 和大规模分布式 MIMO，当天线数目呈"无限大"时，上行接收采用最大比合并，下行采用较为简单的 MRT，以此获得理论层面最优的性能。

同步信道是 UE 进行小区初始选择、小区同步、小区搜索、上行接入以及小区切换的关键通道。针对 NR 的高频段，同步信道需要使用大规模天线技术进行波束赋形，利用窄带波束的增益实现足够的覆盖范围。依据用户状态的不同，同步信道的设计有所不同。对于连接态，不同基站之间可以通过回程来共享其下行同步信道的波束赋形信息参数，包括波束数量、同步信号在时域 / 频域的位置等，源小区可以将目标小区的同步信号参数信息通知本小区用户，供其在小区切换过程中进行时频同步获取操作。而对于空闲态，UE 在下行同步之前没有网络的任何先验信息，需要对所有可能的同步信道进行搜索。为了提高同步信道的覆盖范围，基站对同步信道进行波束赋形，形成多个窄带波束，利用波束扫描实现小区内的全覆盖，其主要挑战在于如何支持不同的扫描方案、时域和频域的波束扫描流程以及波束扫描下的下行同步信道设计。

和 LTE 系统相比，5G NR 系统支持大带宽，并且同一小区内用户间的带宽可能不同，UE 的带宽也可以与小区带宽不同。根据控制信道的种类和应用场景，不同的 MIMO 发送方案具有不同的优势和限制。公共控制信道需要发送给小区内所有用户，通常有两种 MIMO 发送方案。其一为宽波束方案，在一个单个的传输时频单元内将控制信道发送给整个小区，实现对所有用户的覆盖；其二为窄波束方案，使用指向不同方向的窄波束在不同的时频资源上扫描发送，此时 UE 需要监测不同时频资源内不同波束对应的控制信道，检测复杂度和时延有可能增加。

UE 专用控制信道发送给处于连接状态的特定 UE，其 MIMO 发送方案与用户移动速度有关。对于大多数移动速度较低的用户，其在小区内的位置和相对基站的角度相对固定，通过一个窄波束进行控制信道的波束赋形可以获得赋形增益，提高控制信令的覆盖距离。控制信道的波束赋形步骤和数据信道可以有相似的步骤。对于某些移动速度较高的 UE，其在小区内的位置和相对基站的角度变化较快，难以通过一个窄波束精确进行控制信道的波束控制，可以通过发送分集或者开环传输方式，产生一个较宽波束提升控制信号的覆盖鲁棒性。

在天线数量持续增加的情况下，实现高精度的 CSI 反馈，并保持较低的测量复杂度、反馈开销、功率消耗和 UE 复杂度，是 5G NR 面临的难题。依据双工方式的不同，信道测量与反馈的方式有所不同。对于 FDD 系统，由于信道互易性不存在或者只存在长期信道互易性，基于下行测量后的信道反馈仍然是主要的 CSI 获取方案。需要考虑的关键因素有：信道状态信息参考信号（channel state information–reference signal，以下简称 CSI–RS）端口数量、新空口 CSI–RS 设计、高端口反馈码本设计和增强、高精度 CSI 反馈方案、显式反馈等。5G NR Rel–15 标准化了两种类型的码本，类型 I 和类型 II 码本。类型 I 为常规精度码本，用于支持单用户 MIMO 和多用户 MIMO 传输。类型 II 为高精度码本，主要用于支持多用户 MIMO 传输，提升系统频谱效率。

对于 TDD 系统，由于上下行信道互易，可以通过上行信道测量获取下行信道信息。考虑的关键因素有：如何使用少数上行发送天线获取下行多数接收天线的信道、干扰测量增强、信道质量指示（channel quality indication，以下简称 CQI）计算增强等。

LTE 系统从 Rel-11 开始支持下行多点协同传输，包括联合发送、协同调度/赋形以及动态点静默等不同的发送方案。在同一时间点，UE 的数据可以由一个传输点发送，也可以由多个传输点联合发送，不同传输点的信道状态信息由多个 CSI 进程实现反馈。NR 系统因天线规模的扩大，其波束变得更窄，从而能更精确地调整发送角度，也能进行更灵活的干扰消除。因此，CoMP 的应用会更加灵活、更加复杂。主要的技术方案有增强的 CoMP 发送方案。例如，多点非相干联合传输，UE 在同一时间点接收多流数据传输，不同数据流从不同的 TRP 发送；高密度组网条件下，CSI 反馈对更多发送点和更多干扰假设的支持。

4.1.1.4 增强大规模天线技术

多天线信息理论证明在无线通信链路的收发两端均使用多个天线通信系统所具有的信道容量将远远超越传统单天线系统信息传输能力极限。该理论为大规模天线技术提供了坚实的理论基础，展现了其在高速无线接入系统中的广阔应用前景。业界探讨的大规模天线技术的应用场景，包括集中式覆盖、分布式覆盖、高层建筑、异构网络场景、室内外热点郊区以及无线回传链路等。频段直接决定了天线系统的尺寸，在需要广域覆盖的场景，大规模天线技术倾向于 6GHz 以下的低频段；在热点覆盖或回传链路等场景中，大规模天线技术倾向于 6GHz 以上的高频段。

高频段的应用对于大规模天线阵列的小型化与实际网络部署十分有利，且在高频段中，也需要大规模天线系统所提供的高波束增益来弥补传播环境中非理想因素的影响。因此，5G NR 实现了对大规模天线基本功能的支持，在增强 5G 系统中将对大规模天线技术进行进一步的增强。下面重点介绍大规模天线技术面向 5G 增强的一些技术热点，包括高分辨信道状态信息反馈、多 TRP/Panel 传输、波束管理、增强的下行链路-上行链路信道互易支持等。

1. 高分辨信道状态信息反馈

从网络性能来看，类型 II 的 CSI 反馈是最能提升大规模天线性能的最具潜力的手段。在 5G NR 中，支持采用 L=2、3、4 个波束进行线性合并，同时仅支持秩为 1 和 2 的码本。和理想 CSI 反馈性能相比，5G NR 支持的类型 II 码本在性能上仍存在差距。同时，由于类型 II 码本的反馈开销巨大，在进行

CSI 上报时，也增加了系统设计的复杂度。在增强 5G 系统中，一方面需要提升码本性能，另一方面要降低反馈开销。为了提升码本性能，可以进一步增加用于线性合并的波束个数，如支持 $L>4$，并采用差分上报的方式将反馈开销分散于多次上报中。

此外，需要进一步支持秩为 3、4 的码本，此码本可以应用于具有八根接收天线以上的 UE 和网络负载较轻的场景，提高吞吐量。为了降低反馈开销，可以采用频域压缩方案压缩子带的码本参数。频域压缩方案是指利用 UE 计算的 CSI 在不同子带之间的相关性，通过一组频域的正交基稀疏表达 UE 计算的 CSI，UE 对稀疏表达之后的系数进行量化反馈。取决于场景和信道条件，频率压缩之后系统可以节省多达 60% 的反馈开销。从评估结果可以看出，压缩方案极大地降低了反馈开销，但是对性能的影响基本可以忽略。

2. 多 TRP 传输

针对多 TRP 传输，5G NR 中未能显示支持 NC-JT 方案的标准化，在 5G 增强系统中需继续进行研究和标准化。为了增强多 TRP 传输，需要进一步增加协作的 TRP 个数，如扩展至两个以上。同时，可以结合多种应用场景进行传输方案的设计，如需要考虑相干 / 非相干传输、上行和下行协作、室内场景和室外场景、联合传输 / 协作波束赋形 / 传输点选择等。在 5G 增强系统中，需要围绕多 TRP 的传输方案和 CSI 上报方式进行设计。在 CSI 上报方式设计方面，波束上报和 CSI 反馈均需要考虑增强。在传输方案方面，可以采用 2 级控制信令的方式支持非相干联合传输，另外对于控制信道的多 TRP 传输也可以开展研究。针对多 TRP 传输，码字到层的映射关系需要重新考虑。5G NR 系统中，1 ~ 4 个数据流的传输都使用单个码字进行。在多 TRP 传输场景中，不同 TRP 到 UE 的信道质量会有比较大的差异，如果强制他们映射到同一个码字，会极大地降低系统的传输能力。因此，在 5G 增强系统中需要研究 1 ~ 4 个数据流分散到多个码字中进行传输的方案。从仿真结果可以看出，双码字传输相对于多码字传输有显著的性能增益。

3. 波束管理

5G NR 对上行波束管理进行了初步讨论。所谓上行波束管理，即 UE 给基站提供信息来协助基站进行波束管理。在 5G 增强系统中，需要进一步增强波束管理的性能，针对更高频段（大于 52.6GHz）场景进行优化。然而，随着频率升高，传输方案以及上行、下行波束管理与 5G NR 会存在以下不同：

（1）单载波波形相较于 OFDM 的优势更加明显。单载波波形可以有效地降低信号的峰均比，相同性能的高频射频前端器件可以发射更高功率的单载波信号，可能对于高频射频前端器件的要求有所降低。

（2）从频谱角度分析，100 GHz 以内大于 52.6 GHz 频段存在大量潜在可用的连续频谱，例如，57 ~ 71 GHz（其中 64 ~ 71 GHz 为非授权频谱）、71 ~ 76 GHz、81 ~ 86 GHz 等，这使得采用比 5G NR 更大系统带宽成为可能。基于此，可能采用更加简单的模拟波束赋形架构单流或低阶传输，而不必采用模拟 – 数字混合波束赋形架构进行多流传输，就可以满足 ITU 对于 5G 峰值速率的要求。

（3）上行波束管理，在不同的 UE 天线结构前提下，如全向天线面板和多个定向天线面板。

4. 增强的下行链路 – 上行链路信道互易支持

若系统满足上下行信道互易性，则可以使用 SRS 获取下行 CSI，或者采用 CSI–RS 获取上行 CSI。5G NR 中初步支持了对于满足上下行信道互易性时的 CSI 计算。在 5G 增强系统中，可以针对信道互易性成立时的传输和反馈方案进行增强。传输方案的增强可以研究部分信道互易性条件下的传输方案。此外，上下行波束互易成立所要求的信道互易性的精度也需要研究并验证。反馈方案的增强可以考虑干扰反馈方式设计，同时，进一步研究基于 SRS 和 CSI–RS 的上下行 CSI 联合获取方案，包括下行信令的设计、联合触发上下行参考信号等。

4.1.2 关键技术

4.1.2.1 参考信号设计

在大规模天线技术当中，因为天线数量的不断增加和用户人数的持续增多，对于上行的线路，应用的是正交导频，导频的费用是根据天线的数量来决定的。从广义的范围上来说，要获得大范围的天线系统的信息数据，设法降低导频的费用，而要提高获取信息的精确度是一个重要问题，需要更深层次的研究，因为这里面包含的技术问题较多，包括了设计导频信号、科学运用先进的信道估计方法等。

对 5G 通信系统而言，参考信号是决定信道估计准确与否的重要因素，因此，需要在大规模天线无线传输系统中，合理设计参考信号，确保信道估计结果准确无误。需要注意的是，参考信号包括以获取信号质量和解调数据为目标的两种信号，前者大多是以全向发送的形式存在，往往只占用较少资源并测试信道质量；后者则能够为系统中数据的解调提供支持，并且在节约成本的基本需求下以预编码的方式进行导频。而导频设计则包括正交导频与非正交导频两种，前者又可以被划分为时分、频分、码分以及混合正交等多种类型，可以用于参考信号的设计。

实际上在当前，正交导频技术已经被广泛应用于 4G 通信系统，并且由于其具有抗干扰能力强的优势，具有极大的实用价值。不过对 5G 通信的大规模天线系统而言，导频技术的应用面临着巨大的成本问题。虽然在 4G 标准中，导频技术的应用成本问题就已经颇受重视，但是由于天线数量有限，该问题始终不是亟待解决的关键性问题。不过，随着 5G 时代的到来，大规模天线系统的应用使得天线数量大幅增加，导频技术的应用成本也水涨船高，已经成为 5G 通信网络建设中不可忽视的重要问题。为了解决这一问题，非正交导频设计被提出，但同时也带来全新的难题。非正交导频设计可以分为叠加于数据的导频和复用性导频两种，前者会形成一定干扰，进而影响导频的准确性；而后者则会产生极大的导频污染，对信道估计准确性造成负面影响。为了协调导频设计的成本与质量，当前普遍采用将各网络中的上行导频从时间上加以错开，同时通过干扰低效的方式将干扰排除掉。而且在天线数量足够多时，该方法还能够有效减少导频污染，综合解决非正交导频设计所带来的问题。不过，该设计需要基站增加更多的天线，如果空分用户数目过大，同样会产生巨大的运行成本。除此之外，还可以利用串行干扰的方式来对信号进行估计，这种方式下则可以采取半正交导频设计方式，利用已获得信道估计数据的用户所传输的上行链路数据，强化有效数据的传输，进而减少导频成本。

参考信号设计一直是移动通信系统设计的一项关键技术，它直接影响系统的传输效率和可靠性。目前，4G 系统的实现中可将参考信号按照功能分为用于获取信道质量的参考信号（CSI reference signal，以下简称 CSI-RS）和用于解调数据的参考信号（demodulation RS，以下简称 DM-RS）。CSI-RS 通常采用全向发送，时频域较稀疏，占用的资源较少，它可以用于信道质量测试、信道统计信息获取等方面。而 DM-RS 主要用于解调数据，为了降低开销，它通常采用预编码导频。

导频设计时通常分为正交导频和非正交导频。正交导频分为时分正交、频分正交和码分正交导频以及时分正交或频分正交与码分正交导频的混合使用。这些技术已经被 4G 标准所采纳，其优点是干扰小，缺点是开销大。需要特别说明的是，在多小区大规模天线系统中，随着用户和天线数的增加，无论是 CSI-RS 还是 DM-RS，开销大大增加。如何设计导频信号并降低导频开销是我们面临的一个严峻的问题。为了降低多小区大规模天线系统的导频开销，学者们提出了非正交导频设计，主要包括两种，一种是将导频叠加在数据上，另一种是导频复用，前者会产生导频和数据间的干扰，而后者会产生严重的导频污染现象。

有学者提出将多小区上行导频在时间上错开，利用干扰抵消去除导频与数据之间的相互干扰。当基站侧天线个数趋于无穷大时，时间偏移导频方案可以降低导频污染。但是，当空分用户数目较大时，采用时间偏移导频的系统，基站需要增加更多的天线，以获取比同步导频更好的性能。有研究结合串行干扰抵消辅助的信道估计方法，提出一种半正交导频设计，该半正交导频设计允许基站已经获得相应信道估计值的用户同时传输上行链路数据，极大提高用于传输有效数据的资源，降低导频资源开销。

导频复用是最早提出大规模 MIMO 理论时所采用的方法。仅根据大尺度衰落信息，以最大化和速率为目标，进一步提出了贪婪算法、禁忌搜索算法以及贪婪禁忌搜索算法的导频分配方法。随着对大规模 MIMO 信道研究的深入，研究学者发现当天线大规模增加时，信道在空间角度域具有稀疏性，而当带宽增加时，在时延域具有稀疏性。利用大规模 MIMO 信道稀疏性的特点，进行导频分配可以有效降低导频污染。在空间域，当复用相同导频的用户的信道到达角区间互不重叠时，信道估计的均方误差之和可以达到最小。因此，当信道角度域稀疏时空间相关大规模 MIMO 信道下的导频复用是可行的。有研究者提出了基于信道二阶统计信息的导频分配方法，保证使用相同导频的用户的信道相关矩阵相互正交。在时延域，利用宽带 MIMO 信道的稀疏特性，也可以进行导频污染抑制。

在大规模分布式 MIMO 中，信道在功率域具有稀疏性。当我们已知用户的地理位置时，构建用户之间的干扰矩阵，对用户之间的导频干扰进行量化，给予干扰较大的用户较大的权重，使他们优先使用正交导频，从而可以大大降低导频干扰。从这点上看，导频分配与频率分配有相似之处。采用类似频率分配的方法，例如，分数倍频率复用或先进的染色算法，对多小区、多用户分配导频，可降低分布式 MIMO 系统中由导频复用引起的导频污染。

相比 TDD，采用 FDD 的大规模 MIMO 的信道信息获取更具挑战性。假设基站和用户采用共同的导频信号，在开环模式中，基站采用轮询的方式发送导频信号，这样接收机可以利用空间相关性、时间相关性以及之前的信道估计来估计出当前的信道。在闭环模式中，用户根据之前的接收信号选择最优的训练信号，并把训练序列的序号反馈给基站，基站根据反馈，来确定所要发送的导频信号。考虑反馈开销，有人提出了非相干的格栅编码量化，其复杂度随天线个数线性增加。在高斯－马尔可夫信道模型下，利用卡尔曼滤波算法以及大规模 MIMO 信道的时间和空间相关性，有研究提出了导频波束设计。

4.1.2.2　信道测量

对 5G 通信大规模天线无线传输而言，信道信息的获取是影响技术应用效果的关键，必须落实信道估计技术的充分应用。与此同时，导频污染会对信道估计的准确性造成一定影响，因而导频设计也是 5G 通信大规模天线无线传输的重要技术，是确保信道估计准确、频谱效率稳定、信号传输稳定可靠的关键性技术。

就当前来看，5G 通信大规模系统中的信道估计方法较为多样。其中，基于大规模 MIMO 信道稀疏特性的信号处理算法，能够有效促进信道估计的精准性，使得这种信道估计方法有着巨大的应用价值。再加上 MIMO 信道的角度域和时延域都有着一定的稀疏特性，从而可以直接针对这些稀疏信道进行建模，并利用参数化计算方法与压缩感知方法，对信道估计的精准性再次加以提升，从而为 5G 通信网络提供稳定的传输信号。当前较为常见的压缩感知算法主要有正交匹配追踪法与基于贝叶斯的匹配追踪法两种。在此基础之上，还可以充分利用子空间方法，以到达角为载体来提高信道估计精准性，同时尽可能降低导频成本。

盲信道估计方法在 5G 通信大规模系统中也有着较大应用价值，其最大的优势在于协调了估计精度、导频成本以及导频污染。该方法是基于大规模 MIMO 信道空间本身具有的渐进正交性而提出，通过分解特征值的方式，利用少量上行导频来将矩阵模糊度进行处理甚至消除，从而初步保障信道估计精准性。事实上，该方法还可以在不使用导频信号的前提下，利用子空间投算法，对信道进行估值，从而起到减少导频污染的作用。不过需要注意的是，盲信道估计方法本身较为复杂，直接应用较为困难。

另外，5G 通信大规模天线无线传输还包括大量其他技术，如通过数据辅助对信道进行估计，将信道估计与导频分配相结合，借助反馈辅助提高信道估计精准性等。但是就当前来看，这些方法都还或多或少地存在一些缺陷，如利用数据辅助估计信道时，必须要解决数据量过大、数据内容过于复杂的问题。

总的来说，大规模天线系统的信道信息获取面临如下问题。导频开销仍然随用户总天线个数线性增加，如何降低导频开销，有效利用导频资源，提高信道信息获取的精度，需要深入研究，这包括导频信号的设计、导频复用方法和先进的信道估计方法。另外，对于 TDD 系统，虽然空中信道满足上下行互易性，但是考虑到射频电路等影响，上下行整体信道是不互易的。因此，互易性校准对 TDD 大规模天线系统的实现至关重要。

大规模 MIMO 信道的稀疏特性也利于采用先进的信号处理算法提高信道估计的精度。宽带大规模 MIMO 的信道在角度域和时延域都存在稀疏性，可以采用参数化模型来对这种稀疏信道建模。对于这种参数化的稀疏信道，可采用参数化信道估计和压缩感知方法大幅提高信道估计的精度。子空间方法是估计参数化信道的常用方法，通过到达角估计提升大规模 MIMO 信道参数估计的精度。压缩感知方法是稀疏信道估计的另一种有效途径，它可以在保证较小导频开销的情况下，获得较好的信道估计性能。常用的压缩感知算法包括正交匹配追踪和基于贝叶斯匹配追踪法。而分布未知情况下的贝叶斯匹配追踪法，也可以将其应用于大规模 MIMO 的信道估计。

利用盲信道估计方法也可以解决导频开销的问题，这在码分多址系统中已经被充分地研究，这些方法同样适用于大规模 MIMO 系统。事实上，有关导频污染的问题类似码分多址的信道估计。针对 TDD 系统，利用大规模 MIMO 信道的空间渐进正交性，提出一种基于特征值分解的盲信道估计算法，使用少量上行导频即可消除矩阵模糊度。在此基础上提出不使用导频信号的子空间投影盲信道估计算法，进一步降低导频污染的影响。但是，盲信道估计算法较高的复杂度，是实际系统实现时的主要障碍。利用数据辅助的信道估计也是一种传统的提高信道估计精度的方法，结合迭代接收机，可以进一步提高大规模 MIMO 信道估计的精度。但是，为了获得较好的估计性能，数据辅助信道估计需要较长数据，其复杂度也随用户数目和数据长度的增加而大幅增加。

利用时延域的稀疏性，有学者提出了一种结合信道估计和导频分配的方法来克服导频污染，提高导频复用的性能。其主要思想是，利用不同用户在时延域的正交特性，在不同的时隙，通过导频分配，将导频污染随机化，最后进行多径时延估计和多径分量提取，得到延迟功率分布的估计。在理想情况下，估计出的功率延迟分布可逼近无导频污染时的情况。通过估计出的功率延迟分布，可进一步消除导频污染。

对于 FDD 系统，通常需要反馈辅助来提高信道估计的精度。将分布式压缩感知技术应用于 CSI 获取，其优点是，压缩测量在用户端，而信道信息的恢复由基站侧联合实现。该方法可降低训练和反馈开销，且性能优于传统方法。针对信道的空间稀疏性和慢变特性，可采用非正交导频，利用分布式稀疏性自适应的匹配追踪信道估计方法，通过闭环信道跟踪方法来降低导频开销。

对于大规模分布式 MIMO，我们不仅需要估计小尺度衰落信息，还需要估计大尺度衰落信息，利用天线大规模效应解决大尺度衰落信息的估计方法。

4.1.2.3 低复杂度接收机

多天线系统中，容量逼近的接收机技术一直是研究热点。大规模天线系统的接收机同样面临着复杂性问题。特别是，大规模天线系统是干扰受限的系统，如何设计干扰信道下的接收机，获得逼近信道容量的性能是一个非常有挑战的方向。

对于大规模天线系统，接收机面临着如下困难：非理想信道、干扰信道和检测复杂度高。针对非理想信道，传统的方法是采用数据辅助的信道估计，可以将该方法推广到大规模 MIMO，即将数据检测和信道估计联合设计，这样可以提高系统的性能。采用数据辅助时，由于用户之间的数据非正交，只有数据长度较长时，才能获得较好的性能，但是随之产生了严重的复杂性问题。针对干扰信道，我们可以采用 Turbo 迭代接收机，但是同样面临接收机实现的复杂性问题。近期，对大维信道下的检测器研究主要思路包括矩阵求逆的简化方法和利用稀疏性的检测方法。

现有研究提出了干扰信道下的联合迭代接收技术。考虑导频污染，设计了集信道估计、干扰估计、低复杂度软输入软输出检测和译码为一体的 Turbo 接收机。首先，根据信道估计得到信道参数和初步的干扰统计特性，进行线性预滤波降维处理。然后，提出基于奇异值分解（singular value decomposition，以下简称 SVD）的软输入软输出检测和基于匹配滤波的软输入软输出检测。对于 SVD 的软输入软输出检测，仅需要初次对降维后的信道矩阵进行 SVD 分解；对于匹配滤波检测，仅需要对降维处理后的信道进行线性合并。为了进一步降低软输入软输出检测的复杂度，还有研究提出了基于多项式展开的软输入软输出检测，避免复杂的矩阵求逆。结果表明，由于大规模天线效应，采用低复杂度的检测方法的 Turbo 接收机可以逼近理论信道容量。

伴随着大规模天线技术的研究和标准推进，业界对支持大规模天线技术的基站样机及产品进行了快速开发，并进行了技术试验。以中国的 5G 技术试验为例，在第一阶段（2016 年），各厂家开发了 128 元及以上的大规模天线阵列，其中大唐电信集团开发了业界最大规模的天线阵列——256 元大规模天线系统，基于 100 MHz 带宽，能够支持 4Gbit/s 的小区峰值速率。在第二阶段（2017 年），面向运营商的预商用验证需求，各厂家开发了 64 通道 192 元的大规模天线阵列，其中大唐电信集团开发的基站产品支持 200 MHz 带宽，在测试中能够支持 28 流，获得的单用户峰值速率达到 1.6 Gbit/s，小区峰值速率超过 10 Gbit/s。自第三阶段（2018 年）开始，基于 NSA 和 SA 系统，支持大规模天线技术的预商用和商用产品开始了系统级验证，初步验证表明，针对 100 MHz 带宽 256QAM 调制方式，下行 8 个终端能支持 16 流达到 6 Gbit/s 小区峰值速率，下行 16 个终端能支持 32 流达到 10 Gbit/s 小区峰值速率。

4.1.3 相关专利分析

大规模天线技术是 5G 的重要组成部分，属于知识密集型产业，在该领域进行研发创新的主体都比较重视维护自身的知识产权，通常会以布局专利的形式予以保护。本节对大规模天线技术的专利统计数据进行分析。

从全球专利申请来看，大规模天线技术的全球专利申请从 20 世纪 90 年代末开始起步，经过 2006 ~ 2012 年的稳定发展，从 2013 年开始呈现快速增长的势头，至 2016 年达到最高值，年申请量接近 200 件，如图 4-1-2 所示。

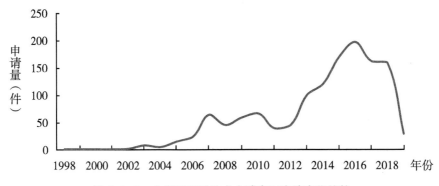

图 4-1-2　大规模天线技术全球专利申请变化趋势

在中国专利申请中，大规模天线技术的专利申请变化趋势与全球申请的变化相同，均起始于 20 世纪 90 年代末。稳步增长于 2006 ~ 2012 年，然后在 2013 年开始进入快速增长期，并在 2016 年以后仍能保持较为平稳的申请量，如图 4-1-3 所示。

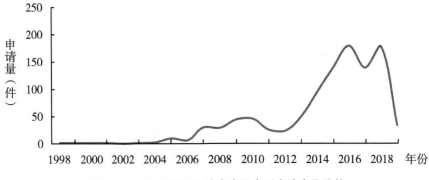

图 4-1-3　大规模天线技术中国专利申请变化趋势

根据大规模天线技术的特点，可以将其分为如下八个技术分支：导频设计、信道编码、信道测量与反馈、串行干扰消除、波束赋形、低复杂度接收机、信号处理、天线单元阵列，根据以上分解，下文对大规模天线技术及其八个技术分支的专利统计数据进行分析。

大规模天线的全球专利申请中，来自信道编码和信道测量与反馈两个技术分支的申请量最多，分别占总申请量的 21% 和 23%。天线单元阵列技术分支占总申请量的 17%。其次是低复杂度接收机技术领域，拥有总申请量 14% 的比例，以及导频设计占有 13% 的申请量。而信号处理、串行干扰消除、波束赋形三个技术领域的申请量相对较少，所占比例分别为 5%、4% 和 3%，如图 4-1-4 所示。

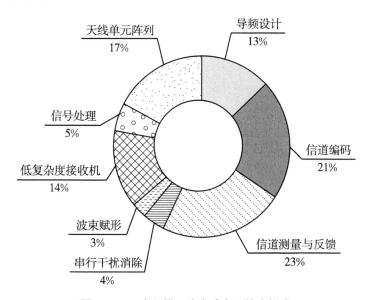

图 4-1-4　大规模天线全球专利技术构成

在中国专利申请中，大规模天线技术的信道编码、信道测量与反馈、导频设计三个技术分支申请量同样较多，分别占比 17%、18% 和 15%，但天线单元阵列技术分支的申请量更多，占据总申请量的 28%，而低复杂度接收机、信号处理、串行干扰消除、波束赋形四个技术分支的申请量均较少，所占比例均不超过总申请量的 15%，如图 4-1-5 所示。

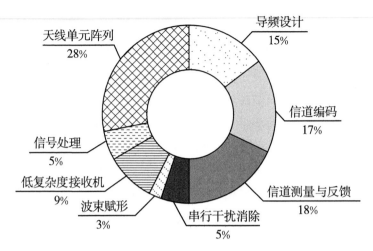

图 4-1-5　大规模天线中国专利技术构成

从技术构成来看，全球专利申请的重点集中在信道编码、信道测量与反馈、天线单元阵列、低复杂度接收机、导频设计五个技术分支，而中国专利申请的分布则更集中在天线单元阵列、信道测量与反馈、信道编码、导频设计四个技术分支，两者申请量差别比较大的技术分支是低复杂度接收机，中国申请所占比例比全球申请所占比例低 5%。

技术来源是分析各个国家和地区技术创新能力的重要参考指标，在大规模天线技术的全球专利申请中，源自中国的专利申请量最多，占了总申请量的半壁江山，其次是美国，达到总申请量的 25%，韩国以 11% 位居第三，日本、欧洲及其他国家和地区的申请量占比均不足 10%，如图 4-1-6 所示。

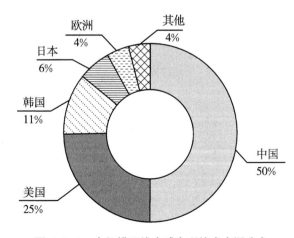

图 4-1-6　大规模天线全球专利技术来源分布

在大规模天线技术的中国专利申请中，有 76% 的申请量来自中国本国，其次有 14% 的申请量来自美国，欧洲、韩国、日本及其他国家和地区的申请量占比均不足 5%，如图 4-1-7 所示。

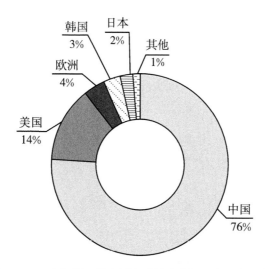

图 4-1-7　大规模天线中国专利技术来源国家 / 地区分布

分析大规模天线技术中国申请的国内来源地，源自广东的申请数量最多，来自江苏的申请量位居第二，北京、上海、陕西、四川、重庆分别位列第三至第七位。来自以上七个地区的专利申请占据了源自中国的专利申请的六成以上，如图 4-1-8 所示。

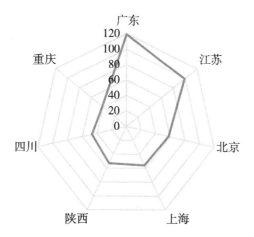

图 4-1-8　大规模天线中国专利技术来源省市分布

技术布局体现了世界各个国家和地区的市场关注程度，专利布局较多的国家和地区通常是技术输出市场，同时也是竞争较为激烈的区域。

总体看来，中国、美国、欧洲、韩国、日本是大规模天线技术专利布局的重点国家和地区，如图 4-1-9 所示，中国是专利布局最多的国家，超过三成的专利申请选择布局于中国。同样，美国作为专利布局仅次于中国的国家，其专利申请所占比例超过 20%。另外，分别有 10% 的专利申请选择在韩国和欧洲进行布局，8% 的专利申请选择布局于日本。可见，中国在大规模天线技术市场的重要程度。

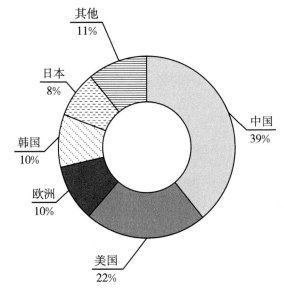

图 4-1-9　大规模天线全球专利技术布局分布

申请人是技术创新的主体，聚焦申请数量较多的申请人可以分析得出技术创新的引领者。在大规模天线技术领域，申请量领先的申请人中，中国创新主体占据了较多的位置，如图 4-1-10 所示，申请量排名前十二的申请人中，华为技术有限公司、东南大学、北京邮电大学、电子科技大学、西安电子科技大学、中兴通迅股份有限公司均为中国创新主体，其中包括两家公司和四所高校，来自韩国的申请人包括三星公司、LG 公司、韩国电子通信研究院，美国有两家，英特尔公司和高通公司，日本有 NTT DoCoMo 一家。

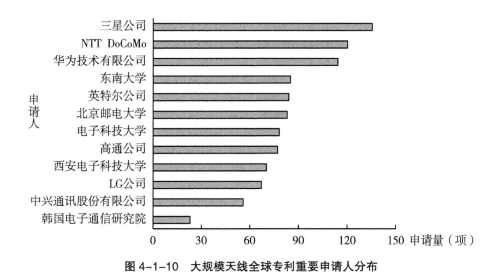

图 4-1-10　大规模天线全球专利重要申请人分布

在中国提交的大规模天线技术专利申请中，申请量最多的是国内企业华为技术有限公司，位居前列的还有国内的高校，包括东南大学、北京邮电大学、电子科技大学、西安电子科技大学、南京邮电大学、重庆邮电大学、西安交通大学，来自韩国的三星公司、来自美国的高通公司和英特尔公司是仅有的申请量较多的国外申请人，如图 4-1-11 所示。可见，中国的创新主体在大规模天线领域提交了较多的专利申请，除了华为技术有限公司和中兴通讯股份有限公司，国内高校也具有较强的技术研发能力。

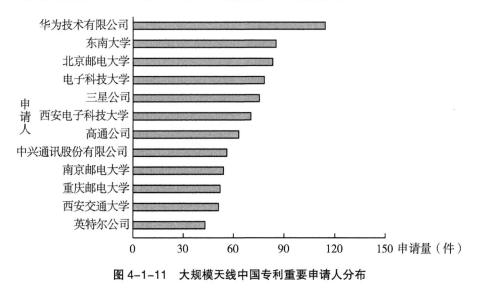

图 4-1-11　大规模天线中国专利重要申请人分布

参考文献

［1］刘晓峰，孙韶辉，杜忠达，等.5G 无线系统设计与国际标准［M］.北京：人民邮电出版社，2019.

［2］郑洋，李雷.5G 射频测试技术及发展趋势［J］.电信网技术，2017（12）：26-29.

［3］骆胜军，张申科.5G 大规模天线系统架构探讨［J］.移动通信，2019，43（3）：70-74.

［4］邱源.5G 的大规模天线无线传输理论和技术探讨［J］.电子世界，2019（6）：36-37.

［5］王映民，孙韶辉，等.面向 5G 增强的大规模天线技术［J］.移动通信，2019，43（4）：15-20.

［6］刘丽生，刘明.5G 通信大规模天线无线传输技术研究［J］.通讯世界，2019，26（8）：141-142.

［7］孙大鹏，孙磊，申艳秋，等.探讨大规模天线在 5G 通信网络中的应用[J].通讯世界，2019，26（8）：122-123.

［8］王东明，张余，等.面向 5G 的大规模天线无线传输理论与技术［J］.中国科学：信息科学，2016，46（1）：3-21.

［9］王辉，大规模天线在 5G 中的应用与挑战［J］.网络安全技术与应用，2019（8）：84-85.

［10］虞文海，大规模天线对 5G 的意义及所面临的挑战［J］.信息通信，2017（7）：214-215.

［11］胡浩.大规模天线阵列技术专利分析［J］.中国科技信息，2018（15）：28-29，32.

［12］3GPP TSG SA1 TR 22.864.Feasibility study on new services and markets technology enablers-network operation［S/OL］.2016［2020-03-28］.https://portal.3gpp.org/desktopmodules/Specifications/SpecificationDetails.aspx?specificationId=3016.

［13］3GPP RP-190566.Status report for WI UE Conformance Test Aspects-5Gsystem withNRandLTE［S/OL］.2019［2020-03-28］.https://www.3gpp.org/ftp/TSG_RAN/TSG_RAN/TSGR_83/Docs/.

［14］3GPP TS 38.521-1 NR.User Equipment（UE）conformance specification；Radio transmission and reception；Part 1: Range 1 Standalone［S/OL］.2018［2020-03-28］.https://www.3gpp.org/ftp/Specs/archive/38_series/38.521-1/.

［15］3GPP TS 38.521-2 NR.User Equipment（UE）conformance specification；Radio transmission and reception；Part 2: Range 2 Standalone［S/OL］.2018［2020-03-28］.https://www.3gpp.org/ftp/Specs/archive/38_series/38.521-2/.

［16］3GPP TS 38.523-1 NR.User Equipment（UE）conformance specification；Part 1: Protocol［S/OL］.2019［2020-03-28］.https://portal.3gpp.org/desktopmodules/Specifications/SpecificationDetails.aspx?specificationId=3378.

［17］3GPP TSG SA2 TR 23.799.Study on architecture for next generation system［S/OL］.2016［2020-03-28］.https://www.3gpp.org/ftp/Specs/archive/23_series/23.799/.

［18］3GPP TSG SA2 TS 23.501.System architecture for the 5G system［S/OL］.2018［2020-03-28］.https://www.3gpp.org/ftp/Specs/archive/23_series/23.501/.

［19］3GPP TSG SA2 TR 28.801.Telecommunication management；Study on management and orchestration of network slicing for next generation network［S/OL］.2017［2020-03-28］. https://www.3gpp.org/ftp/Specs/archive/28_series/28.801/.

［20］3GPP TSG RAN TS 38.801.Study on new radio access technology，radio access architecture and interfaces［S/OL］.2017［2020-03-28］.https://portal.3gpp.org/ desktopmodules/Specifications/SpecificationDetails.aspx?specificationId=3056.

［21］3GPP TSG RAN TS 38.804.Study on new radio access technology；radio interface protocol aspects［S/OL］.2017［2020-03-28］.https://portal.3gpp.org/desktopmodules/ Specifications/SpecificationDetails.aspx?specificationId=3070.

［22］3GPP TSG RAN TS 38.300.NR and NG-RAN Overall Description，Stage 2［S/ OL］.2018［2020-03-28］.https://portal.3gpp.org/desktopmodules/Specifications/ SpecificationDetails.aspx?specificationId=3191.

［23］3GPP.Technical Specification group services and system aspects；Procedures for the 5G System；Stage 2（Release 15）；V2.0.0；3GPP TS 23.502［S/OL］.2017［2020-03-28］. https://www.3gpp.org/ftp/Specs/archive/23_series/23.502.

4.2　非正交多址技术

4.2.1　基本原理

4.2.1.1　NOMA 基本原理

2014 年 9 月，日本的 NTT DoCoMo 提出了 NOMA 技术，其目的就是在满足用户体验需求的前提下，更加高效地利用频谱资源。

5G 通信系统性能的提升不是单靠一种技术，需要多种技术相互配合共同实现。根据香农公式可以看出 5G 提升系统容量所需的要素，通过增加覆盖、信道、带宽、信噪比四个因子可提升系统容量。通过大规模天线和 NOMA 等频效提升技术可增加信道，大幅提升系统容量。下面将对 NOMA 技术的优势和面临的挑战进行分析。[1]

$$C_{sum} = \sum_{Cells} \sum_{Channels} B_i \log_2 \left(1 + \frac{P_i}{I_i + N_i} \right) \qquad （式 4-2-1）$$

其中，C 表示信道容量，Cells 表示小区，Channels 表示信道，B 表示带宽，P 表示信号功率，I 表示干扰功率，N 表示噪声功率。

NOMA 的基本思想就是在发送端采用非正交发送，主动引入干扰信息，在接收端通过串行干扰删除（serial interference cancellation，以下简称 SIC）接收机实现正确解调。NOMA 的子信道传输依然采用 OFDM 技术，子信道之间是正交的，互不干扰，但是一个子信道上不再只分配给一个用户，而是由多个用户共享。同一子信道上不同用户之间是非正交传输，这样就会产生用户间干扰问题，这也就是在接收端要采用 SIC 技术进行多用户检测的目的。在发送端，对同一子信道上的不同用户采用功率复用技术进行发送，不同用户的信号功率按照相关的算法进行分配，这样到达接收端每个用户的信号功率都不一样。SIC 接收机再根据不同用户信号功率大小按照一定的顺序进行干扰消除，实现正确解调，同时也达到了区分用户的目的。[1]

SIC 技术是非正交多址接入方式接收端必备的技术，是一种针对多用户接收机的低复杂度算法，该技术可以顺次地从多用户接收信号中恢复出用户数据。在常规匹配滤波器中，每一级中提供一个用于再生接收到的来自用户信号的用户源估计，适当地选择延迟、幅度和相位，并使用相应的扩频序列对检测到的数据比特进行重新调制，从原始接收信号中减去重新调制的信号（即干扰消除），将得到的差值作为下一级输入，在这种多级结构中，这一过程重复进行，直到将所有用户全部解调出来，SIC 接收机利用串联方法可以方便地消除同频同时用户间的干扰。[1]

NOMA 技术用到了 4G 的 OFDM 技术，NOMA 与 OFDM 相比，由于可以不依赖用户反馈的 CSI 信息，在采用 AMC 和功率复用技术后，应对各种多变的链路状态更加自如，即使在高速移动的环境下，依然可以提供很好的速率表现；同一子信道上可以由多个用户共享，跟 OFDM 相比，在保证传输速度的同时，可以提高频谱效率。

NOMA 下行链路的信号处理流程，如图 4-2-1 所示。

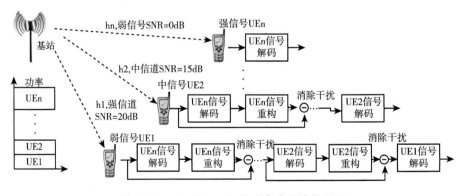

图 4-2-1　NOMA 下行链路发收端信号处理

资料来源：王华华，李文彬，余永坤. 关于 5G 的非正交多址接入技术分析[J]. 无线互联科技，2017（16）：45-47，77.

假设单基站、两用户场景，下行链路，基站采用叠加编码同时同频发送两个用户信号，但为不同信号分配不同的发射功率如下：[1]

$$x = \sqrt{P_1}x_1 + \sqrt{P_2}x_2 \qquad (式 4\text{-}2\text{-}2)$$

其中，P 为发射功率，x 为发送信号。

用户所接收的信号如下：[1]

$$y_i = h_i x + w_i \qquad (式 4\text{-}2\text{-}3)$$

用户 1 靠近基站，其接收信噪比高，执行 SIC 算法检测出用户 2 的信号并从接收信号中减去，而用户 1 远离基站，接收信噪比低，不执行 SIC 算法，将用户 1 的信号看成背景噪声，此时，信道容量如下：[1]

$$R_1 = \log_2\left[1 + P_1|h_1|^2/N_{0,1}\right]$$

$$R_2 = \log_2\left[1 + P_2|h_2|^2/(P_1|h_2|^2 + N_{0,2})\right] \qquad (式 4\text{-}2\text{-}4)$$

而在 OFDMA 中，可用带宽正交分配给两个用户，如果功率和带宽都等分配，其信道容量为：[1]

$$R_1 = \alpha\log_2\left[1 + P_1|h_1|^2/\alpha N_{0,1}\right], R_2 = (1-\alpha)\log_2\left[1 + P_2|h_2|^2/(1-\alpha)N_{0,2}\right]$$

$$(式 4\text{-}2\text{-}5)$$

采用 OFDMA 技术信道容量 R_1=3.33bit/s/Hz，R_2=0.50bit/s/Hz；采用 NOMA 技术信道容量 R_1=4.39bit/s/Hz，R_2=0.74bit/s/Hz；可见 NOMA 比 OFDMA 多址技术的频谱效率可提升 30%~40%。

4.2.1.2 Rel-14 版本的 NOMA

在 NR 的 Rel-14 版本中，就已经开始研究 NOMA 技术。在设定的评估场景中，NOMA 技术在上行链路总吞吐量和负载容量，以及在给定系统输出的系统容量方面都显示出明显的增益。对于 NOMA 而言，在使用重叠覆盖和非正交资源传输时，会存在干扰。伴随系统负载的增加，非正交特性会被放大。为了对抗非正交传输带来的干扰，使用线性或非线性扩展、稀疏或非系数扩展和扰码 / 交织以增强系统性能，并降低接收机处理的负担。NOMA 可以采用基于授权和非授权传输。NOMA 的优势，尤其是对于非授权传输而言，可以适用于大量场景，包括 eMBB、URLLC 和 mMTC。[4]

4.2.1.2.1 NOMA 操作的研究

对 NOMA 的研究进展主要集中于上行链路，以及为 NOMA 方案提供建议。将 NR Rel-14 的研究作为起点，研究非正交多址的具体目标为：①非正交多址发射机端的信号处理方案；②非正交多址的接收机；③非正交多址相关的处理流程；④非正交多址链路和系统及性能评估。[5]

在发射机端的信号处理方案需要考虑调制和符号级处理，包括扩展、重复、交织、新星座映射等。而编码比特级信号处理包括交织或扰码，同时，还需要考虑符号到资源元素映射，包括稀疏或非稀疏映射。此外，还需要研究解调参考信号（demodulation reference signal，以下简称 DMRS），例如，DMRS 的容量。非正交多址的接收机包括不同的接收机类型，主要有 MMSE 接收机、串行干扰取消接收机、并行干扰取消接收机、联合检测接收机、串行干扰取消和联合检测联合接收机等。对接收机的研究需要考虑性能和复杂度的折中。接收机信号处理流程包括上行链路传输检测、传输方案的混合自动重传请求（hybrid automatic repeat request，以下简称 HARQ）、反馈方案等。此外，还需要考虑 MA 签名分配和选择时的链路适应问题、同步和非同步操作，以及正交和非正交多址接入之间的适应。

对于 mMTC、URLLC 和 eMBB 均通用 NOMA，是我们最希望获得的结果。然而，对于多种 NOMA 方案而言，每个方案都有其自身的优势和劣势，所以，使得单一的 NOMA 方案都无法满足所有的需要。

在 NR Rel-14 中，对于上行链路 NOMA 所采用的 NOMA 方案包括：

——资源扩展多址；

——多用户共享接入；

——稀疏码字多址；

——非正交编码多址接入；

——非正交多址接入；

——格雷交织多址接入；

——交分多址接入；

——重分多址接入；

——组正交编码接入；

——格分多址接入；

——使用签名矢量伸展的低密度扩展；

——低码速和基于签名的共享接入；

——非正交编码接入；

——低码速扩展；

——频域扩展。

4.2.1.2.2 NOMA 资源的研究

用户在采用 NOMA 操作时，会被配置专用的资源和资源池。因此，用户需要在资源类型中进行选择。用户可以被配置实现 NOMA 的单一资源、相同 NOMA 类型的系列资源，或是多个 NOMA 类型的系列资源。[5]

在单一资源的情景下，用户需要选择用户单一 NOMA 系统的 NOMA 签名和数据传输方案。在相同 NOMA 类型的系列资源情景下，用户同样需要选择 NOMA 签名和数据传输方案，但是每个用户只能在当前资源池中选择一种资源。此场景可以应用于单一 NOMA 或多 NOMA 系统中。多 NOMA 类型的系列资源情景下，所有用户需要选择 NOMA 签名和数据传输方案，每个用户同样只能在资源池中选择一种资源。当前资源池中拥有不同类型的资源。此场景可以应用于多 NOMA 系统中。此外，NOMA 资源类型可以根据 SNR、接收机类型、码字大小和过载因子进行定义。NOMA 资源类型同样可以依赖于用户、场景、业务或数据类型（如 eMBB、URLLC、mMTC）而不同。

如图 4-2-2 所示，NOMA 资源可以与 SNR 相关。一些资源与 SNR1 相关，一些资源与 SNR2 相关。不同的资源类型，可以使得 NOMA 获得更便利的操作。

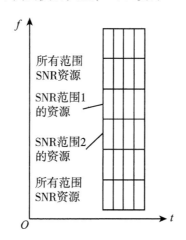

图 4-2-2　与 SNR 相关的 NOMA 资源

资料来源：InterDigital Inc.3GPP TSG RAN WG1 Meeting #92bis，R1-1804864，On Operations for Non-Orthogonal Multiple Access［S/OL］.［2020-03-22］.https://www.3gpp.org/ftp/TSG_RAN/WG1_RL1/ TSGR1_92b/Docs/R1-1804864.zip.

4.2.1.2.3 小结

在设计 NOMA 方案时，需要首先考虑应用场景或用户需求（如 URLLC、

mMTC、eMBB)。针对多用户的 NOMA 方案还需要继续深入研究，其中的每种 NOMA 方案需要针对给定评估场景或用户需求进行优化。针对 NOMA 操作，可以采用不同的资源或资源类型。

4.2.1.3 Rel-15 版本的 NOMA

3GPP 第 78 次会议中，就 NR Rel-15 版本中的 NOMA 达成了一致协议。重点研究了上行链路中的基于授权和免授权 eMBB、URLLC 和 mMTC 场景下的 NOMA 技术。3GPP RAN1 第 92 次会议的相关文本中，还讨论了链路级仿真条件下统一的、NR 兼容的网络架构，并进行了设计和评估。

4.2.1.3.1 NR NOMA 的优势

在 NOMA 的上行链路中，多个 UE 采用非正交的方式共享相同的时间和频率资源。表 4-2-1 总结了 NOMA 不同操作模式下的使用情景以及特点。表 4-2-1 中显示的特征充分体现了 NOMA 技术的优势。该表在最后一列中展示了基于 NOMA 传输方案的多层混合资源扩展多址接入的特点。

表 4-2-1 支持不同操作模式下的 NR NOMA 使用场景以及特点

使用 NOMA 波形的操作模式		大量 UE 的支持多接入	动态 MCS	特点	典型使用场景	基于混合扩展的方案
免 TA/ASYNC （RRC_INACTIVE）		是	否	低功率、低负载	mMTC	长码
SYNC（RRC_CONNECTED）	免授权连接	是	否	低负载、低延时	mMTC/ URLLC/ eMBB	长 / 短码
	半持续调度	好	否	当少量 UE 使用小周期数据包时，低负载、低延时	mMTC/ URLLC/ eMBB	长 / 短码
	基于授权	可以	是	SDMA 的可疑容量增益，无下行链路过载降低	eMBB	长 / 短码

资料来源：Qualcomm Incorporated, 3GPP TSG RAN WG1 Meeting #92bis, R1-1804825, Procedures Related to NOMA［S/OL］.［2020-03-22］.https://www.3gpp.org/ftp/TSG_RAN/WG1_RL1/TSGR1_92b/Docs/R1-1804825.zip.

4.2.1.3.2　基于授权的 NOMA 上行链路

对于基于授权的 NOMA 而言，上行链路传输必然需要考虑出现冲突的问题，其中 gNB 了解冲突的模式。因此，gNB 不需要在发现用户的过程中执行盲检测。在另一面，上行链路的 DMRS 可以考虑冲突，也可以不考虑冲突。为了获得低复杂度和可靠的信号估计，推荐正交传输的 DMRS。为了可以为更多的 NOMA 用户服务，可以设计支持更大的 DMRS 的过载。[6]

4.2.1.3.3　免授权的 NOMA 上行链路

免授权的 NOMA 传输也会面临冲突，其会发生在上行链路数据和 DMRS 中。与基于授权的场景所不同的是，gNB 并不清楚数据 DMRS 的冲突模式。因此，gNB 为了发现用户行为，必须执行盲检测，估计信道状态，并对接收的数据进行解调。

为了降低线性混合扩展方案中的 DMRS 和数据传输过程的冲突，DMRS 序列、线性扩展码和扰码序列都可以考虑采用更大的数据池。此外，在设计 DMRS 序列、多层混合扩展和扰码时，对于定时的敏感度更需要着重考虑。[6]

4.2.1.3.4　NOMA 上行链路中的 HARQ

基于上述表 4-2-1 中的 NOMA 操作模式，HARQ 需要采用以下不同的方式：

对于免授权、同步上行链路中的基于竞争的传输，在第一次传输时需要发送调度请求。如果最初的传输失败，但是可以对调度请求进行解码，之后的重传需要变为基于授权。

对于免授权，同步上行链路中基于竞争的传输，以及变为基于授权的重传，重传的时间基准需要在一个预定的竞争窗内对准符号 / 时隙的边界。如果初传失败，用户在重传时将使用随机接入。

基于授权同步上行链路，需要支持 HARQ 的处理。在这些场景下，当初传失败时，重传可以在已知场景下再次进行。[6]

4.2.1.3.5　小结

设计 NR NOMA 的发射机 / 接收机时，链路和系统级性能评估需要折中考虑如下目标：[6]

误差性能：需要考虑每个用户的 SE 和复用用户的数量。

总吞吐量与给定 BLER 时的 SNR：需要考虑每个用户的 SE 和复用用户的数量。

可扩展性：便于采用的扩展码配置，使得 N 个用户拥有扩展系统 K，其中的 N 和 K 均可以灵活配置。

收发机的复杂度和延迟：接收机和发射机侧的处理，包括进行成功数据译码所需的计算和存储需求，先进接收机的延迟。

灵活度：联合支持 DFT-s-OFDM 波形和循环前缀频分复用（cyclic prefix-OFOM，以下简称 CP-OFDM）波形，联合支持不同的操作模式和使用场景。

PAPR 和 ACLR。

对于基于授权的 NOMA 上行链路，需要考虑采用多层线性混合扩展和扰码设计。扩展码和扰码、时间/频率资源和 MCS 可以动态地通过 PDCCH 通知到用户。扰码可以针对不同的小区或用户进行配置。扩展码和扰码可以基于符号进行分配。gNB 判决需要采用的 DMRS 序列。考虑 NOMA 用户的负载比率，正交或是非正交 DMRS 传输都可以被采用。针对 NR Rel-15 前端负载的 DMRS 相关设计中需要同时支持 DFT-s-OFDM 和 CP-OFDM 波形。

4.2.1.4 总结

在现有常用的非正交多址接入技术中，NOMA 相对于 MUSA、SCMA、PDMA 来说，由于采用的是多个用户信号的线性叠加，因而能够做到将硬件结构简易化。因此，在实现过程中，NOMA 是最易实现的一种非正交多址接入技术。[3]

由于 NOMA 在设计过程中引入了功率复用，所以使得接收机的复杂度被提高。对于码域采用非正交传输方案的 MUSA，由于码字的正交性没有要求，导致用户间干扰较大，从而导致系统所容纳的用户数量有限。PDMA 虽然同时考虑了码域、空域和功率域的联合优化，但过于复杂，实现难度较高。SCMA 同为码域的非正交多址接入技术，其设计灵活使得其受到广泛关注，但高效码本的码本设计和译码算法是限制其发展的瓶颈。

虽然 NOMA 在实现过程还存在一些问题和挑战，但是在 5G 标准化的过程中，相信难题和困难会被逐步解决和克服，从而使得 NOMA 作为系统高效灵活的多址接入解决方案，为整个系统性能的改进和优化作出贡献。

4.2.2 NOMA 发送端关键技术

4.2.2.1 上行 NOMA 发送侧流程

NOMA 发送侧处理以 MA 签名和辅助特性为特点。MA 签名用于区分不同的用户。本部分从业务数据的视角来描述 MA 签名。NOMA 发送侧处理过程可以通过图 4-2-3 表示，虚线部分使用了现有的 NR 设计，包括信道编码，传统比特交织，NR 传统比特加扰，NR 传统调制，DFT-S-OFDM 和资源映射。而实线部分则是新的设计，例如，UE/ 分支特定比特交织代替传统比特交织，用改进调制器 M-N 映射代替 NR 传统调制器，用 UE/ 分支特定星座 RE 映射代替资源映射，在调制器和 DFT-S-OFDM 之间增加 UE/ 分支特定符号级扩展和 / 或符号级交织和 / 或插零或非插零 UE/ 分支特定符号级交织。后续章节将对上述新的设计进行详细说明。

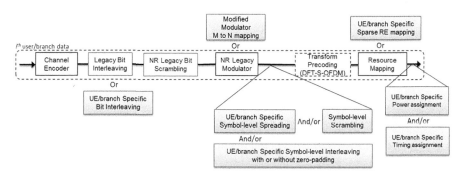

图 4-2-3 NOMA 发送端处理的基本架构

资料来源：3GPP TR 38.812 V1.0.0，3rd Generation Partnership Project；Technical Specification Group Radio Access Network；Study on Non-Orthogonal Multiple Access（NOMA）for NR；（Release 16）［S/OL］.［2020-03-22］.https://ftp.3gpp.org//Specs/archive/38_series/38.812/38812-100.zip.

4.2.2.2　上行 NOMA 中的新设计

4.2.2.2.1　候选 MA 签名

1. 比特级处理

NOMA 的比特级处理通过使其他用户的信号随机化实现用户分离，有两种随机化方式：加扰和交织。

（1）用户特定比特级加扰

基于 NOMA 的比特级加扰，例如低码率扩展（low code rate spreading，以下简称 LCRS）和非正交编码多址接入（non-orthogonal coded multiple access，以下简称 NCMA）采用和 NR PUSCH 相同的发送机处理流程，包括信道编码、速率匹配、比特级加扰和调制，如图 4-2-4 所示。

第 i 个用户 / 层数据

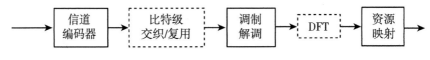

图 4-2-4　比特级处理的发送端流程

注：虚线为可选模块。

由于是以用户特定方式定义的，3GPP TS 38.211 第 6.3.1.1 节定义的比特级加扰功能可以作为 MA 签名。3GPP TS 38.211 第 6.3.1.1 节定义的比特级加扰功能如下：

对于单个码本 $q=0$，优先对比特块 $b^{(q)}(0),\cdots,b^{(q)}(M_{\text{bit}}^{(q)}-1)$ 进行加扰调制，根据下述的伪随机码得到加扰比特块 $\tilde{b}^{(q)}(0),\cdots,\tilde{b}^{(q)}(M_{\text{bit}}^{(q)}-1)$。其中，$M_{\text{bit}}^{(q)}$ 是在物理信道上传输的码本 q 的比特数。

设 $i=0$

当 $i<M_{\text{bit}}^{(q)}$

如果 $b^{(q)}(i)=x$ //UCI 占位符比特

$$\tilde{b}^{(q)}(i)=1$$

否则

如果 $\tilde{b}^{(q)}(i)=y$ //UCI 占位符比特

$$\tilde{b}^{(q)}(i)=\tilde{b}^{(q)}(i-1)$$

否则

$$\tilde{b}^{(q)}(i)=(b^{(q)}(i)+c^{(q)}(i))\bmod 2$$

end if

end if

$i=i+1$

end while

其中，x 和 y 为 [4, TS 38.212] 中定义的标签，加扰序列 $c^{(q)}(i)$ 由 3GPP TS 38.212 第 5.2.1 节提出。加扰序列发生器被初始化为 $c_{init}=n_{RNTI}\cdot 2^{15}+n_{ID}$，其中如果配置了高层参数 data Scrambling Identity PUSCH，并且 RNTI 等于 C-RNTI，MCS-C-RNTI 或者 CS-RNTI，$n_{ID}\in\{0,1,\cdots,1023\}$ 等于高层参数，发送未计划使用公共搜索空间的 DCI 格式 0_0；除此之外，$n_{ID}=N_{ID}^{cell}$。n_{RNTI} 对应于与 PUSCH 传输相关的 RNTI。

（2）用户特定比特级交织

基于 NOMA 的比特级交织，例如交织多址接入（interleave division multiple access，以下简称 IDMA）和交织网格多址接入（interleave grid multiple access，以下简称 IGMA）与图 4-2-4 共享相同的发送端处理流程。用户特定交织模式可以是多址签名。例如，在速率匹配模块基于 NR LDPC 块交织的 UE 特定交织可以与普通块交织，不同用户的读取起始位置能够以不同偏移的角度进行循环移位。

（3）用户特定块交织设计

实现用户特定交织的另一个例子如图 4-2-5 所示，其中引入用户特定循环移位，允许 K 个用户执行相同的用户独立交织操作。用户特定循环移位和非用户特定交织的组合等价于用户特定交织。

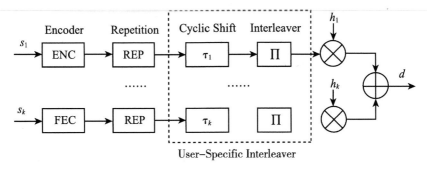

图 4-2-5 用户特定交织示例

资料来源：3GPP TR 38.812 V1.0.0，3rd Generation Partnership Project；Technical Specification Group Radio Access Network；Study on Non-Orthogonal Multiple Access（NOMA）for NR；（Release 16）[S/OL].［2020-03-22］.https://ftp.3gpp.org//Specs/archive/38_series/38.812/38812-100.zip.

2. 符号级处理

应用于符号级的 MA 签名具有如下类型：使用 NR 传统调制的用户特定扩展，使用修改调制的用户特定扩展，加扰和插零用户特定交织。

（1）使用 NR 传统调制的用户特定符号级扩展

低互相关或低密度的符号级扩展序列是 MA 签名的一个类型，能够用来区分用户。符号可以从 BPSK、QPSK 或更高阶 QAM 星座获取以调整频谱利用率。对于 BPSK，例如 {（1+j）/sqrt（2），（-1-j）/sqrt（2）}，可以用于 CP-OFDM 波形。发送端处理过程如图 4-2-6 所示。

第i个用户/层数据

图 4-2-6 使用传统调制的符号级扩展的发送端流程

符号级扩展序列的多种设计被建议用于 NOMA。包括：WBE 序列，具有量化元素的复数序列，ETF/Grassmannian 序列，GWBE 序列，基于 QPSK 的序列，星座扩展图样，MUI-qualified 序列。

（2）使用 NR 修改调制的用户特定符号级扩展

采用 NR 修改调制的用户特定符号级扩展的发送端侧处理如图 4-2-7 所示。

第i个用户/层数据

图 4-2-7　采用修改调制的符号级扩展的发送端流程

SCMA 使用联合扩展调制。M 比特首先映射为 N 符号。$M-$ 比特到 $N-$ 符号的映射可以用一个 $N \times 2^M$ 表表示，其中按照输入比特流的索引每列代表符号序列。相同的映射功能可以用公式表示，该公式表达输入比特流 b 和输出符号序列 x 的关系。例如，8-point 表的公式为：

$$x = \sqrt{\frac{2}{3}} \begin{bmatrix} -\dfrac{1}{\sqrt{2}} & j & 0 \\ -\dfrac{1}{\sqrt{2}} & 0 & j \end{bmatrix} (1-2b).$$

输入序列 x 进一步被大小为 N-by-N 的用户特定转换矩阵 G 复用，以获取 $y=Gx$. 例如，$N=2$，该用户特定 2-by-2 转换矩阵 G 如下所述：

$$\begin{bmatrix} 1 & 0 \\ 0 & 1 \end{bmatrix}, \begin{bmatrix} 1 & 0 \\ 0 & -1 \end{bmatrix}, \begin{bmatrix} 1 & 0 \\ 0 & j \end{bmatrix}, \begin{bmatrix} 1 & 0 \\ 0 & -j \end{bmatrix}$$

输出序列 y 被映射到星座扩展图样的相应非零元素，以产生星座符号序列。

3.符号级加扰

混合符号级扩展和加扰的发送端流程如图 4-2-8 所示。

第i个用户/层数据

图 4-2-8　混合符号级扩展和加扰的发送端流程

RSMA 等机制使用混合短码扩展和长码加扰作为符号级 MA 签名。加扰序列的产生可以是用户组和 / 或小区特定，其中加扰码的序列 ID 为小区 ID 或用户组 ID 的函数。一个小区中可以配置一个或多个用户组。用户加扰码的序列可以是 Gold 序列，Zadoff-Chu 序列，或两者的混合。

其中，符号级插零用户特定符号级交织如图 4-2-9 所示。

第i个用户/层数据
信道编码器
比特级处理
调制解调
带有补零的符号级交织
DFT
资源映射

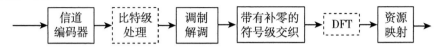

图 4-2-9 符号级插零符号级交织的发送端流程

在 IGMA 设计中，符号级处理是网格映射处理。它由插零和符号级交织处理组成，最后实现稀疏符号到 RE 映射。网格映射中的稀疏性是可配置的。

对于第 K 个用户，通过 gNB 指示的资源配置（时频资源的大小），选择 / 配置用于传输的 TB 大小和 MCS。UE 能够得到具有 X 列和 Y 行的数据矩阵。另外，UE 能够从 gNB 配置得到密度 ρ_k 和 zero-row 索引，其中 ρ_k 决定数据矩阵的非零行的占比，zero-row 索引告诉 UE 在哪里插入零行。“1”代表数据符号行，“0”代表 0 行，Y=4，ρ_k=0.5 的零图样如下：

$$\begin{bmatrix}1\\1\\0\\0\end{bmatrix},\begin{bmatrix}1\\0\\1\\0\end{bmatrix},\begin{bmatrix}1\\0\\0\\1\end{bmatrix},\begin{bmatrix}0\\1\\0\\1\end{bmatrix},\begin{bmatrix}0\\1\\1\\0\end{bmatrix},\begin{bmatrix}0\\0\\1\\1\end{bmatrix}。$$

在相应的行插零和写入数据符号后，映射到 RE 的符号序列能够进一步通过从数据矩阵的列方向读取数据获得。该符号级交织与块交织相近，例如，获得的符号序列为 $S'_k=[S_{k,0},0,S_{k,X},0,S_{k,1},0,S_{k,X+1},0,\cdots,S_{k,Y},0]$。

图 4-2-10 给出示例性的稀疏映射插零交织。

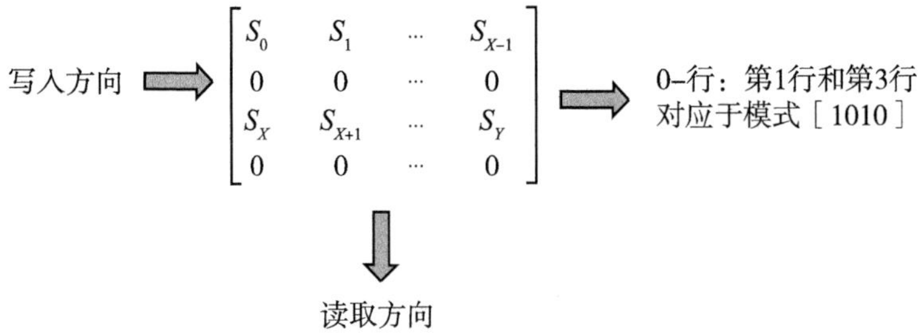
写入方向
S_0 S_1 ··· S_{X-1}
0 0 ··· 0
S_X S_{X+1} ··· S_Y
0 0 ··· 0
0-行：第1行和第3行
对应于模式［1010］
读取方向

图 4-2-10 插零符号级交织

4. 用户特定稀疏 RE 映射

在包括 SCMA、PDMA、IGMA 的 NOMA 机制中稀疏 RE 映射作为 MA 签

名的一种类型被提出，在分配的 PRB 的一些资源里传输 0。在一些情况下，通过应用稀疏扩展序列实现稀疏 RE 映射。

对于一个具有规则稀疏资源映射的 NOMA 系统，其中 K 个用户以非正交方式分享 N 个资源，设计参数是签名［非零元素的数量（number of non−zero elements as fraction of ）］的稀疏性。图 4−2−11 给出了示例，其中显示稀疏资源映射用一个二进制矩阵 F 表示，行对应资源，列对应用户特定签名。例如，9 个用户映射到 6 个资源，其中 3 个用户接入相同的资源，每个用户接入 2 个资源。每行中 1 的数量和每列中 1 的数量都是固定的，F 的列之间的重叠最多为 1（例如，用户特定签名最多在 1 个位置重叠）。

$$F=\begin{bmatrix} 1 & 0 & 0 & 0 & 0 & 1 & 0 & 1 & 0 \\ 0 & 1 & 0 & 1 & 0 & 0 & 0 & 0 & 1 \\ 0 & 0 & 1 & 0 & 1 & 0 & 1 & 0 & 0 \\ 1 & 0 & 0 & 0 & 1 & 0 & 0 & 0 & 1 \\ 0 & 1 & 0 & 0 & 0 & 1 & 1 & 0 & 0 \\ 0 & 0 & 1 & 1 & 0 & 0 & 0 & 1 & 0 \end{bmatrix}$$

图 4−2−11　用户特定稀疏资源映射示例

5.OFDM 符号交错传输模式

在 ACMA 中用户特定起始传输时间是 MA 签名的一部分。交错定时如图 4−2−12 所示，其中每个传输的起始时间分配在第一个 $N−1$ 时隙的 OFDM 符号上，或者 N 时隙的总时间周期中的 14（$N−1$）OFDM 符号。在时隙 N 的最后，所有 NOMA 传输完成了，允许资源用作其他用途。

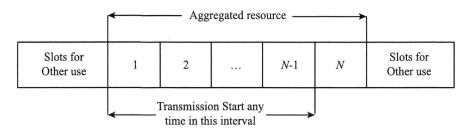

图 4−2−12　N 聚合时隙中的交错传输时间

资料来源：3GPP TR 38.812 V1.0.0,3rd Generation Partnership Project；Technical Specification Group Radio Access Network；Study on Non−Orthogonal Multiple Access（NOMA）for NR；（Release 16）［S/OL］.［2020−03−22］.https://ftp.3gpp.org//Specs/archive/38_series/38.812/38812−100.zip.

图 4-2-13 是 ACMA 一个分支的发送端块图，示出了与比特或符号加扰一起的时间交错传输。

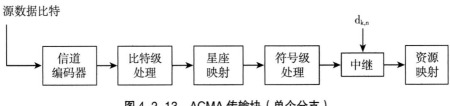

图 4-2-13 ACMA 传输块（单个分支）

4.2.2.2.2 与 MA 签名相关的辅助特性

1. 每个 UE 的多分支传输

每个用户的多分支处理可以在信道编码之前或之后执行。用户特定 MA 签名被分支特定 MA 签名代替，这些分支特定 MA 签名可以是正交或非正交的。不同分支也可以共享相同的 MA 签名。不同分支可以有不同权重，如图 4-2-14 所示。

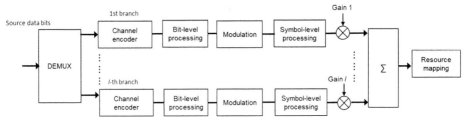

（a）信道编码前的多分支传输

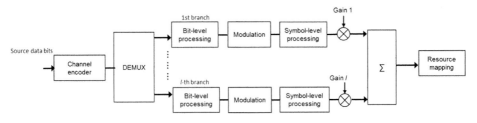

（b）信道编码后的比特级多分支传输

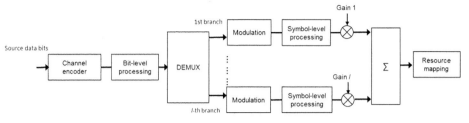

（c）传统调制符号级多分支传输

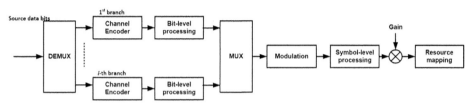

（d）信道编码前多分支传输并在调制前混合

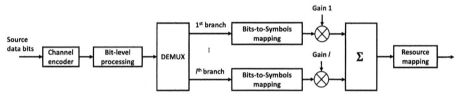

（e）修改调制符号级多分支传输

图 4-2-14　多分支传输的不同工作模式

资料来源：3GPP TR 38.812 V1.0.0, 3rd Generation Partnership Project；Technical Specification Group Radio Access Network；Study on Non-Orthogonal Multiple Access（NOMA）for NR；（Release 16）［S/OL］.［2020-03-22］.https://ftp.3gpp.org//Specs/archive/38_series/38.812/38812-100.zip.

2. 用户 / 分支特定功率分配

对于 GWBE 序列和多分支发送机制，在设计用户 / 分支特定 MA 签名时就考虑到了功率分配。对每一个用户 / 层可以从上述的多址签名单独分配或者选择用户 / 分支特定功率。

4.2.2.3　NOMA 功率域复用

NOMA 在发送端采用了功率域复用技术。功率域复用技术是在发送端为不同的用户分配不同的发送功率，并且在功率域叠加多个用户，实现了在相同的资源（例如，相同的频率）上传输多个用户的信息，通过这样的方法获得了更大的吞吐量和更高的过载。在接收端通过 SIC 接收机识别不同的功率，从而区分不同用户的信息。功率域复用应用于发送端。

为了进一步利用上行 NOMA 的功率，不同于现有的 NOMA 中通常假定相同的平均接收功率，在本方案中多个用户的接收功率被分为多个等级，如图 4-2-15 所示。基于平均接收功率用户被分为多个组，具有相等平均接收功率的用户被分为一个组，具有不同平均接收功率的用户被分为不同组。在这种情况下，SIC 顺序不仅基于短期变化，也基于多等级平均接收功率。在多等级平均接收功率的帮助下，接收端获得更多的干扰消除机会和更好的性能。

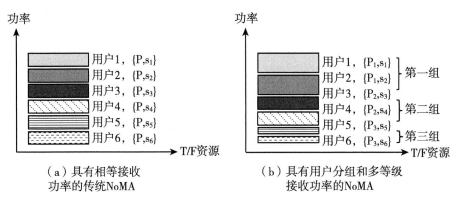

图 4-2-15　多级平均接收功率和用户分组

现有 NOMA 机制中的 MA 签名，例如，序列、码本和映射图样等能够作为一组功率和现有 MA 签名被调整。这种混合为每个组的签名设计提供更多机会。例如，为了增加池中签名的总数，在所有的 G 个组中初始签名池 S 可以被再次使用。这种情况下，签名池被扩大了 G 倍，这能够减少 mMTC 的冲突可能和提高连接容量。另外，当连接需求不是很高并且冲突不是大问题时，对于增强性能来说减少组间干扰更重要。在这种情况下，初始签名池 S 被分入 G 组，其中一个组中的签名被较少干扰。通过签名组和多级接收功率减少了组间和组内干扰。

对于任意具有 L 个序列的序列池，出于降低干扰和提高性能的考虑，这些序列池被划分为 G 个组。对于接收到的不相等功率，组 g 里最优的序列应满足：

$$\min_{S_g} \sum_{m,n \geqslant g} \sum_{j \in \mathcal{K}_m} \sum_{j \in \mathcal{K}_n} \widetilde{P}_m \widetilde{P}_n \left| s_i^{\mathrm{H}} s_j \right|^2, \quad (\text{A.4.12-1})$$

其中，S_g 由组 g 的序列组成，$\mathcal{K}_m$ 和 $\widetilde{P}_m$ 分别表示序列索引集合和组 m 的平均接受功率。不失一般性 $\widetilde{P}_1 \geqslant \cdots \geqslant \widetilde{P}_G$。基于式（A.4.12-1），$G$ 个组的序列

可以从原始序列池 $S=[S_1,\cdots,S_L]$ 中获取。

对于任意多级接受功率来说，考虑到最优序列组实施的复杂性和对存储空间寻求的需求大，可以采用忽略精准功率设置的子最优序列组算法。

在 3GPP TR 38.812 的第 5.2.2 节用户 / 分支特定功率分配中记载了对于 GWBE 序列机制或者多分支发送，在设计用户 / 分支多址签名时就考虑到了功率分配。对每一个用户 / 层可以从上述的多址签名单独分配或者选择用户 / 分支特定功率。序列分组算法参见 3GPP TR 38.812 的附件 A.4-12。

在提案 R1-1809148 中，记载了用户特定功率分配，在功率域 NOMA 中，相对于 OMA 情况下容量得到了提升。由于不同功率级别被分配给发送信号，在接收侧即使使用没有进一步提升的普通 MMSE-SIC，也能够获得良好的性能。图 4-2-16 示出了性能对比。从图 4-2-16 可以看出支持更多用户的功率域 NOMA 能够达到与域 OMA 相似的 BLER 性能，也就是说功率域 NOMA 能够达到更高的吞吐量。

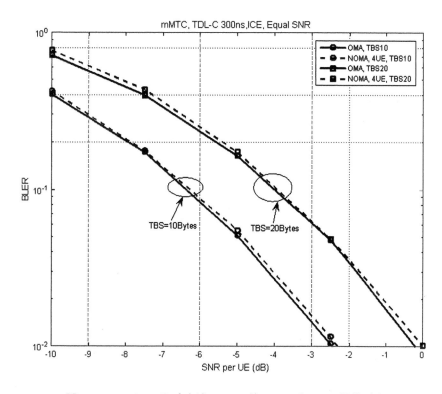

图 4-2-16　OMA 和功率域 NOMA 的 BLER 和 SNR 性能对比

通过使用 UGMA，可以得到进一步的增强。通过结合基于功率的用户分组和符号级加扰，功率域 NOMA 能够获得比 OMA 更高的吞吐量和更大的过载增益。

此外，在引用的提案 R1-1809434 中，记载了 NR NOMA 应当重新使用符合 NR Rel-15 的线性调制。NR NOMA 应当考虑使用符号级的组或小区特定加扰，多分支发送和功率域复用以优化性能和接收机复杂度的取舍。

在引用的提案 R1-1808151 中提出了额外的 MA 签名设计，包括多层传输和用户 / 层特定功率分配，为了达到高频谱利用率和特定波形，可以对每个用户使用多层线性叠加。该多层处理对于上述机制来说可以是共同的，例如，在比特级或符号级多层传输在 FEC 之前执行。用户特定多址签名可以被层特定用户签名替代，这些层特定签名可以是正交的、非正交的或共享相同的多址签名。

4.2.3　NOMA 接收端关键技术

4.2.3.1　NOMA 接收机的实现方式

在正交多址接入技术中，每个时频资源块只能分配给一个用户，各个用户之间的信号是彼此正交的，接收端能够利用这种正交特性把各个用户信号分离出来，这使得接收端对于信号的分离是比较容易的。而到了 5G 时代，为了扩大传输容量，需要让一个时频资源块承载多个用户的信号，这就使得这些用户信号之间无法做到彼此正交，因此被称为非正交多址接入。显而易见地，非正交多址接入为不同用户之间的信号分离增加了难度。在非正交的情况下，如何区分同一个资源块上的不同用户信号？ NOMA 中采用的解决方式是利用一个另外的明显指标——功率，我们称之为功率复用。功率复用的含义是将使用同一个资源块的用户通过功率大小区分开。对于信道状况不好的用户，可以分配更大的发射功率，而信道状况良好的用户则分配较小的发射功率，这样不同信道状况的用户均可以保证一定的信干比。由于每个用户之间的发射功率都不同，使得接收端能够根据发射功率将不同的各个用户信号区分开。这就是频率复用的基本思想。由于发送端采用了频率复用的方式将多个用户信号直接叠加到一起，在接收端，又如何将这些用户信号——分开呢？

对于 NOMA 在接收端的实现方式，3GPP TR 38.812[4]中给出了建议的实现框图，如图 4-2-12 所示。

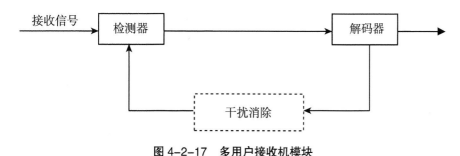

图 4-2-17　多用户接收机模块

在图 4-2-17 中，检测模块可以选择实现为最小均方误差干扰抑制合并算法（minimum mean-squared error，以下简称 MMSE）、匹配滤波（match filter，以下简称 MF）、基本符号估计（elementary signal estimator，以下简称 ESE）、最大后验（maximum a posteriori，以下简称 MAP）、消息传递算法（message-passing algorithm，以下简称 MPA）、期望传播算法（expectation propagation algorithm，以下简称 EPA）等，干扰消除在实现上可以选择硬、软或软硬混合方式，也可以采用串行、并行或串并混合的方式来实现。甚至可以选择不使用干扰消除模块，只需要在某些情况对解码模块输入信号进行干扰估计即可。

在具体的实现方式中，3GPP TR 38.812[4]中也给出了几种实现建议，包括 MMSE 干扰抑制合并算法（interference rejection combining，以下简称 MMSE-IRC）、MMSE 软干扰消除（MMSE soft interference cancellation，以下简称 MMSE Soft IC）、MMSE 硬干扰消除（MMSE hard interference cancellation，以下简称 MMSE hard IC）、ESE + 单输入单输出（single input single output，以下简称 SISO）、期望传播算法及混合干扰消除 EPA+ 混合 IC。这几种接收机实现方式实质上是以不同的解码方法和不同的干扰消除方法的组合来实现的。

3GPP 的 RAN1 讨论组中对于 NOMA 接收技术的讨论主要集中在 2018 年 4 月到 11 月举行的 3GPP RAN1 第 92bis 次到第 95 次会议中。讨论结果主要体现在 3GPP TR 38.812[4]第 6 节的内容中。

在第 92bis 会议中，各公司对于不同的解码方式的性能给予了允分的讨论。

3GPP R1-1803664[11] 中认为应该在 NOMA 传输中支持可配置 MU 解码器和信道解码器之间的外环迭代数量的迭代接收机结构。

3GPP R1-1803664[11] 认为：

——不同实现方式的 NOMA 接收机采用了相同的迭代结构；

——迭代结构接收机可以改善 NOMA 传输的 BLER 性能，用户越多，需要的迭代数量就越多；

——实现 MPA 支持完全并行，复杂度将会由于星座设计中的低发射和有序的 SIC 解码组而显著下降；

——ESE-PIC 严重依赖 FEC 的解码增益，因此可能带来更慢的收敛。

——模块化的 MMSE 相比逐片的 MMSE 复杂度要高得多。

——EPA 与 MPA 在很多情况下能达到相似的性能，但复杂度更低，并且相对于 ESE 具有更好的收敛性能。

在此基础上，提出两项建议：

建议 1：NOMA 传输中支持多用户检测其与信道检测器之间的外环迭代数量可配置的迭代接收结构。

建议 2：进一步研究不同多用户检测器和不同干扰消除方式的性能限制、应用场景以及迭代 NOMA 接收机的实现成本。

3GPP R1-1804744[12] 中提出：

——基本线 SIC 相对于修正 SIC 和并行干扰消除 PIC 来说，具有更高的块差错率，而修正 SIC 与并行干扰消除 PIC 则具有相近的块差错率，但修正 SIC 与 PIC 相比需要更少的解码试验。

——基于干扰消除的信道估计算法可以改进信道估计以及全部的解码性能，特别是支持数量相对较多的用户。

——如果使用基于延伸的 NOMA 机制，MMSE 均衡器的复杂度将会以 SF^2 阶增加。

3GPP R1-1804744[12] 也提出两项建议：

建议 1：基于干扰消除的接收机应该为基本接收机。

建议 2：NOMA 接收机应该研究增强信道估计算法。

3GPP RAN1 第 92bis 次会议中还确定了上行数据传输中的多用户接收机的模块图。

在 2018 年 5 月的 RAN1 第 93 次会议上，最终确定了对 NOMA 接收机复杂度的性能评估标准，包括[13]：①检测器复杂度，②解码复杂度，③干扰消除复杂度（如包括），④迭代数量（如包括），⑤其他接收机优化（如包括），⑥随机接入前导码 /DMRS 检测复杂度，⑦内存需求，⑧延迟。

3GPP RAN1 第 94 次会议的焦点集中在如何评判接收机的复杂度。最后对于接收机的计算复杂度指定了标准模板，具体模板内容如表 4-2-2 所示。

表 4-2-2　接收机计算复杂度模板

接收模块	细节模块	使用参数数量计算，O（.）analysis，［影响因素］		
		接收机类型 1	接收机类型 2	……
检测	用户检测			
	信道评估			
	接收合并（可选）			
	协方差矩阵计算（可选）			
	解码权重计算（可选）			
	UE 排序（可选）			
	解调（可选）			
	软信息生成（可选）			
	软符号重建（可选）			
	消息传送（可选）			
	其他			
解码	LDPC 解码			
干扰消除	符号重建（包括对 DFT-S-OFDM 波形的傅里叶变换）（可选）			
	对数似然概率 LLR 到概率的转换（可选）			

续表

接收模块	细节模块	使用参数数量计算，O（.）analysis，［影响因素］		
		接收机类型 1	接收机类型 2	……
	干扰消除			
	LDPC 编码（可选）			
	其他			

资料来源：3GPP R1-1810051 Final Report of 3GPP TSG RAN WG1 #94 v1.0.0，MCC Support，3GPP TSG RAN WG1 Meeting #94bis，Chengdu，China，October 8th-October 12th，2018［S/OL］.［2020-03-22］. https://www.3gpp.org/ftp/TSG_RAN/WG1_RL1/TSGR1_94b/Docs/R1-1810051.zip.

可见，对于 NOMA 接收技术的讨论主要集中在对其在各种场景下的性能的评估方式和评估结果上。

4.2.3.2　SIC

4.2.3.2.1　SIC 的优势

SIC 是非正交多址接入 NOMA，在接收端采用的一种关键实现技术。串行干扰消除并不是非正交多址接入接收机的唯一实现方式，但相比于 PIC，其具有以下多种优势。

1.性能良好

串行干扰消除与并行干扰消除一直是干扰消除方式中的两种常见的实现形式，因此其性能如何，业界也一直会进行比较研究。早在 1994 年 Pulin Patel 就在其论文 *Performance comparison of a DS/CDMA system using a successive interference cancellation（IC）scheme and a parallel IC scheme under fading*[17] 中比较了串行干扰消除和并行干扰消除的性能。这篇论文被广泛引用。文章末尾得出了以下结论：虽然并行干扰协调在相同的接收功率条件下性能表现更好，但在真实的衰减环境下，串行干扰消除却具有更好的性能。可见，串行干扰消除比并行干扰消除具有更好的性能。

2.硬件实现简单

串行干扰消除并不是一项新出现的技术。作为一项多用户检测技术，SIC 早在第三代移动通信技术中就已经被广泛采用。SIC 在性能上与传统检测器相比有较大提高，而且在硬件上改动不大，从而易于实现。

对于并行干扰消除来说，由于每一级都需要同时检测多个用户信号，也就是说，如果一个时频资源块上能够同时承载 N 个用户，并行干扰消除机制的接收机就需要设置 N 套接收检测部件，这大大增加了硬件实现的复杂度。与之相对的是，串行干扰消除每一级的检测对象只是一个用户信号，也就是说接收机只需要一套接收检测部件，硬件的实现难度随之减少很多。

4.2.3.2.2　SIC 的实现机制

SIC 的实现过程就是将不同发射功率的用户信号按照从大到小的顺序，依次、串行地分离出来。如图 4-2-18 所示，对于多个直接叠加在一起的接收信号，SIC 接收机首先会检测其中功率最大的用户信号，将剩余的用户信号都作为干扰过滤出去，从而成功解调出当前最大功率的用户信号。解调成功之后，再将该用户信号从总信号中删除，得到剩余未解调用户的总信号。接着从剩余的信号中继续检测功率最大的用户信号，按照同样的方法，解调成功后，再将其从剩余信号中删除。如此循环，直至分离出所有不同功率的用户信号。

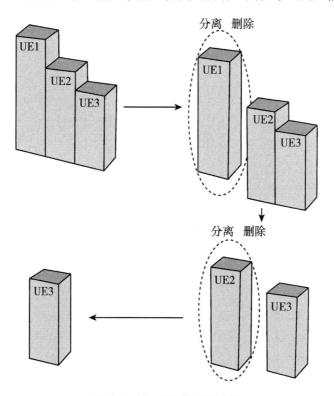

图 4-2-18　SIC 的实现过程

一个典型的串行干扰消除方法的步骤如下：

步骤 1：接收机对接收信号依照 N 个用户信号的功率的大小进行排序，决定首先被检测和解调的用户信号。假设其中信号功率最大的为用户 UE1，则首先检测和解调用户 UE1 的信号。

步骤 2：对用户 UE1 的信号进行检测和判决。选择最小均方误差 MMSE 等判决准则进行判决检测，解调得到用户 UE1 的数据估计值。对该估计值进行判决，如果正确，则输出 X（UE1），如果错误，则不进入下一步的消除过程。

步骤 3：根据用户 UE1 的已解调数据进行下一用户信号的检测。在已经知晓用户 UE1 的用户信号 X（UE1）后，将其反馈给接收信号，从总信号中减去 X（UE1），得到更新后的接收信号，并将此作为下一级检测的输入，用来检测剩余用户中最大的用户信号，假设其为 UE2。

步骤 4：进入用户 UE2 检测的过程，返回执行步骤 2 的操作。

重复上述步骤 2 到 4，最终解调得到所有用户信号 X（UEi），至此所有用户的检测完成。

由于串行干扰消除接收机是按照用户信号的功率大小进行顺序检测的，所以检测顺序的确定很重要。可以说，排序、检测、重构消除是串行干扰消除实现的三个主要步骤。

由于串行干扰消除接收机是一个串行迭代的结构，前一个环节检测产生的误码经过多级持续迭代累加之后会造成更大的误码传播，因而前一级的检测结果会对后续数据的检测的性能产生直接的影响。因此，基于功率排序的排序检测是必要的。在通信系统中，SIC 接收机对接收功率大的信号更加敏感，更容易检测和消除，于是与功率相关的信噪比对系统的误码性能产生直接的影响。信噪比越大，误码性能越好，即误码率越低。因此，通常我们会选择将信干噪比 SINR 作为用户检测的排序依据，先计算接收信号的 SINR，然后依据 SINR 确定检测顺序，在此顺序的基础上进行重构迭代，直至解调出最后的目标用户。以上步骤可以概括为：①进行 SINR 的计算和排序；②对 SINR 最大的信号首先执行预均衡检测；③把完成检测解调的信号重构，反馈给接收信号并从中消去，更新尚未检测的信号传入下一级再次迭代，依次循环。

以 MMSE Soft IC 信号检测方法为例，我们看一下接收机对串行干扰消除的实现步骤：

步骤 1：将接收信号、信道状态信息以及比特先验信息同时提供给 MMSE Soft IC 信号检测器。

步骤 2：估计发送符号（在后文中统一称为软符号），表示在概率平均的情况下对天线间干扰的估计。软符号和真实的发送符号之间存在一个概率估计误差：这个误差的均值为 0，即无偏估计，每个软符号的可靠性可以通过估计误差的方差来表示。需要注意的是，软符号的估计以及方差的计算所涉及的先验概率均来自 MMSE 软检测器输出的先验对数似然比 LLRs。

步骤 3：软干扰消除。借助步骤 2 计算出的软符号，对接收信号进行干扰消除。由于估计的软符号并不是完全等于实际的发送符号，尽管对接收信号进行了软干扰消除操作，也依然存在残余符号干扰。从算法本质上分析，软干扰消除步骤的作用就是把 MIMO 模式变为 SIMO 模式，换一种说法就是每一根目标发送天线上的某个信号仅在空间传播并扩散到所有的接收天线上，而来自其他天线的发送信号都被软干扰消除机制理想抑制了。因此，整个大规模 MIMO 系统能够被视为是由多个互不干扰的 SIMO 系统构成。进行软干扰消除后，对上面多个 SIMO 系统各自进行独立的信号合并和检测。

步骤 4：MMSE 线性滤波。采用 MMSE 匹配滤波加权矩阵对软干扰消除后的信号进行线性均衡处理。

步骤 5：计算后验 LLR。在获得判决统计量之后，即可进行 MMSE 软干扰消除检测中后验 LLR 计算工作。由于干扰消除操作将 MIMO 系统转换成了 SISO 模型，假设多 SISO 数据流是统计独立的，则可近似计算对应于多根发射天线的后验 LLR。

步骤 6：MMSE 软干扰消除信号译码。当 MMSE 软干扰消除检测器近似计算出后验 LLR 后，即可对该后验 LLR 信息进行一系列的处理，然后送至信号译码器进行相应的译码处理。至此，即完成了大规模 MIMO 系统 MMSE 软干扰消除信号检测的相关工作。[15][16]

4.2.4 相关专利分析

NOMA 技术是 5G 的重要组成部分，属于知识密集型产业，在该领域进行研发创新的主体都比较重视维护自身的知识产权，通常会以布局专利的形式予以保护。本节对 NOMA 技术的专利统计数据进行分析。

从全球专利申请来看，在 2012 年 NTT DoCoMo 公司申请了基于 NOMA 技术的无线通信方法的基础专利后，伴着对 5G 标准的深入研究，2015 年开始，NOMA 技术的相关专利申请量开始放量增长，是 2014 年的 6 倍，在 2016 年达到 782 件，2017 年达到 1221 件，2018 年达到 1247 件，对 NOMA 关键技术的改进和应用呈现良好的增长趋势，如图 4-2-19 所示。

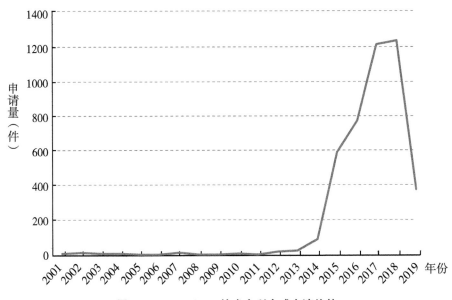

图 4-2-19　NOMA 技术专利全球申请趋势

NOMA 技术最先由日本公司 NTT DoCoMo 提出，日本专利申请占比达10%。世界知识产权组织申请占比最多，达 39%；其次是美国、中国，申请量分别占比 27%、14%，如图 4-2-20 所示。

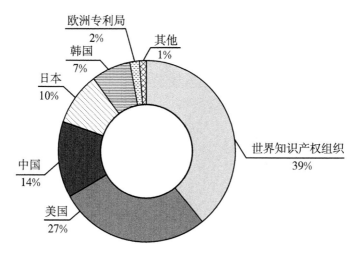

图 4-2-20　NOMA 技术专利全球地域分布

　　在 NOMA 技术的专利申请中，H04W、H04L、H04B 比其他领域申请集中，如图 4-2-21 所示。以最为集中的 H04W 领域为例，2012 ~ 2014 年，从仅 32 件增加到 212 件，但仍远低于 2015 年的申请量。2015 年，数量猛增到 1410 件，2017 年则是更加明显地翻升至 2224 件。H04L、H04B 等领域，也呈现了相同的趋势，H04L 领域在 2018 年达到峰值的 1107 件，H04B 领域在 2016 年达到峰值 684 件。

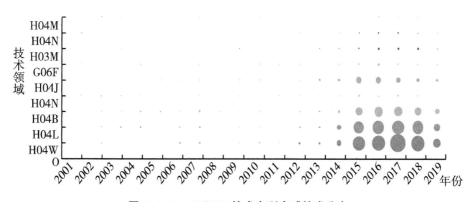

图 4-2-21　NOMA 技术专利全球技术分布

　　在全球范围内，就 NOMA 技术提出专利申请最多的公司基本上还是那些通信领域的领头羊。排在第一位的是韩国的三星公司，以 1655 件的数量将其他公司远远甩开，第二位的是 LG 公司，也达到了 628 件，而我国的华为技术有限公司，以 272 件紧随其后，如图 4-2-22 所示。

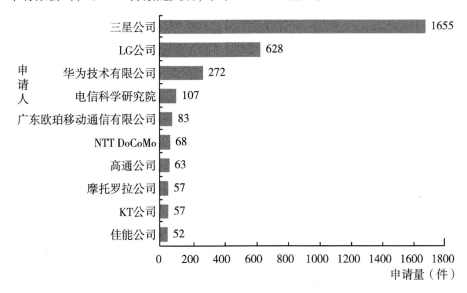

图 4-2-22　NOMA 技术专利全球申请人排名

目前，我国 NOMA 技术的专利申请多数还是处于审查状态，数量占 60%。由于 NOMA 技术属于新出现的先进技术，其在我国的有效申请相对于无效申请来说，占比突出，数量占 34%。无效申请目前仅占 6%，如图 4-2-23 所示。

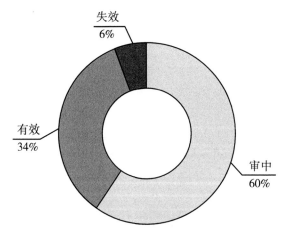

图 4-2-23　NOMA 技术专利中国专利有效性分布

我国 NOMA 技术的专利申请中，由于申请均为最近几年的新申请，多数还是处于实质审查状态，数量占到了 58%。在已结案的专利申请中，授权占比达到了 35%，失效占 5%，驳回仅占 1%，授权率是驳回率的 35 倍，如图 4-2-24 所示。可见，NOMA 技术的专利申请的技术含量非常高，其可专利性相对于其他的技术领域异常突出。

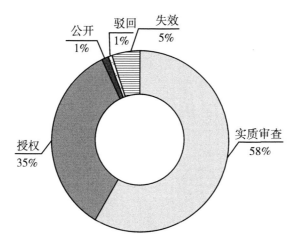

图 4-2-24　NOMA 技术专利中国专利法律状态分布

　　我国 NOMA 技术领域的专利申请多数集中在技术积累雄厚的通信企业手里，如华为技术有限公司等，企业申请占比达到 68%。这些企业为我国通信领域的技术革新，起到了良好的示范作用。其次是大专院校申请，占比为 27%，如图 4-2-25 所示。

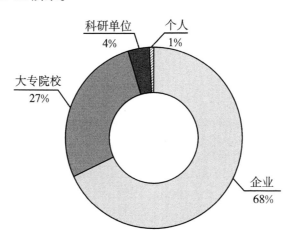

图 4-2-25　NOMA 技术专利中国申请人类型分布

NOMA 技术的专利申请多集中在广东、北京、江苏、重庆和陕西等省市，与其所属范围内拥有大量的技术实力雄厚的通信研发公司不无关系。数量最多的广东省一省的专利申请量就达到了 325 件，远高于第二名的北京 194 件。紧随之后的江苏、重庆和陕西，则分别达到了 98 件、46 件和 46 件，如图 4-2-26 所示。

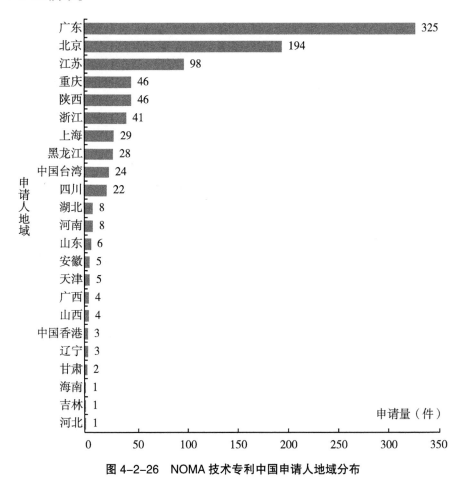

图 4-2-26　NOMA 技术专利中国申请人地域分布

伴随 NOMA 技术的应用，在 2015 年相关的专利转让增长明显，涉及的多是国外申请的转让。从 2014 年开始，该领域的专利申请转让数量逐年递增，在 2015 年达到 193 件，2018 年更是达到 732 件，如图 4-2-27 所示。

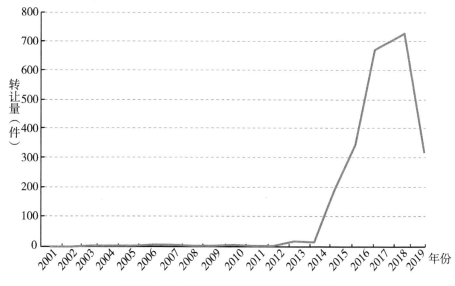

图 4-2-27　NOMA 技术专利全球转让趋势

在全球范围内，专利申请受让人中，排在前三甲的是三星公司、LG 公司和华为技术有限公司。三星公司受让的专利申请数量最多，达到 755 件，其次是华为技术有限公司，其受让量为 101 件，LG 电子受让量则是 53 件，如图 4-2-28 所示。

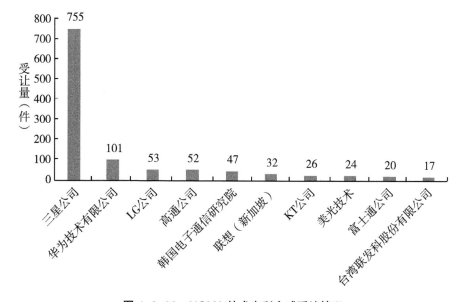

图 4-2-28　NOMA 技术专利全球受让情况

非正交多址接入技术由 NTT DoCoMo 公司提出，在 2012 年 NTT DoCoMo 公司申请了基于 NOMA 技术的无线通信方法的基础专利，并在标准中进行了 SEP 声明，对采用非正交多址技术的接收机、发射机进行了保护。

2013 年，NTT DoCoMo 公司将 NOMA 技术应用到多用户 MIMO 系统，申请了"无线基站，用户终端以及无线通信方法"的发明专利，与此同时，三星公司、电信科学技术研究院、中兴通讯服务有限公司、华为技术有限公司等也开始加入了 NOMA 技术的研究。其中，三星公司于 2014 年申请了"用于多用户波束成形系统中非正交多址"的发明专利，从波束赋形这一角度切入 NOMA 技术的研究，而电信科学技术研究院申请了"一种用户配对及功率分配方法及装置"的发明专利，中兴通讯股份有限公司申请了"多用户信息共道发送、接收方法及其装置"的发明专利，华为技术有限公司申请了"一种非正交多址接入传输方法、基站及 UE"的发明专利，从多用户这一角度切入。

2015 年，NTT DoMoCo、高通公司、中国台湾联发科股份有限公司等开始关注 NOMA 中的干扰消除，高通申请了"非正交多址和干扰消去"的发明专利，中国台湾联发科股份有限公司申请了"网络辅助小区内干扰消除以及抑制的信令"的发明专利，NTT DoMoCo 申请了"用于控制发射功率的方法、移动台和基站"的发明专利，同时，与干扰消除配合的控制信息的传输、信道估计等相关专利也随之出现。

2017 年，NTT DoMoCo 继续深入研究，申请了"用于控制发射功率的方法、移动台和基站"的发明专利，国内的一大批高校也加入 NOMA 技术的研究中，主要集中在 NOMA 中的功率分配、用户配对算法等细分领域。

参考文献

［1］邢金柱，芦翔 .5G 关键技术 Massive MIMO 及 NOMA 技术综述［J］.电子世界,2018(2)：31-32，35.

［2］王华华，李文彬，余永坤 .关于 5G 的非正交多址接入技术分析［J］.无线互联科技，2017（16）：45-47，77.

［3］唐超，王茜竹 .NOMA 技术研究及其在 5G 场景中的应用分析［J］. 广东通信技术，2015（10）：59-64.

［4］3GPP TR 38.812 V1.0.0，3rd Generation Partnership Project；Technical Specification Group Radio Access Network；Study on Non-Orthogonal Multiple Access（NOMA）for NR；（Release 16）［S/OL］.［2020-03-22］.https://ftp.3gpp.org//Specs/archive/38_series/38.812/38812-100.zip.

［5］InterDigital Inc.3GPP TSG RAN WG1 Meeting #92bis，R1-1804864，On Operations for Non-Orthogonal Multiple Access［S/OL］.［2020-03-22］.https://www.3gpp.org/ftp/TSG_RAN/WG1_RL1/TSGR1_92b/Docs/R1-1804864.zip.

［6］Qualcomm Incorporated，3GPP TSG RAN WG1 Meeting #92bis，R1-1804825，Procedures Related to NOMA［S/OL］.［2020-03-22］.https://www.3gpp.org/ftp/TSG_RAN/WG1_RL1/TSGR1_92b/Docs/R1-1804825.zip.

［7］3GPP TS 38.211 V15.0.0（2019-03）Generation Partnership Project；Technical Specification Group Radio Access Network；NR；Physical channels and modulation（Release 15）［S/OL］.［2020-03-22］.https://www.3gpp.org/ftp//Specs/archive/38_series/38.211/38211-f00.zip.

［8］R1-1809434 Transmitter Side Signal Processing Schemes for NOMA，Qualcomm Incorporated，3GPP TSG RAN WG1 Meeting #94，Gothenburg，Sweden，August 20st-24th，2018［S/OL］.［2020-03-22］.https://www.3gpp.org/ftp/TSG_RAN/WG1_RL1/TSGR1_94/Docs/R1-1809434.zip.

［9］R1-1808151 Transmitter side designs for NOMA，ZTE，3GPP TSG RAN WG1 Meeting #94，Gothenburg，Sweden，Aug 20th-Aug 24th，2018［S/OL］.［2020-03-22］.https://www.3gpp.org/ftp/TSG_RAN/WG1_RL1/TSGR1_94/Docs/R1-1808151.zip.

［10］张长青 . 面向 5G 的非正交多址接入技术的比较［J］. 电信网技术，2015（11）：42-49.

［11］3GPP R1-1803664，Discussion on the design of NoMA receiver，Huawei，HiSilicon，3GPP TSG RAN WG1 Meeting #92bis，Sanya，China，April 16th-April 20th，2018［S/OL］.［2020-03-22］.https://www.3gpp.org/ftp/TSG_RAN/WG1_RL1/TSGR1_92b/Docs/R1-1803664.zip.

［12］3GPP R1-1804744，Receiver structure for NOMA，Intel Corporation，3GPP TSG RAN WG1 Meeting #92bis，Sanya，China，April 16th-April 20th，2018［S/OL］.［2020-03-22］.https://www.3gpp.org/ftp/TSG_RAN/WG1_RL1/TSGR1_92b/Docs/R1-1804774.zip.

［13］3GPP R1-1808001 Final Report of 3GPP TSG RAN WG1 #93 v1.0.0，MCC Support，3GPP TSG RAN WG1 Meeting #94, Gothenburg, Sweden, Aug 20th-Aug 24th, 2018［S/OL］.［2020-03-22］.https://www.3gpp.org/ftp/TSG_RAN/WG1_RL1/TSGR1_94/Docs/R1-1808001.zip.

［14］3GPP R1-1810051 Final Report of 3GPP TSG RAN WG1 #94 v1.0.0，MCC Support，3GPP TSG RAN WG1 Meeting #94bis, Chengdu, China, October 8th-October 12th, 2018［S/OL］.［2020-03-22］.https://www.3gpp.org/ftp/TSG_RAN/WG1_RL1/TSGR1_94b/Docs/R1-1810051.zip.

［15］曾凯越.上行非正交干扰删除接收机的设计与实现［D］.北京：北京邮电大学，2018：68.

［16］华权.基于矩阵求逆化简的低复杂度大规模 MIMO 系统信号检测算法研究［D］.重庆：重庆邮电大学，2017：82.

［17］PULIN PATE，等.Performance comparison of a DS/CDMA system using a successive interference cancellation（IC）scheme and a parallel IC scheme under fading［J/OL］.［2020-03-22］.Proceedings of ICC/SUPERCOMM'94-1994 International Conference on Communications，1994.https://ieeexplore.ieee.org/search/searchresult.jsp?newsearch=true&queryText=Performance%20comparison%20of%20a%20DS%2FCDMA%20system%20using%20a%20successive%20interference%20cancellation%20（IC）%20scheme%20and%20a%20parallel%20IC%20scheme%20under%20fading.

4.3　5G 新波形

4.3.1　5G 候选波形

4.3.1.1　5G 候选波形概述

在 5G 设计之初就确立了 5G 低频新空口将采用全新的空口设计，引入大规模天线、新型多址、新波形等先进技术，支持更短的帧结构，更精简的信令流程，有效满足广覆盖、大连接及高速等多数场景下的体验速率、时延、连接数以及能效等指标要求。5G 高频新空口需要考虑高频信道和射频器件的影响，并针对波形、调制编码、天线技术等进行相应的优化。在波形技术方面，除传统的 OFDM 和单载波波形外，5G 很可能支持基于优化滤波器设计的滤波器组多载波（filter bank multiCarrier，以下简称 FBMC）、基于载波的 OFDM（filtered-orthogonal frequency division multiplexing，以下简称 F-OFDM）和通用滤波多载波（universal filtered multi-carrier，以下简称 UFMC）等新波形。这类新波形技术具有极低的带外泄漏，不仅可提升频谱使用效率，还可以有效利用零散频谱并与其他波形实现共存。由于不同波形的带外泄漏、资源开销和峰均比等参数各不相同，同时有可能存在多种波形共存的情况，可以根据不同的场景需求，选择适合的波形技术。在 eMBB 场景下，可沿用 OFDM 波形，上下行可采用相同的设计，还可以采用 F-OFDM 等技术支持与其他场景技术方案的共存；在 mMTC 场景下，更适合采用基于高效滤波的新波形技术（如 F-OFDM，FBMC 等）降低带外干扰；在 URLLC 场景下，由于短的传输时间间隔（transmission time interval，以下简称 TTI）设计可能导致循环前缀（cyclic prefix，以下简称 CP）开销过大，可考虑采用无 CP 或多个符号共享 CP 的新波形。在高频新空中，上下行可采用相同的波形设计，OFDM 仍是重要的候选波形，考虑到器件的影响以及高频信道的传播特性，单载波也是潜在的候选方式。

围绕 5G 的新需求，提出了多种新型多载波技术，例如，F-OFDM 技术、UFMC 技术和 FBMC 技术等，这些技术的共同特征是都使用了滤波机制，通过滤波减小子带或子载波的频谱泄漏，从而放松对时频同步的要求，避免了 OFDM 的主要缺点。在这些技术中，F-OFDM 和 UFMC 都使用了子带滤波器，其中，F-OFDM 使用了时频冲击响应较长的滤波器，并且子带内部采用了和 OFDM 一致的信号处理方法，因此，可以更好地兼容 OFDM。而 UFMC 则使用了冲击响应较短的滤波器，并且没有采用 OFDM 中的 CP 方案。FBMC 则是基于子载波的滤波，它放弃了复数域的正交，换取了波形时频局域性上的设计自由度，这种自由度使 FBMC 可以更灵活地适配信道的变化，同时，FBMC 不需要 CP，因此，系统开销也得以减小。通过这几种新型多载波技术，5G 的一些关键需求可以得到满足，包括：①通过新型多载波支撑灵活可配的新空口。F-OFDM 和 UFMC 都可以通过子带滤波实现子带之间参数配置的解耦，因此，系统带宽可以根据业务的不同，划分成不同的子带，并在每个子带上配置不同的 TTI、子载波间隔和 CP 长度，从而实现灵活自适应的空口，增强系统对各种业务的支持能力，提高系统的灵活性和可扩展性。②通过新型多载波支持特定的场景和业务类型。例如，在 V2V 或高铁场景下，由于较高的相对速度以及车与车之间复杂的散射环境，信道可能呈现明显的双色散特性，并且不同设备的信道可能具有较大差异。这种场景下需要新型载波进行支持。例如，FBMC 技术可以根据实时的信道状态对原型滤波器进行优化，从而更好地匹配信道双色散特征，获得更好的性能。

通过新型多载波支持异步信号传输，减小信令开销。UFMC、F-OFDM 和 FBMC 均采用了滤波的机制，他们都具有较低的带外泄漏，因此，可以减小保护带开销。同时，由于子带间能量的隔离，子带之间不再需要严格的同步，有利于支持异步信号传输，减小同步信令开销。

——类别 A：子载波级脉冲整形法。其特点是，频域滤波粒度为子载波，时域处理方法为脉冲整形，波形技术包括 FBMC、广义频分复用（general frequency division multiplexing，以下简称 GFDM）、基于滤波器组的正交频分复用（filter bank OFDM，以下简称 FB-OFDM）。

——类别 B：子带级 IFR 滤波法。其特点是，频域滤波粒度为子带，时域处理方法为 IFR 滤波，波形技术包括 UFMC、F-OFDM。

比较不同波形的功率谱密度可知，不同波形技术的峰值因子消减（crest factor reduction，以下简称 CFR）性能是不同的。FBMC、GFDM、F-OFDM 和 FB-OFDM 在工作带宽之外都比 OFDM 和 W-OFDM 衰减要快。因此，相比 OFDM 和 W-OFDM，它们需要较小的保护带来对邻近频段进行隔离，从而提高了频谱效率。

4.3.1.2 FBMC

1967 年，萨尔茨伯格（Saltzberg）在文章中提出了基于滤波器组的多载波通信技术 FBMC，他建议采用一种特殊的正交幅度调制技术。FBMC 作为一种多载波技术，它的主要特点是频域子载波可被设计成最优的，拥有很好的频谱抑制能力。由于有足够的阻带衰减，只有相邻的子信道可能会引起载波间干扰。FBMC 的主要实现方式是 OFDM/OQAM。OQAM 是指对每个子载波使用了偏移 QAM，在映射之后，复数信号将分为同向部分和正交部分，即实部和虚部，每个子载波传输的是实数值的信号，在复数信号中，虚数部分信号将在实数部分信号发送之后延迟半个符号周期再发送。图 4-3-1 示出了 FBMC 系统框架图。

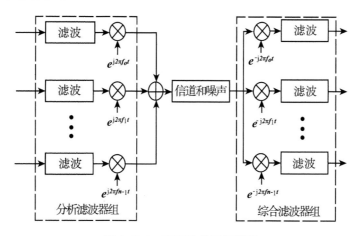

图 4-3-1　FBMC 的系统框架

资料来源：汤楠.面向 5G 通信系统的新波形传输性能分析与优化设计［D］.南京：东南大学，2018.

它与传统的 OFDM 相比，最本质的区别在于：拥有更有效的脉冲成形滤波，从而得到更好的时频局部特性。而好的时频局部特性是指成形滤波函数在时频平面表现为紧支撑集，即时频平面中每个格子处的成形函数有较少能量扩展到附近格子，那么在传输信号时不需要插入循环前缀就可以有效一步优化系统的性能。FBMC 可以选择任意的原型滤波器，而不需要使用循环前缀即可控制符号间干扰（inter-symbol interference，以下简称 ISI）和信道间干扰（inter-channel interference，以下简称 ICI）。灵活的原型滤波器实现了带外幅度的快速衰弱，降低了 FBMC 子载波间干扰和符号间干扰，同时降低了系统对于频偏的敏感性。在 FBMC 系统中，只有相邻的子载波重叠，从而保证了系统对应频率偏移的鲁棒性。

4.3.1.3　F-OFDM

F-OFDM 是一类新型的频带自适应的空中接口技术，是在 4G LTE 空中接口 OFDM 技术的基础上提出的改进方案。F-OFDM 会很好地满足未来通信的场景需求。它的基本思想是：将传输频带分割成很多的子频带，不同子频带都能单独配置波形参数来适应业务要求；同时在 OFDM 系统数据处理过程的基础上新增了子频带滤波操作，有效地削弱了频带外的功率谱泄漏，这样就可以只使用极少的频率谱作为保护带，提高了频带效率。F-OFDM 利用子频带滤波的方式来实现子频带的分割，为了能达到很好的分割效果必须合理选择合适性能的滤波器。F-OFDM 的优势很明显，它能把整个频谱资源依照各类具体业务场景做精细分割，通过资源的灵活分配能更好地支撑不同业务对可靠性和时延的需求，并且可以有效提升系统的频谱效率；同时，因系统各子频带都进行了单独滤波操作，有效地实现了频谱分割，所以 F-OFDM 系统能实现异步传输。例如，支持大连接低功耗的物联网时能选窄的子载波资源、满足增强的移动宽带场景要求可选宽的子载波资源、支持低时延场景要求能用小的时隙长度，克服严重多径的影响可以使用更长的循环前缀等。

从图 4-3-2 中可以看出，F-OFDM 系统是将系统频带分割为多个子频带，不同的子频带可设置不同参数从而支撑不同的业务需求，但各子频带的核心还是传统的 OFDM。F-OFDM 系统中除了分割多个子频带外，新系统中还为各个子频带都各自添加了子频带滤波器，用以削弱之前 OFDM 系统中的高带外辐射，同时有效地减小了不同子频带之间的干扰。对于单个子频带来讲，其信号数据的处理流程如下：先对传输数据进行一系列的比特级处理后，把调制数据进行资源映射，即将数据分配到不同子载波上，这些子载波之间相互正交；然后根据采样频率和子频带的参数设置，对子频带中的子载波进行特定点数的 IFFT 变换，并依据具体场景对 IFFT 变换之后的符号进行加特定长度的 CP 操作来消除 ISI；接下来对各子频带数据通过滤波器做滤波处理来抑制频率谱泄漏。F-OFDM 系统中的发送信号是各个子频带数据信号的集合，即将经滤波器处理之后各子频带数据相加为一路数据信号后再通过天线发射出去，在系统的接收部分则首先采用匹配滤波器分离出不同子频带，之后各子频带数据的解调过程与发送端调制过程互逆。

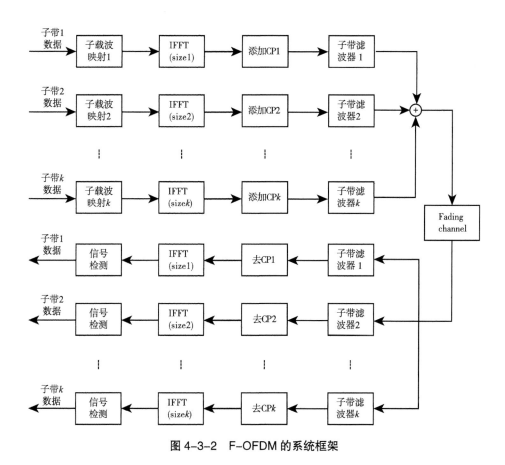

图 4-3-2　F-OFDM 的系统框架

资料来源：钱孟娇.5G 移动通信系统中 F-OFDM 关键技术的研究［D］.西安：西安科技大学，2018.

4.3.1.4　GFDM

GFDM 技术于 2009 年由德国德雷斯顿工业大学的格哈德·费特维斯（Gerhard Fettweis）教授带领的团队首次提出，该团队在低复杂度接收机、同步算法、峰值平均功率比（peak to average power patio，以下简称 PAPR）等方面有着诸多贡献。

GFDM 是以时间和频率组成的二维结构为传输块的系统，该结构为其提供了更多的自由度从而使得 GFDM 有望应对 5G 中多种应用场景的需求。从图 4-3-3 可以看出，OFDM 是以单个符号为基本传输单元并且每个符号各带有 CP，而 GFDM 是以时频资源块为基本传输块且每个传输块在完成发射机中所有信号处理之后再加 CP。通过调整 GFDM 传输块的结构和原型滤波器能够使其转换到 OFDM 或者单载波频域均衡（single-carrier frequency domain equalization，以下简称 SC-FDE），例如，GFDM 传输块的子符号数量为 1 并且采用矩形滤波器，则 GFDM 系统变为 OFDM 系统。因此，GFDM 可以看作 OFDM 的一种广义形式。

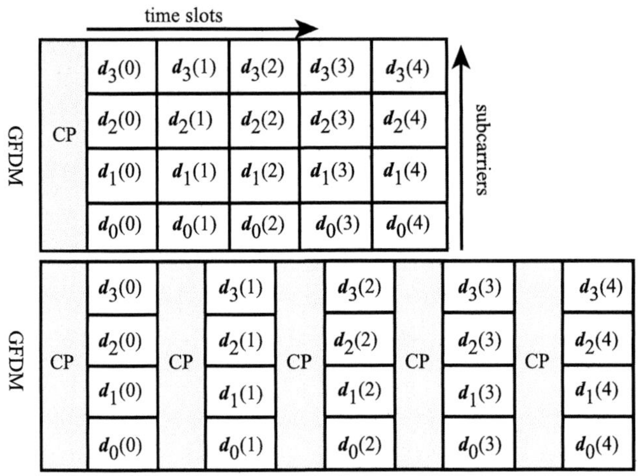

图 4-3-3　OFDM 和 GFDM 传输单元

资料来源：汤楠. 面向 5G 通信系统的新波形传输性能分析与优化设计［D］. 南京：东南大学，2018.

图 4-3-4 描绘了 GFDM 收发器的基带框架，其基本思想是：首先每个子载波上的数据符号进行上采样产生一个长度为 KM 的序列；其次每个序列再与原型滤波器 $g(n)$ 进行循环卷积，继而上转换到相应的子载波位置上；然后所有已调制的序列叠加得到发射信号，其中 M 和 K 分别表示 GFDM 时频资源块中的子符号数和每个子符号含有的子载波数。总的来说，GFDM 系统的灵活性和较低的带外泄漏实际上是以牺牲系统的误比特率性能和较高的系统复杂度为代价得到的。除此之外，GFDM 系统中 CP 的使用可以使其采用简单的一阶频域均衡，但是其频谱效率会稍低于未采用 CP 的 FBMC 系统。

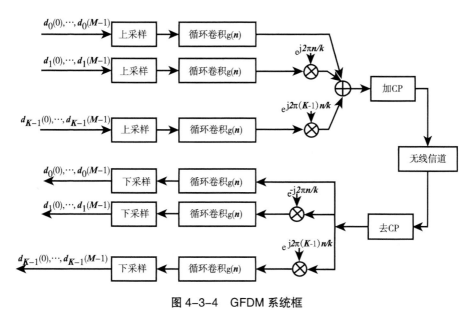

图 4-3-4　GFDM 系统框

资料来源：汤楠.面向 5G 通信系统的新波形传输性能分析与优化设计〔D〕.南京：东南大学，2018.

4.3.1.5　UFMC

UFMC 技术是由瓦基里安（Vakilian）等人于 2013 年提出的，在某种意义上被认为是 OFDM 和 FBMC 的推广，其中 OFDM 和 FBMC 的滤波对象分别是整个频带和每个子载波，而 UFMC 是针对每个子带滤波的。UFMC 以增加发射机与均衡器的复杂度获得了子带无须同步的特性。相比 FBMC，UFMC 按子带进行滤波减少了滤波器的长度，更加适合低时延或者突发通信的应用场景。

UFMC 的基本框架是：首先将整个频带划分为多个子带且每个子带由一定数目的子载波组成；然后在每个子带中未分配的子载波位置上补零，再与其余已分配的子载波位置上的数据符号一起进行 N 点 IFFT 操作转换到时域上；其次每个子带在被各自的 FIR 滤波器滤波；最后所有子带进行叠加发送，如图 4-3-5 所示。UFMC 中滤波器的长度比 FBMC 中的原型滤波器更短，显著降低了滤波器的阶数并且更加适合短数据传输。[18]除此之外，适当地设计滤波器参数能够有效降低带外泄漏，例如，常见的 Chebyshev 滤波器。关于子带滤波后的时域拖尾造成的 ISI，UFMC 没有采用 CP 而是选择保护间隔的方法。然而，CP 的缺失会使得子带内存在 ICI 问题，同时增加了接收端均衡器的复杂度。

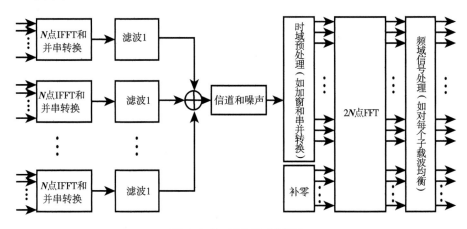

图 4-3-5　UFMC 系统框

资料来源：汤楠．面向 5G 通信系统的新波形传输性能分析与优化设计［D］．南京：东南大学，2018.

4.3.1.6　FB-OFDM

在 3GPP RAN1 第 84bis 次会议上，提出了基于 FB-OFDM 的波形。FB-OFDM 技术方案是对传输带宽中的每个子载波都需要进行滤波处理，因而就需要滤波器组来分别滤波，最后再进行叠加从而形成了时域上的数据信号。可得到两种 FB-OFDM 发射端的信号为：

$$s(t) = \sum_n \sum_m (a_{m,n} \exp(\mathrm{j}2\pi mf(t-nT))g(t-nT))$$

其中，$a_{m,n}$ 表示的是基带数据调制符号，m 表示频域索引，n 表示时域索引，f 表示子载波空间，T 表示符号间隔，$g(t)$ 为 FB-OFDM 选取的波形函数。

FB-OFDM 的系统框架如图 4-3-6 所示，框图中关键的部分是多相滤波器模块，该发送端框图和 LTE 不同之处就是将 LTE 中的循环前缀 CP 替换成了多相滤波器的操作过程，其中，多相滤波器模块的参数是和预先选择的波形函数息息相关。其余模块与 LTE 的完全相同。由图 4-3-6 可以看出，该技术的实现过程是：首先，针对子帧内的每个符号在频域上的数据采用 IFFT 进行变换处理，接着将变换后得到的时域数据传送到多相滤波器模块中，在该模块中能够有效抑制带外泄漏。在接收端除了将解 CP 替换成匹配多相滤波器外，其他的模块和 LTE 都是相同的。

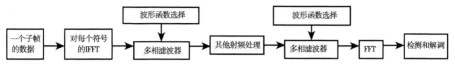

图 4-3-6　FB-OFDM 系统框架

4.3.1.7　CP-OFDM

在 4G 里获得统治地位的 CP-OFDM 技术就是一种多载波技术的典型代表。OFDM 基本思想最早由贝尔实验室的张伟（R.W.Chang）于 1966 年提出。近几十年来，大规模集成电路产业的快速发展与基于离散傅里叶逆变换（inverse discrete fourier transform，以下简称 IDFT）和离散傅里叶变换（discrete fourier transform，以下简称 DFT）的 OFDM 实现算法的提出，特别是结合库利（Cooly）和图基（Tukey）于 1965 年提出的 FFT 算法，OFDM 硬件实现复杂度得到大幅度降低。方程式 2CP-OFDM 在 4G 里统治级的地位源于其巨大的优势。图 4-3-7 展示了 CP-OFDM 系统框架，其子载波个数为 M，经 QAM 调制后的数据符号 $X(k)$，$k=0$，1，2，…，$M-1$ 分别调制到 M 个子载波上得到 OFDM 离散信号，可以表示为：

$$x(n) = \frac{1}{\sqrt{N}} \sum_{k=0}^{N-1} X(k) e^{j\frac{2\pi kn}{N}}, n = 0,1,2,\cdots, M-1$$

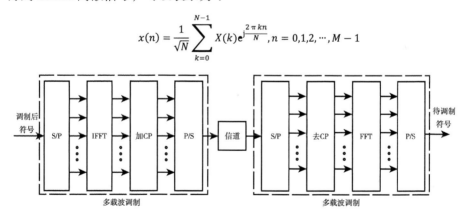

图 4-3-7　CP-OFDM 系统框架

资料来源：解国强.下一代无线通信系统中波形技术的研究［D］.成都：电子科技大学，2017.

CP-OFDM 由宽带信道分割的并行子信道通常被认为是平坦衰落，避免了在宽带信道里传输高速数据流造成的频率选择性衰落。同时，还可以通过分集技术来利用频率选择性衰落，实现系统性能最大化。其次由于使用循环前缀，线性卷积变为圆周卷积，在多径条件下各个子载波间的正交性得以保证，不会引起子载波间干扰（inter-carrier interference，以下简称 ICI）。当系统使用的 CP 长度大于最大多径时延扩展时，在频域上使用单抽头均衡器即可实现低复杂度的均衡处理，消除信道的影响。CP-OFDM 技术通过合理排列子载波可以使各个子载波间相互重叠，子载波间不需要使用保护带来严格分离子载波。同时，可以使用 DFT 快速实现算法来实现 OFDM 的调制与解调。综上所述，CP-OFDM 具有快速实现算法、实现结构简单、频率利用率高、抗多径干扰的优点。由于窄带脉冲干扰只会对 OFDM 系统中个别子带造成影响，因而 CP-OFDM 技术具有比单载波系统优良的抗窄带干扰能力。虽然 CP-OFDM 具有上述优点，但是由于其采用矩形窗函数作为脉冲成形函数而具有如下缺点。

（1）CP 的使用在保证子载波正交性的同时，带来了频谱效率的降低，LTE 中采用的 CP-OFDM 技术中 CP 占据一帧时长的 115。虽然 CP 的使用可以有效抵抗 ISI，但是由于真实信道的状况不可精确测量，同时过长的 CP 会导致增加时频资源的消耗。某些情况下，当 CP 的长度小于信道最大时延扩展时，系统的 ISI 依然存在。

（2）对载波频率偏移（carrier frequency offset，以下简称 CFO）敏感。若由于信道的影响以及接收机和发射机不匹配等原因引起子载波频率偏移，使得采样点偏移，会导致子载波不再正交，得到的数据不是子载波所承载的数据，而是多个子载波承载数据的加权和，从而引起了 ICI，使系统性能下降。

（3）带外泄漏（out-of-band leakage，以下简称 OOB）性能较差。CP-OFDM 时域上使用矩形窗函数，其在频域上等效为 sinc 函数，其旁瓣大，带外衰减缓慢，第一旁瓣仅比主瓣低 13dB，带外泄漏较为严重。实际应用过程中，虽然通过在子带间设置保护带，即预留部分空闲子载波来减少带外泄漏对邻近子带的干扰，但是其同样带来了频谱资源的消耗。

（4）较高的峰值平均功率比（peak to average power ratio，以下简称 PAPR）。多载波通信系统中，发送端信号是由多个子载波叠加而成的，其信号幅度会表现出一定的随机性，常用峰值功率与平均功率的比值来量化发送信号的变化特性，又称为峰均比。

（5）全频带只有一种波形参数，适配业务灵活性不够。现有的 LTE 中

CP-OFDM 方案仅提供有限的带宽选择，子载波个数、子载波间隔、符号长度、CP 长度的等波形参数选择是很有限的。5G 新的空口方案对波形技术提出新的要求，需要能根据应用场景动态选择波形参数。

以上 CP-OFDM 系统缺点是由于 OFDM 系统采用矩形窗函数作为其脉冲成形函数而引入的，虽然可以引入某些措施，降低这些缺点造成的影响，但是无法从本质上解决上述问题。由于 CP-OFDM 技术具有能够对抗多径衰落、适合高速数据传输等优点，非常适合在 eMBB 场景下使用。

4.3.1.8　DFT-s-OFDM

在 3GPP RAN1 第 86bis 次会议上，针对单层传输的情况，同意 NR 在上行链路支持基于 DFT-s-OFDM 的波形作为 CP-OFDM 的补充，也即 NR 至少在 40GHz 以上的 eMBB 上行链路中支持基于 DFT-s-OFDM 的波形作为 CP-OFDM 的补充。但是在 UE 端，DFT-s-OFDM 和 CP-OFDM 都是强制的。

DFT-s-OFDM（在 LTE 标准中称为 SC-FDMA）单载波调制方案是 LTE 的上行调制方案，DFT-s-OFDM 与 OFDM 相比有一定相似性，同样要做 IFFT 操作以及添加循环前缀，使其可以复用部分的 OFDM 模块，由于添加了循环前缀，因而可以在频域上简单实现均衡。相比 OFDM，DFT-s-OFDM 添加了 DFT 预编码，所以它是一种单载波的方案，与传统 OFDM 相比具有较小的峰均功率比，且与 OFDM 相比性能损失不大，DFT-s-OFDM 的系统框架如图 4-3-8 所示，DFT-s-OFDM 符号生成时需要依次经过 DFT 预编码、子载波资源映射、IFFT 变换以及添加循环前缀。DFT 预编码的输入信号是经过调制的 M-PSK 或 QAM 符号（为防止和 DFT-S-OFDM 符号相混淆，以下将其统一称为星座符号），一次 DFT 预编码的星座符号数对应于单个用户占用的子载波数，其值一般不是 2 的幂次，LTE 中规定为 12 的整数倍，以便于实现非基 2 分解的快速 IFFT/FFT 变换。由于 DFT 预编码后的点数远小于 IFFT 的点数，通常还需要子载波资源映射来实现不同用户间的复用与多址。DFT-s-OFDM 信号的生成相比 OFDM 多了 DFT 预编码操作，其余的流程是相同的，基于此，DFT-s-OFDM 可以复用部分的 OFDM 模块，多出的这个 DFT 预编码操作，使 DFT-s-OFDM 成了一种单载波的方案，所以其时域信号的 PAPR 较低。由于功率放大器需要预留一部分功率来适应信号的动态范围，因而相同的发送功率，DFT-s-OFDM 信号就比 OFDM 信号对设备的平均功率要求低，这对追求成本的用户设备而言是非常重要的，这也是 3GPP 选用 DFT-s-OFDM 作为上行传输方案的主要原因。子载波资源映射分为集中式和分布式两种。前者是把经过 DFT 预编码后的数据整块地搬移到某一段连续的子载波上，后者是把数据按固定的间隔排放在各子载波上。

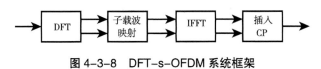

图 4-3-8　DFT-s-OFDM 系统框架

4.3.2　5G 波形标准制订过程

2016 年 3 月，3GPP RAN 第 71 次会议上确定了以 OFDM 为基础的 5G 新波形的设计基础。在 3GPP RAN1 第 84bis 次会议上，针对候选波形给出了以下建议：波形是基于 OFDM 的，支持多种原则，进一步考虑在 OFDM 之上的额外功能，例如，DFT-S-OFDM，DFT-S-OFDM 的变形，和 / 或滤波窗，和 / 或 OTFS；不排除特殊应用场景下使用非 OFDM 波形作为补充。

波形方面则包括设计原则和要求、候选波形技术优劣等内容。

具体来说，3GPP RAN 第 71 次会议上，在关于 SI 的目标要求中，明确了针对 eMBB、mMTC 和 URLLC 三大场景进行 5G 无线接入技术的设计。

对于新的接入技术，物理层信号结构设计的基础是：波形基于 OFDM，也有可能支持非正交波形和多址接入。对于其他波形，其他一些能够证明有增益的波形还有待研究，同时需要考虑基本的帧结构和信道编码算法。

3GPP RAN1 第 84bis 次会议指出，5G 系统的性能将进一步提升，包括峰值速率、峰值频谱效率、UE 体验速率、移动性、时延性、连接密度、UE 和网络能效等方面。5G 系统需要采用灵活和适应性强的新空口来对这些多样化的需求提供有效支持，而其核心则是灵活的波形。LTE 系统中的 OFDM 波形具有频谱效率高、易于实现、有效抵抗多径衰落等特性，因此 5G 系统仍然考虑基于 OFDM 来进行波形设计。由于具有子载波间隔和符号长度固定以及频谱旁瓣大的缺点，如果将 LTE OFDM 用于 5G 新空口则不够灵活和高效，因而 5G 需要设计新的波形，其设计遵循下面的要求。[22]

1. 灵活性

5G 波形应当足够灵活以支持不同类别业务的多种场景，如 eMBB、mMTC

和 URLLC。

（1）灵活支持参数集。灵活参数集是多种业务和多种场景的需求。在不同的子载波间隔或/和 CP 长度之间采用时分转换显然不能满足低时延的要求，也难以实现资源在不同业务之间的动态共享。此外，采用 TDM 也会影响业务的前向兼容性。因此，波形应该足够灵活，以满足在连续频段上采用频域复用来部署现有和未来业务的要求。尤其重要的是，波形应当能够有效支持不同的子载波间隔、不同的 CP 长度、不同的 TTI 长度、不同的系统带宽等。例如，不同的信道模型和不同的传输模式（单站或多站）可能会引入不同的时延扩展，因此需要不同的 CP 长度。不同的 UE 速度（最高 500km/h）需要可变的子载波间隔以使多普勒频移的影响最小化。此外，为了满足 URLLC 的低时延的要求，应当支持较短的 TTI，从而需要较大的子载波间隔。

（2）频率局域化。它有利于采用较高的频谱效率来提供可空口的灵活性。采用多个子带级联来支持灵活和可扩展的带宽。

要求实现与其他系统的有效共存和对离散频段的有效利用。5G 要实现较高的频谱效率，需要频率开销比当前 LTE OFDM 低的波形，尤其在 6GHz 以下频谱缺乏的情况下。

有效的异步通信，如 mMTC 场景和无须 TA 的上行 eMBB 场景，其波形都需要较小的 UE 间干扰泄漏，这需要由良好的频率局域化来提供。

（3）时间局域化。这是采用极短 TTI 进行低时延通信的要求，如在 URLLC 场景中。尤其是在 TTI 较短的情况下，波形的时间局域化也会严重影响时间开销，进而影响到频谱效率。

2. 频谱效率

5G 的峰值频谱效率为下行 30bit/s/Hz，上行 15bit/s/Hz。要满足此需求，波形的设计需达到以下要求。

（1）MIMO 的友好性。要满足 5G 的较高的频谱效率，只有采用对常规 MIMO 和大规模 MIMO 都能够支持的波形。因此，新波形在和 MIMO 的整合方面的复杂度应该较低才好，这样，在多径信道上传输时，波形的符号间的自干扰和载波间自干扰才可以被忽略。

（2）支持高阶调制。高阶调制如 64/256QAM 能够提供较高的频谱效率，但它对收发信机的 EVM 要求较高。因此，新的波形在支持高阶调制方面应当最优才行。

3. 下行、上行和边链的统一的波形设计

统一的波形设计有利于下行、上行、接入共存、D2D 以及回传通信等方面。虽然上下行设计原理不同，如上行会受 PAPR 和 UE 的功放的非线性的限制，但是上行和下行波形仍然应尽可能相同，以便获得更好地与消除干扰相关的性能。

对于不同链路的共存，统一波形具有以下好处：

（1）LTE 的干扰管理和话务自适应（eIMTA）中，采用动态时分复用（TDD），可以根据 DL/UL 话务比例来对上下行子帧进行动态分配。兼容的设计有利于采用动态 TDD 来实现链路间的干扰（DL 和 UL 间）消除，这种干扰采用传统的先进接收机是难以处理的。

（2）采用相同波形的链路（接入链路或者回传链路）易于采用与 LTE 的 MU–MIMO 类似的空间复用技术，从而提高频谱效率。

（3）需要考虑 D2D 和蜂窝链路中的边链的联合设计，如在单频网对边链和蜂窝链路传送进行覆盖增强时。

PAPR 降低可以在功放效率和功耗是主要因素时才考虑采用。

4. 实现复杂度

不光要考虑波形本身，还需要考虑其实现难度，不同的实现方法对规范的影响也不一样。尤其是，在时域和频域都可用于产生波形，但其复杂度有所区别时。此外，在接收机侧，波形在信号检测和信道估计 / 均衡方面的复杂性应当合理才行。

根据不同的业务类型，高通则在 R1– 中提出下列要求。

（1）Proposal1：对于 eMBB（包括毫米波），波形设计应当允许下列操作。

下行：频谱效率高，易于与 MIMO 整合。

上行：频谱效率高，小小区部署时易于与 MIMO 整合；宏小区部署时，对于链路预算受限的用户，支持低的 PAPR 波形。

（2）Proposal2：对于 mMTC，波形设计应当允许下列操作。

上行：功放效率高，小数据突发的信令 / 接入开销低，频谱效率高不是主要需求。

下行：与 eMBB 类似，但是需要根据带宽来扩展。

（3）Proposal3：对于 URLLC，波形设计应当允许下列操作。

上行：处理时延低，对于链路预算受限的用户，支持低的 PAPR 波形。

下行：处理时延低。

（4）Proposal4：对于 D2D（sidelink）场景，波形设计应当允许。一致的波形、频谱效率高。

（5）Proposal5：对于 IAB（综合接入和回传）场景，波形设计应当允许。与 eMBB 上行需求相类似。

在 3GPP RAN1 第 84bis 次会议上，还对 5G 新空口进行了技术分析。LTE 中，采用 OFDM 波形，下行采用 OFDMA 多址接入技术，上行采用 SC-FDMA。LTE 商用部署表明，采用 OFDM，收发信机的复杂度合理，且能够满足频谱效率和覆盖的需求。基于商用经验和分析，我们认为 OFDM 仍然是 5G 新空口的一个候选项。如果选择 OFDM 作为基准波形，则 OFDMA 自然就是下行多址技术的选项了。上行多址技术则需要考虑 OFDMA 和 SC-FDMA。SC-FDMA 对覆盖有好处，OFDMA 则利于频谱效率。如果对所有场景（下行、上行、sidelink、无线回传 / 中继等）都考虑采用公共的波形，则 OFDMA 优于 SC-FDMA。如果考虑不同的设计，则 SC-FDMA 可用来进行增强覆盖。

对于波形，LTE 中广泛采用了 CP-OFDM，因此 NR 波形应当具有与 CP-OFDM 良好共存的特性。也就是说，NR 的波形只需要对 CP-OFDM 针对特定场景做一些改变就可以，例如，在需求低的情况下，降低带外杂散，降低对频域和时域的同步要求，使其易于后退到 CP-OFDM 就可以。更好的一个选项是 FB-OFDM（filter-bank OFDM），它对 CP-OFDM 子载波进行滤波，因此可以使用有效的多相滤波器设计。CP-OFDM 和 FB-OFDM 的唯一区别就是多相滤波器，由于对每个子载波的带外泄漏进行滤波，因而该波形的带外泄漏较低，时 / 频域同步的强壮性较好。如果多相滤波器被定义为单抽头，则 FB-OFDM 可以很好地后退到 CP-OFDM。

为了满足多种业务和场景的需求，5G 波形应当采用统一的架构，并支持不同的子带宽配置（如子载波、子帧长度、子带大小等），波形设计中应当考虑降低对相邻子带的能量泄漏。

LTE 中所采用的 CP-OFDM 及其变形（W-OFDM，即对时域 OFDM 符号加窗 -windowing）可能不适合下一代通信，因为 CP-OFDM 存在带外泄漏，且 CP 开销增加。即使 CP 开销增加，其带外能量也不能迅速降低且足够减少，这使得子带间的保护带较大，因此频谱效率较低。

4.3.3　R15 中的 OFDM

4.3.3.1　OFDM 概述

虽然有多种候选波形，但是标准制定过程中，最终仍然确定 5G 波形是基于 OFDM 的，并确定了 CP-OFDM 和 DFT-s-OFDM 作为上下行的波形。

OFDM 技术在 4G 中得到了广泛的应用，OFDM 可以有效地对抗信道的多径衰落，支持灵活的频率选择性调度，这些特性使它能够高效支持移动宽带业务，但是 OFDM 也存在一些缺点，例如，较高的带外泄漏、对时频同步偏差比较敏感以及要求全频带统一的波形参数等。

TS38.300 的第 5.1 节波形、参数集和帧结构中对波形进行了定义。规定了下行传输波形是使用了循环前缀的传统 OFDM。上行传输波形是使用了循环前缀的传统 OFDM，同时可以使用或不使用转换预编码功能进行 DFT 扩展。即下行为 CP-OFDM，上行为 CP-OFDM 或 DFT-s-OFMD。

TS38.201 的第 4.2.2 节物理信道和调制中规定，下行定义了物理下行共享信道 PDSCH、物理下行控制信道 PDCCH、物理下行广播信道 PBCH，上行定义了物理随机接入信道 PRACH、物理上行共享信道 PUSCH 和物理上行控制信道 PUCCH。另外，定义了参考信号、主同步信号和副同步信号。信道支持的调制机制为，下行信道支持 QPSK、16QAM、64QAM 和 256QAM、上行信道将 QPSK、16QAM、64QAM 和 256QAM 用于 CP-OFDM，并将 π/2-BPSK，QPSK，16QAM，64QAM 和 256QAM 用于具有 CP 的 DFT-s-OFDM。

在 TS38.211 中，对 OFDM 基带信号的生成做了如下规定：

1. 除 PRACH 外，其他所有信道的基带信号的产生

天线端口的时间连续信号 $s_l^{(p,\mu)}(t)$ 和用于除 PRACH 之外的任意物理信道或信号的子帧中的 OFDM 符号 $l \in \{0,1,\cdots,N_{\text{slot}}^{\text{subframe},\mu} N_{\text{symb}}^{\text{slot}}-1\}$ 的子载波空间配置 μ 通过下面的公式定义：

$$s_l^{(p,\mu)}(t) = \sum_{k=0}^{N_{\text{grid}}^{\text{size},\mu} N_{\text{sc}}^{\text{RB}}-1} a_{k,l}^{(p,\mu)} \cdot e^{\text{j}2\pi \left(k+k_0^\mu - N_{\text{grid},x}^{\text{size},\mu} N_{\text{sc}}^{\text{RB}}/2\right)\Delta f\left(t-N_{\text{CP},l}^\mu T_c - t_{\text{start},l}^\mu\right)}$$

$$k_0^\mu = \left(N_{\text{grid},x}^{\text{start},\mu} + N_{\text{grid},x}^{\text{size},\mu}/2\right)N_{\text{sc}}^{\text{RB}} - \left(N_{\text{grid},x}^{\text{start},\mu_0} + N_{\text{grid},x}^{\text{size},\mu_0}/2\right)N_{\text{sc}}^{\text{RB}} 2^{\mu_0-\mu}$$

其中，$t_{\text{start},l}^\mu \le t < t_{\text{start},l}^\mu + \left(N_{\text{u}}^\mu + N_{\text{CP},l}^\mu\right)T_c$ 是子帧中的时间，

$$N_{\mathrm{u}}^{\mu} = 2048\boldsymbol{\kappa} \cdot 2^{-\mu}$$

$$N_{\mathrm{CP},l}^{\mu} = \begin{cases} 512\boldsymbol{\kappa} \cdot 2^{-\mu} & \text{extended cyclic prefix} \\ 144\boldsymbol{\kappa} \cdot 2^{-\mu} + 16\boldsymbol{\kappa} & \text{normal cyclic prefix, } l = 0 \text{ or } l = 7 \cdot 2^{\mu} \\ 144\boldsymbol{\kappa} \cdot 2^{-\mu} & \text{normal cyclic prefix, } l \neq 0 \text{ and } l \neq 7 \cdot 2^{\mu} \end{cases}$$

并且 $-\Delta f$ 由第 4.2 节给出；$-\mu$ 是子载波空间配置；$-\mu_0$ 是高层参数 scs-specific carrier list 的子载波空间配置中的最大 μ 值。一个子帧中用于子载波空间配置的 OFDM 符号 l 的起始位置由下列公式给出：

$$t_{\mathrm{start},l}^{\mu} = \begin{cases} 0 & l = 0 \\ t_{\mathrm{start},l-1}^{\mu} + \left(N_{\mathrm{u}}^{\mu} + N_{\mathrm{CP},l-1}^{\mu}\right)T_{\mathrm{c}} & \text{otherwise} \end{cases}$$

2. 用于 PRACH 的 OFDM 基带信号的产生

用于 PRACH 的天线端口的时间连续信号 $s_l^{(p,\mu)}(t)$ 通过下面的公式定义：

$$s_l^{(p,\mu)}(t) = \sum_{k=0}^{L_{RA}-1} a_k^{(p,\mathrm{RA})} \, \mathrm{e}^{\mathrm{j}2\pi(k+Kk_1+\bar{k})\Delta f_{\mathrm{RA}}\left(t-N_{\mathrm{CP},l}^{\mathrm{RA}}T_{\mathrm{c}}-t_{\mathrm{start}}^{\mathrm{RA}}\right)}$$

$$K = \Delta f / \Delta f_{\mathrm{RA}}$$

$$k_1 = k_0^{\mu} + \left(N_{\mathrm{BWP},i}^{\mathrm{start}} - N_{\mathrm{grid}}^{\mathrm{start},\mu}\right)N_{\mathrm{sc}}^{\mathrm{RB}} + n_{\mathrm{RA}}^{\mathrm{start}}N_{\mathrm{sc}}^{\mathrm{RB}} + n_{\mathrm{RA}}N_{\mathrm{RB}}^{\mathrm{RA}}N_{\mathrm{sc}}^{\mathrm{RB}} - N_{\mathrm{grid}}^{\mathrm{size},\mu}N_{\mathrm{sc}}^{\mathrm{RB}}/2$$

$$k_0^{\mu} = \left(N_{\mathrm{grid}}^{\mathrm{start},\mu} + N_{\mathrm{grid}}^{\mathrm{size},\mu}/2\right)N_{\mathrm{sc}}^{\mathrm{RB}} - \left(N_{\mathrm{grid}}^{\mathrm{start},\mu_0} + N_{\mathrm{grid}}^{\mathrm{size},\mu_0}/2\right)N_{\mathrm{sc}}^{\mathrm{RB}}2^{\mu_0-\mu}$$

其中 $t_{\mathrm{start}}^{\mathrm{RA}} \leq t < t_{\mathrm{start}}^{\mathrm{RA}} + \left(N_{\mathrm{u}} + N_{\mathrm{CP},l}^{\mathrm{RA}}\right)T_{\mathrm{c}}$，并且 $\bar{k}$ 由第 6.3.3 节给出；在初始接入期间，是 Δf 初始上行带宽的子载波空间，否则，Δf 是激活上行带宽部分的子载波空间。μ_0 是高层参数 scs-specific carrier list 的子载波空间配置中的最大 μ 值。$N_{\mathrm{BWP},i}^{\mathrm{start}}$ 是初始上行带宽部分的数值最低的资源块，在初始接入期间通过高层参数 initial uplink BWP 获得。否则，$N_{\mathrm{BWP},i}^{\mathrm{start}}$ 是激活上行带宽部分的数值最低的资源块，通过高层参数 BWP-uplink 获得。

$n_{\mathrm{RA}}^{\mathrm{start}}$ 是频率域中最低 PRACH 传输时刻的频率偏移，并与初始上行带宽部分相关的初始接入期间由高层参数 msg1-frequency start 给出的初始上行带宽部分的 PRB 0 有关。否则，$n_{\mathrm{RA}}^{\mathrm{start}}$ 为频率域中最低 PRACH 传输时刻的频率偏移，并与激活上行链路带宽部分相关联的高层参数 msg1-frequency start 给出的激活上行链路带宽部分的物理资源块 0 相关。

——n_{RA} 是在一个时间距离内用于给定 PRACH 传输时刻的频率域 PRACH 传输时刻索引。

——N_{RB}^{RA}是 PUSCH 的通过 RBs 的数量来表示的参数分配给出的占用资源块数量。

——L_{RA} L_{RA}和 N_u 由第 6.3.3 节给出。

——$N_{CP,1}^{RA} = N_{CP}^{RA} + n \cdot 16k$ 其中，

- 对于$\Delta f_{RA} \in \{1.25,5\}$ kHz ，$n = 0$
- 对于$\Delta f_{RA} \in \{15,30,60,120\}$ kHz， n 是间隔次数

$\left[t_{start}^{RA}, t_{start}^{RA} + \left(N_u^{RA} + N_{CP}^{RA} \right) T_c \right]$ 在一个子帧中，当时间距离为$\left(\Delta f_{max} N_f / 2000 \right) T_c = 0.5$ ms时重叠。

子帧中的（对于$\Delta f_{RA} \in \{1.25,5,15,30\}$ kHz）或 60kHz 时隙中的（对于$\Delta f_{RA} \in \{60,120\}$ kHz）PRACH 的起始位置由下列公式给出：

$$t_{start}^{RA} = t_{start,l}^{\mu}$$

$$t_{start,l}^{\mu} = \begin{cases} 0 & l = 0 \\ t_{start,l-1}^{\mu} + \left(N_u^{\mu} + N_{CP,l-1}^{\mu} \right) T_c & \text{其他} \end{cases}$$

其中，假设子帧或 60kHz 从 $t=0$ 开始；假设定时提前值为 $-N_{TA}=0$；$-N_u^{\mu}$ 和 $N_{CP,l-1}^{\mu}$ 由第 5.3.1 节给出；假设对于$\Delta f_{RA} \in \{1.25,5\}$ kHz 则 $\mu=0$，否则由$\Delta f_{RA} \in \{15,30,60,120\}$ kHz 给出 μ 值，符号位置 t_{start}^{RA} 由下式给出：$l = l_0 + n_t^{RA} N_{dur}^{RA} + 14 n_{slot}^{RA}$。

其中，l_0 由参数初始符号给出；n_t^{RA} 是 PRACH 时隙中的 PRACH 传输时刻，由 RACH 时隙的从 0 到 $N_t^{RA,slot} - 1$ 的顺序来编号，其中 $N_t^{RA,slot}$ 由 3GPP TS 38.211 V15.7.0 [20] 的表 6.3.3.2-2 至 6.3.3.2-4 的 $L_{RA}=139$ 给出，对于 $L_{RA}=839$，固定为 1；N_{dur}^{RA} 同样由前述文献中表 6.3.3.2-2 到 6.3.3.2-4 给出；如果$\Delta f_{RA} \in \{1.25,5,15,60\}$ kHz，则 $n_{slot}^{RA} = 0$；如果$\Delta f_{RA} \in \{30,120\}$ kHz并且前述文献中表 6.3.3.2-2 到 6.3.3.2-3 中的一个子帧中的 PRACH 时隙数量等于 1，或者前述文献中表 6.3.3.2-2 到 6.3.3.2-3 中的一个 60kHz 时隙中的 PRACH 时隙数量等于 1，则$n_{slot}^{RA} = 1$，否则，$n_{slot}^{RA} \in \{0,1\}$。

如果前述文献中表 6.3.3.2-2 至 6.3.3.2-4 给出的前导格式为 A1/B1、A2/B2 或 A3/B3，则如果$n_t^{RA} = N_t^{RA,slot} - 1$，在 PRACH 传输时刻传输与 B1、B2 和 B3 中的 PRACH 前导格式对应的 PRACH 前导格式；否则，在 PRACH 传输时刻传输与 A1、A2 和 A3 中的 PRACH 前导格式对应的 PRACH 前导格式。

其中，3GPP TS 38.211 V15.7.0 [20] 的表 6.3.3.2-2 列出了 FR1 的随机接入

配置和成对频谱 / 补充上行链路，表 6.3.3.2-3 列出了 FR1 的随机接入配置和非成对频谱，表 6.3.3.2-4 列出了 FR2 的随机接入配置和非成对频谱。

4.3.3.2 CP-OFDM

在 5G NR 中，CP-OFDM 用作下行波形，是使用了循环前缀的传统 OFDM，也即 CP-OFDM。与 LTE 不同的是，NR 上行方向也可以使用 OFDM。尽管限制在单层传输，5G NR 上行传输可以使用 DFT-s-OFDM（离散傅里叶变换预编码 OFDM）。

4.3.3.3 DFT-s-OFDM

上行发送波形是使用具有传输预编码功能 DFT 扩展的循环前缀的传统 OFDM，也即 DFT-s-OFDM。

UE 应该根据调制等级、传输带宽、波形和窄带分配减少最大输出功率。因此，定义了最大功率减少值 MPR。当 UE 的最大输出功率由 MPR 调整时，也就执行了功率限制。

对于所有的功率等级，由 BW = 100 MHz、SCS=120 kHz、DFT-S-OFDM QPSK、20RB23 定义的波形是具有 0 dB MPR 的参考波形，MPR 是用来定义功率等级的。

MPR_{WT} 是基于调制等级、传输带宽和波形的最大功率减少值，MPR_{WT} 由表 4-3-1 定义。

表 4-3-1 功率等级 2 中的 MPR_{WT} 值

		信道带宽 /MPR_{WT}	
		50/100/200 MHz	400 MHz
DFT-s-OFDM	Pi/2 BPSK	$\leqslant 1.5$	$\leqslant 3.0$
	QPSK	$\leqslant 1.5$	$\leqslant 3.0$
	16QAM	$\leqslant 3$	$\leqslant 4.5$
	64QAM	$\leqslant 5$	$\leqslant 6.5$
CP-OFDM	QPSK	$\leqslant 3.5$	$\leqslant 5.0$
	16QAM	$\leqslant 5$	$\leqslant 6.5$
	64QAM	$\leqslant 7.5$	$\leqslant 9.0$

4.3.4 OFDM 专利分析

4.3.4.1 全球申请分析

由于 OFDM 技术发展时间长并且多次入选标准，因而针对 OFDM 技术进行改进的专利申请很多。从图 4-3-9 可以看出，OFDM 专利申请从 20 世纪 90 年代开始呈逐年上涨的趋势，并且增速较快，从 2001 年申请量突破 200 件以后，直到现在一直保持了较高的年申请量。到 2007 年，得益于 4G 技术的发展，OFDM 技术年申请量突破 500 件而达到峰值。在 5G 阶段，OFDM 年申请量虽然有所下降，但是年申请量仍保持在高位。

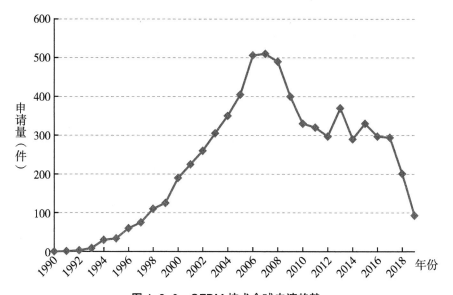

图 4-3-9　OFDM 技术全球申请趋势

下面从技术原创国和目标国两个方面进行分析。技术原创国是指产生技术的国家，由申请人的国别来表现，目标国是指一项专利技术寻求保护的国家，由公开国别来体现。从图 4-3-10、图 4-3-11 可以看出，OFDM 技术原创国和技术目标国的占比一致，中国既是最大的原创国，也是最大的目标国，而美国、日本、韩国分别排名第三、四、五位。这说明在全球范围内，中国的创新主体研发活跃。

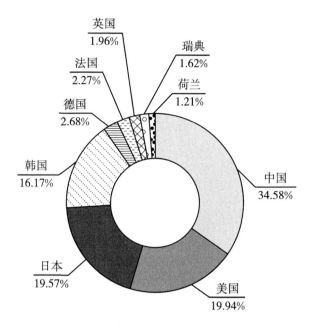

图 4-3-10 OFDM 技术原创国

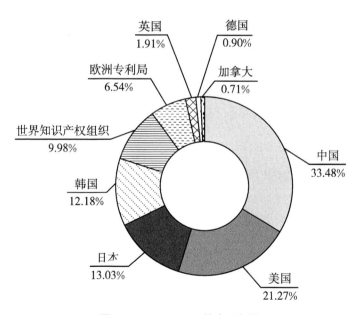

图 4-3-11 OFDM 技术目标国

图 4-3-12 示出了 OFDM 专利申请中，发明人国别占比情况。可以看出美国发明人占比为 30.43%，韩国发明人占比为 29.06%，而中国发明人仅占

10.98%，这与网络切片等技术的占比情况有较大的区别，说明 OFDM 技术不是中国的优势领域，美国、韩国在 3G、4G 阶段积累的技术优势仍然存在，由于 5G 新波形仍然是基于 OFDM 的，因而可以推断在 5G 新波形技术领域中国发明人没有技术优势。

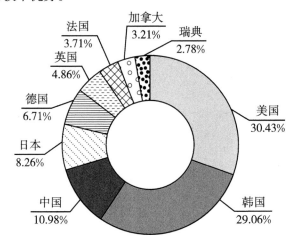

图 4-3-12　OFDM 技术发明人国别

图 4-3-13 则示出了 OFDM 技术中，排名前十的申请人。三星公司有近400 件专利申请排名第一，松下公司排名第二，韩国电子通信研究院排名第三，可见，韩国企业优势明显。高通公司排在第五位，中兴通讯股份有限公司和华为技术有限公司排在第六位和第七位，中国的电子科技大学排名靠前。

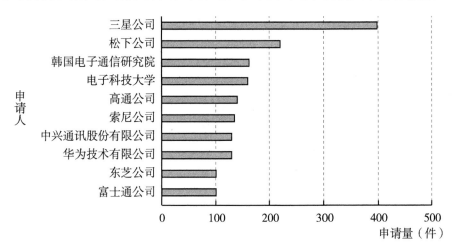

图 4-3-13　OFDM 技术申请人排名

对 OFDM 技术的 CPC 分类号进行统计可以发现，OFMD 技术专利申请的分类号主要集中在 H04L、H04B、H04W 三个小类。进一步对 CPC 分类号的小组进行统计排序，可以得到图 4-3-14，可以看出排名前十的 CPC 分类号属于两个大组，一个是 H04L27，涉及调制载波系统，另一个是 H04L5，涉及提供传输通道多重使用的装置。按照 CPC 小组细分，以下的十个技术主题是 OFDM 技术专利申请覆盖最多的技术主题：H04L27/2647 涉及多载波调制系统的专用于接收机的装置；H04L5/0007 涉及频率正交，例如 OFDM、DMT；H04L27/2657 涉及多载波调制系统的载波同步，H04L27/2675 涉及多载波调制系统的载波同步装置；H04L5/0048 涉及导频信号的分配，即为接收机所知的信号；H04L27/2662 涉及多载波调制系统的符号同步装置；H04L27/2602 涉及多载波调制系统的信号结构；H04L27/2613 涉及多载波调制系统参考信号本身的结构；H04L27/2601 涉及多载波调制系统；H04L27/265 涉及多载波调制系统的专用于接收机的傅里叶变换解调器。

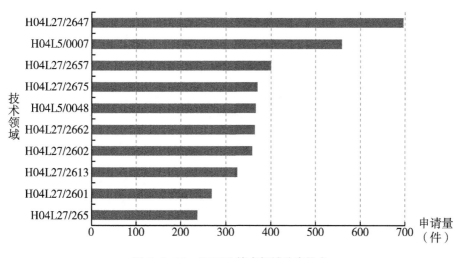

图 4-3-14　OFDM 技术领域分布排名

4.3.4.2　中国申请分析

图 4-3-15 示出了历年中国 OFDM 专利申请的申请量，可以看出 OFDM 技术专利申请开始较早，并且从 2000 年开始一直呈上升趋势，从 2005 年以后年申请量一直在高位震荡。这一趋势说明在中国 OFDM 技术是一项持续十多年的热门技术，并且其热度仍在保持。

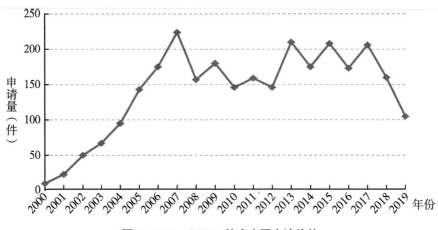

图 4-3-15　OFDM 技术中国申请趋势

从在中国范围内的申请人国别来看，约 75% 的中国专利申请的申请人国别为中国。而剩余的 1/4 中，美国申请人占比约 8%，日本申请人占比约 5%，韩国申请人和欧洲申请人分别占比约 4%，如图 4-3-16 所示。说明在中国范围内，中国创新主体的研发活跃，专利保护意识较强。

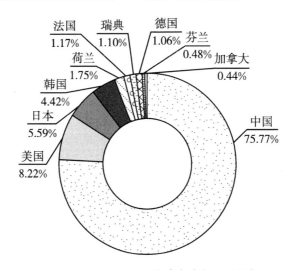

图 4-3-16　中国专利申请申请人国别分布

图 4-3-17 表示 OFDM 中国专利申请人的排名情况。电子科技大学排名第一位，中兴通讯股份有限公司排名第二，三星电子株式会社排名第三，东南大学、西安电子科技大学、北京邮电大学、高通公司、华为技术有限公司、清华

大学和松下电器产业株式会社分别排在第四至第十位。前十位中有一半是高校，国外企业有三家，中国企业仅两家，这说明在中国，中国企业在 OFDM 技术领域没有优势，而高校在专利申请量上则具有明显的优势。

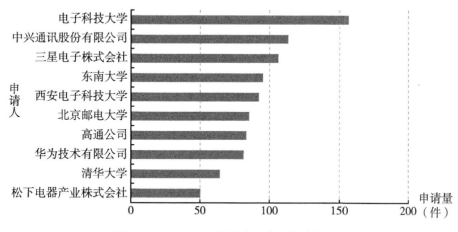

图 4-3-17　OFMD 技术中国专利申请人排名

图 4-3-18 示出了中国申请人的类型，可以看到企业占 48.66%，大专院校和科研机构占比近 49%。因此，在 OFDM 技术领域，研究机构和研究人员与企业一样是最重要的申请来源。

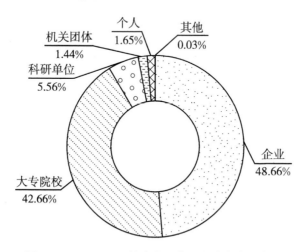

图 4-3-18　OFDM 技术中国专利申请申请人类型

在中国范围内，有效和无效的 OFDM 专利申请的占比均为 40% 左右，在审的 OFDM 专利申请占比约 18%，如图 4-3-19 所示。说明在中国范围内，

OFDM 技术已经有较大的储备量，技术壁垒大，但仍处于稳步发展的阶段。

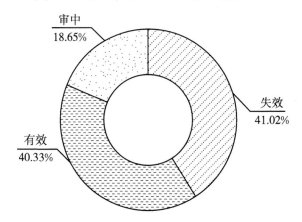

图 4-3-19　中国专利申请法律状态

从图 4-3-20 可知，有约 20% 的专利申请处于终止状态，14% 的专利申请被撤回，驳回率仅占约 5%。说明 OFDM 技术的创新价值较高。

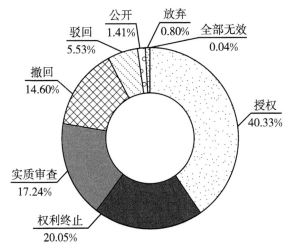

图 4-3-20　中国专利申请审查状态

4.3.4.3　专利运营状况

OFDM 专利运营较为活跃，包括了转让、许可、质押。图 4-3-21 示出了 20 年来 OFDM 专利申请转让情况，可以看出从 2004 年以后，OFDM 专利的年转让量都在 150 件上下，处于较高的水平。

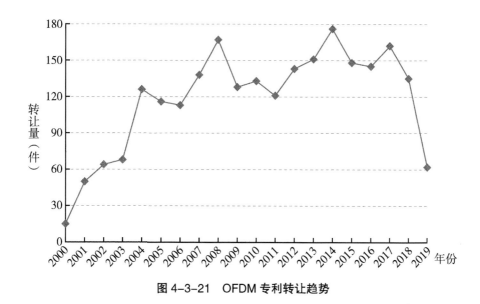

图 4-3-21 OFDM 专利转让趋势

OFDM 技术专利申请的排名前十的受让人均为企业，而排名前十的转让人也绝大多数为企业，说明在 OFDM 技术领域，专利申请的转让大都发生在企业之间，这也再次说明该领域技术活跃度和运营活跃度都较高。

在中国，涉及 OFDM 技术的专利许可共有 14 件，其中 2009 年、2012 年各一件，2015 年 3 件，2016 年 5 件，2017 年 4 件，如图 4-3-22 所示。

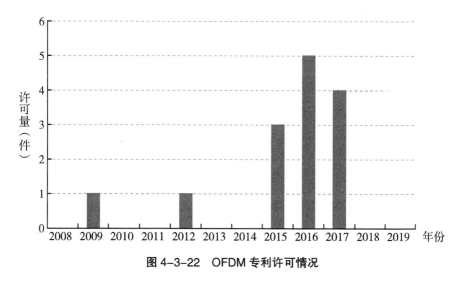

图 4-3-22 OFDM 专利许可情况

在这 14 件中，2 件为华为技术有限公司向苹果公司的专利许可，5 件涉及高校向企业的许可，还有 3 件 OFDM 专利进行了质押融资，分别向银行或融资担保公司出质。其中，普天信息技术研究院有限公司（以下简称普天公司）的授权公告号为 CN103023845B 的专利，该专利的申请日为 2011 年 9 月 22 日，发明主题涉及一种 OFDM 系统中的频偏补偿方法。该专利于 2017 年被专利权人普天公司质押给北京银行股份有限公司。该专利是普天公司质押专利包中的一件，普天公司质押的专利包获得 2 亿元的融资。

4.3.4.4　技术路线图

4G 技术中的 OFDM 涉及的技术主题主要包括信道交织、参考信号、正交分频多工、物理层分组、移动性支持等，而 5G 技术中的 OFDM 涉及的技术主题主要包括 MIMO-OFDM、导频图案、数字学、DFT 和 ePDCCH。

图 4-3-23 技术路线示出了 OFDM 技术的发展过程，也示出了 5G 系统候选波形的专利申请情况。从图中可以看出 5G 的波形确定之后，专利申请主要集中在 OFDM 技术在 5G 中的运用和改进，以及 DFT-s-OFDM 和 CP-OFDM 中。

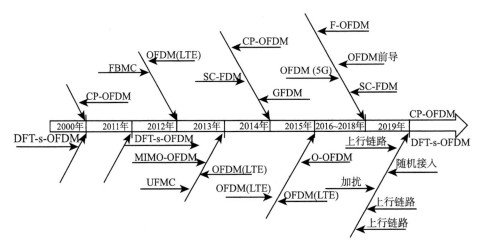

图 4-3-23　OFDM 技术路线

其中，2013 年一件 MIMO-OFDM 相关的发明专利申请，具体为涉及多用户接入系统多入多出正交频分复用 MIMO-OFDM 的资源分配方法，对于 OFDM 的每一个子载波或每一子载波组，按照特征向量的相关度在一段时间内对用户的特征向量分组；从分组结果中，根据调度规则选出多个特征向量；为用户分配子载波或子载波组频率和时间资源，其中与所述用户对应的所选出的多个特征向量之间的相关度小于或等于预定门限；以及为与所选出的特征向量对应的所述用户分配空间资源。MIMO-OFDM 方案解决了当 OFDM 系统中的一个时频资源同时被分配给两个用户时由于同信道干扰导致的两个用户传输之间相互干扰的问题。另外，在多载波多入多出 MIMO 系统中用于降低预编码反馈信息量的方法，将系统设置为使用多个子载波在 Ns 个数据流上承载信息，所述多个子载波组成一个含有 K 个可用子频段的集合 Ω（n_1，$\cdots$，n_K），系统进一步在发射端，按照接收端反馈的预编码矩阵索引从预编码码表中选择一个适当的待使用的预编码矩阵；然后，根据所述 K 个可用子频段和预编码矩阵组成的每个组合的传输质量，同时选择有限数量的 P 个预编码矩阵索引和有限数量的 K' 子频段，其中所述 P 个预编码矩阵索引包含于向量 Π 中，所述 K' 个子频段包含于所述集合 Ω 的子集 ω（m_1，$\cdots$，$m_{K'}$）中，K' 的值满足 $K' < K$，P 的值满足 $P \leqslant K'$；将用于识别所述子集 ω 的信息和包含所述 P 个预编码矩阵索引的所述向量 Π 发送给发射端。解决了 MIMO-OFDM 系统中由于频率选择性调度，信道质量是多个 OFDM 子频段的函数，导致反馈开销增加的问题。

5G 标准中的 CP-OFDM 和 DFT-s-OFDM 波形技术方面的专利申请，例如，一种子载波调制方法，包括：将数据生成 CP-OFDM 数据帧，所述 CP-OFDM 数据帧的有效子载波的个数为 K，总子载波的个数为 M，虚拟子载波的个数为 M-K；根据所述 CP-OFDM 数据帧，将训练序列生成 CP-OFDM 训练帧，所述 CP-OFDM 训练帧的有效子载波的个数为 L，总子载波的个数为 N，虚拟子载波的个数为 N-L；将所述 CP-OFDM 训练帧作为时隙帧头，将所述 CP-OFDM 数据帧或按照生成所述 CP-OFDM 数据帧的方法生成的多个 CP-OFDM 数据帧作为有效数据部分，将所述时隙帧头和所述有效数据部分组成一个时隙帧；改变所述 CP-OFDM 数据帧的所述有效子载波的个数和位置信息，根据改变后的所述有效子载波的个数和位置信息，按照所述时隙帧的生成方法生成下一个时隙帧。通过改变有效子载波的个数和位置降低了设备的复杂度，提高了灵活性。

还有的方案涉及 5G NR 的波形，其具体涉及一种上行控制信息传输方法，所述方法包括以下步骤：确定物理上行共享信道 PUSCH 的传输波形；根据所确定的 PUSCH 的传输波形传输上行控制信息 UCI 和数据。所述 PUSCH 的传输波形，包括：循环正交频分复用 CP-OFDM 或单载波频分复用 SC-FDM。解决了当 UE 使用不同的波形来传输 UCI 时，由于不同的波形具有不同的峰均功率比，导致的无法获得较好的频率分集增益，传输数据性能受到影响以及 UCI 的传输性能无法得到保证的技术问题。该申请是与 5G 标准紧密相关的基础专利申请。

加扰也是数据传输过程中的重要过程，例如，基于加扰的数据传输方法，包括：根据发送波形确定加扰方式；根据所述加扰方式对待加扰数据进行加扰，得到加扰输出数据；发送所述加扰输出数据。该数据传输方法进一步限定了所述根据发送波形确定加扰方式包括：如果所述发送波形为离散傅里叶扩展正交频分复用 DFT-s-OFDM 波形，所述加扰方式为时域加扰；如果所述发送波形为循环前缀正交频分复用 CP-OFDM 波形，所述加扰方式为时域加扰、频域加扰或时频域加扰。解决了如何提高支持多址的无线通信系统的传输效率的技术问题。也是与 5G 标准新波形密切相关的专利申请。

涉及波形相关的处理过程也是专利布局的重要区域。例如，涉及波形相关的随机接入信道过程的方案，具体的用于 UE 处的无线通信的方法包括以下操作：接收对网络接入设备的至少一个接收能力的指示；发送随机接入信道过程的第一消息；响应于发送所述第一消息而接收随机接入响应消息；以及根据至少部分地基于所接收的指示的格式，对 RAR 消息进行解释。同时，进一步限定了至少部分地基于所述指示，识别所述网络接入设备的 CP-OFDM 波形接收能力和 DFT-s-OFDM 波形接收能力；对于波形相关的用于上行链路功率控制的技术和装置，确定是要使用基于 CP-OFDM 的波形还是要使用基于 DFT-s-OFDM 的波形进行上行链路传输；以及至少部分地基于确定是要使用所述基于 CP-OFDM 的波形还是要使用所述基于 DFT-s-OFDM 的波形，来选择性地采用第一功率控制环路或第二功率控制环路，所述第一功率控制环路与第一功率控制参考点相关联，以及所述第二功率控制环路与第二功率控制参考点相关联，所述第二功率控制参考点与所述第一功率控制参考点不同。在 RACH 过程和自主上行传输期间的上行波形的方案，由 UE 选择以下波形之一：DFT–S–OFDM，CP–OFDM；确定对应于所选择的波形的时间和频率资源；以及由发射处理器根据所选择的波形和所确定的时间和频率资源经由一个或多个天线来发送上行链路传输。

参考文献

［1］3GPP TSG RAN WG1 Meeting #84bis R1- 162151 Busan，Korea，April 11-15，2016 agenda item：8.1.4.1 Source：Huawei，HiSilicon Title：5G waveform：requirements and design principles document for：discussion and decision［S/OL］.2016［2020-3-20］. http：//www.3gpp.org/flp/tsg-ran/WG1_RL1/TSG1_84b/Docs.

［2］IMT-2020（5G）推进组发布 5G 技术白皮书［J］.中国无线电，2015（5）：6.

［3］SALTZBERG B.Performance of an efficient parallel data transmission system［J］.IEEE transactions on communication technology，1967，15（6）：805 - 811.

［4］CHANG R W.Synthesis of band－limited orthogonal signals for multichannel data transmission［J］.Bell labs technical journal，1966，45（10）：1775-1796.

［5］FARCHANG-BOROUJENY B.OFDM versus filter bank multicarrier［J］.IEEE signal processing magazine，2011，28（3）：92-112.

［6］BELLANGER M，LE RUYET D，ROVIRAS D，et al.FBMC physical layer：a primer［J/ OL］.Phydyas，2010［2020-03-30］.http：//www.ict-phydyas.og/.

［7］宁勇强 .5G 新型多载波 FBMC 关键技术研究［D］.北京：北京交通大学，2018.

［8］ABDOLI J，JIA M，MA J.Filtered OFDM：a new waveform for future wireless systems［C］// IEEE，International workshop on signal processing advances in wireless communications. IEEE，2015.

［9］ZHANG X，JIA M，CHEN L，et al.Filtered-OFDM - Enabler for flexible waveform in the 5th generation cellular networks［J］.IEEE Global Communications Conferece,2015：1-6.

［10］钱孟娇 .5G 移动通信系统中 F-OFDM 关键技术的研究［D］.西安：西安科技大学，2018.

［11］FETTWEIS G，KRONDORF M，BITTNER S.GFDM - Generalized frequency division multiplexing［C］.In：2009 IEEE 69th vehicular technology conference（VTC spring），2009：1-4.

［12］GASPAR I，MICHAILOW N，NAVARRO A，et al.Low complexity GFDM receiver basedon sparse frequency domain processing［C］.In：2013 IEEE 77th vehicular technology conference（VTC spring），2013：1-6.

［13］汤楠. 面向 5G 通信系统的新波形传输性能分析与优化设计［D］. 南京：东南大学，2018.

［14］VAKILIAN V，WILD T，SCHAICH F，et al.Universal-filtered multi-carrier technique for wireless systems beyond LTE［C］.In：2013 IEEE GLOBECOM workshops（GC wkshps），2013：223-228.

［15］Microelectronics，Discussion on FB-OFDM of new waveform for new radio interface，3GPP TSG RAN WG1 Meeting #85，R1-164265，Nanjing，P.R.China，23rd - 27th May 2016，ZTE Corp，ZTE.［S/OL］.2016［2020-01-22］.http：//www.3gpp.org/ftp/tsg-ran/WG1_RL1/TSG1_85/Docs.

［16］解国强. 下一代无线通信系统中波形技术的研究［D］. 成都：电子科技大学，2017.

［17］MPR evaluation for below 6GHz（DFT-S-OFDM），3GPP TSG-RAN WG4 Meeting AH#1801，R4-1800509，San Diego，US，22-26 Jan，2017，Huawei，Hisilicon［S/OL］.2017［2020-01-30］.http://www.3gpp.org/ftp/tsg_ran/WG4_Radio/TSG4_AHs/TSGR4_AH-1801/Docs.

［18］On phase tracking in DFT-S-OFDM waveform，3GPP TSG-RAN WG1#87 R1-1612338，Reno，USA 14th-18th November 2016，Ericsson［S/OL］.2017［2020-01-30］.http://www.3gpp.org/ftp/tsg_ran/WG1_RL1/TSG1_87/Docs.

［19］COOLEY J W，TUKEY J W.An algorithm for the machine calculation of complex Fourier series［J］.Mathematics of computation，1965，19（90）：297-301.

［20］3GPP.3GPP TS 38.211 V15.7.0 Physical channels and modulation［S/OL］.2019［2020-03-28］.https://www.3gpp.org/ftp/Specs/archive/38_series/38.211/38211-f70.zip.

［21］RP-160671：New SID Proposal：Study on［5G，Next Generation，or other names］［T1］New Radio Access Technology，NTT DOCOMO［S/OL］.2016［2020-01-30］.http://www.3gpp.org/ftp/tsg_ran/TSG_RAN/TSGR_71/Docs.

［22］R1-162151：3GPP TSG RAN WG1 Meeting #84bis，Busan，Korea，April 11-15，2016，Considerations on 5G Waveform，Huawei，HiSilicon［S/OL］.2016［2020-01-30］.http://www.3gpp.org/ftp/tsg_ran/WG1_RL1/TSG1_84b/Docs.

［23］R1-161172：Draft CR on CSI-RS transmission in DwPTS，Samsung［S/OL］.2016［2020-01-30］.http://www.3gpp.org/ftp/tsg_ran/WG1_RL1/TSG1_84/Docs.

［24］R1-162172：General design principles for 5G new radio interface：Key functionalities，Samsung［S/OL］.2016［2020-01-30］.http://www.3gpp.org/ftp/tsg_ran/WG1_RL1/TSG1_84b/Docs.

［25］R1-162198：Waveform Requirements，Qualcomm Incorporated［S/OL］.2016［2020-01-30］.http://www.3gpp.org/ftp/tsg_ran/WG1_RL1/TSG1_84b/Docs.

［26］R1-162222：Design Principles of NR in RAN1，ZTE［S/OL］.2016［2020-01-30］. http://www.3gpp.org/ftp/tsg_ran/WG1_RL1/TSG1_84b/Docs.

4.4 Polar 码

4.4.1 Polar 码基本原理

1948 年，在劳德·香农提出香农信道编码定理时，就已经预示信道编码的存在。香农信道编码利用长码和最大似然译码使得码字的性能被优化。在香农信道编码定理的推动之下，1949 年出现了第一个纠多差错的格雷码。

在信道编码领域，Hamming 码、Elias 卷积码、LDPC 码、Forney 级连码、Turbo 码、Rateless 码、Polar 码相继出现，其中的 Turbo 码、Polar 码、LDPC 码备受重视。诞生于 1993 年的 Turbo 码，其实质在于随机编码思想的运用，而 1996 年再次受到关注的 LDPC 码也已广泛应用于各种通信系统。至于 2008 年提出的 Polar 码，则由于充分地利用了信道极化特性，其性能被证实为可以达到香农极限。

2008 年，土耳其比尔肯大学阿里坎（Arikan）教授在信息论国际研讨会（International Symposium on Information Theory，简称 ISIT）上首次提出信道极化的概念。[1]之后的 2009 年，阿里坎（Arikan）教授对信道极化进行了进一步的深入研究，提出了新型信道编码 Polar 码。[2]

鉴于 Polar 码被理论证明在低译码复杂度的情况下可以达到信道容量极限，一经提出就备受关注。阿里坎（Arikan）教授对 Polar 码的极限特性进行了深入研究，并给出了 Polar 码在二元删除信道下的码字构造方法以及译码方法，但由于仅限于对二元删除信道的研究，摩尔（Mori）和田中（Tanaka）等人借鉴 LDPC 码的构造方法，提出采用密度进化方式构造 Polar 码，以适用于任意二进制离散无记忆信道。在此之后，塔尔（Tal）在对密度进化方法的复杂度进行了研究之后，提出了 Polar 码更加有效的构造方法。而近些年，对 Polar 码的研究，则集中于实际的通信信道场景，如多址接入信道、存在窃听的通信网络、量子信道及多阶调制系统中的应用等。[3]

信道编码是无线通信系统中的关键技术，对于 5G 通信系统而言，依然是与多址接入技术、多输入多输出技术共同构成空口的三大关键技术。从 2016 年 5 月开始，在 5G 的标准化进程中，信道编码方案成为讨论的热点。3GPP 围绕 5G 三大应用场景——eMBB、mMTC 和 URLLC 的候选编码方案在美国主推的 LDPC 码、中国主推的 Polar 码以及法国主推的 Turbo 码之间展开了激烈讨论。在 2016 年 10 月的里斯本会议以及 11 月的里诺会议上，LDPC 码作为 eMBB 数据信道的编码方案，Polar 码作为 eMBB 控制信道的编码方案进入了 5G 后续的标准讨论。

对于 Polar 码而言，长码采用 SC 译码，可以得到良好的渐进性能，且当码长趋于无限长时，极化码被证明可达到信道容量。但对于较短或有限码长的极化码，由于信道极化不充分（即一部分极化信道的容量并非很接近于 1 或 0），且 SC 译码算法的逐比特译码特性可能会带来错误传播，导致有限长码下采用 SC 译码的性能不够理想。

为了进一步提升有限码长极化码的性能，很多高性能译码算法被相继提出，例如，SCL 译码、基于堆栈的 SC 译码以及 CRC 辅助 SCL 译码等，都使得极化码的性能有很大提升。其中的 CRC 辅助 SCL 译码，通过多候选译码路径来提升正确译码概率，再结合 CRC 对候选路径进行筛选，从而大大改进了极化码的误码性能，当码长超过 2048 时，其误码性能可超过部分 Turbo 码。当然，相比 SC 译码，SCL 算法的计算复杂度和存储空间会有所牺牲，为 SC 译码算法的 L 倍。此外，Polar 码的译码算法还有基于并行译码的置信传播译码。BP 译码在低时延条件下，可以获得比 SC 译码更好的性能，但相比 SCL 译码仍会有一定性能损失。

虽然 Polar 码的优势现在已经被业界广泛认可，但毕竟 Polar 码的研究时间不长，在实际应用中还有如下的许多问题需要解决。[5]

（1）2^n 码长与速率兼容问题。经典 Polar 码的码长是 2^n（n 是一个整数），但在实际通信系统中，对于码长的需要是各种各样的。另外，Polar 码作为一种非系统码，其打孔和扩展等速率兼容问题的设计也是一个备受关注的问题。

（2）对信道信息的强依赖性。Polar 码根据信道信息进行极化，但在多数通信系统中获取信道信息是比较困难的，因此，Polar 码对信道信息的依赖限制了其在实际通信系统中的应用，特别是在时变信道。

（3）在通信系统中的联合优化。Polar 码的译码（如 CRC 辅助 SCL）算法与调制等技术的联合优化有待深入研究。

（4）时延和吞吐率。当 Polar 码码长很长时，采用经典 SCL 译码所需的时延和存储都非常大，这使得高速率的通信和终端规模都面临巨大挑战。因此，在高速率通信的长码应用时，时延和吞吐率是值得关注的问题。

目前，Polar 码是作为 5G 中 eMBB 应用场景的控制信道编码方式，由于采用的码长较短，重点研究和解决的是码长、码率灵活性问题以及编译码对信道的依赖性等问题。相应的解决方案以其性能评估在 3GPP RAN1 的提案中有所描述，如利用预编码、准均匀打孔等实现码长与码率的灵活变化，利用偏序原理设计基于信道标号的可信度加权方案来解决对信道信息的依赖性问题等。

当然，Polar 码还有很多问题没有解决，如长码的译码时延和实现复杂度问题、数据传输时译码算法与调制等技术的联合迭代问题等仍需要进一步研究。这对 Polar 码在 5G 其他两个场景中的数据业务信道的应用也是至关重要的。此外，Polar 码的硬件实现技术也是 5G 标准化后的重点研究内容。

4.4.2　关键技术

4.4.2.1　编码

用于控制信道编码的 Polar 码采用至少两种极化方式。其中，一些输入使用非常简单的关系被连接到一起，如一些相异和重复的方式。Polar 码具有非常简单和快速的编码方案：所有的极化方式都并行进行。其译码算法则是采用稍许修改的常规的 Polar 码的译码算法。

以两个并行极化方式的 Polar 码构建为例。第一个 Polar 变换的大小为 8，第二个为 4。这就可以获得长度为 12（＝8+4）的 Polar 码字。其中，第一次 Polar 变换的输入记为 $u_0 \cdots u_7$，第二次变换的输入记为 $u_8 \cdots u_{11}$。限定条件如下：[6]

$$u_0=u_1=u_2=u_4=u_8=0$$
$$u_6=u_3+u_5$$
$$u_{10}=u_9$$
$$u_{11}=u_5$$

（式 4-4-1）

也就是将 u_3、u_5、u_7、u_9 作为输入。编码器采用上面的限制条件计算 u_6、u_{10} 和 u_{11}，作为第一步，并执行第二步的极化变换，如图 4-4-1 所示。

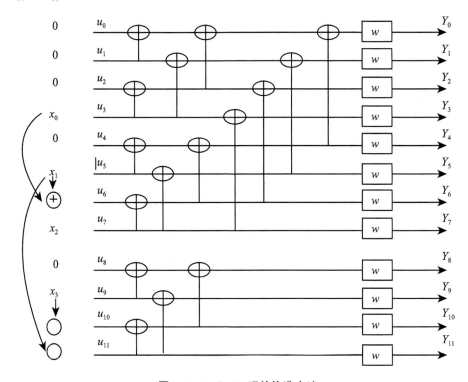

图 4-4-1　Polar 码的构造方法

资料来源：Huawei, HiSilicon.R1–167216 Channel coding for control channels［S/OL］.2016［2020–03–28］. https://www.3gpp.org/ftp/tsg-ran/WG1-RL1/TSGR1-86/Docs/R1-167216.zip.

通常情况下，采用两次极化变换的 Polar 码的长度可以被构造为 $N=2^{n_1}+2^{n_2}$，依靠的是在输入之间增加线性依赖性。编码矩阵可以被表示为：[6]

$$c=u \cdot \begin{pmatrix} F_{n_1} & 0 \\ 0 & F_{n_2} \end{pmatrix} = x \cdot W \cdot \begin{pmatrix} F_{n_1} & 0 \\ 0 & F_{n_2} \end{pmatrix} \qquad （式 4-4-2）$$

其中的 x 是 K 个数据比特的被编码矢量，W 是 $K \times N$ 的稀疏预编码矩阵，其中的元素只有 0 和 1，F_{n_1} 和 F_{n_2} 是 $2^{n_1} \times 2^{n_2}$ 和 $2^{n_2} \times 2^{n_2}$ 极化矩阵。当第一个 Polar 变换的大小为 8，第二个为 4 时，W 是一个 4×12 的预编码矩阵，F_{n_1} 和 F_{n_2} 是 8×8 和 4×4 的极化矩阵。

$$W = \begin{bmatrix} 0 & 0 & 0 & 1 & 0 & 0 & 1 & 0 & 0 & 0 & 0 & 0 & 0 \\ 0 & 0 & 0 & 0 & 0 & 1 & 1 & 0 & 0 & 0 & 0 & 0 & 1 \\ 0 & 0 & 0 & 0 & 0 & 0 & 0 & 1 & 0 & 0 & 0 & 0 & 0 \\ 0 & 0 & 0 & 0 & 0 & 0 & 0 & 0 & 0 & 0 & 1 & 1 & 0 \end{bmatrix}$$

$$F_{n_1} = \begin{bmatrix} 1 & 0 & 0 & 0 & 0 & 0 & 0 & 0 \\ 1 & 1 & 0 & 0 & 0 & 0 & 0 & 0 \\ 1 & 0 & 1 & 0 & 0 & 0 & 0 & 0 \\ 1 & 1 & 1 & 1 & 0 & 0 & 0 & 0 \\ 1 & 0 & 0 & 0 & 1 & 0 & 0 & 0 \\ 1 & 1 & 0 & 0 & 1 & 1 & 0 & 0 \\ 1 & 0 & 1 & 0 & 1 & 0 & 1 & 0 \\ 1 & 1 & 1 & 1 & 1 & 1 & 1 & 1 \end{bmatrix} \qquad \text{（式 4-4-3）}$$

$$F_{n_2} = \begin{bmatrix} 1 & 0 & 0 & 0 \\ 1 & 1 & 0 & 0 \\ 1 & 0 & 1 & 0 \\ 1 & 1 & 1 & 1 \end{bmatrix}$$

可以将上述极化变化的思想扩展应用到任何大小的极化变换中。需要强调的是，这些极化变化过程中可以被打孔或是截短。

4.4.2.2 译码

对于 Polar 码而言，存在两种主流译码：连续取消译码和 SC 列表译码。SC 译码的复杂度低，并可以引入极化效果，具有非常大的码字长度 N。对于中等或是较短的码字，SC 译码因其可以有效地控制 SC 译码的差错传播，具有较优的性能。此外，SC 译码由于使用了较长的列表，可以降低译码差错率。

SC 译码利用了 Polar 码的极化现象。在该算法中，比特 ui 被从第一比特到最后一个比特依次译码。每个比特的译码利用了码字比特的似然性和先前译码比特的硬判决。

Polar 译码的信息流如图 4-4-2（a）所示，依次经过码字图。对数似然比率按从右到左的顺序执行，硬判决则从左到右依次执行。SC 译码器的两个数据处理块则如图 4-4-2（b）和图 4-4-2（c）所示。L_a 和 L_b 对应着 LLR 的比特 X_1 和 X_2。一旦可以获得 L_a 和 L_b，LLR 的 u_1 比特的 L_c 就可以通过函数获得。当获得 u_1 的 LLR 之后，如果该比特的序列号位于冻结的集合中，就需要被设置为零；否则，需要通过 LLR 的硬判决来获得该比特的估计值。之后，比特的估计值被反馈到译码处理过程中。

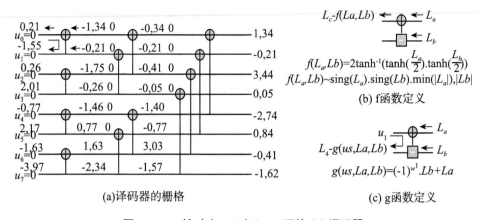

(a)译码器的栅格

(b) f函数定义

(c) g函数定义

图 4-4-2　针对（4，8）Polar 码的 SC 译码器

资料来源：Huawei，HiSilicon.R1-162161 Overview of Polar Codes［S/OL］.2016［2020-03-28］. https://www.3gpp.org/ftp/tsg-ran/WG1-RL1/TSGR1-84b/Docs/R1-R1-162161.zip.

为了总结 SC 译码，在上述信息处理流程图中，每个阶段硬消息都需要被估计。软消息则是对应于对数似然比率。根据位置，按照函数 f 和 g，状态保持时刻更新。每个状态被递归计算。然而，根据图 4-4-3，可能通过一个序列算法来调度计算。

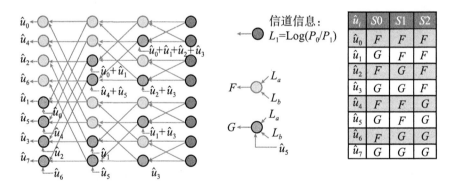

图 4-4-3　SC 译码器的信息调度

资料来源：Huawei，HiSilicon.R1-167216 Channel coding for control channels［S/OL］.2016［2020-03-28］. https://www.3gpp.org/ftp/tsg-ran/WG1-RL1/TSGR1-86/Docs/R1-167216.zip.

信道极化引入了信源比特之间的相关性，该相关性被 SC 译码器所利用。该相关性还可以为看作一种干扰，将硬判决的结果反馈至译码处理流程。通常的生成矩阵使得码字生成图以及 SC 译码算法具有通常的结构。SC 译码一个长度为 $N=2^n$ 的码字，译码的过程中具备 N 级的 n 个状态。相应地，对应

一个长度为 N 的码字的译码复杂度为 O 阶（$N\log N$）。

虽然 SC 译码倾向于将码字的长度扩展到无限，但对于短码或是中等长度的码而言，会因为译码差错的扩散而使得性能恶化。在 SCL 译码器中，当列表的长度为 L 时，译码器保持 L 这个选项，每个代表了矢量 u，即 [u_0，u_1，u_2，$\cdots$，$u_i+1=1$]。如果比特位置 $i+1$ 为冻结位置，u_{i+1} 只能考虑设置为 0。在 $2L$ 个备选项中，选择具备最好路径性能的 L，从而使得译码继续。当到达最后一个比特 u_N 时，使用 CRC 校验全部备选序列，并依据 CRC 选择出最优的序列。图 4-4-4 显示了 SC 和 SCL 译码的概率。

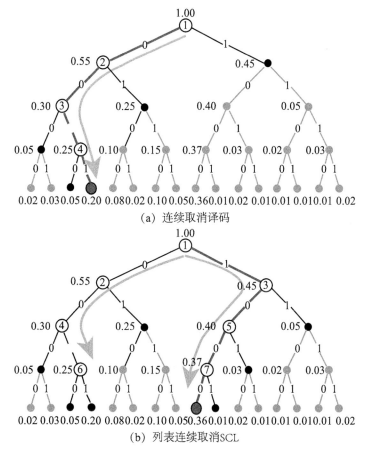

(a) 连续取消译码

(b) 列表连续取消 SCL

图 4-4-4　Polar 译码器

资料来源：Huawei, HiSilicon.R1-167216 Channel coding for control channels [S/OL].2016 [2020-03-28].
https://www.3gpp.org/ftp/tsg-ran/WG1-RL1/TSGR1-86/Docs/R1-167216.zip.

需要注意的是，当 L=1 时，SC 和 SCL 译码两者的性能相同。使用 SCL 可以显著提升 SC 的译码性能，但是代价是译码复杂度被放大。

4.4.2.3　速率匹配

RAN1 的第 87 次会议对以下内容达成一致：eMMBB 的上行 / 下行控制信道中采用 Polar 编码（除非对于非常小的块尺寸的 FFS，其偏爱使用重复 / 块编码）。

Polar 码的母码长度是 2 的幂，这就需要任意长度的 Polar 码使用恰当的速率匹配来支持不同的下行和上行控制信息块的大小。

对于 Polar 码而言，原始构造的码字长度均是 2 的幂，即 $N=2^n$。但是通过打孔截短技术，可以将码字删减为任意长度的码字。但是需要注意的是，Polar 码使用不同大小的被冻结的矢量来构造，而具备不同的码字速率。下面，将以长度为 $N=2^n$ 的码字为母码为例进行说明。

虽然打孔能够使得码字的长度变得灵活可变，但是打孔也会使得码字的特性难以控制，尤其是最小码字距离和差错纠正容量受到影响。对于一个长度为 N 的码字，用来构造编码一个长度为 K 的信息比特，母 Polar 码（N'，K）用于对数据进行编码，其中的 N' 大于 N，$N'-N$ 被打孔截短，如图 4-4-5 所示。

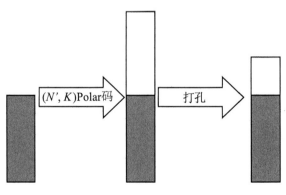

图 4-4-5　打孔

资料来源：Huawei, HiSilicon. R1-167216 Channel coding for control channels［S/OL］. 2016［2020-03-28］. https://www.3gpp.org/ftp/tsg-ran/WG1-RL1/TSGR1-86/Docs/R1-167216.zip.

在译码中，截短的码字比特被分配一个为 0 的 LLR，并使用正常的普通译码。截短不仅影响码字特性，还影响 SC 译码器的性能，被打孔截短的码字需要被谨慎选择。

在译码器端，S 去除已知的为 0 的比特。相应地，这些比特的 LLR 被使用一个大的正值（在理论上可以为无穷大）初始化。之后，就可以应用普通的译码算法进行译码。

4.4.2.4　CRC 辅助 Polar 码与奇偶校验 Polar 码

在 RAN1 中主要讨论两种类型的 Polar 码：①CRC 辅助 Polar 码；②奇偶校验 Polar 码。采用上述两种码字，当采用列表 Polar 译码时，码字性能都会被改善。[8]

1.CRC 辅助 Polar 码

下述步骤属于 CRC 辅助 Polar 码的基本步骤，基于速率 r 和码字大小 N 而实现（N 为 2 的幂）：①识别每 $N=2^n$ 个输入的码字，可能的选择是正在截短的比特位置、数据比特位置和冻结比特位置；②在每 $N=2^n$ 个位置填充相应的比特（正在截短 / 数据 / 冻结比特）；③在填充满 2^N 个位置后，按照 Polar 码的编码图获得输出端的码字。

2. 奇偶校验 Polar 码

在一个高级的奇偶校验 Polar 码的编码过程中，包括如下三个主要的步骤：①识别每 $N=2^n$ 个输入的码字，可能的选择是正在截短的比特位置、数据比特位置、冻结比特位置和奇偶校验冻结比特位置；②在每 $N=2^n$ 个位置填充相应的比特（正在截短 / 数据 / 冻结比特），同时编码数据比特以获得奇偶校验冻结比特的值，去放置在奇偶校验冻结比特的位置；③在填充满 2^N 个位置后，按照 Polar 码的编码图获得输出端的码字。

然而，在对比了常规的 Polar 码之后，奇偶校验 Polar 码需要识别输入端的奇偶校验冻结比特的额外信息，这将导致在识别过程中复杂度增加。

比较列表长度 $L=8$ 的 CRC 辅助 Polar 码和奇偶校验 Polar 码的性能。假设在差错检测的最小 CRC 为 16 比特，数据负载为 48 比特。对于 CRC 辅助 Polar 码，增加额外的 CRC 比特（C0 到 C4，即 0 值 4 比特）来辅助列表译码。对于奇偶校验 Polar 码，由于奇偶校验辅助列表译码器，不需要增加额外的 CRC 到列表译码，即假设为 C0。使用基于打孔截短的转置矩阵。

由于 CRC 辅助 Polar 码能够通过增加 CRC 长度的方式来消除错误警告的速率，因而 CRC 辅助 Polar 码在控制错误警告速率方面，能够提供更大的灵活度。

奇偶校验 Polar 码在更大的负载方面（从 150 比特开始），能够获得更卓越的性能，原因在于 CRC 辅助 Polar 码的 CRC 长度是固定的，而奇偶校验冻结比特可以为大量的。因此，在一些情况下，奇偶校验 Polar 码的性能优越，而对于控制信道负载而言，CRC 辅助 Polar 码更加适合一些。

事实上，奇偶校验 Polar 码基于全面的折中，使得系统增大了延迟，CRC 辅助 Polar 码则更适用于 NR EMBB 控制信道。

4.4.3 Polar 码专利分析

4.4.3.1 全球申请分析

伴着人们对 5G 通信速率需求的提升，接近于香农信道容量的 Polar 码逐渐受到关注。关于 Polar 的最早专利申请出现在 2012 年，之后的几年，也就是直到 2015 年，每年的专利申请量都是维持在 100 件以下。直到 2016 年，Polar 码成为 5G 标准的一种编码方案之后，其相关专利申请迅速增加。其在 2016 年达到 172 件，2017 年达到 485 件，2018 年达到 378 件，如图 4-4-6 所示。5G 的产业化之路带动了 Polar 码专利申请的激增，两者之间呈现了良好的相辅相成关系。

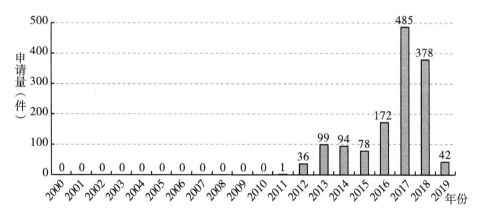

图 4-4-6 Polar 码全球申请趋势

Polar 码专利申请的公开情况与上述申请情况保持着一致的趋势，如图 4-4-7 所示。2012 年最早申请的专利于 2013 年公开。之后的每年，专利公开数量也是逐年递增。2016 年大幅增加的专利申请，直接导致 2017 年的公开量相较于 2016 年出现明显的增长，更在 2018 年达到了 646 件。由于专利申请公开的滞后性，目前 2019 年公开的数量暂时低于 2018 年的公开量。

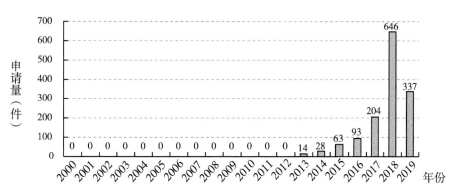

图 4-4-7　Polar 码全球公开趋势

Polar 码在 5G 的标准化进程中，最先由我国的华为技术有限公司提出。在全球范围的专利申请中，华为技术有限公司在 Polar 码方面占据独有的优势，并进一步促使我国的专利申请量也稳居世界第一的位置，达到了 35.70%。美国紧随之后，达到了 19.30%，如图 4-4-8 所示。

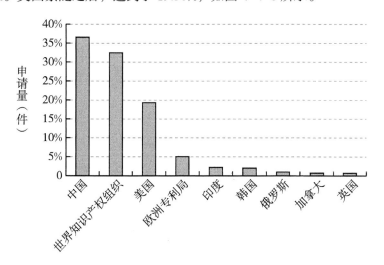

图 4-4-8　Polar 码全球地域分布

申请人就 Polar 码的研究，多专注于 H04L、H03M 和 H04W 领域。以华为技术有限公司为例，其在 H04L 领域的专利申请量为 261 件，在 H03M 领域的专利申请量为 177 件，在 H04W 领域的专利申请量则达到 35 件，如图 4-4-9 所示。

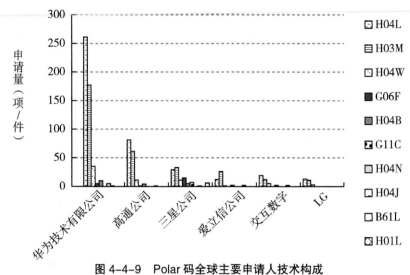

图 4-4-9　Polar 码全球主要申请人技术构成

在 Polar 码的专利申请中，数字信息的传输 H04L、编码译码或代码转换
H03M、无线通信网络 H04W 相对于其他领域申请量较为集中。以最为集中
的数字信息的传输 H04L 领域为例，2012~2015 年，仅从 15 件增加到 47 件，
远低于 100 件。在申请量爆发的 2016 年，则一下猛增到 112 件，2017 年则
是更加明显地翻升至 362 件。编码译码或代码转换 H03M、无线通信网络
H04W 等领域，也呈现了相同的趋势，均在 2017 年达到峰值的 237 件和 76 件，
如图 4-4-10 所示。

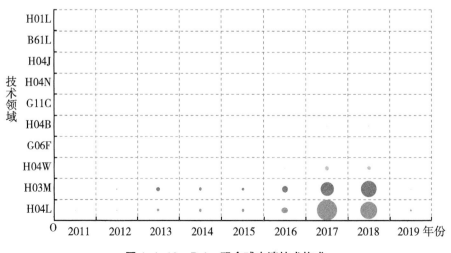

图 4-4-10　Polar 码全球申请技术构成

全球范围内，就 Polar 码提出专利申请最多的公司基本上仍是那些通信领域的领头羊，如图 4-4-11 所示。排在第一位的就是将 Polar 码带到 5G 标准的推动者——我国的华为技术有限公司，其专利申请量达到了 387 件。美国的高通公司在 Polar 码领域也是颇有建树，申请了 104 件专利。位列第三的韩国三星公司则达到 62 件。

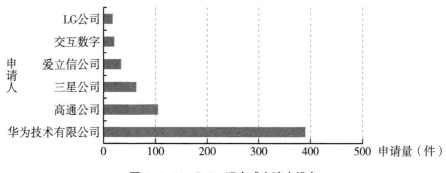

图 4-4-11　Polar 码全球申请人排名

伴随 Polar 码专利申请的出现，早在 2012 年就出现了相关的专利转让，涉及的多是国外申请的转让。从 2012 年开始，在我国该领域的专利申请转让数量逐年递增，在 2017 年达到 68 件，2018 年达到 69 件，如图 4-4-12 所示。

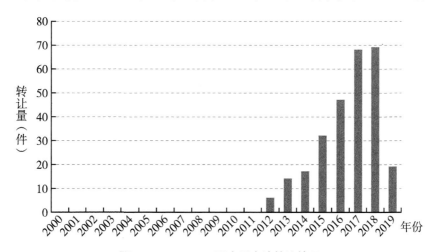

图 4-4-12　Polar 码中国申请转让情况

在转让的 Polar 码专利申请中，以数字信息的传输 H04L、编码译码或代码转换 H03M、电数字数据处理 G06F 以及无线通信网络 H04W 方面的申请较为活跃。最多的数字信息的传输 H04L 领域的申请达到了 166 件，编码译码或代码转换 H03M 领域的申请为 147 件，而电数字数据处理 G06F 和无线通信网络 H04W 领域也均达到了 35 件，如图 4-4-13 所示。

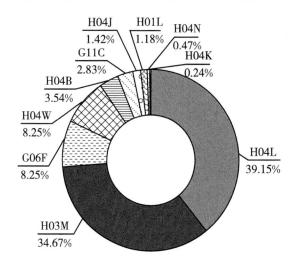

图 4-4-13　Polar 码中国申请技术构成

在全球范围内，专利申请受让人中，排在前三甲的是华为技术有限公司、三星公司和高通公司。华为技术有限公司受让的专利申请数量最多，达到 67件，其次是三星公司，为 41 件，而高通公司则为 39 件，如图 4-4-14 所示。

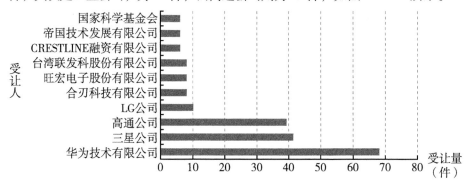

图 4-4-14　Polar 码全球申请受让人排名

4.4.3.2　中国申请分析

对于我国的 Polar 码的专利申请，其专利目前多数还是在审查状态，占比77.85%。由于 Polar 码属于新出现的先进技术，其在我国的有效申请相对于无效申请来说，占比突出，占到了 20.93%。无效申请目前仅占 1.22%，如图 4-4-15 所示。

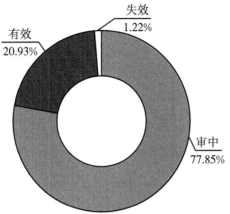

图 4-4-15　Polar 码中国申请有效性

我国 Polar 码的专利申请中，由于申请均为最近几年的新申请，多数还是处于实质审查状态，占到了 65.24%。在已结案的专利申请中，授权占比达到了 20.93%，撤回占 0.81%，驳回仅为 0.41%，授权率高达驳回率的 51 倍，如图 4-4-16 所示。可见，Polar 码的专利申请的技术含量非常高，其可专利性相对于其他的技术领域异常突出。

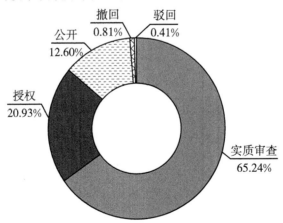

图 4-4-16　Polar 码中国申请法律状态

我国 Polar 码领域的专利申请多数集中在技术积累雄厚的通信企业手里，如华为技术有限公司等，占比达到 78.83%。这些企业为我国通信领域的技术革新，起到了良好的示范带头作用。学术研究氛围浓厚的大专院校也有所建树，占比达到 17.34%。除了企业、大专院校外，科研单位、机关团体也纷纷加入 Polar 码研究的大阵营。占比最低的个人申请，虽然只有 0.20% 的申请量，但是也活跃在 Polar 码研究领域中，为我国的科技创新起到了推波助澜的作用，如图 4-4-17 所示。

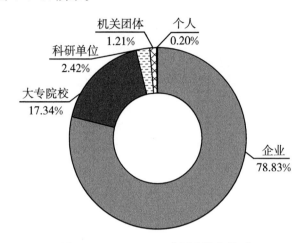

图 4-4-17　Polar 码中国申请人类型

Polar 码的专利申请多集中在广东、北京、江苏、上海和四川等省市，与其所属范围内拥有大量的技术实力雄厚的通信研发公司不无关系。数量最多的广东省一省的专利申请量就达到了 347 件，远高于第二名的北京 41 件。紧随之后的江苏、上海、四川，则分别达到了 24 件、15 件和 12 件，如图 4-4-18 所示。

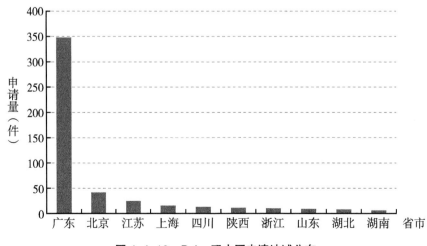

图 4-4-18　Polar 码中国申请地域分布

4.4.3.3 技术路线图

Polar 码的技术研究早期集中在基础领域。2012 年申请的专利中，突出了 CRC 与 Polar 码的级联技术，通过使用 CRC 技术来辅助 Polar 码，研究人员发现这样可以获得非常优异的性能。例如，某发明专利申请就公开了一种与循环冗余校验级联的极性码的译码方法和译码装置，该译码方法包括：按照幸存路径数 L 对 Polar 码进行 SC-List 译码，得到 L 条幸存路径，L 为正整数；对 L 条幸存路径分别进行循环冗余校验；在 L 条幸存路径均未通过循环冗余校验时，增加幸存路径数，并按照增加后的幸存路径数获取 Polar 码的译码结果。本发明实施例根据循环冗余校验的结果调整幸存路径的路径数，从而尽量输出能够通过循环冗余校验的路径，提高了译码性能，如图 4-4-19 所示。

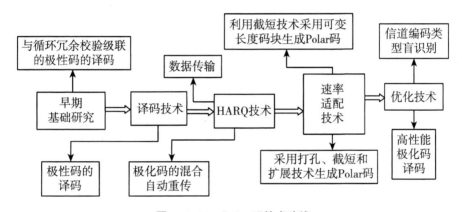

图 4-4-19 Polar 码技术路线

之后一段时间里，对 Polar 码的研究，更多的是放在译码技术上。例如，某发明专利申请就介绍了一种 Polar 码的译码方法和译码器。该译码方法包括：将长度为 N 的第一 Polar 码分为相互耦合的 m 个第二 Polar 码，其中每个第二 Polar 码的长度为 N/m，N 和 m 为 2 的整数幂且 $N>m$；对 m 个第二 Polar 码独立地进行译码，获取 m 个第二 Polar 码的译码结果；根据 m 个第二 Polar 码的译码结果，得到第一 Polar 码的译码结果。本发明实施例将长度为 N 的 Polar 码分为相互耦合的多段 Polar 码，对分段后的 Polar 码独立译码，然后对独立译码的结果联合处理得到原始 Polar 码的译码结果，这样不必顺序地对 N 个比特进行译码，能够提高 Polar 码的译码灵活度。

译码技术研究热潮之后，针对 Polar 各种技术的研究全面展开，其中包括通过打孔实现的截短技术、HARQ 等技术。例如，某发明专利申请就公开了利用截短技术采用可变长度码块生成 Polar 码的方法，其计算用于极化编码的输入向量，其中所述输入向量包括信息比特集合和冻结比特集合，并且通过执行输入向量的极化编码来生成中间码字。此外，从所述中间码字中移除打孔和缩短比特，以获得缩减的中间码字，并且通过对所述缩减的中间码字应用置换操作来生成输出码字。从所述中间码字比特和所述信息比特中选择扩展比特序列，并且通过对所述输出码字和所述扩展比特序列应用比特映射来生成调制符号。所述发明能够在混合 ARQ（Hybrid ARQ）系统中应用。

近两年，对 Polar 码的研究，开始注重对其进行的优化和改进，包括高级译码算法的提出、盲识别算法等。例如，某发明专利申请就公开了一种基于循环神经网络的信道编码类型盲识别方法，通过充分利用循环神经网络来提取接收到的相关序列的特征，在复杂的通信环境下对序列的识别实现了较高的准确率；在识别处理时，通过将一长串的序列进行分割，分段进行识别，最后采用少数服务多数的原则对序列做最后的判决，从而可较大幅度地提高识别的准确率，特别是接收序列越长，识别的准确率会相应地越高。由于该申请的技术方案中采用自动提取相关序列特征的网络模型，避免了现有技术中需要人工提取特征这一烦琐过程，大大节省了人力成本，简化了特征提取的步骤，提高了对编码序列识别的准确率。

经过译码、HARQ、速率适配和优化技术等逐步演进，Polar 码技术的相关方面日趋完善。相信通过多年的研究累积，Polar 码的性能会更加接近香农极限，并使得 5G 系统在带宽优越性等方面彰显出其独特的优势。

参考文献

[1] ARIKAN E.Channel polarization : a method for constructing capacity-achieving codes ［C］//IEEE International Symposium on Information Theory, July 10-15, Barcelona, Spain.Piscataway : IEEE Press, 2008 : 1173-1177.

[2] ARIKAN E.Channel polarization : a method for constructing capacity-achieving codes for symmetric binary-input memory-less channels ［J］.IEEE Transactions on Information Theory, 2009, 55（7）: 3051-3073.

[3] 谢德胜，柴蓉，黄蕾蕾，等 . 面向 5G 新空口技术的 Polar 码标准化研究进展［J］. 电信科学, 2008, 34（8）: 62-75.

［4］IMT-2000.Polar 码成为 5G 新的控制信道编码［EB/OL］.2016-11-19［2016-12-02］. http：//www.imt-2020.org.cn/zh/news/101.

［5］于清苹, 史治平 .5G 信道编码技术研究综述［J］.无线电通信技术,2018,44（1）: 1-8.

［6］Huawei, HiSilicon.R1-167216 Channel coding for control channels［S/OL］.2016［2020-03-28］.https://www.3gpp.org/ftp/tsg-ran/WG1-RL1/TSGR1-86/Docs/R1-167216.zip.

［7］Huawei, HiSilicon.R1-162161 Overview of Polar Codes［S/OL］.2016［2020-03-28］. https://www.3gpp.org/ftp/tsg-ran/WG1-RL1/TSGR1-84b/Docs/R1-R1-162161.zip.

［8］Intel Corporation.R1-1700386 Polar code design［S/OL］.2017［2020-03-28］.https://www.3gpp.org/ftp/tsg-ran/WG1-RL1/TSGR1-AH/NR_AH_1701/Docs/R1-1700386.zip.

4.5 低密度奇偶校验码 LDPC

4.5.1 LDPC 码概述

4.5.1.1 LDPC 码的发展过程

LDPC 码又叫低密度奇偶校验码, 在最新的 5G 标准中, LDPC 码和 Polar 码分别被选作数据信道编码和控制信道编码。LDPC 码的发现者是美国人罗伯特·加拉格尔（Robert Gallager）, 在博士毕业时, 他发表了里程碑式的著作 *Low Density Parity Check Codes*, 首次提出了 LDPC 码的构造方法。

LDPC 码提出以后, 由于没有可行的译码算法, 在此后 30 多年的时间里不太被学界重视。其间, 在 1981 年, 泰纳（Tanner）推广了 LDPC 码并给出了 LDPC 码的图表示, 即后来所称的 Tanner 图。1993 年贝劳（Berrou）等人发现了 Turbo 码。在此基础上, 1995 年前后麦凯（MacKay）和尼尔（Neal）等人对 LDPC 码重新进行了研究, 将多元 LDPC 码扩展到高阶的有限域 GF（q）上, 提出了可行的译码算法, 从而进一步发现了 LDPC 码所具有的良好性能, 迅速引起强烈反响和极大关注。经过十几年来的研究和发展, 研究人员在各方面都取得了突破性的进展, LDPC 码的相关技术才日趋成熟。

4.5.1.2 LDPC 码的基本原理

LDPC 码是一类具有稀疏校验矩阵的线性分组码, 其校验矩阵密度（"1"的数量）非常低。在性能上, LDPC 不仅有逼近香农限的良好性能, 而且译码复杂度较低、结构灵活, 是近年信道编码领域的研究热点, 目前已广泛应用于深空通信、光纤通信、卫星数字视频和音频广播等领域。LDPC 的核心思想是用一个稀疏的向量空间把信息分散到整个码字中。普通的分组码校验矩阵密度大，采用最大似然法在译码器中解码时，错误信息会在局部的校验节点之间反复迭代并被加强，造成译码性能下降。反之，LDPC 的校验矩阵非常稀疏，错误信息会在译码器的迭代中被分散到整个译码器中，正确解码的可能性会相应提高。

LDPC 码是通过校验矩阵定义的一类线性码，为使译码可行，在码长较长时需要校验矩阵满足 "稀疏性"，即校验矩阵中 1 的密度比较低，也就是要求校验矩阵中 1 的个数远小于 0 的个数，并且码长越长，密度就要越低。

LDPC 码的编码问题主要有两类，第一类是校验矩阵 H 的构建（H 矩阵是与 G 矩阵对偶的一个矩阵，代表了校验特征，也就是 LDPC），第二类是编码的实现。H 矩阵的构建在 LDCP 码领域是一个重要的问题，H 矩阵的好坏影响着编码解码的性能。H 矩阵分为正则 H 矩阵和非正则 H 矩阵，罗伯特·加拉格尔（Robert Gallager）提出 LDPC 码时构建的 H 矩阵就是一个正则 H 矩阵，而理论和事实都证明非正则的 H 矩阵具有更加优良的特性。构建 H 矩阵的方法在罗伯特·加拉格尔（Robert Gallager）第一次提出 LDPC 码的时候就已经给出一种方法。接下来麦凯（MacKay）提出了一种随机构建 H 矩阵的方法，包含 1A、2A、1B、2B 四种不同的方面，其实核心都是一样的，每种方法有些许改进。这两种方法用于构建正则 H 矩阵。而随着后来的研究者越来越多，各种方法也都涌现出来，基本都是基于代数方法，也有基于启发式搜索的，有胡晓宇（XiaoYu HU）的 PEG 方法，这是被认为构建中短码长低密度校验码当前所知具有参数最好的码。还有 Bit filling 法等一系列方法，都是构建 H 矩阵最为常见的方法，后两者可以构建非正则 H 矩阵。从构建低密度校验矩阵方面看来，正则 H 矩阵的构建已经有一定理论基础，而如何构建非正则 H 矩阵目前还没有严格的理论基础，这是一个值得研究的方面。

对同样的 LDPC 码来说，采用不同的译码算法可以获得不同的误码性能。优秀的译码算法可以获得很好的误码性能，反之，采用普通的译码算法，误码性能则表现一般。

LDPC 码的译码算法包括以下三大类：硬判决译码、软判决译码和混合译码。

1. 硬判决译码

硬判决译码将接收的实数序列先通过解调器进行解调，再进行硬判决，得到硬判决 0，1 序列，最后将得到的硬判决序列输送到硬判决译码器进行译码。这种方式的计算复杂度固然很低，但是硬判决操作会损失大部分的信道信息，导致信道信息利用率很低，硬判决译码的信道信息利用率和译码复杂度是三大类译码中最低的。常见的硬判决译码算法有比特翻转（bit-flipping，以下简称 BF）译码算法、一步大数逻辑（one-step majority-logic，以下简称 OSMLG）译码算法。

2. 软判决译码

软判决译码可以看成是无穷比特量化译码，它充分利用接收的信道信息（软信息），信道信息利用率得到了极大的提高，软判决译码利用的信道信息不仅包括信道信息的符号，还包括信道信息的幅度值。信道信息的充分利用，极大地提高了译码性能，使得译码可以迭代进行，充分挖掘接收的信道信息，最终获得出色的误码性能。软判决译码的信道信息利用率和译码复杂度是三大类译码中最高的。最常用的软判决译码算法是和积译码算法，又称置信传播（belief propagation，以下简称 BP）算法。

3. 混合译码

与上述的硬判决译码和软判决译码相比，混合译码结合了硬判决译码和软判决译码的特点，是一类基于可靠度的译码算法，它在硬判决译码的基础上，利用部分信道信息进行可靠度的计算。常用的混合译码算法有加权比特翻转（weighted BF，以下简称 WBF）译码算法、加权 OSMLG（weighted OSMLG，以下简称 WMLG）译码算法。

4.5.2　LDPC 码的编码和译码

4.5.2.1　Tanner 图简介

Tanner 图是由泰纳（Tanner）先生在 1981 发表的论文中提出来的，能够直观描述低密度校验码。Tanner 图表示的是 LDPC 码的校验矩阵。Tanner 图中的循环是由图中的一群相互连接在一起的顶点所组成的。循环即以这群顶点中的一个顶点同时作为起点和终点，且只经过每个顶点一次。循环的长度定义为它所包含的连线的数量；而图形的围长，也称为图形的尺寸，被定义为图中最小的循环长度。图 4-5-1 示出了（12，3，6）LDPC 码校验矩阵对应的 Tanner 图。

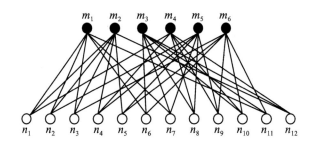

图 4-5-1 （12，3，6）LDPC 码校验矩阵对应的 Tanner 图

Tanner 图包含两类顶点：n 个码字比特顶点（称为比特节点），分别与校验矩阵的各列对应；m 个校验方程顶点（称为校验节点），分别与校验矩阵的各行对应。校验矩阵的每行表示一个校验方程，每列代表一个码字比特。如果一个码字比特包含在相应的校验方程中，那么就用一条连线将所涉及的比特节点和校验节点连起来，所以 Tanner 图中的连线数与校验矩阵中的 1 的个数相同。比特节点用空心圆形节点表示，校验节点用实心圆形节点表示。

4.5.2.2　LDPC 码的编码

目前，构造 Tanner 图或者 LDPC 码校验矩阵的方法比较多，包括随机构造法、结构化构造法。

通常，用校验矩阵来表示 LDPC 码，LDPC 码的校验矩阵具有稀疏性，也就是说矩阵中 0 元素的个数远远大于非 0 元素的个数，具体到 GF（2）域中，即 0 的个数远远大于 1 的个数。通常用 H 矩阵表征校验矩阵，假设 H 矩阵是 $M \times N$ 维，每一行对应一个校验方程，每一列对应码字的一位。每一行"1"的位置对应的码元构成一个校验方程，每一列 1 的个数表示这个码元受到的校验方程的约束个数。

4.5.2.2.1　校验矩阵的随机化构造方法

1. 罗伯特·加拉格尔（Robert Gallager）的构造方法

罗伯特·加拉格尔（Robert Gallager）的构造方法中会用到一个叫作 $H_{m \times n}$ 矩阵的校验矩阵（parity check matrix），其中 m 表示矩阵的行向量的个数，n 表示矩阵的长度，也即列向量的个数。还可以用（n，j，i）表示校验矩阵，其中 n 表示块长度，j 表示奇偶校验矩阵的每列中 1 的个数，i 表示奇偶校验矩阵的每行中 1 的个数。例如，图 4-5-2 中的 7 列 3 行的校验矩阵，可以表示为 $H_{3\times7}$ 或者（7，4，3）。

$$
\begin{array}{ccccccc}
X_1 & X_2 & X_3 & X_4 & X_5 & X_6 & X_7 \\
1 & 1 & 1 & 0 & 1 & 0 & 0 \\
1 & 1 & 0 & 1 & 0 & 1 & 0 \\
1 & 0 & 1 & 1 & 0 & 0 & 1
\end{array}
\qquad
\begin{array}{l}
X_5=X_1+X_2+X_3 \\
X_6=X_1+X_2+X_4 \\
X_7=X_1+X_3+X_4
\end{array}
$$

图 4-5-2　7 列 3 行的校验矩阵

该 H 矩阵还可以用 Tanner 图更直观地表示出来，如图 4-5-3 所示。

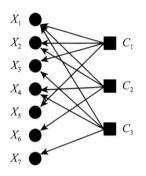

图 4-5-3　H 矩阵的 Tanner 图

该矩阵的 Tanner 图包括两个节点集合构成，分别是 x 和 c，其中 x 由代表 n 个码字比特的节点组成，即为 $x_1,x_2,\cdots,x_n$，称为变量节点，c 由表示 $m-1$ 个校验方程的节点构成，即为 c_1，c_2，$\cdots$，c_m，称为校验节点。变量节点和校验节点之间的连接线称为边，也代表这 H 矩阵中的 1 在 Tanner 图中定义一个节点的度数为与这个节点相连接的边个数。因此，变量节点 x_n 的度数等于包含 x_n 的校验和的个数；校验节点 c_m 的度数等于被 c_m 校验的变量节点的个数。若校验矩阵中第 i 行第 j 列元素为 1，那么在 Tanner 图中对应的第 j 个变量节点和第 i 个校验节点之间通过一条边相连。

另外，LDPC 编码分为正则编码和非正则编码，也叫规则编码和非规则编码。正则编码中，横向和纵向中 1 的个数是固定的，并且矩阵任意两行和任意两列最多只有一个重叠的 1。非正则编码中，横向和纵向中 1 的个数不固定。

2. 麦凯（MacKay）的构造方法

奇偶校验矩阵中短环的存在会损害译码算法的有效性，并且还有可能导致低码重码字的出现，因此，学界都在研究避免出现短环的方法。这其中大部分都属于代数方法，也有一些是采用启发式搜索，例如，胡晓宇（XiaoYu HU）的 PEG 方法。相对而言，消除 4 环比较简单，只需要保证校验矩阵中任意两列最多只有一个共同的 1，用数学公式表示就是两列内积的汉明重量小于等于 1：$weight_{hj,hj} \leq 1$。LDPC 码译码复杂度与校验矩阵的密度紧密相关，校验矩阵的密度越大，译码复杂度越大；反之，校验矩阵的密度越小，译码复杂度越小。因此，适当引入一些重量为 2 的列会降低译码复杂度，不过必须采用一些措施以减少小重量码字出现的概率。麦凯（MacKay）给出了两种指导性的构造方法。

（1）最基本的构造方法

该方法构造的矩阵列重为固定值，随机构造矩阵使每一行的重量尽可能地相等，而每两列之间重叠的 1 的个数不大于 1。这样构造的矩阵的 Tanner 图上不存在长度为 4 的环。以列重为 3，码率为 1/2 的 LDPC 码的校验矩阵构造为例，用该构造方法构造的检验矩阵，左右各为一个方阵，两个方阵列重均为 3，该校验矩阵行中为 6。

依据生成矩阵 G 或者依据奇偶校验矩阵 H 描述一种线性码，在 H 矩阵中，对于所有的码字 x，满足 $H_x=0$。1962 年，罗伯特·加拉格尔（Robert Gallager）报告了依据低密度校验矩阵定义的二进制码的工作。矩阵 H 定义为非系统形式。H 的每列具有小重量（例如 3），每行的重量也是一致的；只要满足这些约束条件，该矩阵是随机构造的。罗伯特·加拉格尔（Robert Gallage）证明了这些码字的距离特性，并且描述了基于概率的译码算法，然而，GL 码，可能的假设是级联码在实际应用中更为优越。

在麦凯（MaKay）研究 MN 码的过程中，意识到可以从非常稀疏的随机矩阵中创建"好"码，并使用近似概率算法对它们进行解码（甚至超过它们的最小距离）。他最终重新发明了罗伯特·加拉格尔（Robert Gallager）的解码算法和 GL 码，计算了这些码在高斯信道上的经验性能，证明了 GL 码的理论性质。也可以在 $gf(q)$ 上定义 gl 代码。

（2）创建稀疏随机奇偶校验矩阵的构造方法

构造方法 1A：随机确定 $M \times N$ 矩阵（M 行，N 列），每列的重量 T（如 $T=3$），每行的重量尽可能均匀，任意两列之间的重叠不大于 1。（列的权重是非零元素的数目；两列之间的重叠是它们的内积）。

构造方法 2A：多达 M/2 的列被指定为重量为 2 的列，并且这些列的构造使得任何一对列之间都是 0 重叠。剩余的列随机生成，权重为 3，每行权重尽可能统一，整个矩阵的任意两列之间的重叠不大于 1。

构造方法 1B 和 2B：分别从构造方法 1A 和 2A 生成的矩阵中删除少量列，使得对应于该矩阵的二分图没有长度小于某个长度 1 的短循环。上述构造并不能保证矩阵的所有行都是线性独立的，因此生成的 $M \times N$ 矩阵是速率至少为 $R=K/N$ 的线性码的奇偶矩阵，其中 $K=N-M$，速率为 R。该码的生成矩阵可以通过高斯消元法来创建。

模拟一个具有二进制输入 $\pm a$ 和方差 $\sigma^2=1$ 的加性噪声的高斯信道。如果使用速率为 R 的码通信，则通常通过 $\frac{E_b}{N_0} = \frac{a^2}{2R\sigma^2}$ 表示信噪比，把这个数字用分贝表示为 $10\log_{10} E_b/N_0$。

译码：解码的关键是找到使得 $Hx \bmod 2=0$ 的最可能的向量 x，x 的似然函数为：$\prod_n f_n^{x_n}$

其中：$f_n^1 = 1/(1 + \exp(-\frac{2ay_n}{\sigma^2}))$

和 $f_n^0 = 1 - f_n^1$，y_n 表示时间 n 上信道的输出。

y_n 表示时间 n 上信道的输出。

罗伯特·加拉格尔（Robert Gallager）的算法可视为近似置信传播算法（Turbo 解码算法也可以被看作一种置信传播算法）。把 x 的元素作为比特，把 H 的行作为校验。我们用 $N(m)\{n : H_{mn}=1\}$ 表示参与校验 m 的比特 n 的集合。类似地，我们将 n bit 参与的校验 m 的集合定义为 $M(n)=\{m : H_{mn}=1\}$。具体有 n 比特的集合 $N(m)$ 被 $N(m)/n$ 排除。该算法有两个可替代的部分，其中与 H 矩阵中每个非零元素相关联的 q_{mn} 和 r_{mn} 的数量是迭代更新的。数值 q_{mn} 是指 x（向量）的 n 比特等于 x 的概率，给定通过除校验 m 以外的校验获得的信息。数值是满足校验 m 的概率，其中 x 的 n 比特被认为固定在 x 上，其他比特具有由概率 $\{q_{mn'} : n' \epsilon N(m)\backslash n\}$ 给出的可分离分布。如果由矩阵 H 定义的二分图不包含循环，则该算法将产生所有比特的精确后验概率。

3.PEG 构造方法

渐进边增长（progress edge growth，以下简称 PEG）算法使胡晓宇（XiaoYu HU）等人提出的，PEG 码是一种码长在 500 以上的 Gallager 码。这类设计方法在一个变量节点处接续建立每一条边时，尽量都力求使得该节点的局部环的最短长度（即围长）最大，但是都与后续建立的边无关。PEG 算法对中短码长 LDPC 码构造非常有效，它采用逐边添加的方一式构造码的 Tanner 图，在满足给定度分布的条件下能使 Tanner 图中短环数量尽可能少，使码的围长尽可能大。但由于其采用随机构造的做法，是该类码的 H 矩阵缺乏结构性，编码复杂度高，尤其是对长码而言，构造和编码的运算量很大。类似的算法还有构造 non-QC-LDPC 码的渐进边增长算法、构造 QC-LDPC 码的准循环渐进边长增长算法、运用模整数加群法的构造方法等。

除此之外，Davey 构造方法、Luby 构造方法也是典型的随机构造方法。

4.5.2.2.2　校验矩阵的结构化构造方法

结构化构造方法构造出的 LDPC 码具有良好的结构特性，有利于减少编译码复杂度和校验矩阵存储空间。而代数构造方法是结构化构造 LDPC 码研究的一个重点。对于二进制 LDPC 码而言，林舒（Shu Lin）等人提出了基于有限域、有限几何、组合设计等不同代数理论的方法构造 LDPC 码，这些方法构造的二进制 LDPC 码具有与随机 LDPC 码一样优异，甚至优于随机码的性能，得到了广泛应用。对于多进制 LDPC 码而言，构造方法的研究进展与二进制相比相对较少，但是代数构造方法仍然是多进制结构化构造方法的一个重点。人们也提出了基于有限域、有限几何等理论的方法，用这些代数方法构造的多进制 LDPC 码与 RS 码相比有较大的增益。典型的结构化构造方法包括：基于欧氏几何空间的 EG（euclidean geometries）方法、基于区组设计的 BIBD（balanced incomplete block design）方法、QC-LDPC 构造方法等，QC-LDPC 采用区组设计，通过计算机搜索基本关联向量，其余向量由基本关联向量通过循环移位获得，以构成校验矩阵，且通过这种方法构造的校验矩阵具有准循环结构。

4.5.2.3　LDPC 码的译码

LDPC 码的译码方法分为硬判决译码和软判决译码，其中软判决译码方法包括置信传播译码算法和最小和译码算法及其改进版本。置信传播译码算法由于其计算校验节点的信息的运算中含有大量的乘法而有着相对较高的复杂度。为了降低置信传播译码算法的复杂度，引入了最小和算法。但是最小和算法的性能损失较大，为了提高最小和算法的性能，各种改进最小和算法被大量研究。仿真结果表明，软判决译码和硬判决译码相比有着极大的性能增益，改进的最小和算法和改进前的最小和算法相比性能增益明显，并且改进的最小和算法和置信传播算法性能差异较小。

4.5.2.3.1　硬判决译码算法

LDPC 码的译码算法本质上都是基于 Tanner 图的消息传递迭代解码算法（message passing，以下简称 MP）。算法的性能随量化阶数的增加而提高，复杂度也随之增加。最简单的是量化为两阶，即称为硬判决算法；当量化阶数趋向于无穷时，即称为 BP 算法，也叫作和积算法（sum product algorithm，以下简称 SPA）。硬判决译码算法包括比特翻转算法、加权比特翻转算法和改进的加权比特翻转算法。

BF 译码算法首先将输入译码器的数据进行硬判决，然后将得到的"0""1"序列代入所有的校验方程，找出使校验方程不成立数目最多的变量节点，最后将该变量节点所对应的比特位翻转，至此完成一次迭代。整个译码过程不断地进行迭代，直到所有的校验方程都成立或者达到了设定的最大迭代次数。比特翻转译码算法只进行比特位的翻转等几种简单的运算，没有复杂的操作，因此非常适合硬件实现，但其性能相对于 BP 译码算法有所降低，适用于硬件条件受限而性能要求较低的场合。

4.5.2.3.2　软判决译码算法

软判决译码算法方法包括置信传播译码算法和最小和译码算法及其改进版本。

1. 置信传播译码算法

当消息传递算法的信道输出符号集和译码过程中发送信息的符号集相同，都为实数集，即采用连续性的消息时，适当地选择信息映射函数，就是 BP 算法。该算法核心思想在于利用接收到的软信息在变量节点和校验节点之间进行迭代运算，从而获得最大编码增益，因此具有很好的性能，适用于对性能有较高要求的场合。BP 算法的迭代过程中，如果译码成功，译码过程立即结束而不是进行固定次数的迭代，有效地减少了算法的迭代次数，降低了运算复杂后仍未找到有效的译码结果，译码器将报错，这时的译码错误为"可检测的"。同时，BP 算法是一种并行算法，在硬件中实现并行能够极大地提高译码速度。

LDPC 码利用 BP 译码算法能够得到很好的译码性能，但是由于大量的乘法运算，采用 BP 算法的硬件复杂性较高。置信传播译码算法是对消息传递算法的改进，如果对应的二分图中存在短环，其性能同样会受到很大的影响。

2. 最小和译码算法

BP 译码算法是其最优迭代译码算法。BP 译码算法虽然性能优异，但算法本身需要大量的乘法运算，计算复杂度较高，硬件实现困难，这也是罗伯特·加拉格尔（Robert Gallager）在提出 LDPC 码初期不被人们认可的主要原因之一。后来人们提出了对数域 BP 译码算法，将原算法中大量的乘法运算变成了加法运算，大大降低了运算量的同时引入了双曲正切函数，但在工程实践中仍然难于实现，直到 1999 年福索里耶（Fossorier）等学者提出了最小和（min sum，以下简称 MS）译码算法，较好地平衡了译码性能和译码复杂度之间的矛盾，使硬件实现变得简单。之后又出现了一系列改进的 MS 算法，都是基于缩小 MS 算法与 BP 算法之间的性能差距。

LDPC 最小和译码器结构可以分为全串行结构、全并行结构和部分并行结构三种。全串行结构的译码器通过重复使用一个变量处理单元或校验处理单元来完成译码。这种结构下译码器占用的资源最少，但缺点是译码速度很慢。全并行译码器需要大量的变量处理单元和校验处理单元，来保证所有的变量节点和校验节点同时进行信息更新。其译码速度非常快，但是需要消耗太多的硬件资源，所以只适用于码长很短的时候。而部分并行译码器是硬件资源和运行速度的折中。

除此之外，和积译码算法也是一种常见的软判决译码算法。

4.5.2.3.3　混合判决译码算法

为了综合硬判决和软判决的优点，引入了一类混合判决译码算法，能够在低复杂度的情况下，获得较好的性能。其中典型的就是加权比特翻转算法。福索里耶（Fossorier）等人首次将可靠度软信息引入硬判决中，提出了加权比特翻转（weighted BF，以下简称 WBF）译码算法，译码性能取得了不错的提升。福索里耶（Fossorier）等人还进一步提出了改进的 WBF（modified WBF，以下简称 MWBF），通过引入加权因子，在计算翻转函数时能够将自身变量节点的可靠度信息考虑在内。IMWBF 算法（improved MWBF，以下简称 IMWBF）对权重的计算进行了改进，去除了变量节点自身带来的影响，性能变得更加优越。此后，有许多学者对上述算法进行不同方面的改进，并取得了不错的效果。

4.5.3　5G 标准中的 LDPC 码

在 2016 年 10 月 14 日葡萄牙里斯本举行的会议上，LDPC 码战胜了 Turbo 码和 Polar 码，被采纳为 5G eMBB 场景的数据信道的长码块编码方案。

3GPP TS38.201 的第 4.2.3 节中对信道编码进行了定义。发送块的信道编码机制是准循环 LDPC 码，该准循环 LDPC 码具有 2 个基本图，每个基本图具有 8 组奇偶校验矩阵。一个基本图用于大于特定尺寸的码块或者初始传送码率高于门限值的码块；另一个基本图用于除上述以外的其他情况。在 LDPC 编码之前，对于长发送块，发送块被分割为相同大小的多个码块。PBCH 的信道编码机制和控制信息使用 Polar 码。速率匹配使用打孔、缩短和重复三种方式。

4.5.3.1　LDPC 码的码块分割和码块 CRC 附加

输入比特序列到码块分割由 $b_0, b_1, b_2, b_3, \cdots, b_{B-1}$ 表示，其中 $B>0$。如果 B 大于最大码块大小 K_{cb}，就执行输入比特序列的分割，并且给每个码块附加一个额外的长度为 24 的 CRC 序列。对于 LDPC 基本图 1，最大码块大小为 $K_{cb}=8448$；对于 LDPC 基本图 2，最大码块大小为 $K_{cb}=3840$；码块 C 的总数由下列公式确定：

if $B \leqslant K_{cb}$ $L=0$ Number of code blocks：$C=1$ $B'=B$

else $L=24$ Number of code blocks：$C = \lceil B/(K_{cb} - L) \rceil$. $B' = B + C \cdot L$

end if

码块分割的输入比特由 $c_{r0}, c_{r1}, c_{r2}, c_{r3}, \cdots, c_{r(K_r-1)}$ 表示，其中 $0 \leqslant r<c$ 表示码块数，$K_r=K$ 是码块数 r 的比特数。每个码块中的比特数 K 由 $K'=B'/C$ 计算得到。

对于 LDPC 基本图 1，$K_b=22$；对于 LDPC 基本图 2，

if $B>640$ $K_b=10$；elseif $B>560$ $K_b=9$；elseif $B>192$ $K_b=8$；else $K_b=6$；

end if

在举升尺寸的所有集合中寻找 Z 的最小值表示为 Z_c，并且 $K_b \cdot Z_c \geqslant K'$，对于 LDPC 基本图 1，设 $K=22Z_c$；对于 LDPC 基本图 2，设 $K=10Z_c$。

比特序列 c_{rk} 由下式计算得到：

$s=0$；for $r=0$ to $C-1$ for $k=0$ to $K'-L-1$ $c_{rk}=b_s$；$s=s+1$；end for

if $C>1$

序列 $c_{r0}, c_{r1}, c_{r2}, c_{r3}, ..., c_{r(K'-L-1)}$ 用于根据生成多项式 $g_{CRC24B}(D)$ 计算 CRC 奇偶比特 $p_{r0}, p_{r1}, p_{r2}, ..., p_{r(L-1)}$

for $k=K'-L$ to $K'-1$ $c_{rk}=p_{r(k+L-K')}$;end for end if

for $k=K'$ to $K-1$ -- Insertion of filler bits $c_{rk}=<NULL>$; end for end for

4.5.3.2 LDPC 信道编码

表 4-5-1 示出了用于不同类型 TrCH 的编码机制。

表 4-5-1 用于不同类型 TrCH 的编码机制

TrCH	Coding scheme
UL-SCH	
DL-SCH	LDPC
PCH	
BCH	Polar code

信道编码的给定码块的比特序列输入用 $c_0, c_1, c_2, c_3, ..., c_{K-1}$ 表示，其中 K 是编码的比特数。编码后的比特用 $d_0, d_1, d_2, ..., d_{N-1}$ 表示，其中对于 LPDC 基本图 1 $N=66Z_c$；对于基本图 2 $N=50Z_c$，Z_c 的值如第 4.5.3.1 节所述。

对于 LDPC 编码的码块，应用下述编码过程：

（1）查找表 4-5-2 中的具有索引的集合，表 4-5-2 列出了 LDPC 举升尺寸 Z 的集合，其包括 Z_c。

（2）for k=2 Z_c to $K-1$

if $c_k \neq <NULL>$ $d_{k-2Z_c}=c_k$; else $c_k=0$，$d_{k-2Z_c}=<NULL>$; end if end for

（3）生成 $N+2Z_c-K$ 奇偶比特 $w=\left[w_0, w_1, w_2, \cdots, w_{N+2Z_c-K-1}\right]^T$，使得 $H \times \begin{bmatrix} c \\ w \end{bmatrix}=0$，

其中 $c=[c_0,c_1,c_2,\cdots,c_{K-1}]^{\mathrm{T}}$ ；0 是所有元素等于 0 的列向量。该编码在 GF（2）域中执行。

对于 LDPC 基本图 1，矩阵 H_{BG} 有 46 行和 68 列，其中行索引为 i=0,1, 2,…,45，列索引为 j=0,1,2,…,67。对于 LDPC 基本图 2，矩阵 H_{BG} 有 42 行和 52 列，其中行索引为 i=0,1,2,…,41，列索引为 j=0,1,2,…,51。3GPP TS 38.212 V15.7.0[14] 的表 5.3.2–2（LDPC 基本图 1）示出了矩阵 H_{BG} 的元素，其中表 5.3.2–2 和表 5.3.2–3 中给出的 H_{BG} 的行和列对应的元素的值为 1，H_{BG} 中的其他元素的值为 0。

根据下述方式将 H_{BG} 的每个元素替换为 $Z_c \times Z_c$ 矩阵获得矩阵 H：

H_{BG} 中的每个值为 0 的元素被大小为 $Z_c \times Z_c$ 的全零矩阵 0 替换；

H_{BG} 中的每个值为 1 的元素被大小 $Z_c \times Z_c$ 的循环排列矩阵 $I(P_{i,j})$ 替换，其中 i 和 j 表示元素的行和列索引，$I(P_{i,j})$ 由大小为 $Z_c \times Z_c$ 的单位矩阵向右循环移位 $P_{i,j}$ 次获得。$P_{i,j}$ 的值由 $P_{i,j}=\mathrm{mod}(V_{i,j},Z_c)$ 给出。$V_{i,j}$ 的值由 3GPP TS 38.212 V15.7.0[14] 的表 5.3.2–2 和表 5.3.2–3 根据集合索引 i_{LS} 和 LPDC 基本图给出。

（4）for k=K to N+2Z_c–1

$d_{k-2Z_c}=\mathrm{w}_{k-K}$ ；

end for

表 4–5–2　LDPC 举升尺寸 Z 的集合

Set index（i_{LS}）	Set of lifting sizes（Z）
0	{2, 4, 8, 16, 32, 64, 128, 256}
1	{3, 6, 12, 24, 48, 96, 192, 384}
2	{5, 10, 20, 40, 80, 160, 320}
3	{7, 14, 28, 56, 112, 224}
4	{9, 18, 36, 72, 144, 288}
5	{11, 22, 44, 88, 176, 352}
6	{13, 26, 52, 104, 208}
7	{15, 30, 60, 120, 240}

4.5.3.3 LDPC 码的速率匹配

LDPC 码的速率匹配是按码块定义的，它包括码选择和码交织。速率匹配的输入比特序列为 $d_0, d_1, d_2, \cdots, d_{N-1}$，速率匹配以后的输入比特序列表示为 $f_0, f_1, f_2, \cdots, f_{E-1}$。

编码后的比特序列 $d_0, d_1, d_2, \cdots, d_{N-1}$ 被写入一个用于第 r 个码块的长度为 N_{cb} 的循环缓存器。对于第 r 个码块，如果 $I_{LBRM} = 0$ 并且 $N_{cb} = \min(N, N_{ref})$，则令 $N_{cb} = N$，否则，$N_{ref} = \left\lfloor \dfrac{TBS_{LBRM}}{C \cdot R_{LBRM}} \right\rfloor$，$R_{LBRM} = 2/3$，$TBS_{LBRM}$ 根据 TS38.214 第 6.1.4.2 节定义的 UL-SCH 和 TS38.214 第 5.1.3.2 节定义的 DL-SCH/PCH 确定。假设：

（1）UL-SCH 的一个 TB 的最大层数由 X 给出，其中，如果配置了服务小区的 PUSCH-Serving Cell Config 的高层参数 maxMIMO-Layers，X 由该参数给出；如果配置了服务小区的 PUSCH-Config 的高层参数 maxRank，则 X 由服务小区的所有 BWPs 上的最大 maxRank 值给出；否则，X 由 UE 支持的用于服务小区的 PUSCH 的最大层数给出。

（2）DL-SCH/PCH 的一个 TB 的最大层数取 X 和 4 中的最小值，其中，如果配置了服务小区的 PUSCH-Serving Cell Config 的高层参数 maxMIMO-Layers，X 由该参数给出；否则，X 由 UE 支持的用于服务小区的 PDSCH 的最大层数给出。

（3）如果高层参数 mcs-Table 被设为 qam256，DL-SCH 采用最大调制等级 $Q_m = 8$，其中，高层参数 mcs-Table 由用于服务小区的至少一个 DL BWP 的 pdsch-Config 给出；否则，DL-SCH 采用最大调制等级 $Q_m = 6$。

（4）如果高层参数 mcs-Table 或 mcs-Table Transform Precoder 被设为 qam256，UL-SCH 采用最大调制等级 $Q_m = 8$，其中，高层参数 mcs-Table 或 mcs-Table Transform Precoder 由用于服务小区的至少一个 UL BWP 的 pusch-Config 给出；否则，UL-SCH 采用最大调制等级 $Q_m = 6$。

（5）最大编码速率 948/1024。

（6）$n_{PRB} = n_{PRB,LBRM}$，其中，如果未给 UE 配置其他下行带宽部分，则用于 DL-SCH $n_{PRB,LBRM}$的值根据初始下行带宽部分确定，如表 4-5-3 所示。

（7）$N_{RE} = 156 \cdot n_{PRB}$。

（8）c 是传送块的码块数。

表 4-5-3　$n_{PRB,LBRM}$的值

DL-SCH/UL-SCH 中一个载波的所有配置的 DL/UL BWP 上的最大 PRB 数	$n_{PRB,LBRM}$
<33	32
33~66	66
67~107	107
108~135	135
136~162	162
163~217	217
>217	273

第 r 码块的速率匹配输出序列长度由 E_r 表示，其中 E_r 的值，根据下列过程确定：

Set $j=0$ for $r=0$ to $C-1$ 如果第 r 个编码块未被调度用于传输 $E_r=0$；

$$\text{else if}\quad j \leq C' - \mathrm{mod}\left(G/(N_L \cdot Q_m),\ C'\right) - 1\quad E_r = N_L \cdot Q_m \cdot \left\lfloor \frac{G}{N_L \cdot Q_m \cdot C'} \right\rfloor ;$$

$$\text{else}\quad E_r = N_L \cdot Q_m \cdot \left\lceil \frac{G}{N_L \cdot Q_m \cdot C'} \right\rceil ;\ \text{end if}$$

$j=j+1$；end if end for

其中，N_L 是发送块映射到的发送层数；Q_m 是调制等级；G 是发送块的可用于发送的编码比特总数；如果 DCI 调度发送块中没有 CBGTI，则 $C'=C$；如果 DCI 调度发送块中有 CBGTI，则 C' 为发送块的被调度码块的数量。

rv_{id} 表示传输的冗余版本数（$rv_{id} = 0$，1，2 or 3），速率匹配输入比特序列 e_k，k=0,1,2，…,E-1 由下述产生，其中 k_0 由表 4-5-4 根据 rv_{id} 值和 LDPC 基本图给出。

$$k = 0 ; j = 0 ; \text{while } k < E \text{ if } d_{(k_0+j) \bmod N_{cb}} \neq < NULL > e_k = d_{(k_0+j) \bmod N_{cb}} ;$$

$$k = k+1 ; \text{end if } j=j+1 ; \text{end while}$$

表 4-5-4 不同冗余版本的开始位置 k_0

rv_{id}	k_0	
	LDPC 基本图 1	LDPC 基本图 2
0	**0**	**0**
1	$\left\lfloor \dfrac{17N_{cb}}{66Z_c} \right\rfloor Z_c$	$\left\lfloor \dfrac{13N_{cb}}{50Z_c} \right\rfloor Z_c$
2	$\left\lfloor \dfrac{33N_{cb}}{66Z_c} \right\rfloor Z_c$	$\left\lfloor \dfrac{25N_{cb}}{50Z_c} \right\rfloor Z_c$
3	$\left\lfloor \dfrac{56N_{cb}}{66Z_c} \right\rfloor Z_c$	$\left\lfloor \dfrac{43N_{cb}}{50Z_c} \right\rfloor Z_c$

4.5.3.4 比特交织

根据公式 $f_{i+j \cdot Q_m} = e_{i \cdot E/Q_m+j}$（其中，j=0~E/$Q_m$-1,i=0~$Q_m$-1），比特序列 e_0，e_1，e_2，…，e_{E-1} 被交织为比特序列 f_0，f_1，f_2，…，f_{E-1}，其中 Q_m 的值为调制等级。

1. 上行共享信道的 LDPC 基本图选择

对于由 MSC 索引指示的编码速率 R 的发送块的初始传输，以及相同发送块的后续的重传，发送块的码块由 LDPC 基本图 1 或基本图 2 编码，选择的依据是：如果 $A \leq 292$，或者如果 $A \leq 3824$ 并且 $R \leq 0.67$，或者如果 $R \leq 0.25$，使用 LDPC 基本图 2；否则，使用 LDPC 基本图 1。其中 A 是负载大小。

2. 下行共享信道和寻呼信道的 LDPC 基本图选择

对于由 MSC 索引指示的编码速率 R 的发送块的初始传输，以及相同发送块的后续的重传，发送块的码块由 LDPC 基本图 1 或基本图 2 编码，选择的依据是：如果 $R \leqslant 292$，或者如果 $A \leqslant 3824$ 并且 $R \leqslant 0.67$，或者如果 $R \leqslant 0.25$，使用 LDPC 基本图 2；否则，使用 LDPC 基本图 1。其中 A 是负载大小。

4.5.4　LDPC 专利分析

4.5.4.1　全球申请分析

从图 4-5-4 中可以看到 LDPC 专利的发展经历了两次高峰，一次是在 2008 年前后，一次是在 2014 年前后。2008 年正是 4G 标准推出的时间，LDPC 作为候选的 4G 信道编码技术被提出，因此，在 2008 年迎来了 LDPC 专利布局的高峰期。随着 4G 标准最终选用了 Turbo 码作为信道码，此后几年 LDPC 专利布局的热度下降，并出现了一个小低谷。而接下来随着 5G 技术的提出，LDPC 编码作为最强有力的候选技术，再次迎来专利布局的高峰期，并且热度超过了 4G。随着 5G 技术的发展，这种高热度的现象将会持续一段时间。

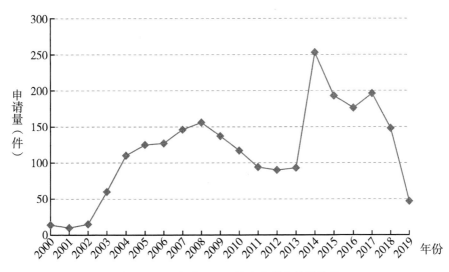

图 4-5-4　全球 LDPC 技术专利申请量趋势

中国是 LDPC 技术专利布局的最大目标国，占据了全球专利申请量的 39.03%，美国则是第二大目标国，占据全球申请量的 21.09%，两者加起来占据了 LDPC 全球专利申请的一半。另外，有 12.28% 的专利申请通过世界知识产权组织的渠道提交申请，韩国的专利申请也占据了 10.82%，这与三星公司、LG 公司等韩国企业在 5G 的 LDPC 技术中的重要地位密切相关，如图 4-5-5 所示。

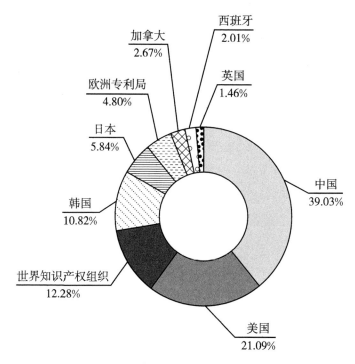

图 4-5-5　全球 LDPC 技术专利申请目标国

从图 4-5-6 可以看出中国作为最大的技术原创国，中国申请人的专利申请占据了总申请量的 38.86%，第二大技术原创国韩国则占据了总申请量的 23.41%，美国占据了总申请量的 16.77%，日本占据了总申请量的 15.94%，欧洲国家则在 LDPC 技术的专利产出方面贡献较小。可以看到，中国既是最大的专利目标国，也是最大的专利原创国，是全球 LDPC 技术专利最为活跃的国家。

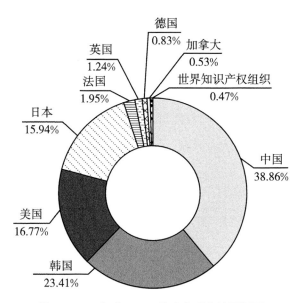

图 4-5-6　全球 LDPC 技术专利申请原创国

进一步分析 LDPC 专利申请的发明人国别，可以得到图 4-5-7。可以看出韩国发明人占比高达 36.35%，美国发明人占比也达到了 28.62%，排名第三位的日本发明人占比为 12.38%，而中国发明人的占比仅 7.18%。这说明虽然中国作为全球 LDPC 技术专利活动最为活跃的国家，但是中国真正的研发实力并不强，远低于韩国和美国。

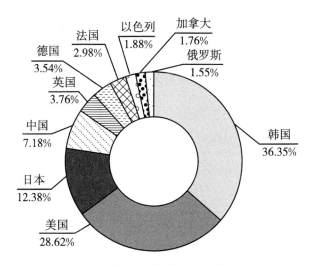

图 4-5-7　全球 LDPC 技术专利申请发明人国别

下面具体来看一下，LDPC 专利申请的申请人排名情况，图 4-5-8 列出了全球排名前 20 的申请人，可以看到三星公司的专利申请量最大，是排名第二的华为技术有限公司的两倍，并且在排名前五的企业中，有三家来自韩国。说明在 LDPC 技术领域韩国企业实力雄厚。美国的高通公司、博通公司也榜上有名。除了华为技术有限公司，中国企业和高校还有中兴通讯股份有限公司、清华大学、电子科技大学、北京邮电大学等。

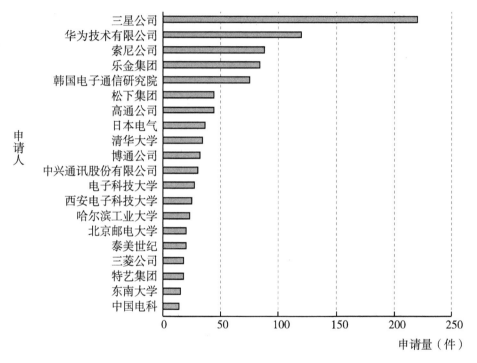

图 4-5-8　全球 LDPC 技术排名前二十的专利申请人

LDPC 技术专利主要集中在 H04L 和 H03M 两个小类下，而排名靠前的十个小组为 H04L1/0057，H03M13/255，H04L1/0071，H04L1/0041，H03M13/1102，H03M13/116，H03M13/1165，H03M13/2906，H04L1/0045，H03M13/152，如图 4-5-9 所示。显然，排名前十的小组都属于两个大组：H04L1 和 H03M13。通过查找上述 CPC 大组和小组的含义可以获知网络切片技术所含的技术领域。H04L1 和 H03M13 这两个大组的含义分别为：用于检错或纠错的编码、译码或代码转换；编码理论基本假设；编码约束；误差概率估计方法；信道模型；代码的模拟或测试。具体来说，H04L1/0057 涉及块码的系统性能；H03M13/255 涉及 LDPC 码的由信号空间编码进行的检错或前向纠错，即在信号丛中增加冗余项，例如，梳状编码调制；H04L1/0071 涉及通过使用交织的在发送机端的前向错误控制检测或避免接收信息的误码；H04L1/0041 涉及通过使用在发送机端的前向错误控制检测或避免接收信息的误码；H03M13/1102 涉及与预定数目的信息位相连的预定数目的校验位的，应用分组码，应用多位奇偶校验位的图形编码和图形译码，例如，低密度奇偶校验码；H03M13/116 涉及准循环 LDPC 码，即奇偶校验矩阵由置换或循环行列式子矩阵组成；H03M13/1165 涉及 QC-LDPC 码定义为数字视频广播规范的情形，例如，DVB 卫星；H03M13/2906 涉及应用分组码的合并两个或多个代码或代码结构，例如，乘积码、广义乘积码、链接码、内层码和外层码；H04L1/0045 涉及通过使用交织的在接收机端的前向错误控制检测或避免接收信息的误码；H03M13/152 为循环线性应用分组码。

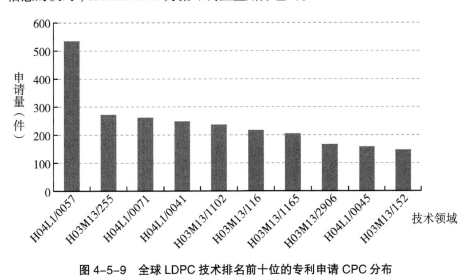

图 4-5-9　全球 LDPC 技术排名前十位的专利申请 CPC 分布

4.5.4.2　中国申请分析

本节具体分析中国的 LDPC 专利申请的情况。首先来看一下中国专利申请的申请量趋势，如图 4-5-10 所示。可以看出，虽然中国的 LPDC 专利申请历年波动较大，呈现锯齿状，但是其峰值曲线与全球专利申请量的趋势基本吻合。在第一个高速发展期有 2008 年和 2010 年两个小波峰，在第二个高速发展期有 2014 年和 2017 年两个大波峰。而在 2009 年、2013 年和 2015 年则出现三个波谷。

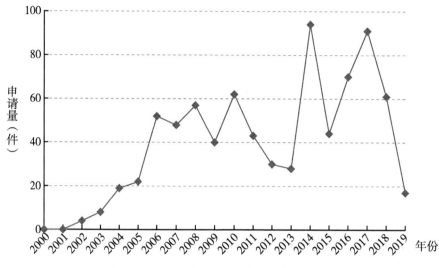

图 4-5-10　中国 LDPC 技术专利申请量趋势

图 4-5-11 示出了 LDPC 技术中国专利的申请人国别占比，可以看出中国申请人占比为 75.00%，韩国申请人占比为 7.68%，美国申请人占比为 7.68%，日本申请人占比为 7.44%。这说明在中国的 LDPC 专利布局中，中国申请人占有较大优势。

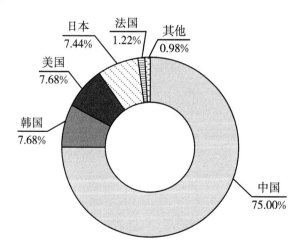

图 4-5-11　中国 LDPC 技术专利申请人国别

在中国申请中,排名前十的申请人如图 4-5-12 所示,华为技术有限公司排名第一,三星公司排名第二,清华大学排名第三。排名前十位的申请人中,企业占五家,高校占五家。可以看出高校中有关 LDPC 技术的研究和专利申请较热。排名前十的申请人里,外国申请人有四家。说明外国申请人重视 LDPC 技术在中国的布局。但是中国申请人仍有相对优势。

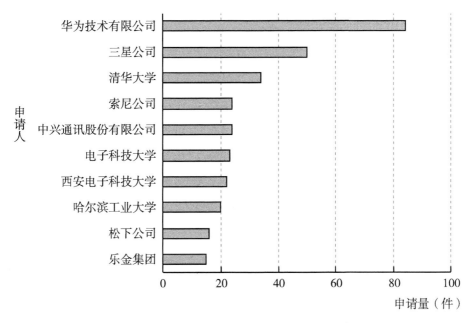

图 4-5-12　中国 LDPC 技术专利申请人排名

结合图 4-5-13 可以看出,LDPC 专利申请的申请主体多为企业、大专院校和科研单位。其中,企业申请人占据约 60%,申请量排名前十的申请人中企业占五家,说明 LDPC 技术是企业界所重视的技术,而大专院校以 33.21% 的占比构成了重要的研发支撑,可见大专院校的研发实力不容忽视,在排名前十的申请人中高校占据五家。另外需要关注的是,中国 LDPC 技术专利申请人排名前十的申请人中有三家韩国企业,说明中国是韩国企业在全球进行专利布局的重要国家,因此,即使是在中国国内,韩国企业的技术和专利优势也不容忽视。

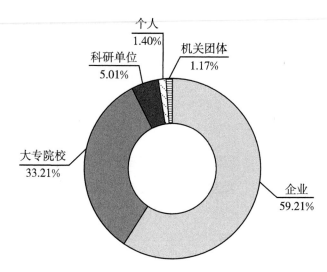

图 4-5-13　中国 LDPC 技术专利申请人类型

下面通过图 4-5-14、图 4-5-15 分析中国的 LDPC 专利申请的法律状态。从图 4-5-14 可以看出，有效、失效和在审的专利基本各占 1/3。从图 4-5-15 中可以看出，授权有效的专利占比为 32.06%，处于实质审查阶段的专利申请占比为 30.90%，而无效的专利中有 18.73% 处于权利终止的状态，从授权的数据来看，LDPC 技术的授权率较高，超过一半的专利申请获得或者曾经获得授权。

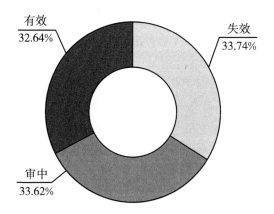

图 4-5-14　中国 LDPC 技术专利有效性情况

从图 4-5-15 还可以看出，在我国 LDPC 技术专利申请的驳回率不到 4%，全部无效率为 0.37%。

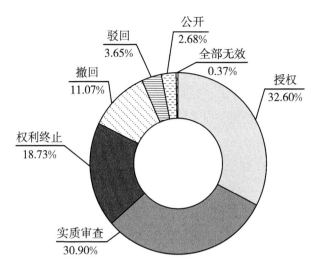

图4-5-15 中国LDPC技术专利申请法律状态

4.5.4.3 专利运营状况

LDPC技术专利的运营主要涉及转利的转让和许可，下面从这两方面进行分析。

LDPC的专利转让较多，图4-5-16示出了转让趋势，在2013年之前，除了在2009年出现一个尖峰又回落外，基本处于稳定状态，而从2013年之后出现了逐年较快上涨的趋势，特别是在2016年达到高峰，年转让量超过120件。这说明近几年LDPC技术的流转较为活跃，转让量是LDPC技术重要度和活跃度的指标。

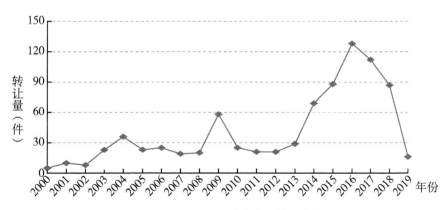

图4-5-16 LDPC技术专利转让趋势

LDPC 技术专利转让人除了个人外还包括公司，转让的类型包括个人向所在公司的转让，个人向其他公司的转让，以及公司之间的转让。其中，个人向其他公司的转让以及公司之间的转让更能说明 LDPC 技术的活跃程度。

在排名前十的受让人中，三星公司共受让了 50 多件专利，排名第一，高通公司受让 20 多件专利，排名第四位，排名前十的还包括 NEC 公司、博通公司、英特尔公司等。

在许可方面，共有五件 LDPC 专利许可，2009 年和 2010 年各一件，2015 年两件，2016 年一件。2009 年的一件授权公告号为 CN1301012C，发明名称为一种基于 LDPC 的成帧方法的专利。其专利许可人为北京泰美世纪科技有限公司，被许可人为湖南国科广电科技有限公司，许可种类为独占许可。2010 年的一件授权公告号为 CN101034953B，发明名称为应用低密度奇偶校验码进行数据传输的方法，其专利许可人为诺基亚西门子通信系统技术（北京）有限公司，被许可人为诺基亚西门子通信技术（北京）有限公司，许可类型为独占许可。2015 年的两件均为中兴通讯股份有限公司的两件专利，一件的授权公告号 CN101997639B，发明名称为低密度奇偶校验 – 多输入多输出通信系统的迭代接收方法，许可人为中兴通讯股份有限公司，被许可人为深圳市中兴微电子技术有限公司，许可类型为普通许可；另一件的授权公告号 CN101997652B，发明名称为基于 LDPC–MIMO 通信系统的接收检测方法和装置，其许可人为中兴通讯股份有限公司，被许可人也为深圳市中兴微电子技术有限公司，许可类型也是普通许可。2016 年的一件授权公告号为 CN103313056B，发明名称为一种基于图像融合和边缘 Hash 的子块修复方法，某许可人为南京邮电大学，被许可人为江苏南邮物联网科技园有限公司，许可类型为普通许可。

4.5.4.4 技术路线图

LDPC 专利申请主要涉及四个方面：LDPC 译码技术，LDPC 编码技术，LDPC 码的构造或校验矩阵的生成以及基于 LDPC 的通信处理流程，例如，基于 LDPC 的号交织和解交织、基于 LDPC 的调制和解调以及级联等技术。图 4–5–17 示出了四个方向上的典型专利申请。

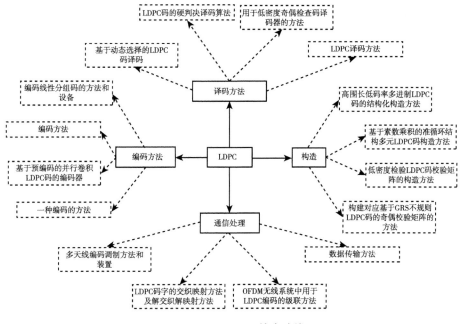

图 4-5-17　LDPC 技术路线

在 LDPC 编码技术方面，有很多涉及不同编码技术的方案，能够提供不同的特性，例如，一种编码线性分组码的方法和设备，其优点是计算复杂性低，并能适用于编码宽范围。该方法包括接收输入字和计算线性分组码的码字的至少一重要部分，所述计算是通过应用运算序列，所述运算序列包括使用从线性分组码的奇偶校验矩阵的子矩阵导出的下三角矩阵的至少一前向替换和使用从所述子矩阵导出的上三角矩阵的至少一后向替换。例如，基于预编码的并行卷积 LDPC 码的编码器及其快速编码方法，该方法能够在保证性能的前提下，实现高速编码，且所需要的存储空间较低，设计和应用比较灵活，可用于快速数据传输的有效编码。该方法通过设计并行卷积 LDPC 码编码器实现对并行卷积 LDPC 码的编码，并获得所述 LDPC 码的校验矩阵 H。其编码过程是：首先将信息序列分组存入存储器中，把存储器中的信息序列通过不同的随机交织器交织后送入对应的模 2 和运算器进行预编码，然后将预编码得到的校验比特分别送入不同的递归卷积编码器进行卷积编码，最后将卷积编码器输出的校验比特和存储器中的信息比特重组生成一个码率为 $R = M/(M+N)$、码长为 $(M+N)L$ 的并行卷积 LDPC 码字。还有一种编码方案，能够提高 LDPC 编码性能，从而更适用于 5G 系统。该方法包括：确定低密度奇偶校验码 LDPC 矩阵的基础图；根据所述 LDPC 矩阵的基础图，进行 LDPC 编码。此外，有的编码方法能够避免或者降低 LDPC 码的错误平层现象。具体的包括：根据信息比特的长度 K 和 / 或第一编码序列的第一目标码长 M，确定极化编码的参数，所述极化编码的参数包括极化编码的码率或者极化编码的码长 M_0，其中，所述极化码的码率表示 K 与 M_0 的比值，其中 K、M 以及 M_0 为正整数；根据所述极化编码的参数对长度为 K 的所述信息比特进行极化编码，获得第二目标码长为 M_0 的第二编码序列；对所述第二编码序列进行低密度奇偶校验 LDPC 编码，得到长度为 M 的所述第一编码序列；发送所述第一编码序列。

在 LDPC 的译码技术方面，有很多涉及不同译码算法的专利申请，克服计算的复杂度，提高译码准确度是其追求的目标。例如，一种用于低密度奇偶检查码译码器的方法，是一种典型的比特翻转译码算法。其能够克服计算复杂，同时导致数值收敛较慢的问题。该方法包括接收第一码字的特定数据部分；通过使用奇偶校验矩阵的多个校验方程式并根据所述特定资料部分来计算所述特定资料部分的翻转函式值，以计算所述特定数据部分的多个校验值；以及通过比较所述翻转函式值与翻转临界值来决定是否翻转所述第一码字的所述特定资料部分；其中，所述翻转临界值是已经基于较早于所述特定资料部分的多个先前的资料部分的多个对翻转函式值被计算出的值。例如，一种 LDPC 码的硬判决译码算法。该算法只需要利用硬消息进行译码，因此其译码复杂度很低，该算法能够降低硬判决译码被困在捕获集中的概率；在软消息无法获得的情况下，如 BEC 信道中，该译码算法能够提高对传输数据的纠错能力。该方法包括：在每一次迭代开始时先计算校验和，利用校验和与当前迭代次数判定译码是否完成；对于当前译码码字中的每一个码元，首先判定其是否与接收码字中对应码元相等，其次计算与该码元所连接的校验和值之和，最后基于预设的概率值产生一个值为 0 或 1 的随机惩罚项。上述三部分之和为该码元的能量值。能量值反映每个码元的可靠性，对应能量值最大的码元将会被翻转。例如，基于动态选择的 LDPC 码的译码方法，通过对双曲正切函数图像的研究，在校验节点处的处理过程中，动态选择

LLR-BP 算法或者 Min-Sum 算法，在译码性能降低不大的基础上，降低译码复杂度，便于 LDPC 码的实际应用。早期的 LDPC 译码方法中，通过使用连续译码算法能够减少一半以上的译码重复数，其使用连续译码算法来解码校验节点信息，无须降低性能和增加计算量。

在 LDPC 码的构造和校验矩阵生成方面，也有较多的专利申请，其共同目标是提高编码性能，降低误码率。例如，为构建对应基于 GRS 不规则 LDPC 码的奇偶校验矩阵的方法。根据该方法，各种不规则 LDPC 码可以使用 GRS 码或 RS 码来生成。这些不规则 LDPC 码可以提供比规则 LDPC 码更好的整体性能，还能提供更低的误码率，该误码率是信噪比的函数。使用这些原理可以适当地设计这种不规则 LDPC 码，从而生成适用于无线通信系统的编码，包括那些遵循 IEEE 802.11n 课题组开发的推荐惯例和标准的无线通信系统。而高围长低码率多进制 LDPC 码的结构化构造方法可以构造出任意的最小环长的多进制 LDPC 码。仿真结果表明本发明构造的代数多进制 LDPC 码与对应的相同参数的 Mac Kay 多进制随机 LDPC 码相比有明显增益。本方法具体步骤如下：①选择参数 m，s；②构造出 GF（2ms）的一个子集 B；③利用集合 B 构造 GF（2ms）上的基矩阵 W；④将基矩阵 W 中的每一个元素用其地址向量替代，并根据所需构造的 LDPC 码的进制数选择地址向量非零元素的进制数，即得到最后构造的 LDPC 码。基于素数乘积的准循环结构多元 LDPC 码构造方法能用于构造多种结构化多元 LDPC 码；与基于代数结构的结构化多元 LDPC 码方法相比，该方法具有构造灵活性高、实现复杂度低、存储复杂度低等优点；与随机构造的多元 LDPC 码相比，本方法构造的 LDPC 码具有结构化多元 LDPC 码的优点，也即具有更低的硬件实现复杂度。该方法通过给定的有限域和素数，选定两组非负整数和二元矩阵，然后依此构造循环置换矩阵，第二矩阵、第三矩阵，将第三矩阵部分数据通过替换，得到多元 LDPC 码的校验矩阵。低密度校验 LDPC 码校验矩阵的构造方法，涉及 5G 信道编码技术，用于提高系统传输性能。该设计方案简单易实现，不会增加存储复杂度，也不会增加后续的运维成本，同时，又能在信息传输过程中，有效地支持多种码率以及支持信息比特长度，从而最大限度地提高系统传输性能。其包括：生成低码率部分的行重满足预设范围的基模图，再基于指定的码率及所述基模图确定需使用的部分基模图，以及采用基于扩展因子确定的循环置换矩阵，对所述部分基模图中的非 0 元素对应的循环系数进行扩展得到相应的校验矩阵。这样，便通过在设计的基模图中限定低码率部分的行重，保证了根据基模图对应的循环系数获得的校验矩阵在应用过程中的传输性能。

在 LDPC 涉及的通信处理流程方面，有的多天线编码调制方法和装置的方案设计更加简单，性能更加鲁棒，可以有效提升 DVBNGH 协议的传输可靠性，满足未来无线通信系统需求。该方法包括：S1. 根据各空间流的调制阶数，确定 $GF(q)$ 多元 LDPC 编码的有限域阶数 q；S2. 将经过所述 $GF(q)$ 多元 LDPC 编码的编码符号，根据各空间流的调制阶数，映射为每个空间流上发送的调制符号。LDPC 码字的交织映射方法及解交织解映射方法，能够针对不同的 LDPC 码表选择交织映射和解交织解映射方法使系统性能得到更好的提升。该方法包括将 LDPC 码字中的校验部分进行第一次比特交织得到校验比特流；将 LDPC 码字中的信息比特部分与校验比特流拼接成第一次比特交织后的 LDPC 码字；将第一次比特交织后的 LDPC 码字按预定长度分成连续的多个比特子块按相应的比特交换图案变换比特子块的排列顺序形成第二次比特交织后的 LDPC 码字；将第二次比特交织后的 LDPC 码字按列顺序写入并按行顺序读出得到第三次比特交织后的 LDPC 码字；对第三次比特交织后的 LDPC 码字依照星座图进行星座映射以得到符号流。还有 OFDM 无线系统中用于 LDPC 编码的级联方法，其涉及 IEEE802.11n 协议。该方法涉及通过选择 LDPC 块大小为整数个 OFDM 音调或码长，基于指示 OFDM 符号中发送信息比特数的数据包有效载荷大小和发送数据速率来选择码字。对于低传输速率，在包内的所有码字上应用缩短和打孔，对于高传输速率，仅对包内的码字应用缩短，以最小化 OFDM 符号填充。对于更高的传输速率，在不增加 OFDM 符号填充的情况下，LDPC 编码方案更有效。通过实施纯缩短方案，提高了编码增益和效率。

参考文献

[1] David J.C.MACKAY，R M NEAL.Near Shannon limit performance of low-density parity check codes [J].Electronics Letters，1996，32：1645-1646.

［2］David J.C.MACKAY.Good error- correcting codes based on very sparse matrices［J］. IEEE Transactions on Information Theroy.1999.45（2）：399-431.

［3］TANNER.A recursive approach to low complexity codes［J］.IEEE Transactions on Information Theroy.1981，27（5）：533-547.

［4］Leegang 12. 通信算法之二十三：5G NR 的 LDPC 编码与译码［EB/OL］.（2019-01-20）［2020-01-21］.https：//blog.csdn.net/leegang12/article/details/86562719.

［5］X.-Y.HU，E.ELEFTHERIOU，D.M.Arnold.Regular and irregular progressive edge-growth Tanner graphs［J］.IEEE Transactions on Information Theory，2005，51（1）：386-398.

［6］何宣 .LDPC 码的环结构分析与最优码的构造算法研究［D］.成都：电子科技大学，2018.

［7］URBANKER.The capacity of low - density parity-check codes under message-passing decoding［J］.IEEE Transactions on Information Theory，2000，47：599-618.

［8］RICHARDSON，T.SHOKROLLAHI，A.URBANKE R.Design of capacity approaching irregular codes［J］.IEEE Transations Information Theory，2001（47）：619-637.

［9］CHUNG，S.Y.RICHERDSON，T.J.URBANKE R.L.Analysis of sum-product decoding of low-density parity-check codes using a gaussian approximation［J］.IEEE Transactions on Information Theory，2001（47）：657-670.

［10］阴法明 .LDPC 硬判决译码算法中的门限问题研究［J］.信息化研究，2011（1）：39-41.

［11］FOSSORIER M P C. Quasi — cyclic low-density parity-check codes from circulant permutation matrices［J］. IEEE Transactions on Information Theory，2004，50（8）：1788-1793.

［12］杨卫国 .基于减少过估计的改进 LDPC 码最小和译码算法［J］.指挥控制与仿真，2017（6）：53-57.

［13］KOU Y，LIN S，FOSSORIER M P C. Low — density parity — check codes based on finite geometries：a rediscovery and new results［J］. IEEE Transactions on Information Theory，2001，47（7）：2711 — 2736.

［14］3GPP.3GPP TS 38.212 V15.7.0 Multiplexing and channel coding［S/OL］.2019［2020-03-28］.https://www.3gpp.org/ftp/Specs/archive/38_series/38.212/38212-f70.zip.

［15］3GPP.3GPP TS 38.201 V15.0.0 General description［S/OL］.2017［2020-03-28］.https://www.3gpp.org/ftp/Specs/archive/38_series/38.201/38201-f00.zip.

4.6 超密集组网技术

4.6.1 概述

随着移动互联网和物联网的高速发展,大量的业务需求驱动 5G 无线网络提供更高的速率、更多的终端连接。据预测,未来 5G 网络数据流量需求将提升 1000 倍,用户感知速率需求将提升 10~100 倍。

虽然 5G 引入 F-OFDM、FBMC 多载波技术以及 3D-MIMO 等多天线技术能够获得更高的频谱效率,但当前由于低频段频谱资源的稀缺,仅依靠提升频谱效率无法深层次满足 5G 广泛的业务开展,尤其是暴涨的移动数据流量的业务需求。因此,通过超密集组网(UDN)提升空间复用度的方式来提升无线系统容量已成为主要技术手段。

4.6.1.1 超密集组网技术原理

热点区域流量的需求是快速增长的,尤其是密集街区、大学校园、体育场馆、交通枢纽、医院等人员流动性较高的场景,在有限的频率资源下单单靠提升频谱效率已经无法满足深层次的业务需求,通过密集的基站以及频谱资源相结合的方式可以应对这一需求,这种方式将蜂窝网划分为更小的层次,在单位面积内增加宏基站和微基站的数量,从而增加用户的接入点,为用户提供更好的体验速率以及峰值数量,是应对流量爆发式增长的有效方式。超密集组网的技术原理就是在异构网中提高单位面积站点(宏基站、微基站等)密度,引入超大规模低功率节点,达到提高系统容量、改善网络覆盖、实现热点区域流量分流的目的。具体来说,是在一个区域范围内布建更多的小小区(small cell),小小区可以是家庭基站(femto cell)、微微小区(pico cell)与微小区(micro cell)等,它们的涵盖范围通常远小于宏小区(macro cell)。

针对超密集组网的量化定义主要有两种:一种为一个网络中小区部署密度 $\geq 10^3$ cell/km^2,即为超密集网络;另一种为当网络中无线接入点(AP)的密度远大于其中活跃用户的密度时为超密集网络。[1]

如图 4-6-1 所示,LTE 网络主要采用宏基站来进行组网,在某些热点区域部署微站。2016年,中兴通讯股份有限公司提出了 Pre-5G UDN 解决方案,[2]

化多个基站的干扰为有用信号，且服务集合随小区移动不断更新，始终使用户处于小区中心的状态，实现小区虚拟化，达到一致性的用户体验。但是，Pre-5G 阶段的超密集组网的站点密度并不大，例如，中兴通讯股份有限公司的方案就是在原有宏站的覆盖范围内部署 8 个微站来实现 Pre-5G UDN 组网。5G UDN 组网的特点是热点区域低功率接入点的部署密度将达到现有站点部署密度的 10 倍以上，接入点间的距离为 10 m 左右，激活用户数和接入点数将达到同一数量级，甚至达到 1:1 的比例。

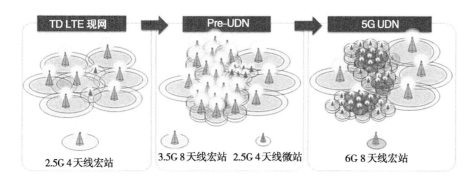

图 4-6-1　超密集组网演进

家庭基站发射功率为 10 ~ 100 mW，覆盖半径为 10 ~ 20 m，主要用于室内小面积覆盖；微微小区可以分为室内型和室外型，室内型发射功率小于 250 mW，覆盖半径 30 ~ 50 m，室外型发射功率小于 1 W，覆盖半径 50 ~ 100 m，可用于中小型企业的公共热点；微小区的发射功率 5 ~ 10W，覆盖半径 100 ~ 300 m，可用于室外覆盖。

UDN 中的这些微小站体积小、回传灵活、传输功率小，容易安装、建设阻力小、成本也比较低；更重要的是 UDN 显著减少了基站与用户之间的传输距离，路径损耗变小，较高程度提升信号质量；站间距减小，频率复用度提升，提高频谱效率。信号质量和频谱效率的提升将直接增加系统容量。

4.6.1.2　超密集组网部署模式

在 5G 无线接入网中，采用了控制面与数据面分离的技术，用来提升系统的容量，目前 5G 超密集组网采用了宏微结合组网和纯微站组网两种模式，如图 4-6-2 所示。在宏微结合组网模式下，宏基站由于覆盖范围较广，主要服务于速率较低、移动性较高的业务，而微基站由于覆盖范围小，可以提供的带宽相对较大，适用于承载高带宽业务，在此模式下由宏基站提供宏微间的资源协同管理以及主覆盖，而容量则由宏基站和微基站共同承载，根据热点的分布灵活部署，方便覆盖和容量的单独优化，提升用户体验。纯微站组网模式下，由于没有宏基站这个网元，为了便于管理，需要采用虚拟宏小区技术实现控制面的统一管理，用户面则与宏微结合组网一样与控制面分离。

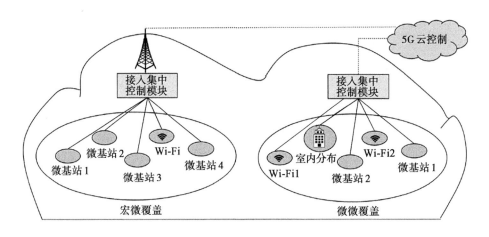

图 4-6-2　超密集组网部署模式

1."宏基站 + 微基站"部署模式

在此模式下，5G 超密集组网的业务层面由宏基站负责低速率、高移动性类业务的传输，微基站主要承载高带宽业务。

以上功能实现由宏基站负责覆盖以及微基站间资源协同管理，微基站负责容量的方式，实现接入网根据业务发展需求以及分布特性灵活部署微基站，从而实现"宏基站 + 微基站"模式下控制与承载的分离。

通过控制与承载的分离，5G 超密集组网可以实现覆盖和容量的单独优化设计，解决密集组网环境下频繁切换问题，提升用户体验和资源利用率。

2."微基站 + 微基站"部署模式

5G 超密集组网"微基站 + 微基站"模式未引入宏基站这一网络单元，为了能够在"微基站 + 微基站"覆盖模式下，实现类似于"宏基站 + 微基站"模式下宏基站的资源协调功能，需要由微基站组成的密集网络构建一个虚拟宏小区。

虚拟宏小区的构建需要簇内多个微基站共享部分资源（包括信号、信道、载波等），此时同一簇内的微基站通过在此相同的资源上进行控制面承载的传输，以达到虚拟宏小区的目的。同时，各个微基站在其剩余资源上单独进行用户面数据的传输，从而实现 5G 超密集组网场景下控制面与数据面的分离。

在低网络负载时，分簇化管理微基站，由同一簇内的微基站组成虚拟宏基站，发送相同的数据。在此情况下，终端可获得接收分集增益，提升了接收信号质量。当高网络负载时，则每个微基站分别为独立的小区，发送各自的数据信息，实现了小区分裂，从而提升了网络容量。

5G 独立组网有两种实现方式：一种是使用 5G 的基站和 5G 的核心网，同步建设，其服务质量更好，但对资源要求高、投入成本大；另一种是先部署 5G 的核心网，并在 5G 核心网中实现 4G 核心网的功能，先使用增强型 4G 基站，随后再逐步部署 5G 基站。无论哪种独立组网实施方案，5G 与 4G 功能相比，是对其原有 EPC 和 BBU 功能的拆分整合，形成了有利于 5G 云化、虚拟化、集中化管理的网络结构，[3]具体如图 4-6-3 所示。

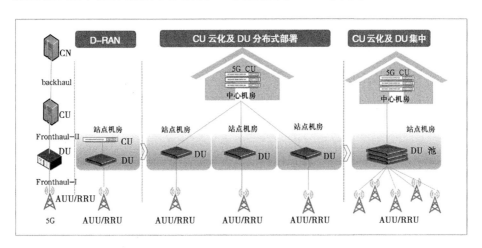

图 4-6-3　5G 集中布置和协同组网（R-RAN 与云化并存）

由于 5G 多天线和大带宽的特点，DU 与 RRU 间的前传带宽显著增大，因而将 DU 进行拆分，把一部分物理层的功能上移至 AAU，以降低 DU 到

AAU 之间的传输带宽。可见，5G 网络远端重要性有所提高，DU 从逐站部署向 DU 池部署，实现某一区域超密集组网远端集中管理，实现小区虚拟化，减小干扰。区域内 DU 集中机房的位置选取和建设标准至关重要，配套保障要求已远远高于 4G 移动基站配套需求。

4.6.1.3 超密集组网应用场景

6 GHz 以上高频段大带宽主要用于热点容量需求的场景。1 ~ 6GHz 频段是 5G 系统核心频段，用以解决网络广覆盖，广覆盖是移动网络必须提供的服务能力，延续 4 G 广域覆盖水平，5G 网络需满足用户任何地点 1000Mbit/s 下限速率的指标，需要更多低频段大带宽资源的支撑，从而能保证网络覆盖和用户业务的连续性。1GHz 以下用以 5G 网络实验万物互联、高可靠、低时延目标所需的优良低频段资源，当然由于其低频段的良好覆盖特性，也可用于解决覆盖的场景。

现有移动网络经历了 GSM、UMTS 以及 LTD 的大规模建设，现网站址建设也从连续覆盖目标进一步深化到聚焦网络盲点、竞争差点和业务热点精准施策，网络建设从广度覆盖转移到深度覆盖、精准覆盖上来，也从侧面反映现网站址已具备一定规模。例如，现网包含宏基站及微基站，密集城区站间距达到 300 m 左右，城区站间距约 400 m，部分城市站距甚至更低。可见，随着站址密度的加大，现网站间距逐步缩小，未来超密集组网的密度将可能实现网宏基站的 N 倍，毫无疑问未来站间距也将急剧减小。

下面对现网日均流量进行分析，[4] 日均流量更大的场景为机场、集贸市场、高校、城中村、休闲娱乐场所等人流集中场所，也就是局部地区流量突出集中的地方适宜部署超密集组网。未来规划部署超密集组网时，可以优先考虑表 4-6-1 所示的几种典型应用场景。

表 4-6-1　典型应用场景的部署建议

场景	部署建议	优先级
校园	校园虽然有宏站、室分等综合部署，但流量依旧是爆发式增长最迅猛的场景，对局部流量热点甚至是流量沸点的区域优先进行超密集组网，集合宏站、室分形成立体异构网络	☆ ☆ ☆ ☆ ☆

续表

场景	部署建议	优先级
机场	人口密度大，室分承载能力有限，未来 5G 超密集组网优先重点解决容量瓶颈	☆☆☆☆☆
城中村	人口密度大，宏站建设难度高，对网络需求度高，局部热点区域多，适宜优先部署	☆☆☆☆
大型集会场所	主要包括集贸市场、休闲娱乐场所、会展中心、体育中心等，人流量较大，宏站部署难度大	☆☆☆
商业街区	商业街区人流密集较大，宏站部署较为困难；此外对于部分城市道路也宜积极利用灯杆资源部署超密集组网	☆☆☆

从 eMBB 代表应用可以看出，数据热点在室内和室外均会广泛出现，用户数量、用户习惯、业务类型等共同决定了数据需求量。因此，超密集组网主要场景将出现在办公室、密集住宅、密集街区、大学校园、大型集会、体育场馆、地铁、医院等。不同场景覆盖需求不尽相同，覆盖方式也亦有所不同，场景特点和需求定位分析至关重要。对于数据热点区域，一般而言，室外宏站的站址密度相对较大，新建选址空间有限。即使有新建站空间，站址协调和建设难度大，往往需要通过宏微协同、室内外协同等方式进行覆盖和容量的提升。对区域内场景及业务需求分析是实现资源优化组网的前提，超密集组网主要应用场景覆盖特点、业务特点及覆盖方式如表 4-6-2 所示。

表 4-6-2　超密集组网主要应用场景覆盖特点、业务特点及覆盖方式

应用场景	室内外属性		场景业务特点	覆盖方式
	站点位置	覆盖用户位置		
楼宇	室内	室内	办公场所，高密度上下行流量要求	楼宇高，宏站无法解决，需通过室内微站覆盖室内用户
密集住宅	室内、室外	室内、室外	高密度下行流量要求	宏站建设困难，通过微站覆盖室内和室外
城中村	室外	室内、室外	高密度下行流量要求	宏站建设困难，通过室外微站覆盖室内和室外

续表

应用场景	室内外属性		场景业务特点	覆盖方式
	站点位置	覆盖用户位置		
密集街区	室内、室外	室内、室外	人员密集，高密度上下行流量要求	宏站建设困难，通过室外或室内微站覆盖室内和室外
商场	室内、室外	室内、室外	人员聚集，高密度上下行流量要求	宏站建设困难，通过室外或室内微站覆盖室内和室外
大学校园	室内、室外	室内、室外	用户密集，高密度上下行流量要求	校区站址密度已较密，通过室外或室内微站覆盖室内和室外
大型集会	室外	室外	临时性人员聚集，高密度上行流量要求	通过宏站和室外微站协同覆盖室外
体育场馆	室内、室外	室内、室外	大型体育赛事，高密度上行流量要求	宏站建设无法满足需求，通过室外和室内微站覆盖室内和室外
地铁	室内	室内	人员聚集车内，高密度下行流量要求	建设标准高，需协同地铁通过室内微站覆盖室内和隧道
车站	室内、室外	室内、室外	站厅广场人员聚集，高密度下行流量要求	通过室内微站覆盖站厅候车厅，宏站和室外微站覆盖广场
高速收费站	室外	室外	特殊时期，高密度上下行流量要求	分析高速收费站重要程度，提前规划预留宏站和微站
风景名胜区	室外	室外	重点景区在节假日，高密度上下行流量要求	根据景区人员分布，通过宏微协同覆盖

4.6.2 UDN 关键技术

在 pre-5G 阶段，超密集组网的实现采用以下关键技术。[2]

1.引入 D-MIMO 技术，解决干扰并提升单位面积容量

在同频组网场景下，随着站点数量增加和站点密度增大，小区间重叠覆

盖度增加，同频干扰的问题严重，使得站点增加带来的吞吐量提升有限，特别是小区边缘用户的感知很难保证。D-MIMO（distribute-MIMO）通过将分布在不同地理位置的天线进行联合数据发送，可以将其他基站的干扰信号变成有用信号，在协调基站间同频干扰的同时提升单用户的吞吐量和系统频谱效率，保证单位面积的吞吐量随着站点数的增加稳步增长，是高密组网阶段重要的干扰解决和容量提升技术之一。

2.D-MIMO 簇间引入虚拟小区技术，实现一致的用户体验

随着小站部署越来越密集，小区边缘越来越多，当 UE 在密集小区间移动时，不同小区间因 PCI 不同导致 UE 小区间切换频繁。虚拟小区技术的核心思想是"以用户为中心"分配资源，达到"一致用户体验"的目的。虚拟小区技术为 UE 提供无边界的小区接入，随 UE 移动快速更新服务节点，使 UE 始终处于小区中心；此外，UE 在虚拟小区的不同小区簇间移动，不会发生小区切换 / 重选。

具体来说，虚拟小区由密集部署的小站集合组成。其中重叠度非常高的若干小站组成 D-MIMO 簇，若干个 D-MIMO 簇组成虚拟小区。在 D-MIMO 簇构建的虚拟小区中，构建虚拟层和实体层网络，其中虚拟层涵盖整个虚拟小区，承载广播、寻呼等控制信令，负责移动性管理；各个 D-MIMO 簇形成实体层，具体承载数据传输，用户在同一虚拟层内不同实体层间移动时，不会发生小区重选或切换，从而实现用户的轻快体验。

3. 小小区动态调整，频谱利用率最大化

自适应小小区分簇通过调整每个子帧、每个小小区的开关状态并动态形成小小区分簇，关闭没有用户连接或者无须提供额外容量的小小区，从而降低对临近小小区的干扰。即使是超级小区场景，如果 UE 接收到的 CRS 功率和实际激活的 CP 下发的 PDSCH 功率有差异，也会导致 UE 下行解调性能的下降。因此，在超密小区分簇的情况下，需要将话务量较低的小小区关断。

虽然 5G 超密集组网可以带来可观的容量增长，但是在实际部署中，UDN 面临着巨大的挑战：一方面，随着小区密度的增加，小区间的干扰问题更加突出，干扰是制约 UDN 性能最主要的因素，尤其是控制信道的干扰直接影响整个系统的可靠性；另一方面，用户的切换率和切换成功率是网络重要的 KPI 指标，随着小区密度的增加，基站之间的间距逐渐减小，这将导致

用户的切换次数和切换失败率显著增加，严重影响用户感知。如何同时兼顾"网络覆盖"和"系统容量"问题，成为 5G 超密集组网需要重点解决的问题。

4.6.2.1　超密集组网多连接技术

宏基站与微基站结合在一起组建一个异构型的网络，微基站可以部署于热点通信区域，微基站之间可能存在一些无缝覆盖的空洞，因此宏基站要实现信令基站的控制面功能，其可以根据实际的部署需求，在空洞的地方进行部署，以便能够实现 5G 移动通信信号的全覆盖。

多连接技术就可以实现用户终端与宏基站、微基站之间进行网络同时连接，不同的网络节点之间都可以采用相同的无线接入技术进行通信，也可以采用不同的无线通信技术进行连接。宏基站不需要负责微基站的用户面信息处理，因此宏基站和微基站之间就不需要严格地进行时钟同步，可以有效降低宏基站和微基站小区之间的回传链路性能要求。[5]

双连接模式下，宏基站作为通信工程的主基站提供一个集中控制面，微基站作为辅基站可以提供用户面的数据通信传输。辅基站不需要提供用户终端控制面的连接，仅需要在主基站中部署用户终端的无线资源控制实体，主基站和辅基站可以针对无线资源管理功能进行有效的协商和沟通，辅基站可以将一些配置数据使用 X2 接口传输到主基站，最终无线资源控制消息就可以通过主基站发送给用户终端，用户终端的无线资源控制实体只能接受一个射频单元实体发送的消息，用户终端并且只能响应这个无线资源控制实体。用户面可以部署微基站，也可以部署宏基站，宏基站提供数据传输功能，因此可以利用多连接技术实现非连续业务覆盖。[6]

在宏微结合组网模式下，宏基站不负责微基站的用户面数据处理，只提供控制面的集中统一控制，但是微基站作为无线网络的节点，功率较低，覆盖面较小，所以在微基站之间可能存在非连续覆盖，这些非连续区域需要宏基站来进行控制以及用户面的数据承载，这就要求用户终端能够与宏微多个无线网络节点同时连接，以减少小区间的切换，在控制面由主基站进行控制，而在用户面，双连接的情况下由微基站提供数据承载，单连接情况下宏基站提供。这样既解决了非连续覆盖区域，又能够很好地解决频繁切换的问题。

基于双连接的组网有两种方案：第一种方案是终端的控制面 RRC 连接

始终由宏基站负责维护，终端的用户面与控制面分离，对带宽需要较小、时延要求较高的语音业务等由宏基站进行承载，对带宽要求较大的 4K 视频以及时延不敏感的其他业务由微基站负责，此方案中宏基站承载的数据方案不变，微基站承载的数据将由服务网关直接分流到微基站。第二种方案中终端控制面与第一种方案类似，采用宏微分别承载不同的业务，与方案一不同的是数据承载流程不一样，由微小基站承载的数据仅将物理层、MAC 层、RLC 层划分到微基站，汇聚层还是宏基站负责，承载的数据通过网关由宏基站通过分组汇聚协议（packet data convergence protocol，以下简称 PDCP）分流到微基站。

两种方案适用的场景各不一样，第一种方案宏微基站与核心网均采用直连方案，所以时延较小，但是因为宏微基站间要互相通信，核心网的信令会增多，对实时性要求较高的业务可以采用第一种方案；第二种方案因为承载的业务均需要通过宏基站，数据要从微基站流向宏基站，则宏基站与微基站之间链路条件要求较高，如果链路条件差则会增加时延降低数据传输效率，该方案因为减少了基站功能，基站设备可以轻量化建设，在网络建设和部署方式上相对较灵活。

4.6.2.2 虚拟小区技术

由于缺乏实体的宏基站小区，5G 超密集组网方案中纯微基站组网时需要虚拟宏基站小区，用于控制面的信令传输、资源的调度管理，微基站则主要负责用户面数据的传输。

对于虚拟宏小区的构建，要求在一个区域内根据网优要求建立多个簇，簇内多个微基站均共享一部分信道、载波资源，共同组成虚拟宏小区，如图 4-6-4 所示，簇内的微站在此虚拟宏小区上面进行控制面数据的传输，用户面的资源则利用剩余基站的资源进行传输，通过这种方式实现控制面与用户面的分离。对于多载波微站，可以设置其中一个载波为主载波，其余载波为辅载波，不同微基站用主载波频段设置成相同的宏小区 ID，其余载波则作为辅载波模式进行用户信息承载；对于单载波基站，每个微基站簇可以设置不同的宏小区 ID，同一簇内微基站设置成同一个宏小区 ID 发送公共控制信息，终端通过虚拟宏小区的 ID 来解码控制面的相关数据，对于终端来说，在公共信道中可以识别为两个不同的网络，从而与宏微结合组网一样可以实现覆盖与容量的分离。

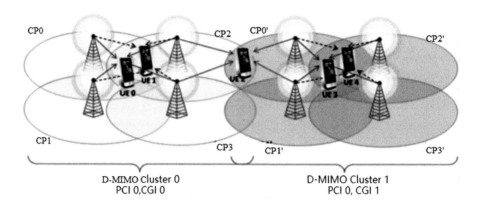

图 4-6-4　虚拟小区

在实际中，容量与覆盖需求往往会动态变化，对于人流量较高的场所往往会存在爆发式的流量需求，这就要求微基站组网中的资源可以动态分配，当簇内的基站负载比较低时，按照原有的虚拟宏小区组网，终端在同一簇内的微站间位置变动时无须切换，当簇内小区网络负载较重时，就改变原有虚拟宏小区组网格局，根据业务需求将小区分裂，作为独立的基站承载业务，提高系统容量。

4.6.2.3　UDN 中的干扰管理

在超密集组网场景中，会存在大量的宏基站和微基站，这些站点的密度很大，站间距在几十米左右，并且由于是高频段同频组网，多个基站信号在同一地点的场强可能相差不大，用户接收到的无用干扰信号就会急剧增大，如果不能合理规避这些基站之间的干扰，则超密集组网系统会变成一个干扰受限系统，容量很难提升，因此有效抑制周边基站的干扰、控制基站的覆盖范围等问题，是超密集组网需要解决的问题之一。

1. 自组织网络技术[7]

UDN 中邻近基站会有不同程度的干扰，故每个基站的发射功率大小、天线波束方向，不仅会决定自身的覆盖范围，还会影响邻近基站或其用户受到干扰的大小。因此，如何设定基站的发射功率与天线波束方向，使该基站的吞吐量最大化，同时减少对其他用户的干扰，即达到基站覆盖与容量最佳化，是一个极为重要的环节。

目前，在 3GPP 中提出实现覆盖与容量优化的方案为自组织网络（self-organizing network，以下简称 SON）技术，可以实现基站间功率的协同配置。基本思路就是微站将位置信息告知 SON 的中心服务器，中心服务器根据内置的容量与覆盖优化算法对区域内的微基站进行发送功率和波束方向的计算和调整，完成微基站的参数设定以规避干扰，这个解决方案依赖于算法的准确性，由于无线环境的复杂性，在实际应用中，需要根据不同的场景设定不同的算法参数，需要在实际应用中逐步完善。

SON 完成小小区的配置流程如下：

①首先每个被启动的小小区会先将它所在的位置告知 SON server（自组织网络的中心服务器）。

② SON server 根据基站覆盖与容量最佳化的原则计算每个被启动的小小区的发射功率和波束方向图。

③ SON server 根据计算结果远端设定每个小小区的发射功率和波束方向图，完成小小区的配置。

UDN 使得小小区数量极大，自组织网络通过基站覆盖与网络容量最佳化的算法，保证了覆盖，提升了容量，同时也降低了部署的难度。

2.CoMP 技术[8]

CoMP 技术是一种能够有效处理超密集网络中小区间干扰，提高系统性能的干扰管理技术。CoMP 技术是指多个接入点通过协作调度、协作预编码和联合传输等方式来接收和发射数据。CoMP 技术通过多小区协作、协同传输来实现干扰避免，将干扰信号转化为有用信号，有效降低协作小区间的干扰，改善协作区域覆盖范围内用户信号质量，提高小区边缘用户吞吐量和小区平均吞吐量。

CoMP 技术的实现方式主要有两种：多个小区之间的协作调度 / 波束赋形（cooperative scheduling/beamforming，以下简称 CS/CB）和联合处理（joint processing，以下简称 JP）。

CS/CB 方式包括接入点间的协作调度 CS 与协作波束赋形 CB。协作调度 CS 通过协调小区间的时间和频率资源，把互相干扰的小区调度到相互正交的资源上，降低或避免协作小区之间的干扰。协作波束赋形 CB 通过调整协作区域内多个用户下行信号的波束赋形方向，使协作区域内占用相同时频资源的不同用户波束方向相互正交，从而降低干扰。

如图 4-6-5（a）所示，CS/CB 方式中各协作小区独立对用户传输数据，小区间不需要交换用户的数据信息，无须进行多个小区的联合预编码，但是 CS/CB 需要每个小区根据其他小区的资源分配情况调整自己的调度和预编码，以回避对其他接入点的干扰，以致灵活性受到一定的影响。联合处理 JP 又分为动态接入点选择（dynamic point selection，以下简称 DPS）、动态接入点静默（dynamic point blanking，以下简称 DPB）和联合传输（joint transmission，以下简称 JT）三种实现方式。如图 4-6-5（b）所示，动态接入点选择 DPS 方式可以通过反馈信道获得多个可选接入点的信道信息，根据反馈信道信息动态切换向用户发送数据的接入点，为用户选择最优的接入点传输数据。鉴于用户通常受到的干扰主要来自相邻的少数几个干扰源，动态接入点静默 DPB 方式可以通过协作控制使来自相邻小区的干扰源在 UE 调度的时频资源上保持静默，从而令用户的通信质量获得提升，如图 4-6-5（c）所示。联合传输 JT 方式通过多个接入点同时向用户发送数据，以增强用户接收信号，如图 4-6-5（d）所示。多个接入点在相同的时频资源上向用户发送数据，多路信号在接收端相互叠加，提升用户接收信号质量，从而降低用户干扰，改善系统整体性能。

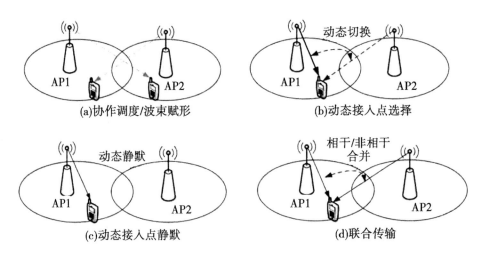

图 4-6-5　多点协作技术

3.CRE 和 ABS 技术

在宏微结合组网方案中，宏基站进行基础的广覆盖，微基站用来承载高带宽数据业务吸收热点流量，完成深度覆盖需要和系统容量的提升，但由于宏基站和微基站发射功率差异比较大，在同一片区域往往宏基站的信号强度会比较强，用户终端可能会直接选择宏基站而不会选择微基站，让微基站无法分担区域内的流量，同时由于宏基站功率较高，即使微基站正常连接也可能会受到宏基站信号的干扰。因此，异质网络中通常会面临两个问题：一是用户应该由哪一个基站来服务，以使每一个基站均能提供最佳的服务效率；二是小小区如何抑制来自宏小区的干扰。为了解决这两个问题，可以采用小区覆盖扩展（cell range expansion，以下简称CRE）技术和几乎空白子帧（almost blank subframe，以下简称 ABS）技术。

（1）CRE 技术解决服务基站的选择问题。[9] 由于宏微小区发射功率差异大（16 dB 以上），故在宏微小区同时覆盖的区域中，终端会倾向于选择宏基站，这样限制了微基站的分流效果，为此引入了 CRE 技术。CRE 是系统为扩大微基站的覆盖范围，给宏基站设定一个终端接入偏置门限，仅当宏基站的信号强度比微基站的信号强度高出预设的偏置门限值时，终端才接入宏基站。通过 CRE 将宏小区边缘用户引入微基站，达到分流效果。

由于小小区半径小，用户到微小区的路损小于到宏小区的路损，故用户的上行性能变好；但是下行由于宏基站功率大，如果用户处于小小区边缘，宏基站的干扰可能使用户信噪比变差，甚至无法工作。故为了获得最大的 CRE 增益，保证整网的覆盖和流量性能，还需要结合 ABS 技术消除干扰。

（2）ABS 技术抑制宏小区的干扰。图 4-6-6 是基于 ABS 的干扰原理图，在 ABS 子帧上，干扰小区保持静音，即不向用户设备发送控制或数据信号，仅发送干扰小区特定的参考信号，而服务小区在 ABS 子帧上不被静音，既发送控制信号，也发送数据信号，通过这种方式保护了服务小区中的用户设备免受干扰。

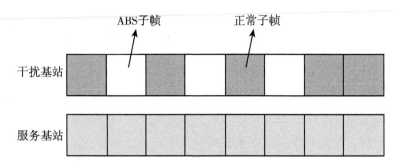

图 4-6-6　基于 ABS 的干扰协调原理

　　而 UDN 中的 ABS 干扰技术，是宏小区在传送下行信号的多个子帧中让部分的子帧保持安静或关闭（几乎空白）。[10] 宏小区在几乎空白的子帧中不传送数据，只传送蜂窝网专用识别信号，但依然可以利用非几乎空白子帧（non-almost blank subframe，以下简称 Non-ABS）来传送数据；而小小区仍可以选择是否在这些几乎空白的子帧中去传送下行数据，得以让附着在小小区的用户接收到的干扰减少，达到提升用户的吞吐量的目的。

　　图 4-6-7 是有超密集组网系统服务器的超密集组网情景架构图，其中包含一个超密集组网系统服务器、多个宏小区和更多个小小区。超密集组网系统服务器来执行基站间干扰协调，降低宏小区到小小区的干扰、小小区之间的干扰，在此处的具体作用就是负责通知宏小区所有子帧中哪些特定的子帧需要被设置为几乎空白的子帧，最大化系统效能。

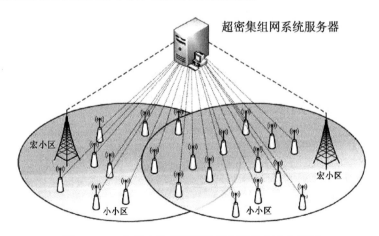

图 4-6-7　有超密集组网系统服务器的超密集组网

基于 ABS 的干扰协调技术的步骤如下：①提供宏小区 ABS 模式（子帧中哪些被设置为几乎空白的子帧）。②通过用户及小小区测量，取得网络干扰状况。③依据子帧模式及网络干扰状况，进行各小小区的 ABS 配置。④依网络状态改变，动态调整 ABS 配置。

在每一次传送数据的过程中，宏小区将会让出部分子帧作为 ABS，减少影响小小区的干扰；而其他所有的小小区，则仍能依据超密集组网系统服务器的 ABS 的配置，选择利用这些子帧来传送数据，以降低附着在该小小区的边缘用户接收到的信号干扰。

通过集中式超密集组网系统服务器根据整体网络的状况，来进行 ABS 的配置，达到有效优化边缘用户接收的信号质量以及提升整体网络吞吐量的效果。

4.MIMO 技术协调管理微基站

将多输入多输出技术融入跨基站之间紧密协调，将密集部署的多个基站集合成一个单一多天线超级基站。超密集组网系统服务器协调不同基站的天线紧密合作，消除基站边缘用户所受到的干扰，使超密集组网系统整体效能与基站个数接近线性增长。

4.6.2.4　移动性管理

超密集网络中，低功率接入点较小的覆盖范围将导致用户在移动过程中发生频繁切换。仅通过网元功能的优化并不能解决用户频繁切换引起的业务中断问题，超密集网络需要一个可以保证业务传输连续性的移动切换管理机制。[11]

在超密集网络中的移动切换管理实现主要通过在无线接入网中引入用户面和控制面分离的架构来实现，用户面负责数据的转发，控制面负责无线资源管理、移动性管理与干扰协调等控制与信令交互。如图 4-6-8 所示，宏基站控制其覆盖范围下的微基站（低功率接入点），用户终端通过双连接技术同时与宏基站和微基站两个站点保持连接。由覆盖范围大、处理能力强的宏基站处理控制平面的 RRC 消息，实现无线接入网的基本覆盖；由覆盖范围小、部署数量多的微基站承载用户平面的数据业务，为低速移动的用户提供高速率的数据服务。

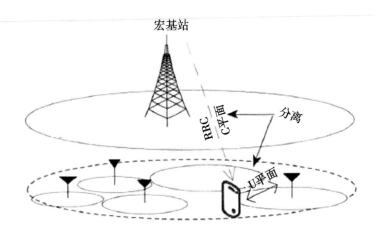

图 4-6-8　超密集网络的用户面和控制面分离

　　由于宏基站覆盖范围广，用户可以始终保持与宏基站的 RRC 连接，减少 RRC 切换的次数；微基站仅提供用户面连接，提供更多的时频资源，实现高速的数据传输，终端在微基站之间的切换简化为微基站的添加、修改和释放等操作，从而避免频繁切换所带来的信令增加。对于高速移动的用户，仍由宏基站为其提供数据服务，以避免频繁切换导致用户业务体验变差。

4.6.2.5　回传技术

　　在超密集组网方案中，同一区域内的基站密集大量增加，这些站点间的传输也将成为超密集组网的瓶颈问题，这些区域一般集中在城区密集区域，光缆布放比较困难，制约着超密集组网技术的实施。目前，采用的方案一般是无线回传技术，在 5G 高频段组网模式中，因为传输速率较大，方案上可以采用高频段无线回传技术，但是虽然无线回传在前期已有实践，但由于 5G 网络工作在毫米频段、要求连接速率高、时延低等环境的复杂性使得方案算法更加难以实现，所以无线回传技术是目前需解决的重点问题之一。

　　无线回传技术可以根据通信距离和传播环境进行工作，工作的频段包括微波频段和毫米波频段，传输速率可以达到 10 Gbit/s，无线回传技术与现有的无线空口接入技术采取的方式和资源存在较大的不同，现有的网络架构基站之间无法实现快速、高效传输数据，也不能实现数据的横向通信传输，基站不能实现理想的即插即用功能，部署和维护成本也非常昂贵，各个基站本身受到各类型的数据限制，无线回传在底层也不支持工作，因此为了提高网络节点部署的灵活性，可以利用无线回传技术实现接入链路的频谱相同，同时还可以解决无线资源的终端服务功能，可以为节点提供中继服务。[12]

5G 引入了接入回传一体化（integrated access and backhaul，以下简称 IAB），允许运营商部署 5G 小细胞的超密集网络。[13]

接入回传一体化的概念如图 4-6-9 所示。[14] 该研究项目旨在研究 5G 网络对无线回传和中继链路的支持。这一技术被认为是实现毫米波（mmWave）的关键。实现 mmWave 技术需要非常密集地部署基站，但是从成本或安装的角度来考虑，用光纤连接密集部署的小基站是不可行的。而接入回传一体化可增加 NR 小区的灵活性，并避免了根据基站数量，按比例密集地部署传输网络。目前也在考虑将带内和带外中继选项用于室内和室外场景。

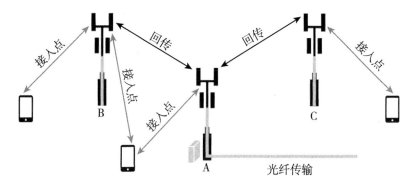

图 4-6-9　IAB 示意图

此外，在宏微结合组网、纯微基站组网、双连接技术中，均要求宏站、微站、用户终端间能够进行动态协调和优化，但是由于 5G 传播环境的复杂性、用户的移动性、业务流量的突发性等，算法实现起来相对复杂，也是目前需要解决的重点问题之一。

4.6.3　UDN 技术专利分析

UDN 的概念是随着 R14 的进展而提出来的，在此之前，虽然有提出超密集组网的概念，但是基本上止步于概念阶段，结合图 4-6-10 和图 4-6-11 可以看出，2011 年之前，UDN 相关的申请量很少，直到 2011 年，UDN 在 H04L 网络架构领域才出现一些专利申请。到 2015 年，UDN 在无线空口的资源管理为代表的 H04W 领域的专利申请量增加，达到了高点，绝大部分属于

Pre-5G UDN 相关的技术专利。2018 年申请量有所下降，是因为 5G UDN 的关键技术基本上已经成熟。

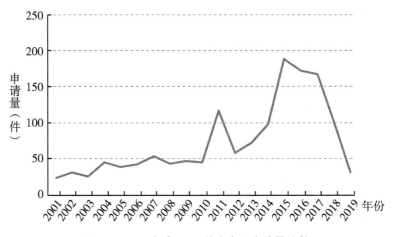

图 4-6-10　全球 UDN 技术专利申请量趋势

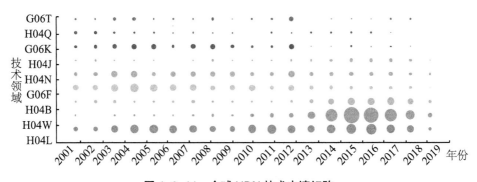

图 4-6-11　全球 UDN 技术申请矩阵

图 4-6-12 示出了全球 UDN 技术专利申请趋势，而具体到全球各个主要专利申请目标地的趋势如何，可以从图 4-6-12 中看出。在图 4-6-12 中可以看出：①中国作为目标国的专利申请数量最多，这是因为中国人口众多，热点地区对 UDN 技术的需求庞大；②各创新主体更愿意通过 PCT 国际申请的形式进行专利申请，以便在全球进行布局，可见，UDN 技术是重要的全球性技术，需要进行全球布局。

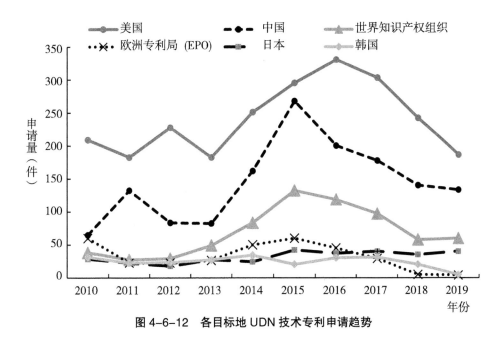

图 4-6-12　各目标地 UDN 技术专利申请趋势

　　UDN 技术全球专利申请中申请量排名前十的申请人，申请了约 33.7% 的专利，可见，UDN 技术的技术垄断不高，处于百家争鸣的状态。

　　进一步分析申请人的申请量排名，可以看到在前十的申请人中，包括爱立信公司、华为技术有限公司、中兴通讯股份有限公司、三星公司、LG 公司和高通公司。其中，爱立信公司作为 5G 技术的主导企业在 UDN 领域申请量也位居全球第一，共有 117 件专利，约占比 10%，如图 4-6-13 所示。

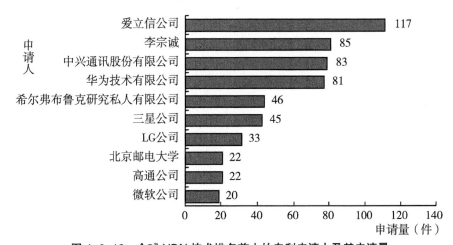

图 4-6-13　全球 UDN 技术排名前十的专利申请人及其申请量

本节引入 SEP 数量以及 SEP 占比来对 UDN 技术的 SEP 布局空间进行全面分析。各参数值如表 4-6-3 所示。可以看出，UDN 技术的 SEP 专利申请数量和占比较高，但仍有较大的发展空间。

表 4-6-3　全球 UDN 技术 SEP 指标

SEP 申请 / 件	SEP 占比 / %
159	9.3

从图 4-6-14 可以看出，SEP 专利的技术分类包括：参考信号传输、无线电、策略规则（干扰相关）、网络接入点（微小基站）等。各创新主体的 SEP 专利均匀分布于各分类中，这说明各创新主体有意避开竞争。

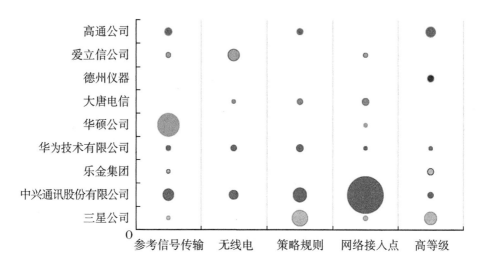

图 4-6-14　SEP 专利技术分类

下面从申请类型和有效性两个方面分析 UDN 专利在中国的申请状况。首先，UDN 专利申请几乎都是发明专利申请，这是由于 UDN 专利是重要的技术，并且其中涉及较多的方法流程，更适于用发明专利的形式进行保护。目前，UDN 技术专利申请都处于在审状态，这符合 UDN 技术专利申请的申请趋势和审查规律，UDN 技术大都是 2015 年以后申请的，按照审查周期规律，应当在 2017~2019 年陆续进入审查阶段。在已经审结的 51% 的专利申请中，27% 处于有效状态，如图 4-6-15 所示，也就是说已审结的专利申请中授权率达到了 53%，说明 UDN 技术领域比较成熟。

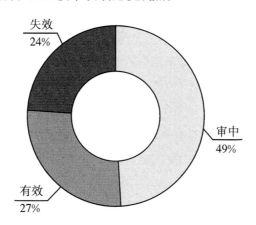

图 4-6-15　中国 UDN 技术专利申请状况

　　UDN 技术专利的运营主要体现在转让上，包括发明人向其所在的公司转让，以及向其他公司的转让。活跃的专利转让情况说明除了通过自行研发布局，各创新主体还通过技术转让的形式完善自身在该领域的布局。图 4-6-16 示出了排名前十的专利转让人及其转让量情况。

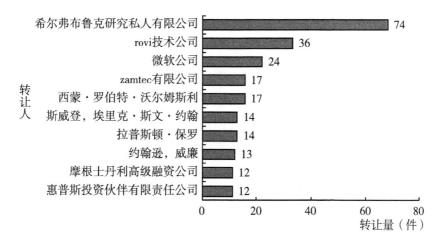

图 4-6-16　全球 UDN 技术排名前十的专利转让人及其转让量情况

　　2014 年，诺基亚公司申请了"干扰感知的控制信令"的发明专利，在 UDN 的干扰管理领域进行布局。该专利通过网络装置，控制部分的物理定义域的一个或更多个子帧为逻辑资源对应的资源；预留第一的逻辑资源控制信令；并预留第二的逻辑资源用于发送请求；预留第三的一部分逻辑资源的干扰信息。它包括控制至少一个设备执行的方法物理定义域的接收控制部分资源相对应的一个或多个子帧；所述控制部被分割为逻辑资源，所述第一部分的逻辑的控制信令的资源预留，所述第二部分的逻辑资源预留的发送请求，并且其中第三的逻辑资源的预留部分的干扰信息。

同年，爱立信公司申请了关于多个小区构成的簇管理的专利以及波束选择方面的发明专利，致力于 UDN 中的簇管理和干扰管理。其中，"一种 AP 中的方法用于广播信标信号在高频无线通信网络"给出了：AP 集群，在高频无线通信网络，AP 簇包含两个或多个 AP；广播相同的信标信号与其他类的 AP 集群同步，广播相同的信标信号包含标识的 AP 集群。"波束形成选择"中的无线通信接入节点适合通过使用从多个波束形成备选方案（各对应于从无线通信接入节点发出的方向）选取的波束形成备选方案的波束形成传输来建立到无线通信装置的无线通信链路。该方法包括同时传送具有不同的相应预定内容的两个或更多信标信号，其中各信标信号使用多个波束形成备选方案的相应一个来传送，并且其中各信标信号的预定内容与对应于相应波束形成备选方案的方向关联。

2015 年，中兴通讯股份有限公司同样致力于 UDN 中的干扰管理，在"一种网络资源的配置方法"中提出的网络资源的配置方法，包括：无线接入网节点获取网络中其相邻无线接入网节点的资源信息，所述资源信息至少包括网络资源集和所述相邻无线接入网节点已使用的网络资源；无线接入网节点根据所述获取的资源信息，从网络资源集中选择对已被网络中的其他无线接入网节点使用的网络资源不产生干扰的待使用的网络资源；无线接入网节点根据所选择的待使用的网络资源，将其资源信息在网络中进行通知。上述技术方案解决了现有技术中由于网络资源的使用不当使得网络的通信存在干扰较多的问题；实现了网络资源在网络中每个链路之间的高效使用。

2015 年，电信科学技术研究院研究了回传网络切入 UDN 技术，"一种回传网络的管理方法"包括：获取无线小站加入网络时的接入网络请求；根据所述接入网络请求，为所述无线小站分配第一回传配置信息；发送所述第一回传配置信息给所述无线小站，使得所述无线小站根据所述第一回传配置信息建立对应的回传链路。通过在接入网侧实现对无线小站的回传网络的配置，方便了对无线小站的使用，有效地实现了无线小站的即插即用。

2016 年，电信科学技术研究院又布局 UDN 的动态组网技术，提供了"一种网络接入点动态组网方法及设备"，从传统的以网络为中心的理念，转变为以用户为中心理念，为用户提供服务，避免了用户频繁感知网络环境，可以为低速或静止的用户通过 APG 提供数据传输服务。并且，在用户移动过程中，可以通过 APG 的动态更新与 APG 内 AP 协作实现用户业务的传输。本发明能够减少用户切换的次数，APG 内的用户切换不需要通过核心网络，从而减小对核心网络的信令负载。

同年，华为技术有限公司在"超密集网络中的移动性处理"中针对 UDN 中的移动性管理进行布局，超密集网络中的 UE 在对其从网络节点接收的通信信号应用基于层的解码时使用候选层解码参数。当 UE 在不同网络服务区域之间移动时，可以将层分配给 UE 并在网络节点之间转换。层可以改为分配给网络节点。基于层的解码提供 UE 移动性，而不需要每次 UE 在不同服务区域之间移动时进行显式切换处理。

2017 年，华为技术有限公司深入物理层对 UDN 进行研究，在"一种参考信号配置的方法"中提出：基站获取第一小区的参考信号的第一时域位置，根据所述第一时域位置将所述第一小区的参考信号映射到一个或多个资源单元中，其中，所述第一时域位置与第二小区的参考信号的第二时域位置之间存在偏移，所述第一小区为所述基站所在的小区，所述第二小区的服务范围不同于所述第一小区；所述基站发送所述第一小区的参考信号。该方案，可以避免小区间参考信号传输的相互干扰，提高信号的传输效率和传输质量。

参考文献

［1］刘旭，费强，等 . 超密集组网综述 . 电信技术［J］.2019（1）：18-20.

［2］郭琦 .Pre-5G UDN 解决方案，畅享移动宽带新生活 . 中兴通讯技术（简讯），2016（9）.

［3］张建敏，谢伟良，杨峰义 .5G 超密集组网网络架构及实现［J］. 电信科学，2016,32（6）：36-43.

［4］赵沛，陈儒，赵婧 . 基于 5G 超密集组网方案的探讨［C］.5G 网络创新研讨会（2018），2018-08-23.

［5］陈松，徐龙华 . 面向 5G 超密集组网的网络规划新技术［J］. 中国新通信，2017（18）：29.

［6］黄亮.面向5G超密集组网的网络规划新技术探析［J］.数字通信世界，2018（5）：95.

［7］3GPP.3GPP TR 36.872 V12.1.0 Small cell enhancements for E-UTRA and E-UTRAN-Physical layer aspects［S/OL］.2013［2020-03-28］.https：//www.3gpp.org/ftp/Specs/archive/36_series/36.872/36872-c10.zip.

［8］3GPP.3GPP TR 36.814 V9.2.0 Further advancements for E-UTRA physical layer aspects［S/OL］.2013［2020-03-28］.https：//www.3gpp.org/ftp/Specs/archive/36_series/36.814/36814-920.zip.

［9］姚美菱，吴蓬勃，张星，等.5G超密集组网的必然性和挑战性分析［J］.电信快报，2019（1）：12-14.

［10］姜来为，沙学军，吴宣利，等.异构网络中几乎空白子帧存在时干扰协调方法［J］.哈尔滨工业大学学报，2016（11）：14-19.

［11］3GPP.3GPP DRAFT RP-160525：Motivation of study on further mobility enhancements for LTE.ZTE［S/OL］.［2020-03-28］.https：//www.3gpp.org/ftp/tsg_ran/TSG_RAN/TSGR_71/Docs/160525.zip.

［12］张守武，王凤丽，袁春经.基于5G超密集网络用户活跃状态的切换管理策略［J］.通信技术，2019（2）：354-360.

［13］3GPP.3GPP DRAFT RP-180789：Motivation for WID on IAB for NR.AT&T.［S/OL］.2018［2020-03-28］.https：//www.3gpp.org/ftp/tsg_ran/TSG_RAN/TSGR_80/Docs/180789.zip.

［14］3GPP.3GPP DRAFT RP-170831：Integrated Access and Backhaul for NR.AT&TT，Qualcomm，Samsung［S/OL］.2017［2020-03-28］.https：//www.3gpp.org/ftp/tsg_ran/TSG_RAN/TSGR_75/Docs/170831.zip.

4.7 毫米波

4.7.1 基本原理

毫米波通信属于微波通信，波长范围是1~10mm，频率范围是30~300GHz，属于微波通信波长分段中极高频段的前段。毫米波通信更接近光通信，与光通信属性基本相同，具有频率高、波长短，以直射方式传播，通信波束窄，具备良好的方向性，遇到阻挡就被反射或被阻断等光通信特点。毫米波受大气吸收和降雨衰落影响较大，通信距离严重受限，对于30GHz毫米波来说，传播距离约十几千米，60GHz 毫米波只能传播 0.8km。由于具有波长短、干扰源少的特性，毫米波的传播稳定高。虽然传播距离短，但毫米波在热点区域可以布置密集型基站。对于毫米波的直线传播特性，其适用于室内通信场景。[1]

5G 网络将会成为一个覆盖范围更广、热点容量大、数据传输延时低、终端设备功率低以及连接数量多的移动通信系统，与 4G 网络相比优势更加明显。其中，连续广域覆盖的实现，打破了移动通信受限于小区的情况，可以实现多种接入模式的融合共存，通过智能调度可以在广域覆盖条件下为用户提供 10Mbit/s 的高传输速率。另外，与 4G 网络相比，5G 网络可适用的场景更多，终端设备低功耗与大连接能够有效地反映出其自身低功耗、低成本的优势。随着 5G 的诞生，人们开始思考将 5G 与毫米波通信相结合，也就是将毫米波通信应用于 5G 通信系统中。[2]

毫米波的高频特性决定其不适合作为高功率宏小区的承载频段，相反，可以利用其带宽大、方向性强的特性部署于低功率微小区上。大量利用这样的低功率节点可以实现热点覆盖，并进一步与广域覆盖的高功率宏小区组成超密集异构网络，一方面，可以规避传统单一部署高功率宏小区高成本、低容量的问题；另一方面，可以在微小区空间复用，有效提升频谱利用率的同时带来成倍的容量提升。[4]

基于毫米波的宏微结合异构网络具有以下明显的特征：①多层异构小区重叠覆盖。低频高功率宏小区提供连续广覆盖能力，毫米波低功率微小区则满足热点高容量需求。多个微小区的覆盖面均处在宏小区的覆盖面内。②毫米波微小区可按需灵活部署。微小区的接入和关闭不影响宏小区网络的整体拓扑。③传统的小区间频率复用仍适用于毫米波微小区。通过合理的频率隔离，可以有效减少微小区间的同频干扰。④相对于传统移动通信网络，当用户终端移动到宏小区边缘，仍可以获得由其位置所在的微小区提供的高速数据传输服务。[4]

在考虑 5G 高速移动性场景下，上述异构网络的设计遇到挑战。首先，在高速移动场景下，多普勒效应将变得更加明显，无线信道会同时受到频率选择性衰落和时间选择性衰落的影响，用户终端在快速穿越微小区时将面临频繁的越区切换，且切换必须在极短时间内完成，否则将导致切换失败、掉话。其次，在宏小区和微小区重叠覆盖的区域，用户终端如何选择接入的节点依赖于合理的网络切换参数配置，而在超密集小区部署的前提下，这种配置显然并非易事，且会极大增加配置的开销。最后，由于宏小区和微小区的功率不等，用户终端和基站节点的上下行功率不等，用户终端和基站节点的上下行功率也不均衡，对终端而言，下行性能好的小区不一定是上行性能相对最好的小区，这将容易导致负载不均的问题，不利于各小区的无线资源得到充分的利用。[4]

4.7.2 毫米波的增强技术

对于高速移动性场景带来的问题，一种可行的解决方案是，在毫米波异构网络中，引入双连接、小区范围扩展和波束赋形等移动增强性技术，既充分利用毫米波的频谱资源优势，又有效解决高移动性高速数据传输的问题。[4]

4.7.2.1 双连接技术

双连接是指工作在 RRC 连接态的用户终端同时由至少两个网络节点提供服务，通常包括一个主基站和一个辅基站。各网络节点在为同一个终端服务过程中所扮演的角色与节点的功率类别无关。

考虑终端由一个宏小区和一个毫米波微小区同时提供服务的典型场景。在双连接切换过程中，由于微小区始终处于宏小区的覆盖范围内，且宏小区可以为 UE 提供相对稳定可靠的连接，因而可以重新设计合理的切换算法，去除 MeNB 的切换。也即，让 UE 始终保持与宏小区的 RRC 连接，而仅执行 SeNB 的添加、修改和释放，让微小区只提供数据传输的连接。这样就实现了控制面与用户面的分离，低频宏小区利用其广域覆盖的特性控制面连接，毫米波高频微小区提供用户面连接，既避免了频繁切换的信令开销，也使得在高速移动场景下，即使移动到小区边缘也能保持良好的用户体验速率。

4.7.2.2 小区范围拓展

通过双连接技术，可初步解决毫米波异构网络中越区切换的网络配置问题，但仍未能有效解决负载不均的问题。因此，在原来网络基础上，继续引入小区范围扩展技术。

在毫米波异构网络中，由于宏小区的功率远大于微小区，而 UE 通常是根据下行导频信号的强度来决定小区切换的边界，通常下行边界落在离宏小区较远离微小区较近的地方。而由于宏微小区接收到的都是 UE 相同发射功率的信号，上行边界落在宏微小区距离的中点附近。这样，上下行切换边界不重合，相应就导致了上下行不均衡的问题。不均衡区域的存在，就导致了微小区服务的用户数量相比宏小区要少得多，相应的微小区为宏小区分担的负载也就很有限。因此，需要重新调整用户小区的选择，即扩展微小区的服务范围，最大化利用毫米波微小区的无线资源。

为了实现小区拓展，可以考虑采用小区偏置（cell individual offset，以下简称 CIO）的方法。引入 CIO，即是在终端进行下行导频强度的判断时，人为地为毫米波微小区的导频信号增加一个偏置值，使得终端优先选择微小区作为服务小区。在进行小区扩展后，微小区的服务区域被扩展，相应的宏小区服务范围被缩小。这表明，更多的用户数据将由微小区承载，因此获得了减轻宏小区的负担的效果。

4.7.2.3 波束赋形

在高速性场景下，利用大规模天线阵列，结合波束赋形技术可以有效对抗毫米波通信的高损耗。波束赋形是对要映射到发送天线上的数据先进行加权然后再发送，以此形成窄的发射波束，将能量对准目标的移动方向，从而提高目标用户的信号强度。

在传统的无线通信系统中，根据实现方式的不同，可以将波束赋形技术分为：自适应波束赋形技术和码本切换波束赋形技术。自适应波束赋形是通过信道估计获取信道状态信息（channel state information，以下简称 CSI），然后分解信道矩阵，得到匹配信道的最优波束赋形向量。由于需要对信道进行估计并向发送端反馈估计结果，自适应波束赋形技术的实现复杂程度较高。而码本切换波束赋形技术是通过预先设置好一组波束码本，然后基于最大化接收端信噪比的准则，选择其中一组最优的码本实现数据传输。这种方法的好处是能够在有限反馈的情况下实现闭环的波束赋形，复杂程度相对较低，但一定程度上牺牲了性能。

由于毫米波有着不同于微波频段的传播特性、更大规模的阵列天线等的限制，必须通过设计新的码本、角度估算方法和波束赋形矩阵等来适应毫米波的波束赋形需求。

4.7.3 毫米波的关键技术

4.7.3.1 NSA 和 UE 的实现

首先，假设 TDD 作为双工模式工作。从目前的 3GPP TS 36.101 可以看出，用于 UE 共存的虚假发射频带和带外抑制需求会成为潜在需求，其中需要针对孤立操作（stand alone，以下简称 SA）设置较大的隔离带宽，并针对不同的终端或是终端和其他的系统之间进行隔离。此外，还需要考虑载波聚合（carrier aggregation，以下简称 CA），即针对非孤立（non-stand alone，以下简称 NSA）终端的不同的操作频带进行隔离。[5]

对于 NSA 而言，终端支持的频带间隔离需要保证可以使得 CA 的使用最大化。否则，CA 只能用于针对 LTE 带宽的发送足够低和 / 或接收信号电平足够高的情况。因此，隔离变得非常重要。在通常情况下，至少需要将发射信号抑制到 55dB。上述原则还可以应用于载波聚合的场景。相应地，支持 CA 配置的终端需要通过一些手段来实现隔离，例如，双工器和复用器。在努力抑制发射信号时，针对特定频带的双工器可以提供 55dB 的效果。此时，复用器则可以用来补偿这个缺陷。在 CA 的情况下，可以考虑采用针对发射信号的功率复用器或开关。简而言之，对于毫米波的频带和 LTE 频带之间的 CA 配置需要考虑进行隔离及其实现的方式。

依照目前的理解，当前的 LTE 复用器的规范并没有覆盖到毫米波的频率响应部分。因此，无法确定 LTE SAW 复用器可以提供多强的隔离能力。虽然可以通过检查数值的方法查看，但是期待的隔离能力并不能如看到的在更高的频率响应一般足够强大。此外，由于 LTE 剩余带宽和毫米波带宽由于在聚合时其中一者会被全部并入，因而使用复用器对于这种 CA 并不适合。于是，毫米波并不适用低于 6GHz 频带的专用电路。为了补偿毫米波适用的 LTE SAW 滤波器的较差的隔离能力，可以考虑在一个终端使用两个天线这种空间隔离的方式。

从 RAN4 标准涉及的芯片级厂商来看，在毫米波中实现滤波器非常具有挑战性。其原因在于 RF 前端的 IL 影响了所需信号的质量，高频导致 IL 值增大。如果天线单元使用滤波器，将会增加成本，并使得天线的体积增大。因此，需要找到适用于毫米波的滤波器技术。虽然陶瓷滤波器可能可以作为一种备选，但是其并没有在低于 6GHz 的频段具有突出和深幅的频率响应。考虑到上述情况，在一个终端上使用两个天线来保证隔离的效果，或许将是一种选择。

综上所述，研究如何实现剩余 LTE 频带和毫米波如 28GHz 的频带间的隔离和如何获得 SI 相位间的隔离非常有必要。

4.7.3.2 UE-UE 共存

在 3GPP RAN4 工作组第 82 次会议中，基于 LTE UE-UE 共存的方案进行了理论分析。对于 28GHz、40GHz、60GHz，-25dBm/MHz、-22dBm/MHz、-18dBm/MHz 的影响范围是决定性的 UE-UE 能否共存的分析结论。然而在之后的 9 个月内，没有针对 UE 的可行性研究。经研究发现，使用更大的集成带宽是解决 -30dBm/MHz 需求的一种解决方案。100MHz 集成带宽还没有被证明是有效的，这就意味着 -10dB/100MHz 对于实现因高 PSD 冲击而不是一个平坦 PSD 而形成的发射，目前还不可行。200MHz 可以使用集成带宽，但一些公司仍认为 -7dB/200MHz 还是一个挑战。[6]

按照我们的理解，UE-UE 的共存性能与 EESS 的性能相似，因此，可以借鉴 EESS 的研究成果，并不需要进行新的研究。基于 EESS 的研究，-25dBm/MHz、-22dBm/MHz、-18dBm/MHz 的性能对于 UE 并不可行。为了解决这个问题，EESS 设置的保护虚拟发射需求对于 UE-UE 共存问题来讲，也是一个不错的选择。将 -25dBm/MHz、-22dBm/MHz、-18dBm/MHz 转变成 -8dBm/MHz、-5dBm/MHz、-1dBm/50MHz，100MHz 集成带宽可以被使用。需求就相应变为 -5dBm/MHz、-3dBm/MHz、2dBm/100MHz。此外，还有另一个选择，便是 EESS 保护结论中的复用 TBD/200MHz，在 UE-UE 共存需求中，EESS 保护需求也得到了保护，不需要进行额外的测试。从 UE 实现的角度来看，上述两种选择都是可行的。具体到使用哪种选择，则需要进一步进行探讨和决定。

4.7.3.3 BS 接收机天线增益设置

在 3GPP RAN4 工作组的规范中，为 OTA 接收机最小灵敏度和干扰而考虑的接收机所需信号，需要针对毫米波 NR BS 接收机最小天线增益进行设置。[7]

为获得满足 OTA 接收机的需求所设置的最小天线增益，有如下几个因素需要考虑。

1. 非峰值余量

通常情况下，建议采用 1dB 的非峰值余量。此外，可以考虑采用 3dB 的非峰值余量，而获得更高的水平和垂直范围操作余量。

2. 元件增益

通常情况下，建议采用 3dB 的因素增益。之所以采用这个数值，是因为在实际应用中，需要考虑便携性而必须采用的元件划分。

3. 阵列增益

当天线元件的尺寸是 0.5λ 时，最小可能的元件间隔就是 0.5λ。因此，在毫米波的应用中，需要考虑便携性的元件分离所能带来的阵列增益。

4. 实现余量

通常情况下，建议采用 1dB 的实现余量。此外，还可以考虑 3dB 的实现余量，来兼容可能存在的其他因素，如在接收机单元中会存在的操控误差和噪声源相关性等。

5. 最小天线增益

基于上述考虑，接收机最小的天线增益可以通过如下公式计算得到：[7]

最小接收机天线增益（dB）$=G+10\times\lg(N)-Im-$ 非峰值余量
$$=10\times\lg(N)-3$$

其中的 G 是元件增益，N 是厂商声称的为每个接收机支路设置的元件数量。上述公式中使用的示例数值可以如表 4-7-1 中的方式设置。

表 4-7-1　最小接收机增益示例

应用场景	U_{Ma}	U_{Mi}	I_{nH}
元件增益（dB）	3	3	3
每个接收机支路的元件数量（个）	8×16	8×16	4×8
$10\lg(N)$（dB）	21	21	17
实现余量（dB）	3	3	3
非峰值余量	3	3	3
最小接收机天线增益（dB）	18	18	14

资料来源：Nokia, Nokia Shanghai Bell.R4-1712689 Proposals on mmWave NR BS Receiver Antenna Gain［S/OL］.2017［2020-03-28］.https://www.3gpp.org/ftp/tsg_ran/WG4_Radio/TSGR4_85/Docs/R4-1712689.zip.

4.7.3.4 LS 到 RAN1 和 RAN2 的双连接

在 Rel-15 版本的协议中，对 LTE-NR 双连接进行了探讨。在 LTE 中，如下设置被定义[8]：

（1）最大接收定时差（maximal reception timing difference，以下简称 MRTD）的同步需求是 33μs，其中 30μs 源于传输时延差，3μs 源于最大 BS 定时偏差。

（2）MRTD 的异步需求是最大 500μs 异步定时偏差（相当于 LTE 中的 TTI 的一半）。

（3）最大传输定时差（maximal transmission timing difference，以下简称 MTTD 就可以定义为：①同步情况下，MTTD 是 35.21μs；②异步情况下，MTTD 是 500μs。

同步和异步的定义应用于一些设置，包括功率控制设置，MRTD 定义，MTTD 定义，间隙和干扰需求等。

在 NR 中，这些情况变得复杂。当使用 LTE-NR，RAT 间的双连接时，就需要周密的分析，来判断是同步场景还是异步场景。

在 LTE 中的 MRTD 定义考虑了高达 9km 的传输距离差，这使得 LTE 具备非常优越的灵活性。由于 LTE-NR 双连接需要相同的灵活性，建议在 LTE-NR 双连接中同样采用 LTE-LTE 双连接的同步方式。例如，当毫米波 NR 载波通过双连接方式采用低于 1GHz 的 LTE 载波时，上述灵活性就变得非常突出。

由于双连接必须处理载波间不同的 SCS，因而在大多数场景下，并没有考虑使用双连接。没有采用双连接以及需要支持针对不同载波的不同 SCS，促使在 UE 的实现中采用分离 FFT。这就导致因为其他的 CA 变量和其他特征，需要采用多个 FFT。采用多个 FFT 和 LTE-NR 双连接的 UE 结构，在针对不同的延时和 BWP 时，因为在 LTE 和 NR 的聚合载波上能够获得不同的 SCS，所以拥有更大的灵活度。

1. 带内 LTE-NR 双连接

在考虑带内 LTE-NR 双连接的问题时，有两种情况需要注意。

（1）位于不同频谱的子 6GHz LTE 频带和子 6GHz NR 频带：在不同的频谱频带中，当 NR 频带可以作为 LTE 频带时，上述两个不同的频带就可以构成 LTE-NR 兼容频带。

（2）子 6GHz LTE 频带和毫米波 NR 频带。因为子 6GHz LTE 频带可以只使用 15kHz，至于 NR 频带是子 6GHz 或是毫米波，在 MRTD 和 MTTD 定义问题上，都不会存在任何不同。在使用 LTE-NR 双连接时，判断同步和异步的需求时，有如下情况需要考虑：LTE-NR 双连接提供了充足的灵活度，在不同频谱范围的小区可以聚合在一起。例如，在一个真实的网络中，在 1GHz 以下的一个非常大的范围的小区与一个毫米波小区聚合，这就需要 UE 尽可能地处理足够大的传输延时差。这同时也为运营商在应用选择和聚合选择方面可以拥有足够的灵活度。

对比 LTE，NR 有一些新的特点，如不同的子载波间隙等，于是，相对于 LTE 也提供了新的机会。因此，在利用 LTE 和 NR 网间协作时，扩展 LTE 双连接需求为 NR 双连接需求，将导致上述的灵活度受损。

由于 LTE 和 NR 的 UE 在实现过程中采用不同的同步设计和需求，因而，在 LTE 和 NR 之间不适合考虑同步的问题。并且，在 UE 端，LTE 和 NR 处理流程中将会采用不同的 RF 处理流程和基带处理流程。否则，如果 NR 在实现过程采用了多个 LTE 设计，NR 将会丧失它本身的优势。因此，建议不考虑同步 LTE-NR 双连接作为一个通用模式。在上述基础上，使用 LTE-NR 双连接的异步模式就变得非常重要。这可以使得运营商在选择和聚合方面获得足够的灵活度。

基于上述理解，在 LTE-NR 双连接操作中，并不需要 LTE 和 NR 小区间的 SFN 同步。这就类似于 Rel-12 版本协议中的 LTE 双连接架构。

在 Rel-12 版本协议中，定义异步操作模式下的 MRTD 和 MTTD 为 500μs，因为 500μs 是两个任意子帧边界可以离地最远的设置（即 1ms 子帧持续长度的一半）。相同的方式可以应用于 NR。依赖于 SCS，更大的 SCS 时隙持续时间的一半可以作为异步的需求被设置。但需要注意的是，RAN1 决定并不采纳在 3GPP 中所使用的 7 个符号长度的时隙，取而代之的是用 14 个符号长度的时隙作为所有的子载波间隔。因此，15kHz 的时隙长度是 1ms，伴随着 SCS 的增加再进一步进行调整。

带内 LTE-NR 双连接下 MRTD 和 MTTD 的定义如表 4-7-2 所示。

表 4-7-2 MRTD 和 MTTD

LTE 主小区 SCS（kHz）	NR 主辅小区 SCS（kHz）	最大接收定时差，异步 操作时的 MRTD（μs）	最大传输定时差，异步操 作时的 MTTD（μs）
15	15	500	500
15	30	250	250
15	60	125	125
15	120	62.5	62.5

资料来源：Ericsson.R4-1711478 Definition of synchronous asynchronous Dual connectivity in Rel-15 LTE-NR combinations［S/OL］.2017［2020-03-28］.https://www.3gpp.org/ftp/tsg_ran/WG4_Radio/TSGR4_84b/Docs/R4-1711478.zip.

2. 双工类型

除了 MRTD 和 MTTD 定义，频带的双工类型存在着不同，即 TDD-TDD、TDD-FDD、FDD-FDD，其中的两种频带类型指代着 LTE 和 NR 作为主小区和辅小区所使用的频带。

通常情况下，UE 的 LTE 和 NR 频带会使用分离的基带，这就会导致如下问题：① LTE 和 NR 的 TDD-TDD 和 TDD-FDD 频带在频率上彼此靠近，如同在 2.5GHz 或 3.5GHz；② LTE 和 NR 的 TDD-TDD 和 TDD-FDD 频带在频率上彼此远离，如 LTE 频段在 700MHz，NR 在 3.5GHz；③ LTE 在子 6GHz，NR 在毫米波频段。

在上述第 2 种和第 3 种情况下，所有的 UE 都需要支持异步双连接操作，在第 1 种情况下，可能需要 UE 具备特定的能力来支持异步操作。当 UE 能够在频率非常接近的 TDD 频段实现双工滤波时，就可以实现异步操作。

在 TDD-TDD（主小区—主辅小区）和 TDD-FDD（主小区—主辅小区或主辅小区—主小区）结合的情况下，当 LTE 和 NR 具有足够频率间隔时，异步双连接操作就可以被实现。当 LTE 和 NR 之间没有足够大的频率间隔时，如果需要双连接操作，而需要 UE 能力的支持。

3. 带间 LTE-NR 双连接

对于 LTE-NR 双连接的带间同步操作，UE 应该：在 MRTD 没有超过表 4-7-3 所列数值的情况下，支持同步 LTE-NR 带间双连接。

表 4-7-3　双连接下的 MRTD

LTE 主小区 SCS（kHz）	NR 主辅小区 SCS（kHz）	最大接收定时差，同步操作时的 MRTD（μs）
15	15	4.76
15	30	2.38
15	60	1.19

资料来源：RAN WG4.R4-1713515 LS to RAN1 and RAN2 on further definitions of synchronous and asynchronous Dual connectivity in Rel-15 LTE-NR combinations［S/OL］.2017［2020-03-28］.https://www.3gpp.org/ftp/tsg_ran/WC4_Radio/TSGR4_85/Docs/R4-1713515.zip.

　　至于准确的 MRTD 数值，目前并没有得出一致的结论。而带间需要也是非常依赖于 UE 的实现。下述任何一种情形均是可能的：①使用普通 FFT 在 UE 中实现 LTE 和 NR 频带；②使用全部分离的 FFT 在 UE 中实现 LTE 和 NR 频带。

　　在 LTE-NR 双连接情况下，LTE 和 NR 的频带位于相同的频带，如 NR 频带可以作为 LTE 的频带。在上述情况下，UE 可以使用相同的芯片设备、相同的基带处理过程来实现两个频带设计，但是需要进行同步处理。

　　带间需求极大地依赖于 UE 的实现方式，下述任意一种情形都是可能的：① UE 采用相同的 RF 路径实现 LTE 和 NR 频带设计；② UE 采用完全独立的路径显示 LTE 和 NR 频带设计。

　　对于带间的 LTE-NR 双连接，如果 UE 指示支持带间异步双连接时，UE 就会支持异步双连接。

　　对于带间的 LTE-NR 双连接，如果 UE 只支持同步双连接操作，就会是如下情形：①在 Rel-15 时间帧中只配置带间 LTE-NR 兼容；② UE 对 LTE 和 NR 只配置一条 RX 路径，以满足表 4-7-4 所述的需求。

表 4-7-4　双连接下的配置需求

LTE SCS（kHz）	NR SCS（kHz）	最大接收定时差，同步操作时的 MRTS（μs）	最大接收定时差，异步操作时的 MRTD（μs）
15	15	4.76	NA
15	30	2.38	NA
15	60	1.19	NA

资料来源：Ericsson.R4-1711478 Definition of synchronous asynchronous Dual connectivity in Rel-15 LTE-NR combinations［S/OL］.2017［2020-03-28］.https://www.3gpp.org/ftp/tsg_ran/WC4_Radio/TSGR4_84b/Docs/R4-1711478.zip.

4.7.3.5　UE 收发机结构

对于毫米波 NR 系统中的接收机而言，其结构不与子 6GHz 的接收机结构相同。在子 6GHz 频带，需要尽可能地抑制带外干扰，以避免接收机路径的饱和，这就使得主流的设计是将 RF 滤波器放置于 LNA 之前。然而，在一个噪声受限的系统里，将 LNA 放在 RF 滤波器之前会更有意义。通过这样处理，插入 RF 滤波器也不会影响接收机的噪声构成。对于毫米波系统，就需要考虑如下因素[11]：①由于众多的带宽和功率放大器的技术限制，使用这个频带和临近频带的系统的功率谱密度会明显低于子 6GHz 频带的功率谱密度，这就造成必须要面对带外干扰。②对于在这些频段的发射信号中的大多数而言，会使用波束赋形来赢得传输距离，这就造就了可以降低干扰的天然的空间滤波器。③因为接收机天线元件具有方向性，干扰的可能性被进一步降低。④许多天线元件是这些频率上的窄带元件，这就自然地抑制了天线的带外干扰。⑤通过选择合适的半导体原料和设计，前端 LNA 能够获得高增益、高线性和高饱和度。

基于滤波器的需求（带外发射、干扰抑制等），RF 滤波器在 30/40GHz 频段，通常会有 1dB~4dB 带内损耗。因此，RF 滤波器的放置位置对于接收机路径的噪声而言会有很大的影响。图 4-7-1 示出了毫米波接收机前端结构。在图 4-7-1（a）和（b）中，RF 滤波器放置于接收机路径中的 LNA 之后。在图 4-7-1（c）和（d）中，RF 滤波器放置于接收机路径中的 LNA 之前。图 4-7-1（a）和（b）中会比（c）和（d）具有更低的噪声。图 4-7-1（c）和（d）能更好地抑制带外干扰，避免由于强带外干扰带来的 LNA 的饱和。假定毫米波系统是噪声受限的系统，这将是设计主要需要考虑的因素。通常情况下，图 4-7-1（a）和（b）会比图 4-7-1（c）和（d）的噪声性能有 4dB 的改善，这就会给噪声受限系统带来更好的覆盖、更高的吞吐量、更好的用户体验。

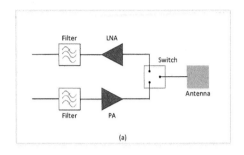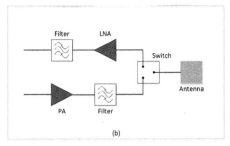
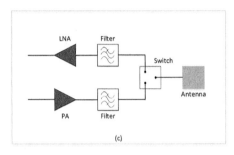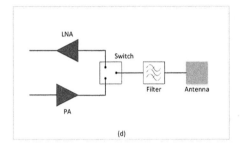

图 4-7-1　毫米波接收机前端结构

资料来源：Straight Path，Qorvo.R1-167576 UE Transceiver Architecture and Noise Figure Assumptions for NR with Frequency Above 6GHz［S/OL］.2016［2020-03-28］.https://www.3gpp.org/ftp/tsg-ran/WG1-RL1/TSGR1-86/Docs/R1-R1-167576.zip.

4.7.3.6　波束恢复

不同于低频带信号，毫米波信号通常没有衍射和穿透障碍，所以，在 UE 和 TRP 之间的高方向性链路就会变得很脆弱。尤其是在有移动的行人或车辆、UE 的运动或 UE 的旋转等情况下，信号的被阻断会导致不同级别的 TRP 和 UE 之间的波束失调。在毫米波系统中，阻断可以被划分为两种：①短时间阻断。例如，被经过的汽车阻断，原波形可以很快被重塑。②长时间阻断。例如，被人或物品的阻断，新波形会被建立，原波形会被丢弃。对于短时阻断的情况，在一个非常短的时间内，数据传输可以被恢复。然而，对于长时阻断的情形，数据重传的失败会最终导致链路中断。为了避免由于长时阻断带来的链路中断，采用波束恢复机制以维持 TRP 和 UE 之间的通信链路就变得势在必行。不同的波束恢复过程会导致不同的鲁棒性和延时。下面就对 NR 多波束系统中的波束恢复进行探讨。

在独立和非独立的 NR 毫米波系统中，波束恢复过程中有些许不同，所以将分开进行讨论。

1. 独立 NR 毫米波系统

在检测到波束被阻断的情况下，TRP 和 UE 将切换到其他的波束来建立更好的链路。由于建立一个新的接入过程需要在 TRP 和 UE 之间花费时间传输信令，因而波束恢复过程在这方面可以降低时延。一种可行的方法是在 UE 和 TRP 侧都存储一系列的波束对。基于波束测量的需求，UE 可以选择不同的 TRP Tx 波束和 UE Rx 波束来形成后补的波束对，并将其告知 TRP。当检测到波束被阻断，TRP 和 UE 就分别切换到后续的波束。如果没有可用的后补波束或切换后的波束并没有被校准，新一轮的过程将被触发。

在严重阻断的情况下，TRP 至 UE 的波束会被全部阻断。在这种情况下，使用其他 TRP 发送的波束则能避免链路的全部中断。因此，在 TRP 和 UE 侧存储的候选波束对应该包括来自不同的 TRP 的波束。为了满足这个需求，波束测量结果需要指示波束质量和波束件的相关性，高质量、低相关的波束将构成后补波束对。

2. 非独立 NR 毫米波系统

在非独立 NR 毫米波系统中，低频 eNB 能够帮助解决波束被阻断的问题。例如，后续波束对可以保存在 UE 侧。当检测到波束被阻断时，UE 切换到候选波束中某一波束，并将相应的 TRP 波束报告至低频 eNB。这样，低频 eNB 就可以将相关信息（如选中的波束 ID）分发至 TRP。如果没有可用的波束，UE 可以临时地被 eNB 服务。通过使用低频 eNB，而不是向 TRP 频繁地报告后续波束对，只有当 UE 检测到波束被阻断时，被选择的 TRP 波束才被报告至低频 eNB。因此，对于上述非独立 NR 毫米波系统而言，波束恢复过程会变得更有效。

4.7.4　毫米波专利分析

4.7.4.1　全球申请分析

伴随着对更高传输速率、更好用户体验需求的提升，对毫米波技术的研究从 21 世纪开始就进入人们的视线。其研究热潮出现在 2013~2014 年前后。

2000~2013 年，各国专利申请量总量从 1500 余件逐步缓慢递增到 5000 余件的水平。2014 年开始，出现爆发式的增长。全球专利申请总量从 6000 多件迅速增长到 12000 余件。尤其以美国和我国为例，2013 年以前，美国每年的专利申请量都处于 1000 件左右的水平，而在 2014 年后，增长到 2000 余件，产生了大幅度的增长。而我国同样在 2012 年以前维持小于等于 1000 件的水准，到 2013 年之后，猛增到 2000 余件。

对毫米波技术的研究，主要还是集中在传统意义上的通信大国或地区，包括美国、中国、韩国、日本、德国、欧洲等，如图 4-7-2 所示。源于在通信技术领域长久的技术累积，申请数量最多的还要算是美国和中国。借助于高通和 AT & T 等公司强大的研发能力和积极的专利布局意识，截至 2019 年 9 月 14 日的统计数据，美国的专利申请数量达到了 39924 件，占全球总数的 35.57%。而在中国，以华为技术有限公司和电子科技大学等为代表的中国民族企业和科研院校的开拓进取，也使得中国的专利申请量达到了 31449 件，占全球总数的 30.42%，遥遥领先于其他国家或地区，如图 4-7-3 所示。

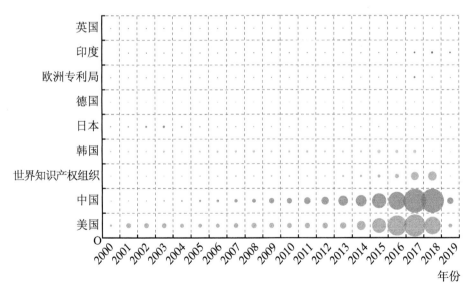

图 4-7-2　全球申请趋势

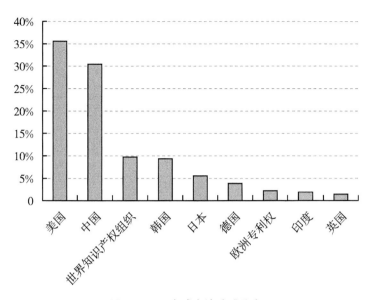

图 4-7-3　全球申请地域分布

毫米波技术涉及数据传输技术（H04B）、无线网络技术（H04W）、天线技术（H01Q）、数字信息传输技术（H04L）、波导型器件（H01P）等多个方面，如图 4-7-4 所示。数据传输技术是指数据为了适应传输所需要进行的相应处理技术，包括涉及的利用毫米波进行通信的传输系统。无线网络技术包括数据管理、安全装置、网络规划、监控与测量、业务量或资源管理、路径查找、接入限制、功率管理、网络拓扑、网络接口的设计等方面。天线技术包括天线零部件设计，与天线结合的装置，改变天线辐射波的指向或方向图的装置，对天线辐射波进行反射、折射、绕射或极化的装置，吸收天线辐射的装置，天线阵的设计等方面。数字信息传输技术包括防止信息中出现差错的装置、同步装置、保密通信装置、数据交换网络、基带系统、载波调制系统的设计等方面。波导型器件包括波导型传输线、耦合器件、谐振器、延迟线的设计等方面。

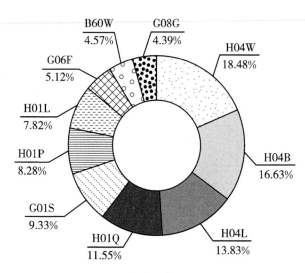

图 4-7-4　全球申请技术领域分布

在全球范围内，针对毫米波的研究，主要的研究方向数据传输技术（H04B）、无线网络技术（H04W）、天线技术（H01Q）、数字信息传输技术（H04L）、波导型器件（H01P）等也呈现出与毫米波总体趋势相同的走势，如图 4-7-5 所示。以无线网络技术（H04W）为例，在 2013 年以前，逐步缓和递增到每年 660 件，自 2014 年开始，从 965 件迅速增加到 2015 年的 1838 件、2016 年的 2392 件、2017 年的 3986 件和 2018 年的 3394 件。在 5G 移动通信技术稳步飞速发展的前提下，毫米波技术的研究也正同时经历着日新月异的变化。

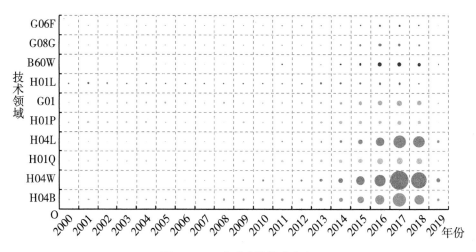

图 4-7-5　全球申请技术分布

在毫米波技术领域，申请数量居前的是高通公司、三星电子株式会社、丰田自动车株式会社、英特尔公司、电子科技大学等。截至 2019 年 9 月 14 日，高通公司的申请量达到了 4347 件，三星电子株式会社则达到了 3884 件，远多于其他的竞争对手，如图 4-7-6 所示。

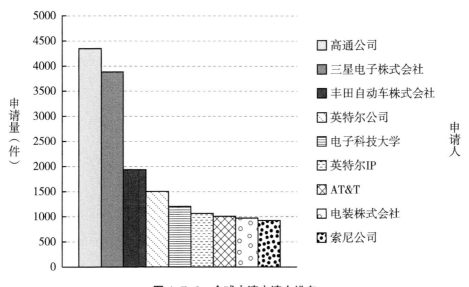

图 4-7-6 全球申请申请人排名

在毫米波技术领域，专利转让主要集中在无线网络技术（H04W）、数据传输技术（H04B）、数字信息传输技术（H04L）、天线技术（H01Q）、无线电定位导航和测距（G01S）等领域，如图 4-7-7 所示。其中，无线网络技术领域共有 7020 件，占比为 18.48%；数据传输技术领域共有 6314 件，占比为 16.63%；数字信息传输技术领域共有 5252 件，占比为 13.83%；天线技术领域共有 4387 件，占比为 11.55%；无线电定位导航和测距领域共有 3542 件，占比为 9.33%。无线网络技术领域属于技术转让最为突出的领域，是毫米波技术的核心领域，专利申请也相应最受关注。

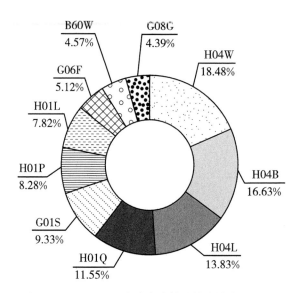

图 4-7-7 全球申请转让技术构成

从转让时间来看，伴随着毫米波技术的蓬勃发展，相应的专利转让也活跃起来。在 2013 年，专利转让量仅为 2098 件，到 2014 年则增加到 2686 件，2015 年突然飞增到 4011 件，2016 年则达到了 5361 件，2017 年的最高峰为 6558 件，如图 4-7-8 所示。

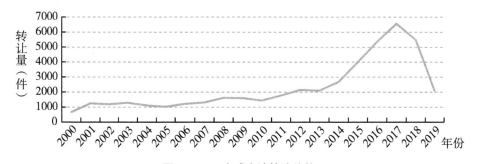

图 4-7-8 全球申请转让趋势

专利转让所涉及的转让人，多为自然人，包括 Gerszberg，Irwin 等。自然人在专利转让前十名中占据 5 席，另外 5 席则被博通公司、美国银行和安华高科技公司等占据。转让数量最多的博通公司所转让的专利数量达到了 877件，排在第十名的特许通讯公司也达到了 557 件，如图 4-7-9 所示。因此，在毫米波技术领域，专利转让表现得相当活跃。

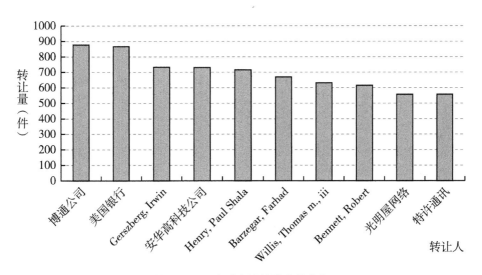

图 4-7-9　全球申请转让人前十名

在毫米波专利受让方面，与转让人不同，受让人均为企业公司，如图 4-7-10 所示。受让最多的当属高通公司，达到 2151 件；其次是三星电子株式会社，达到 1468 件；再次是丰田自动车株式会社，达到 1337 件。转让人位居前十的博通公司和安华高科技公司，同样入围受让人前十的行列。上述两家公司，在毫米波领域的专利运作相对于其他的公司而言，活跃度较高。

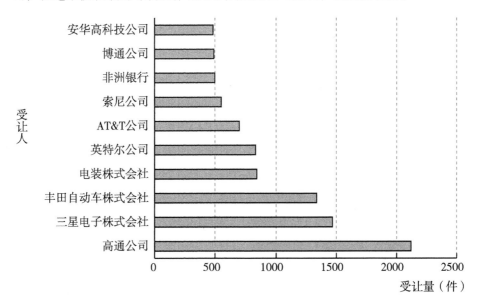

图 4-7-10　全球申请受让人排名

毫米波技术领域专利诉讼的主体多为国外公司，如美国汽车科技公司、镜泰公司和港湾丰田公司。值得注意的是，丰田旗下的多家公司，包括港湾丰田公司、东南丰田公司、丰田汽车公司、丰田汽车工程与制造公司北美公司、丰田汽车制造印第安纳公司、丰田汽车制造肯塔基公司和丰田汽车销售公司美国公司均涉及位于诉讼前十的行列，如图4-7-11所示。可见，未来的5G通信中使用的毫米波通信技术，会被广泛应用于汽车制造领域，属于汽车制造业的一项核心技术。

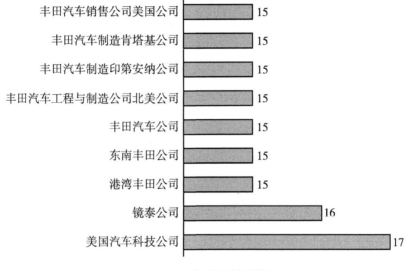

图 4-7-11　全球申请诉讼情况

4.7.4.2　中国申请分析

在分析了全球范围内毫米波技术的发展态势后，再让我们关注一下毫米波技术在我国的发展状况。毫米波技术在我国也是在2013~2014年迎来了蓬勃发展期。尤其是以江苏、北京、四川、广东等省市为代表，在2013~2014年，申请量实现了井喷式增长。以江苏省为例，在2012年的申请量为170件，而2013年就增加到318件，仅一年就实现了近一倍的增长，如图4-7-12所示。

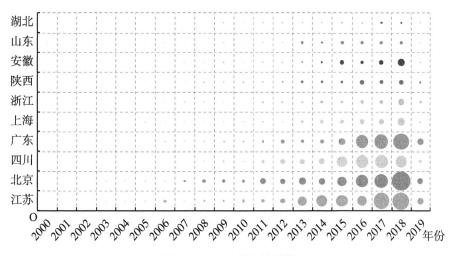

图 4-7-12　中国申请趋势

从我国在毫米波技术领域申请的专利数量来看，还是通信业基础较为雄厚的江苏、北京、四川、广东、上海等省份处于领跑地位。截至 2019 年 9 月 14 日，江苏省共申请 3551 件，北京 3488 件，四川 2679 件，居前三甲的位置，如图 4-7-13 所示。

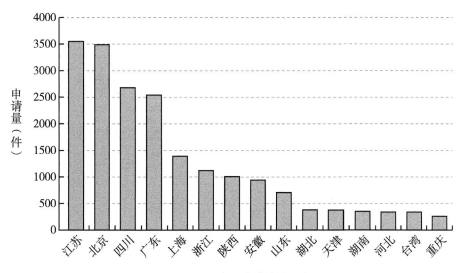

图 4-7-13　中国申请地域分布

在我国，毫米波技术研究的主体以企业、大专院校和科研单位为主。截至 2019 年 9 月 14 日，企业共申请 20233 件，占比 62.45%；大专院校共申请 8217

件，占比 25.36%；科研单位共申请 2647 件，占比 8.17%。在毫米波技术研发领域企业、大专院校和科研单位在我国占据着领先优势，如图 4-7-14 所示。

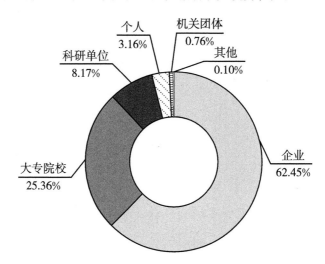

图 4-7-14 中国申请申请人类型

在我国，毫米波技术的专利申请中，发明专利申请共 20633 件，占比最高，其次是实用新型，共 3939 件，再次是外观设计，共 84 件，如图 4-7-15 所示。可见，我国在毫米波技术领域进行了较为深入的研究，多集中在发明专利申请领域。

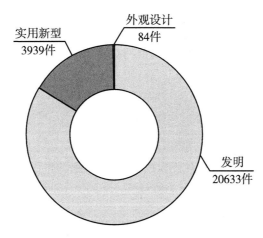

图 4-7-15 中国申请类型

在我国，就毫米波技术进行的专利申请所处的法律状态包括授权、实质审查、权利终止、撤回、公开、驳回、放弃，如图 4-7-16 所示。其中，已经授权的专利申请达到 13319 件，占比达 42.38%；正在进行实质审查的专利申请共 10013 件，占比为 31.86%；权利终止的专利申请共 4066 件，占比为 12.94%；撤回的专利申请共 1835 件，占比为 5.84%；驳回的专利申请共 721 件，占比为 2.29%。较高的专利申请授权率凸显了我国在毫米波技术领域的技术优势。

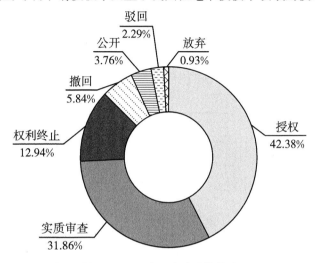

图 4-7-16　中国申请法律状态

在我国，毫米波技术领域的专利申请状态分为有效、在审和失效三个状态，如图 4-7-17 所示。其中，有效的申请达到 13319 件，占比为 42.38%，在审的专利申请达到 11196 件，占比达 35.63%，失效的专利申请案件为 6911 件，占比为 21.99%。总体来看，我国毫米波技术领域的专利申请状态良好。

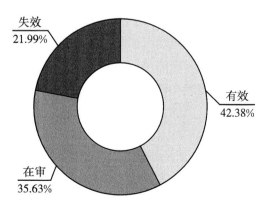

图 4-7-17　中国专利申请状态

4.7.4.3 技术路线

毫米波技术经过三十余年的发展，相关技术日臻完善，如图 4-7-18 所示。

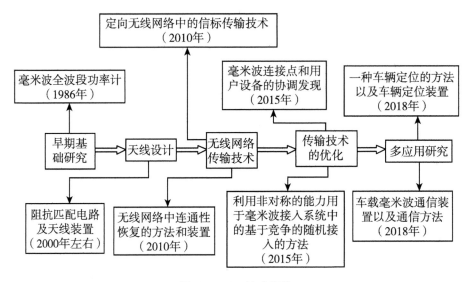

图 4-7-18 技术路线

早在 1986 年，就有申请人就"毫米波全波段功率计"向我国专利局提出发明专利申请，且该申请于 1990 年被授权。该专利对毫米波全波段功率计的结构进行了保护，采用双对称传输系统，终端设计了两个相同结构的负载。在波导内有一量热负载和做成鳍状线的金属片，量热负载的材料是碳化硅和氧化铍。该专利结构简单，工作频带宽、功率量程宽、时间常数短，一台功率计可以取代传统的 5 ~ 7 台功率计。

2000 年左右，针对毫米波频段的天线，有申请人就"阻抗匹配电路及天线装置"提出发明专利申请，重点关注毫米波天线的阻抗匹配电路在不同的两个频带上进行的阻抗匹配，能够灵活地应付进行阻抗匹配的天线的输入阻抗的频率特性，进而不会出现在两个频率附近的频带的一方频带上回波损耗特性变成窄频带，阻抗匹配电路内的损耗增加等现象，即使在任一频带上都能够得到良好的回波损耗特性的效果。

2010 年，无线网络传输领域有了突破性研究，一项名为"定向无线网络中的信标传输技术"提出申请，该申请于 2013 年获得专利权。该专利基于无线通信装置的定向信标传输特性，建立延迟时间；确定是否在时间周期中从远程装置接收到信标传输，时间周期开始于分布式无线通信网络中的信标间隔的起始，并且具有延迟时间的持续时间；在时间周期中没有从远程装置接收到信标传输时，无线通信装置在时间周期完成时发送一个或多个定向信标传输。该专利关注信标的生成方法，为无线网络的同步传输奠定了坚实的理论基础。同年，有申请人再次就"无线网络中连通性恢复的方法和装置"申请了发明专利，基于发射模式和接收模式的质量在所选的通信路径上建立通信链路，使得通信链路的建立得到了保障。

2015 年，名为"毫米波连接点和用户设备的协调发现"的发明专利申请被提出。在该申请中，接收参考定时信息，一方面，基于参考定时信息来确定用于发送信标的一个或多个时隙，以及在一个或多个时隙中的一时隙期间发送信标。在与该时隙中的多个子时隙分别对应的一个或多个方向上发送信标。另一方面，基于参考定时信息来确定用于分别从至少一个连接点接收至少一个信标的时隙，在该时隙期间苏醒，在与该时隙中的多个子时隙分别对应的一个或多个方向上针对至少一个信标进行监测，以及在一个或多个方向中的至少一个方向上，在至少一个时隙中接收至少一个信标。该申请用以适应毫米波在连接点和用户设备之间的协作发现过程中存在的改进需求，使得连接点和用户设备之间能够协同工作。同年，另一件名为"利用非对称的能力用于毫米波接入系统中的基于竞争的随机接入的方法"发明专利申请也被提出。该申请接收用于指示至少数字、模拟或者混合波束成形能力中的一项的波束成形能力信息，所述波束成形能力是与毫米波基站相关联的。基于所述波束成形能力信息，针对 UE 的 M 个接收波束方向中的每个波束接收方向扫描来自所述毫米波基站的 N 个发射波束，从所述 N 个发射波束中确定一个或多个优选的被扫描的波束，并且基于所述优选的一个或多个被扫描的波束建立与所述毫米波基站的无线通信链路。该申请重点关注毫米波接入系统中的随机接入方法，从而使得被扫描的波束能够与毫米波基站之间建立无线通信链路。

2018 年，专利申请中出现了毫米波技术在车联网领域的应用研究。一项名为"一种车辆定位的方法以及车辆定位装置"的发明专利申请被提出。该申请在当前帧时刻，通过测量设备获取预置角度范围内的测量信息，测量信息包括多个静止目标信息；根据测量信息确定当前帧时刻所对应的当前道路边界信息；根据当前道路边界信息确定第一目标定位信息，第一目标定位信息用于表示目标车辆在道路中所在的位置；根据当前道路边界信息与历史道路边界信息确定道路曲率信息，道路曲率信息用于表示目标车辆所在道路的弯曲程度；输出第一目标定位信息和道路曲率信息。本申请可以提升定位信息的置信度和可靠性，且估计出车辆所在车道的弯曲度，从而提升车辆定位的准确性。同年，还出现了车载毫米波通信装置类的发明专利申请。该申请在车辆的毫米波通信中，进行与状况对应的适合的通信。该申请中使用能够变更指向性的天线单元，一边在时间上变更通信方向一边进行通信，所述车载毫米波通信装置具备：行驶环境取得单元，取得包括关于所述车辆行驶中的道路的道路状况及所述车辆的车辆状态的至少任意一个的行驶环境；以及通信控制单元，控制为根据所述行驶环境决定对各通信方向分配的通信时间而进行通信。该申请使得在车辆用的毫米波通信实现与所处状况对应的适合的通信，实现车辆通信过程中的高效通信控制。

在经过早期基础研究、天线设计、无线网络传输技术、传输技术优化、多应用研究的全方位发展之后，毫米波技术在为 5G 通信系统带来性能改进的同时，也得到了自身广阔的发展空间。5G 通信必将助推毫米波技术向着更加完备、优化的方向不断前进。

参考文献

［1］张长青．面向 5G 的毫米波技术应用研究［J］.邮电设计技术，2016（6）：30-34.

［2］张博．面向 5G 的毫米波技术应用分析［J］.数字通信世界，2019（3）：63.

［3］孙振华，李刚．面向 5G 的毫米波技术［J］.电子技术与软件工程，2018（17）：41.

［4］蔡子华．面向 5G 高移动性场景的毫米波技术应用研究［J］.广东通信技术，2017（10）：57-61.

［5］NTT DOCOMO，INC.R4-168393 NSA and UE implementation in mmWave［S/OL］.2016［2020-03-28］.https://www.3gpp.org/ftp/tsg_ran/WG4_Radio/TSGR4_80Bis/Docs/R4-168393.zip.

［6］Huawei，HiSilicon.R4-1712922 mmWave UE-UE co-exist requirement［S/OL］.2017［2020-03-28］.https://www.3gpp.org/ftp/tsg_ran/WG4_Radio/TSGR4_85/Docs/R4-1712922.zip.

［7］Nokia，Nokia Shanghai Bell.R4-1712689 Proposals on mmWave NR BS Receiver Antenna Gain［S/OL］.2017［2020-03-28］.https://www.3gpp.org/ftp/tsg_ran/WG4_Radio/

TSGR4_85/Docs/R4-1712689.zip.

［8］RAN WG4.R4-1713515 LS to RAN1 and RAN2 on further definitions of synchronous and asynchronous Dual connectivity in Rel-15 LTE-NR combinations［S/OL］.2017［2020-03-28］. https://www.3gpp.org/ftp/tsg_ran/WG4_Radio/TSGR4_85/Docs/R4-1713515.zip.

［9］Ericsson.R4-1800597 Further Discussions on synchronous and asynchronous Dual connectivity in Rel-15 LTE-NR combinations［S/OL］.2018［2020-03-28］.https:// www.3gpp.org/ftp/tsg_ran/WG4_Radio/TSGR4_AHs/TSGR4_AH-1801/Docs/R4-1800597. zip.

［10］Ericsson.R4-1711478 Definition of synchronous asynchronous Dual connectivity in Rel-15 LTE-NR combinations［S/OL］.2017［2020-03-28］.https://www.3gpp.org/ftp/tsg_ran/ WG4_Radio/TSGR4_84b/Docs/R4-1711478.zip.

［11］Straight Path，Qorvo.R1-167576 UE Transceiver Architecture and Noise Figure Assumptions for NR with Frequency Above 6GHz［S/OL］.2016［2020-03-28］.https:// www.3gpp.org/ftp/tsg-ran/WG1-RL1/TSGR1-86/Docs/R1-R1-167576.zip.

第 5 章　5G 典型应用场景

5.1　V2X

5.1.1　概述

随着汽车保有量的迅速增加，基于网联化、智能化、共享化的智能出行方案越来越多地引起各方的关注。智能出行可以满足用户不同层次的需求，从而提供更经济、更安全、更便捷的出行方式。智能出行建立在以人、车、路协同的辅助驾驶、自动驾驶为核心的智能交通系统之上，新场景、新需求的引入对数据通信与计算提出了更高的要求，也推进车联网从仅支持车载信息服务的传统车联网向支持车联一切服务的下一代车联网发展。

V2X 通信技术旨在通过车辆和路边基础设施间的协同通信来提高驾驶安全性、减少拥堵以及提高交通效率等，目前主要有基于 IEEE 802.11p 的专用短程通信（dedicated short range communication，DSRC）标准与基于蜂窝网络的 LTE-V2X 技术标准和 5G NR-V2X 技术标准。

5.1.1.1　LTE-V2X 标准进展

2012 年，包括华为技术有限公司、中国移动通信集团有限公司以及大唐电信科技股份有限公司在内的一大批中国公司开始推动并主导基于 LTE 的 V2X 通信解决方案在 3GPP 的研究。

2013 年，中国通信标准化协会发布了基于 LTE-V2X 通信解决方案的相应的工作项目。

2015 年年初，中国移动通信集团有限公司引领的中国通信标准化协会（China Communications Standards Association，以下简称 CCSA）LTE V2X 频谱研究项目正式启动。

2015 年 6 月，3GPP RAN 立项启动"基于 LTE 的 V2X"研究课题，正式启动了基于 LTE-V 的 V2X 通信解决方案的研究。

2015 年 8 月，3GPP 正式将 V2X 通信列入会议的探讨要点，并在之后的各种技术报告中对 V2X 通信技术进行了不断的完善。

2015 年年底，LTE-V2X 被 3GPP 组织纳入 Release 14 标准的制定中。

2016 年 3 月，韩国 LG 公司完成了 LTE-V2X 需求标准的项目研究。2016 年 9 月，V2V 标准在 Release 14 中正式完成。[1] LTE-V2X Rel-14 标准已于 2017 年 3 月完成，标准化的通信技术主要有以下两种：基于 LTE 的直连通信技术和基于 LTE 蜂窝网的通信技术。

2017 年 3 月，由大唐电信科技股份有限公司等公司联合牵头的"3GPP V2X 第二阶段标准研究"，主要讨论了包括载波聚合、发送分集、高阶调制、短帧传输等物理层关键技术，并于 2018 年 6 月结项。

5.1.1.2 5G NR-V2X 标准进展

面向未来自动驾驶阶段的车联网需求，3GPP 已于 2016 年开始了 5G V2X 的标准化工作。2016 年 6 月，3GPP SA1 进行"增强的 V2X 业务需求"标准研究工作。[2] 在发布的研究结果 TS22.886 中，定义了 25 个应用案例，包括自动车队驾驶、半 / 全自动驾驶、可扩展传感、远程驾驶等需求。[3]

2017 年 3 月，3GPP RAN 开始进行 V2X 新型应用评估方法研究的 SI，[4] 对 3GPP TS22.886 中定义的增强业务需求进行评估研究，包括仿真场景、性能指标、频谱需求、信道模型和业务模型等。

在 TS-22.186 中，将 NR-V2X 需支持的应用场景分为车辆组队、增强驾驶、扩展传感、远程驾驶，[5] 对丁这四类应用场景的性能需求指标，在传输速率、时延、可靠性方面提出了更高要求。

3GPP NR V2X 标准化工作从 Release 16 开始，在 2018 年 6 月的 RAN 第 80 次会议上，沃达丰向全会提交了"New SID：Study on NR V2X"的研究议题申请，[6] 标志着 NR V2X SI 的正式立项。NR V2X SI 一共经历了 5 次 RAN1 会议，包括 RAN1#94、RAN1#94b、RAN1#95、RAN1 AH1901 和 RAN1#96。从 RAN1 第 96bis 次会议开始，[7] NR V2X 进入标准制定的 WI 阶段。目前，NR V2X 标准化工作已取得很多实质性进展。

5.1.1.3　5G NR-V2X 需求

基于蜂窝移动通信为基础的 V2X 技术，分为 LTE-V2X 和 5G NR-V2X。3GPP SA1 在 TS 22.185 定义了车到车（vehicle to vehicle，以下简称 V2V），车到路（vehicle to infrastructure，以下简称 V2I），车到网（vehicle to network，以下简称 V2N），车到人（vehicle to pedestrian，以下简称 V2P）等四种类型的 V2X 应用。[8]

V2V：相互靠近的车辆之间交互 V2V 应用信息。这类应用信息主要以车辆的位置、运动状态等信息为主，以提供安全预警、提高行车安全性为主要目的。

V2I：车辆与路边单元（road side unit，以下简称 RSU）之间交互 V2I 应用信息。这类应用信息主要为车辆提供及时有效的交通环境信息，如红绿灯信息、交通标志信息、道路施工提示信息等。

V2N：车辆与应用服务器之间交互 V2N 应用信息。其中，应用服务器可位于云端，车辆与应用服务器之间通过 LTE 网络实现通信。这类应用可以为车辆提供云端服务接入，通过 LTE 网络实现更大覆盖范围的车联网服务，提供交通效率提升等服务。

V2P：相互靠近的车辆与行人之间交互 V2P 应用信息。这类应用可为行人或车辆提供安全提醒，与 V2V 应用相比，V2P 更侧重于保护行人的安全。

针对以上 V2X 应用类型，3GPP SA1 定义了 27 个应用例，既涵盖了交通安全提升、交通效率提升、远程诊断等应用场景，又涵盖了运营、QoS 保障、隐私保护等方面的需求。3GPP SA1 整合各种典型应用例，针对不同的环境，给出了 LTE-V2X 技术需求示例，如表 5-1-1 所示。

表 5-1-1　LTE-V2X 技术需求参数

场景	有效范围 / m	绝对移动速度 / （km/h）	相对移动速度 / （km/h）	最大时延 / ms	单次传输成功率 / %	两次传输成功率 / %
郊区	200	50	100	100	90	99
限速高速公路	320	160	280	100	80	96
不限速高速公路	320	280	280	100	80	96

续表

场景	有效范围 / m	绝对移动速度 / （km/h）	相对移动速度 / （km/h）	最大时延 / ms	单次传输成功率 / %	两次传输成功率 / %
城区	150	50	100	100	90	99
城区交叉路口	50	50	100	100	95	—
校园 / 商业区	50	30	30	100	90	99
碰撞前	20	80	160	20	95	—

LTE-V2X 可以通过网络辅助通信和自主直接传输两种传输模式实现车联网业务。基于两种模式的 V2V 和 V2I 通信对时延和可靠性没有严格要求，但随着丢包和时延的增加，通信质量出现下降。由于时延和可靠性的短板，基于 LTE-V2X 的车联网解决方案只能用于辅助驾驶和初级自动驾驶场景，必须通过更新 V2X 技术满足未来高级别自动驾驶的需求，5G 新空口（new radio，5G NR）V2X 应运而生。

3GPP SA1 继续定义了面向 5G 的增强的 V2X 业务需求，在 TS 22.186 定义并归纳了 NR-V2X 需支持的应用场景：车辆组队、增强驾驶、扩展传感、远程驾驶，对于这四类应用场景的性能需求指标，在传输速率、时延、可靠性方面提出了更高要求，如表 5-1-2 所示。

表 5-1-2 5G NR-V2X 技术需求参数

场景	有效通信距离	最大时延 / ms	单次传输成功率 / %	传输速率 / （Mbit/s）	负载 / B
车辆组队	5~10s × 最快相对速度	10~25	90~99.99	50~65	50~1200
增强驾驶	5~10s × 最快相对速度	V2V：3~10 V2I：100	99.9~99.999	UL：50	30~12000
扩展传感	50~1000m	3~100	99.999	1000	1600
远程驾驶	—	5	90~99.999	UL：25 DL：1	—

1. 车辆组队

车辆组队可以实现多个车辆自动编队行驶。编队中的所有车辆接收头车周期性发出的数据，以便进行编队操作。车辆自动编队允许车队成员动态变化，车队中的跟随车辆实时接收头车的相关操作信息指示。通过车辆之间的信息交互，可以使得车辆之间的间距非常小（例如几米甚至几十厘米），从而降低后车的油耗。此外，编队行驶还可帮助后车实现跟随式的自动驾驶。首先，车辆需要建立编组，基于中心调度的建组过程需要支持；其次，在组队过程中，车辆间需要协同变道实现车队的汇入和汇出；再次，头车发出的操作指令需要以最小时延和最高的可靠性保证所有尾随车辆的操作可靠；最后，车辆还需要分享各自视野或者收到的路况和预警信息。

车辆编队分为临时行为和长期行为。临时行为可以是车辆在某繁忙的交通路口通过编队临时组成通行车队，协作式地快速高效地通过交叉路口和城市地区，可以有效缓解城市交通拥堵状况，减少噪声和尾气污染。长期行为主要体现在高速路口上，一种可能的场景为同一物流公司的载货汽车，由于目的地相同，可以组成一个由头车控制的车队，跟随车辆可实现自动驾驶，减少驾驶员疲劳驾驶，从而提高通行的安全性，减少交通事故。

车辆编队需要基于中心控制器来实现整体调度。中心控制器可以从RSU、车辆上报信息和路边行人反馈信息获得实时参考信息，从而作出具体调度判断。该业务推动车、路、云一体化，进而给城市交通规划设想了一种新的可能。

根据 5G 汽车联盟定义，针对不同级别的编队需求和不同的通信渠道，该场景要求最小的通信覆盖距离是 100m 左右，最小 10ms 的端到端时延，单车要求 50 Mbit/s 的上行吞吐，可靠性最大要求 99.99%。

2. 增强驾驶

增强驾驶可以实现半自动或全自动驾驶。每辆车和 / 或 RSU 将其通过传感器获得的数据共享给周边车辆，从而允许车辆协调它们的运动轨迹或操作。此外，每辆车都与周边车辆共享其驾驶意图。典型的应用场景包括车道内车辆的协同汇入汇出、车辆间协同紧急避险、停车场自动泊车等。这个场景可以提高驾驶安全性，提高交通效率。

根据 3GPP 定义，针对不同的应用场景需求，该场景要求最大的通信覆盖距离是1000m左右，最小 3ms 的端到端时延，最大要求 1Gbit/s 的系统吞吐，可靠性最大要求 99.999%。

3. 扩展传感

扩展传感器可实现本地传感器采集的数据或实时视频数据在车辆、RSU、行人设备和 V2X 应用服务器之间的交换。这些数据的交互等效于扩展了车辆传感器的探测范围，从而使车辆增强了对自身环境的感知能力，并使车辆对周边情况能有更全面的了解。

基于扩展传感的城市交通网络建设可以实现基于实时互联数据的信号灯动态优化、动态潮汐车道配置优化、车辆路径引导优化、智能停车引导、专用车道紧急调度等城市交通功能的优化处理，实现真正的车、路、人、云协同。

根据 5G 汽车联盟定义，针对不同的应用场景需求，该场景要求最大的通信覆盖距离是 1000m 左右，最小 3ms 的端到端时延，最大要求 1Gbit/s 的系统吞吐，可靠性最大要求 99.999%。

4. 远程驾驶

远程驾驶可实现驾驶员或驾驶程序远程驾驶车辆。该场景可用于乘客无法驾驶车辆、车辆处于危险环境等本地驾驶条件受限的情况，也可用于公共运输等行驶轨迹相对固定的场景，例如，公共交通等，可以使用基于云计算的驾驶。

远程驾驶需要实施路况回传，这对无线网络的带宽和时延需求是一个很大的挑战。根据 5G 汽车联盟定义，该场景要求最小的通信覆盖距离是 300m，20ms 的端到端时延，单车要求 25Mbit/s 的上行吞吐，可靠性最大要求 99.999%。

5.1.1.4　5G NR-V2X 架构

5G NR-V2X 基于 5G NR 空口无线技术体系演进，并继承了 NR 网络的诸多关键技术。在 TS 38.885 中定义了 NR V2X 架构，分为独立部署和双连接部署（multi-rat dual connectivity，以下简称 MR-DC）两种类型，涵盖六种场景，如图 5-1-1 所示。[9] 其中场景 1~3 为独立部署场景，场景 4~6 为 MR-DC 场景，在 MR-DC 场景下，辅节点（secondary node，以下简称 SN）不能对侧行链路

（sidelink）资源进行管理和分配。

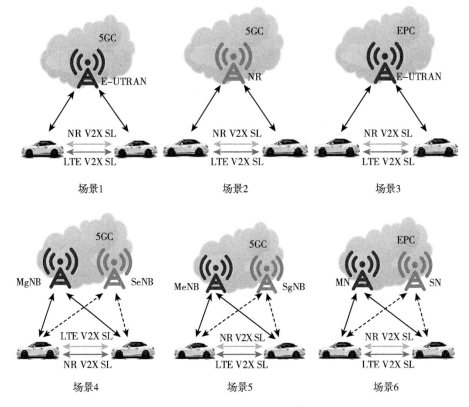

图 5-1-1　5G NR-V2X 架构

场景 1~3 中，分别由 gNB、ng-eNB 和 eNB 对在 LTE sidelink 和 NR sidelink 中进行 V2X 通信的 UE 进行管理或配置；场景 4~6 中，由主节点（main node，以下简称 MN）来对在 LTE sidelink 和 NR sidelink 中进行 V2X 通信的 UE 进行管理或配置。

5.1.2　V2X 关键技术

3GPP RAN 的 V2X 无线接入技术标准化工作分为三个阶段：第一阶段是基于 LTE 技术满足 LTE-V2X 基本业务需求，对应 LTE Rel-14 版本；第二阶段是基于 LTE 技术满足部分 5G-V2X 增强业务需求，对应 LTE Rel-15 版本；第三阶段是基于 5G NR 技术实现全部或大部分 5G-V2X 增强业务需求，对应 5G-NR Rel-16 版本。

5.1.2.1　LTE-V2X Rel-14 关键技术

LTE-V2X Rel-14（Phase 1）标准已于 2017 年 3 月完成，标准化的通信技术主要有以下两种：基于 LTE 的直连通信技术和基于 LTE 蜂窝网的通信技术。[10]

5.1.2.1.1　基于 LTE 的直连通信的无线接入关键技术

该技术是 LTE-D2D 的增强技术，因此也称为基于 PC5 的 LTE-V2X。其在 LTE-D2D 的基础上，改进了导频设计、资源分配和定时过程，以支持更高的车速、更适合 V2X 业务特征和环境特征。基于该技术，车辆之间可以通过旁链路，即 PC5 接口，传输 V2X 业务信息，无须通过基站中转。当车辆处于 LTE 蜂窝网络覆盖下时，LTE 基站可以为车辆直连通信提供信令传输，如参数配置、资源调度等；当车辆没有在 LTE 蜂窝网络覆盖下时，车辆之间的直接通信也能进行，此时通信所需要的参数配置需要预先设置。

1. 解调导频设计

原有 D2D 系统的物理层技术适用于较低的移动速度以及较低的频点，很难适应 LTE-V2X 系统高速移动（相对速度最高可达 500km/h）以及 5.9GHz 部署带来的更高的多普勒扩展，因此需要增强物理层设计。LTE-D2D 沿用 LTE 上行帧结构，每个子帧中包含两个 DMRS，在高速情况下的信道估计性能很差。目前 3GPP RAN1 采纳了增加 DMRS 密度的设计方案，对于物理侧行链路控制信道（pysical sidelink control channel，以下简称 PSCCH）和物理侧行链路共享信道（pysical sidelink share channel，以下简称 PSSCH），每个子帧包含四个 DMRS，对于物理侧行链路广播信道（pysical sidelink broadcast channel，以下简称 PSBCH），每个子帧包含三个 DMRS。

2. 资源分配机制

V2X 消息大多具有周期性特性，业务持续时间较长。因此，在资源分配方面，LTE-V2X PC5 引入了半持续传输的设计。V2X 业务的另外一个特点是终端数量多，在一个传统蜂窝小区的覆盖范围内可以有多达上百辆车需要发送数据，如果不对资源分配机制进行优化，系统内会产生严重的传输资源冲突，导致传输距离缩短、可靠性降低。因此，与 LTE-D2D 相比，基于 PC5 的 LTE V2X 的传输次数不再受每个包强制传输四次的限制，可以进行一次或两次传输,以求在可靠性、资源占用效率、覆盖距离之间进行平衡。在资源分配机制方面,LTE-V2X 增强了 D2D 中的基站调度的资源分配模式(mode 1)和 UE 自主选择的资源分配模式(mode 2),并分别命名为 mode 3 和 mode 4。

对于 mode 3,LTE-V2X 引入半持续调度方式以适应 V2X 业务中的周期性业务,同时支持跨载波调度,以支持通过授权频谱(如 2.6GHz)发送调度信令用于调度 V2X 专用频谱(如 5.9GHz)上的 V2X 传输。此种情况下,资源完全由基站调度,当车辆较多、PC5 传输资源较紧张时,基站可以选择为其中某些车辆优先分配侧行链路传输资源,而为其他车辆分配较少甚至不分配侧行链路传输资源,例如,当应急车辆经过拥堵路段时,基站调度应急车辆(如救护车、消防车)的信息被优先发送,提醒社会车辆紧急避让;当严重拥堵或连环追尾已经发生时,基站调度严重拥堵路段或连环追尾路段尾端的车辆信息被优先发送,提醒后方高速驶向拥堵路段或连环追尾路的车辆及时减速,避免连环追尾或连环追尾范围的扩大。

对于 mode 4,LTE-V2X 针对周期性业务特征、时延要求、V2P 业务的功耗要求,优化了 UE 的探测过程,UE 通过解码 PC5 接口上的调度分配(scheduling assignment,以下简称 SA)以及功率检测,从基站配置或预先配置的 mode 4 资源池中根据资源选择条件自主选择可用于发送 V2X 信息的无线资源。同时,支持资源预留机制,即 UE 在一次传输中将声明下次传输需要使用资源,以保证半持续传输的需求。

3. 同步设计

UE 定时参考源可以是 eNodeB、全球卫星导航系统(global navigation satellite system,GNSS)或其他 UE。当没有网络覆盖时,根据 GNSS 定时的优先级最高;当有网络覆盖时,UE 的定时参考源可以由基站配置成根据 eNodeB 定时或 GNSS 定时。eNodeB 定时与 GNSS 定时可以形成互补,增加了 LTE-V2X 终端获得定时同步源的可能性。

5.1.2.1.2 基于 LTE 的蜂窝网的关键技术

车辆、RSU 等 LTE-V2X 终端可以通过上行链路,将 V2X 业务信息传输给基站;基站也可以将收集到的多个车辆的 V2X 业务信息或者将 V2X 业务应用服务器的信息通过下行链路广播给覆盖范围内的所有车辆。

基于 LTE 蜂窝网的 LTE-V2X 采用传统 LTE 的 Uu 接口，因此，该技术也可称为基于 Uu 接口的 LTE-V2X。由于 LTE 网络本身已经能够较好地支持高移动，因而无须针对高速场景进行增强。但考虑到 V2X 的业务负载和业务特征，需要对上行半持续调度（SPS）进行增强，以及对下行的广播技术（如 SC-PTM、eMBMS）进行增强，主要包括引入多进程 SPS，缩短了 eMBMS 的周期。此外，进一步引入了 V2X 业务专属的 QoS，以支持对 V2X 业务的服务质量管理。

5.1.2.2　LTE-V2X Rel-15 关键技术

LTE-V2X Rel-15（Phase 2）标准化工作于 2017 年 3 月立项，2018 年 6 月完成。LTE-V2X Rel-15 是基于 LTE-V2X 的演进，网络架构与 LTE-V2X 相同。

1. PC5 载波聚合（最多支持 8 个 PC5 载波）

Mode 3 的载波聚合不需要 RAN1 的标准化工作；mode 4 的在每个载波内的侦听、资源选择和资源重选复用 Rel-14 的机制，多载波情况下，载波选择还需考虑业务优先级、载波负载和 UE 能力等因素；一个 MAC PDU 只能在一个载波上传输，一旦为一个侧行链路进程选好载波，那么这个载波将用于传输该侧行链路进程中所有 MAC PDU，直到触发了资源重新选择；对于接收和发送，多个载波对应同一定时同步源。

2. 64QAM

引入新的 MCS，支持更高的调制编码方案；引入小于 1 的 TBS 调节因子，防止出现峰值频谱效率超过限制的情况；支持 64QAM。

3. 发送分集

PSCCH 支持小延时的循环延时分集（small delay CDD），该方案可以兼容 Rel-14 UE；支持两个端口，非透明 PSSCH 发送分集（暂为工作假设）。

4. 低时延相关技术

PC5 使用 Short TTI；降低 mode 4 中资源选择窗口结束时间的最小值，以降低物理层时延。

5. mode 3 和 mode 4 资源池共享

Rel-15 mode 3 UE 将侧行链路控制信令（sidelink control indicator，以下简称 SCI）中的资源预留指示字段设置为半持续调度周期，从而辅助 mode 4

UE 进行资源选择。

5.1.2.3　5G NR-V2X Rel-16 关键技术

为了满足先进车联网业务更严苛的性能需求，NR-V2X 将引入一系列新的技术特性，包括增加组播和单播传输模式、HARQ 反馈、CSI 测量上报、引入多种 PSCCH 与 PSSCH 复用模式、NR 基站与 LTE 基站互相调度 LTE-V 与 NR-V、基于同步广播块（synchronization/PBCH block，以下简称 SSB）的侧行链路同步等，并在物理层架构设计、传输过程、资源分配、同步机制以及 NR 与 LTE 设备共存等关键技术方面结合新技术和 NR 空口特性展开全新设计。

NR-V2X 在 2018 年 8 月至 2019 年 3 月为标准研究阶段（SI），2019 年 4 月进入标准制定阶段（WI），预计 2019 年年底完成 R16 阶段的标准制定工作，以支持 NRV2X 的未来商用。

5.1.2.3.1　物理层架构设计

物理层架构设计主要涉及 NR-V2X 波形、编码、帧结构、带宽、信道设计、参考符号等方面。

（1）在波形方面，NR-V2X 在 R16 阶段仅支持 CP-OFDM 波形以简化设计。

（2）在编码方面，类似于 Uu 接口的控制信道和数据信道传输，PSCCH 将采用 polar 编码，PSSCH 将采用低密度校验码（LDPC）编码。

（3）在帧结构方面，NR sidelink（NR SL）将支持多种子载波间隔（subcarrier space，以下简称 SCS），其中在低频（FR1）上 SCS 将支持 15kHz/30kHz/60kHz 配置，在高频（FR2）上 SCS 将支持 60kHz/120kHz 配置。在 R16 阶段，仅 60kHz SCS 支持扩展 CP，支持更大的通信范围。为简化设计，终端在同一载波上将用相同的参数集进行发送或接收。

（4）在带宽方面，SL 将和 Uu 共享授权频段，以及配置 SL 专用频段。在 NR SL 将定义部分带宽（band width part，以下简称 BWP）以及资源池进行灵活的带宽配置。对于授权频段，SL BWP 配置将独立于 Uu 接口的 BWP 配置，满足 SL 与 Uu 接口的差异性需求。资源池则表示基站配置给用户的时频资源集合。一个用户可配置多个资源池，且资源池需在配置 BWP 的范围内。

为了减少 BWP 之间切换时延以及不同的 BWP 之间参数集的互相干扰问题，NR SL 在应用 BWP 时做了多个限制。首先，处于 RRC 空闲状态以及基站覆盖范围之外的用户在一个载波范围内只能配置一个 BWP；其次，处于 RRC 连接状态的用户在一个载波范围内只能激活一个 BWP；最后，由于一个用户不能同时工作在不同的 BWP 上，所以同一个用户将在相同 BWP 上进行 SL 收发数据。虽然 SL BWP 与 Uu BWP 相互独立配置，为避免用户发送设备频繁的参数集切换，用户在同一载波下配置的 SL BWP 和激活上行 BWP 将采用相同的参数集。

（5）在信道设计方面，SL 将包括 PSCCH、PSSCH、物理边链路反馈信道（physical SL feedback channel，以下简称 PSFCH）、PSBCH。其中，PSCCH 用于承载指示 PSSCH 传输的控制信令 SCI，将采用 QPSK 调制保证传输的可靠性；PSSCH 用于传输有用负载；PSFCH 用于发送 SFCI，至少用于承载 PSSCH 检测的 HARQ 反馈信息；PSBCH 则用于发送广播信息，将沿用 SSB 的设计思路，获取 SL 设备间的同步。

对于 PSCCH 和 PSSCH 之间的资源复用包括了四种选项，具体如图 5-1-2 所示。

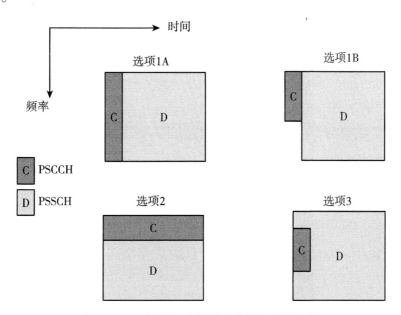

图 5-1-2　候选 PSCCH 与 PSSCH 复用关系

其中，选项 1A 中 PSCCH 与 PSSCH 占用相同频带，相比选项 1B 控制信道可获得更低的码率提高可靠性，相应资源开销更大，而选项 1B 在一定程度上减少了控制信道开销；选项 2 中 PSCCH 与 PSSCH 占用相同时域资源，类似 LTE-V2X 中的设计，可以获得更低的传输时延；选项 3 中 PSCCH 和 PSSCH 之间不存在时间间隔，可以进行同时检测以降低时延，并且控制信道相比数据信道采用部分带宽以降低资源开销。目前，标准确定至少支持选项 1A/1B/3 中的一项，其中选项 3 作为仿真评估必选项。在选项 1A/1B 中，PSCCH 和 PSSCH 可能存在一定的间隔，可以利用该间隔支持不同的 PSCCH 和 PSSCH 功率控制，以及进一步用于支持当周围终端到检测 PSCCH 指示的 PSSCH 发生碰撞时，辅助源节点进行 PSSCH 的资源重选，而在选项 3 中不支持该类型辅助。

对于 PSCCH/PSSCH 与 PSFCH 之间的复用，为支持快速反馈，标准支持在一个时隙内 PSCCH/PSSCH 与 PSFCH 之间的时分复用。

关于控制信道 PSCCH，确定接收设备已知 PSCCH 的起始符号以及符号长度，具体获知方式可能通过预配等方式。为减省设备的检测开销，以及支持周围终端检测到 PSSCH 资源冲突时进行冲突指示，在标准研究中提出了两步 SCI 的技术，即第一步 SCI 包含相关的设备 ID 信息以及 PSSCH 资源指示信息，第二步 SCI 包含 PSSCH 相关必要的检测信息。

关于反馈信道 PSFCH，确定可以利用时隙内最后的符号进行传输，将进一步确定其格式，目前支持 PUCCH 格式 0 作为短 PSFCH 格式的基线，并采用一个符号（不包括 AGC 训练之间）用于 PSFCH。

（6）在参考符号方面，主要包括 DMRS、CSI-RS、SRS 和 PT-RS 的研究讨论。标准确定在 SL 中采用 DMRS、CSI-RS（定义新的）和 PT-RS，其中 PT-RS 用于高频。由于 PSSCH 最多支持两层的传输，因此在频域上，考虑采用 R15 PDSCH DMRS 类型 1 的设计。关于 CSI-RS，将用于信道质量等级（channel quality index，以下简称 CQI）/ 秩（rank index，以下简称 RI）测量并包含在 PSSCH 中传输。

5.1.2.3.2　传输过程

传输过程主要涉及 HARQ 反馈、功率控制、设备层 1-ID 信息生成方式等。

1. HARQ 反馈

将在组播和单播场景中支持 HARQ 反馈以提升传输的可靠性，HARQ 反馈信息在反馈信道 PSFCH 中传输。在单播场景中，当收端正确检测 PSSCH，将向发端反馈 ACK，否则反馈 NACK；在组播场景中，考虑 ACK/NACK 均反馈或者仅反馈 NACK（收端采用相同的反馈资源），以减少开销。标准进一步支持基于收发距离激活 / 去激活 HARQ 反馈，以适应不同反馈信道条件。为灵活支持 PSSCH 和 PSFCH 的时间间隔，确定在一个资源池内 PSFCH 采用的资源可以周期性地（预）配置，其中周期可以是一个时隙或者多个时隙（目前标准支持 1、2、4 个时隙）。关于 PSSCH 和对应 PSFCH 反馈时隙，当 PSSCH 占用了一个时隙的最后符号进行传输时，且该 PSSCH 需要 PSFCH 反馈，则相应地在 PSSCH 之后的第 a 个时隙进行 PSFCH 反馈，其中 a 为大于等于 K 的对应时隙有反馈资源的最小整数，K 值待确定。PSFCH 采用的频域和码域资源参数则将通过 PSCCH/PSSCH/PSFCH 的时隙序号、PSCCH/PSSCH 的子带等相关信息进行隐性指示。

2. 功率控制

在 R16 阶段主要讨论支持开环功控，并且基站可以对功控进行激活和去激活。在单播场景中，将支持基于收发端间路损的开环功控，由发端进行路损估计，通过（预）配置对功控进行激活和去激活，并且层 3 的长期信号估计可以用于单播场景的开环功控。在组播场景中，主流支持类似单播场景下的基于收发端间路损的开环功控，但会引入较大的信令开销用于不同收端向发端上报 RSRP。由于终端还会存在基于 DL 路损的上行开环功控，标准确定后可以配置终端，仅基于 DL 路损、SL 路损或者基于 SL 和 DL 路损进行 SL 的开环功控。当基于 SL 和 DL 路损进行 SL 开环功控时，采用基于 DL 和 SL 路损的 SL 开环功控下的较小值作为发送功率，以降低 SL 与 UL 之间的干扰。

3. 设备层 1–ID 信息生成方式

标准目前确定将源终端和目的终端层 1–ID 包含在 SCI 信息中，用于指示该信息发送源节点和目的节点。主流支持对于设备层 1–ID 信息的生成方式沿用 LTEV2X 的层 1–ID 信息生成方式，将层 2–ID 的部分信息作为层 1–ID 信息。在该方法中，由接收端根据 SCI 中的目的终端层 1–ID 去检测 SCI 指示的 PSSCH，再进一步根据 PSSCH 中 MAC 数据单元中的目的终端层 2–ID 信息确定接收端是否属于目的接收端，不属于则放弃进一步检测。可以看出，该方法缺乏物理层安全，周围任一设备仍然可以对单播或组播的 PSSCH 进行监听检测。

5.1.2.3.3　资源分配

与 LTE-V2X 的 mode 3 和 mode 4 一样，NR-V2X 的资源分配模式分为基于基站调度（mode 1）和基于终端选择（mode 2）两种模式。mode 1 包括 NR 基站和 LTE 基站调度 NR 终端，将基于 RRC 信令（包括 type 1 和 type 2）或者下行控制信息（downlink control information，DCI）实现调度功能，并且为减少 LTE 系统的标准化影响，R16 阶段考虑 LTE 基站调度 NR 终端时将基于 Type1-RRC 信令进行调度。而与 mode 2 类似的 LTE mode 4，将包含资源预留、信道侦听与资源选择等关键技术讨论。除 mode 1 和 mode 2 外，在 R16 阶段将支持 NR 基站调度 LTE 终端，以增强 LTE 和 NR 网络之间的协作和对 V2X 业务的覆盖。

1. mode 1

在动态调度方面，标准定义新的 DCI 指示 PSCCH 和 PSSCH 信道资源，支持为一个 TB 的一次或多次传输分配资源。为满足业务的低时延需求实现快速调度，将设计缩短 SR/BSR 调度请求机制。在 RRC 调度方面，支持同时激活多个配置授权用于传输不同的 TB，即支持设备同时发起多种业务的传输。对于 LTE 基站调度 NR 终端，由于 Type1-RRC 调度下，当发生重传时，需要 DCI 指示重传资源，而目前标准不支持 LTE 采用 DCI 指示 NRSL 传输资源，因此 LTE 基站调度 NR 终端可能局限于广播模式，或者无 HARQ 反馈的单播/组播模式。此外，终端需向基站上报 SL 的 ACK/NACK 以使基站进行新传或重传的资源分配。

2. mode 2

在资源预留方面，对于一个 TB 的第一次传输资源的确定方法，标准支持至少两种方式：一是通过信道侦听选择，无须预留；二是经过 SCI 指示该 TB 传输的预留资源，该 SCI 同时指示另一个 TB 的传输资源，并可以进一步通过（预）配置激活或去激活该特性。

为了提升传输可靠性同时降低时延，mode 2 支持为一个 TB 的重传预留传输资源，该重传可以是初传联合重复传输或基于 HARQ 反馈后发生，即支持当发送终端接收到 HARQ 反馈需要重传时，直接利用预留的资源进行 PSSCH 重传。基于 HARQ 反馈的重传预留可能发生在 ACK 反馈下预留的资源未利用，发送终端将不发送额外的信令指示该情况下的预留重传资源的释放，以节省开销。

在信道侦听方面，标准支持通过检测 SCI 信息和测量信道判断信道利用状态。主流支持定义一个类似 LTEV2X 的侦听窗，用于信道侦听，融合 NRV2X 场景下不同业务的侦听需求。

参数 T0/T1/T2/T3 可以根据业务的时延需求，对 QoS、HARQ 等进行相应的配置。对于侦听过程中的信道测量，标准确定检测 SCI 之后进一步基于 DMRS 测量 SL 的 RSRP，测量结果将影响资源选择过程中候选可用资源集合，将测量干扰较大的资源从候选资源集合中去除。由于基于侦听窗的历史信息判断资源选择窗中资源占用情况不适用于非周期性业务模型，将考虑新的侦听和资源选择机制支持非周期业务需求。

在资源选择方面，为避免引入过多的资源碎片，确定 PSSCH 占用连续的 PRB。标准将定义资源选择窗，起始位置由资源选择触发确定，且窗大小与业务的时延需求关联。将子带（sub-channel）作为 PSSCH 资源选择的频域最小粒度，且子带的大小可以通过（预）配置调整，具体子带的大小以及 PSSCH 时域资源选择的最小粒度待进一步讨论确定。

3. NR 基站调度 LTE-V

该模式包括 NR 基站调度 LTE-V mode 3 和 mode 4 两种情况。对于调度 mode 3，在 R16 阶段，为减少对 LTE-V 终端的影响，标准支持 NR 基站采用 RRC 信令配置 LTE-V 调度信息，并进一步基于 DCI 信令对 RRC 分配的资源进行激活 / 释放。与 LTE 基站对 LTE-V 进行 SPS 调度机制相同，相应的 DCI 格式采用 NR 基站调度 NR 终端采用的 DCI 格式的一种，并且 NRDCI 格式指示内容将包含 LTE-V 中的 DCI 5A 指示的关于 SPS 调度信息相关内容，当终端接收到该 DCI 后，将在 4+Xms 之后应用激活 / 释放。对于调度 mode 4，主要目的是通过 NR 基站为 LTE-V 配置资源池信息，考虑重用 LTESL 中的 SIB21/26 配置，具体配置内容由 RAN2 侧讨论。

5.1.2.3.4　侧行链路同步

SL 同步是 PSCCH 和 PSSCH 通信的基础，类似 NR Uu 接口的上 / 下行同步。SL 将同步信号（包括主同步信号 S-PSS 和辅同步信号 S-SSS）和 SL 的广播信道 PSBCH 设计一个格式组成一个 S-SSB，通过 S-SSB 实现终端之间的同步。SL 同步机制主要研究 S-SSB 的结构、同步过程以及 S-SSB 资源分配等问题。

1. 在 S-SSB 结构方面

标准确定同一个载波上的 S-SSB 与 SL 的控制信道和数据信道采用相同的 SCS 和 CP 长度，一个 S-SSB 中的 S-PSS 和 S-SSS 分别占用 2 个符号，其中 S-PSS 为长度 127 的 M 序列，S-SSS 为长度 127 的 Gold 序列，一个 S-SSB 频域占用 11 个 PRB。为支持网络中大量的同步设备，需扩展 SL-SSID 数，候选扩展值为 672 和 336。由于评估 S-PSS 相比 S-SSS 在 PAPR 上有接近 5dB 的差异，后续将考虑 S-PSS 和 S-SSS 符号之间连续放置并采用最大功率回退，或者 S-PSS 和 S-SSS 符号之间非连续放置解决该问题。

2. 在同步过程方面

将同步源分为基于 GNSS 和基于 gNB/eNB 的两类，其中不同类下的同步源具有一定的优先级。在标准讨论中，将表 5-1-3 中的同步源间的优先级作为评估假设，其中一类同步源是否被利用将通过配置方式确定，终端在检测到的同步信号中选择优先级最高的同步源作为传输定时参考。

表 5-1-3　NR SL 同步源分类

基于 GNSS 同步	基于 gNB/eNB 同步
P0：GNSS P1：与 GNSS 直接同步的 UE P2：与 GNSS 间接同步的 UE P3：其他 UE	P0：gNB/eNB P1：与 gNB/eNB 直接同步的 UE P2：与 gNB/eNB 间接同步的 UE P3：GNSS P4：与 GNSS 直接同步的 UE P5：与 GNSS 间接同步的 UE P6：其他 UE

3. 在 S–SSB 资源分配方面

S–SSB 的传输带宽包含在 SL 配置的 BWP 中，且频域位置通过配置确定。关于 S–SSB 配置周期，确定对于不同的 SCS 发端采用相同的配置周期，具体周期长度和一个周期中的 S–SSB 配置数目还在研究中，主流观点支持一个配置周期中发送多个 S–SSB 以提升同步性能和覆盖，配置周期可配置并以 160ms 为默认周期。

5.1.2.3.5　5G NR 设备与 LTE 设备共存

由于 NR 和 LTE 的 SL 存在共享频段的应用场景，一个终端设备包含 NR–V2X 和 LTE–V2X 两种 RAT 机制，有必要研究同一设备内 NR–V2X 和 LTE–V2X 收发模块如何共存。共存的解决方案分为时分复用（time division multiplexing，TDM）和频分复用（frequency division multiplexing，以下简称 FDM）两类，即分别利用时域资源或频域资源区分 NR–V2X 和 LTE–V2X 传输。

对于 TDM 共存方案，进一步分为长期 TDM 共存和短期 TDM 共存。长期 TDM 共存指 NR–V 和 LTE–V 的传输由半静态或静态配置确定其采用时域无重叠的传输资源池，该方案会在一定程度上增加传输时延和降低传输效率，相比其他方案无标准化影响；短期 TDM 共存指不同的 RAT 获知 NR–V2X 和 LTE–V2X 的传输时间，当终端检测到两种 RAT 之间传输重叠时，包括 TX/TX、TX/RX 和 RX/RX 之间，将根据一定处理规则进行 SL 的收发。其中，当 TX/TX 时域重叠，如果在发送时间之前两个 RAT 已知 NR–V2X 和 LTE–V2X 发送数据包的优先级，则优先发送高优先级；如果 NR–V2X 和 LTE–V2X 发送数据包的优先级相同或者发送时间之前两个 RAT 不知 NR–V2X 和 LTE–V2X 发送数据包的优先级，则由终端确定实际发送哪一个 RAT 的数据包。当 TX/RX 时域重叠，后续考虑类似 TX/TX 时域重叠处理机制，结合数据包优先级和终端确定。当 RX/RX 时域重叠，则由终端确定如何检测 LTE–V2X 和 NR–V2X 传输。

对于 FDM 共存方案，在标准研究中区分为带内 FDM 共存和带间 FDM 共存，其中带内 FDM 共存要求 LTE–V2X 和 NR–V2X 传输同步，并且 LTE–

V2X 和 NR-V2X 之间传输功率可以动态或半静态分配，以使同一载波上的总发送功率不超过最大值。为减少 FDM 共存方案的标准化影响，在 WI 阶段决定该方案将主要由 RAN 4 侧确定，并不考虑 LTE-V2X 和 NR-V2X 同时在相同频带上传输的场景，LTE-V2X 和 NR-V2X 的传输功率分配通过静态方式确定。

此外，在共存中涉及基于基站控制的传输模式，标准中考虑终端向基站（eNB/gNB）上报一些辅助信息，以避免 LTE-V2X 和 NR-V2X 之间的资源碰撞。

5.1.2.3.6 通信链路类型选择

在车联网中，车载设备的通信可以选择通过侧行链路进行，也可以选择通过 Uu 链路进行。对于同时支持 LTE-V2X 和 NR-V2X 的车载终端，其可以选择的通信链路包括 LTE Uu、NR Uu、LTE 侧行、NR 侧行。同时，车载终端在不同的环境或者状态下，各个链路的状况也会有所不同。例如，在无覆盖的场景下，车载终端只能通过侧行链路进行通信；或者在带通信车辆相距较远时，可以通过 Uu 链路通信。因此，需要系统地研究在不同的网络环境下、不同的场景下以及不同的通信需求下，如何选择合适的通信链路，从而保证 V2X 通信的质量。同时，也要考虑到不同类型车载终端的能力的不同，例如部分车载终端只支持 LTE V2X 或者部分车载终端支持 NR-V2X。

5.1.3 V2X 专利分析

V2X 的概念是随着 R14、R15 的进展而提出来的，在此之前，并没有明确的网络切片的概念，V2X 的技术实现主要采用侧边链路。因此，在 2012 年之前，明确提出 V2X 这一概念的专利申请很少。而随着标准的进展，特别是 R15 的进展，V2X 的重要性体现出来，2015 年以后 V2X 相关技术专利申请陡然增加。同时，随着 LTE-V2X 的标准定稿，5G NR-V2X 开始研究，2017 年 V2X 相关技术专利的申请量达到了高点。从图 5-1-3 可以直观地看到全球 V2X 相关技术的专利申请趋势。

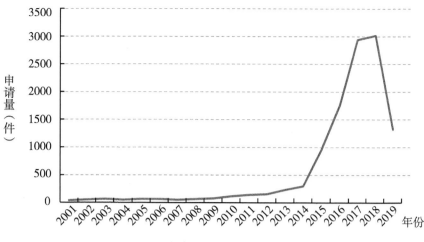

图 5-1-3　全球 V2X 技术专利申请量趋势

图 5-1-3 示出了全球 V2X 技术专利申请趋势，而具体到全球各个主要专利申请目标地的趋势如何，可以从图 5-1-4 中看出：①美国、中国作为目标国的专利申请数量最多；②各创新主体更愿意通过 PCT 国际申请的形式进行专利申请，以便在全球进行布局。可见，V2X 技术是重要的全球性技术，需要进行全球布局。

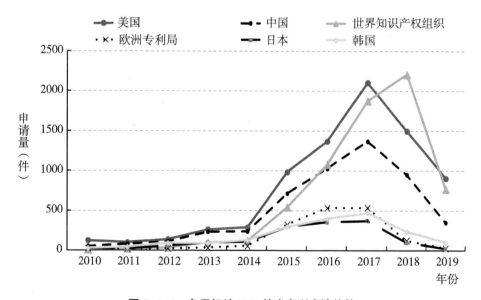

图 5-1-4　各目标地 V2X 技术专利申请趋势

V2X 技术全球专利申请共涉及约 600 多个申请人，其中申请量排名前十的申请人，申请了约 50% 的专利，可见，V2X 技术的技术垄断较高。

进一步分析申请人的申请量排名，可以看到排名前十的申请人包括高通公司、LG 公司、华为技术有限公司、英特尔公司、广东欧珀移动通信有限公司等。其中，高通公司作为 5G 技术的主导企业在 V2X 领域申请量也位居全球第一，共有 1401 件专利。

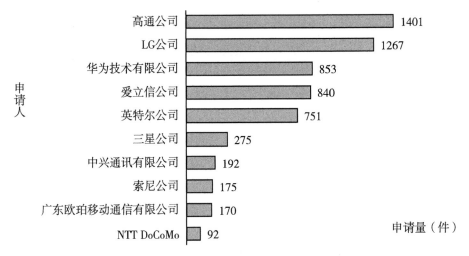

图 5-1-5　全球 V2X 技术排名前十的专利申请人及其申请量

众所周知，通信领域衡量专利价值的主要指标是 SEP 指数，本节对 V2X 技术的 SEP 进行分析。引入 SEP 数量、SEP 占比来对 V2X 技术的 SEP 布局空间进行全面分析。各参数值如表 5-1-4 所示。可以看出，V2X 技术的 SEP 专利申请数量和占比较高，但仍有较大的发展空间。

表 5-1-4　全球 V2X 技术 SEP 指标

SEP 申请 / 件	SEP 占比 /%
1803	16.07

下面从申请类型和有效性两个方面分析 V2X 专利申请在中国的申请状况。首先，V2X 专利申请几乎都是发明专利申请，这是由于 V2X 专利是重要的技术，并且其中涉及较多的方法流程，更适于用发明专利的形式进行保护。目前 83% 的 V2X 技术专利申请都处于在审状态，这符合 V2X 技术专利

申请的申请趋势和审查规律，V2X 技术大都是 2016 年以后申请的，按照审查周期规律，应当在 2018~2019 年陆续进入审查阶段。在已经审结的 17% 的专利申请中，13% 处于有效状态，也就是说已审结的专利申请中授权率达到了 75% 以上，说明 V2X 技术领域是一个技术空白较多的新技术领域，如图 5-1-6 所示。

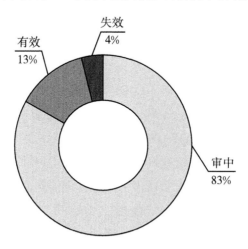

图 5-1-6　中国 V2X 技术专利审查状况

　　V2X 技术专利的运营主要是体现在受让上，包括发明人从其所在的公司受让，以及从其他公司的受让，高通公司、LG 公司、爱立信公司等多属于后者。活跃的专利受让情况说明除了通过自行研发布局，各创新主体还通过技术受让的形式完善自身在该领域的布局，如图 5-1-7 所示。

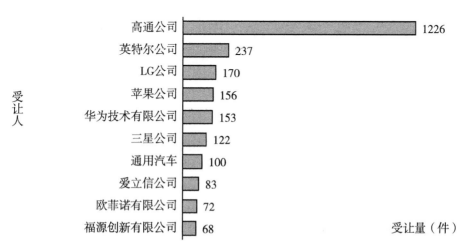

图 5-1-7　全球 V2X 技术排名前十的专利受让人及其受让量情况

V2X 技术随着 R14 和 R15，特别是 R14 的进展而进行布局，其发展了仅5 年时间，在技术路线上，按照贴近标准的方式进行发展，是一种在短时间内各技术分支齐头并进的方式。从网络功能来看，创新主体对 V2X 的技术布局主要体现在涉及 V2X 的网络架构、资源调度、功率控制、安全等方面。

2014 年，华为技术有限公司提出了一种资源分配装置及方法，基站划分UE 进行通信的资源池，划分后的资源池与所述 UE 进行通信的网络覆盖区域、完全无网络覆盖区域和小区边缘区域一一对应；基站向所述 UE 发送所述资源池划分的结果；基站接收所述 UE 发送的资源分配的请求信息，所述请求信息包含所述 UE 当前所处的区域，所述请求信息用于所述基站为所述 UE分配资源；所述基站根据所述 UE 所处的区域信息向所述 UE 分配资源，优化了资源配置，从而提高了资源利用率。还提出了一种车联网传输资源调度方法，终端在车联网系统中进行通信任务数据传输时，可以自行确定目标传输资源，不需要与基站进行多个信令交互，减少了基站的信令开销，基站也不需要为终端发送数据分配传输资源，降低了基站的负载，提高了基站的工作效率。

2015 年，LG 电子株式会社提出了一种在 D2D 通信系统中指示用于侧链路无线电承载的加密指示的方法，Tx UE 能够指示是否加密被有效率地应用于相应的 PDCP 数据 PDU。

2018 年，电信科学技术研究院基于 V2X 的场景提出了一种进行车队资源配置的方法及相关设备，在车队行驶过程中，在确定需要更换部分或全部第二设备的发送资源池时，能够为车队中的成员配置新的发送资源池和新的接收资源池，用以解决现有技术中存在车队的行驶过程中还没有一种进行车队资源配置的方法的问题。

参考文献

［1］方箭，冯大权，段海军，等 .V2X 通信研究概述［J］.电信科学，2019（6）：102-112.

［2］3GPP. 3GPP DRAFT RP-170798, New WID on 3GPP V2X Phase 2, Huawei, CATT, LG Electronics, HiSilicon, China Unicom.［S/OL］.2017［2020-03-28］. https:// www.3gpp.org/ftp/tsg_ran/TSG_RAN/TSGR_75/Docs/170798.zip.

［3］3GPP. 3GPP TR 22.886 V16.2.0（2018-12）: Study on enhancement of 3GPP Support for 5G V2X Services（Release 16）.［S/OL］.2018［2020-03-28］. https://www.3gpp.org/

ftp//Specs/archive/22_series/22.886/22886-g20.zip.

[4] 3GPP.3GPP TR 37.885 V15.3.0（2019-06）:Study on evaluation methodology of new Vehicle-to-Everything（V2X）use cases for LTE and NR;（Release 15）.［S/OL］.2019 ［2020-03-28］. https://www.3gpp.org/ftp/Specs/archive/37_series/37.885/37885-f30.zip.

[5] 3GPP.3GPP TS 22.186 V16.2.0（2019-06）: Enhancement of 3GPP support for V2X scenarios; Stage 1（Release 16）.［S/OL］.2019［2020-03-28］.https://www.3gpp.org/ ftp//Specs/archive/22_series/22.186/22186-g20.zip.

[6] 3GPP.3GPP DRAFTRP-181480: New SID: Study on NR V2X, Vodafone.［S/OL］.2018 ［2020-03-28］.https://www.3gpp.org/ftp/tsg_ran/TSG_RAN/TSGR_80/Docs/181480.zip.

[7] 3GPP. 3GPPDRAFT RP-190766: New WID on 5G V2X with NR sidelink, LG Electronics, Huawei.［S/OL］. 2019［2020-03-28］.https://www.3gpp.org/ftp/tsg_ran/TSG_RAN/ TSGR_83/Docs/190766.zip.

[8] 3GPP. 3GPP TS 22.185 V15.0.0（2018-06）: Service requirements for V2X services; Stage 1（Release 15）［S/OL］. 2018. https://www.3gpp.org/ftp//Specs/archive/22_ series/22.185/22185-f00.zip.

[9] 3GPP. 3GPP TR 38.885 V16.0.0（2019-03）: Study on NR Vehicle-to-Everything （V2X）;（Release 16）［S/OL］. 2019.https://www.3gpp.org/ftp//Specs/archive/38_ series/38.885/38885-g00.zip.

[10] 3GPP. 3GPP TR 36.885 V14.0.0（2016-06）:Study on LTE-based V2X Services;（Release 14） ［S/OL］. 2016. https://www.3gpp.org/ftp/Specs/archive/36_series/36.885/36885-e00.zip.

5.2 mMTC

5.2.1 mMTC 发展背景

　　机器类通信（machine type communication，以下简称 MTC），又称机器间通信（machine to machine，以下简称 M2M），是指在没有人干涉的情况下的一种物与物之间的无线通信，通常指的是非因特网机器设备与其他设备或因特网系统之间的通信。由于能够将各种传统电气设备都纳入其通信范围中，MTC 技术广泛应用于电力、交通、医疗、工业控制、水利等多个行业，成为支撑物联网的基础技术。在 MTC 技术发展的初期，对技术的发展主要聚焦于物与物之间的通信和连接方式。例如，在 3GPP 标准中，从第 8 版开始就已经启动对 MTC 的研究，但其研究方向主要在于机器到机器之间的通信方式、终端管理、计费、安全以及通信接口的标准的制定等。随着 MTC 技术的发展，MTC 设备量逐渐增大，人们希望将更多的设备都纳入网络所能连接和控制的范围内。5G 的一大愿景是实现"万物互联"，将人与人的通信延伸到物与物、人与物的智能互联，这必然导致更多的 MTC 设备需要接入网络，如何管理海量设备的接入成为新的行业聚焦点。

国际电信联盟发布的文献[1]中建议了 2020 年及之后的 IMT 的三大使用情境：① eMBB：主要针对多媒体内容、服务和数据的访问。由于对这些数据量较大的业务的需求的增长，对移动宽带的要求也会持续增长。增强型移动宽带的使用情境将催生新应用领域，并且在现有移动宽带应用的基础上提出新要求，即提高性能、不断致力于实现无缝用户体验。② URLLC：该场景主要针对工业制造或生产流程的无线控制、远程手术、智能电网配电自动化以及运输安全等对吞吐量、延迟时间和可用性等性能的要求十分严格的领域。③ mMTC：MTC 在该使用案例的特点是，连接设备数量庞大，这些设备通常传输相对少量的非延迟敏感数据。设备成本需要降低，电池续航时间需要大幅延长。

IMT2020（5G）推进组在文献[2]中也提出了四个 5G 典型技术场景，包括连续广域覆盖场景、热点高容量场景、低功耗大连接场景和低时延高可靠场景。其中，低功耗大连接场景对应的就是 mMTC。

低功耗大连接场景是 5G 新拓展的场景，重点解决传统移动通信无法很好支持物联网和垂直行业应用。低功耗大连接场景主要面向智慧城市、环境监测、智能农业、森林防火等以传感和数据采集为目标的应用场景，具有小数据包、低功耗、海量连接等特点。这类终端分布范围广、数量众多，不仅要求网络具备超千亿连接的支持能力，满足每平方千米 100 万的连接数密度指标要求，而且还要保证终端的超低功耗和超低成本。在低功耗大连接场景中，设备通常传输相对少量的非延迟敏感数据，因而时延不是首要考虑的问题，但由于连接设备的数量庞大，其关注重点在于海量的设备如何连接以及如何降低终端功耗与成本。

mMTC 应用很大程度上是由两个方面驱动的：其一是业务精度和效率。各个行业都认识到针对数据的业务流程的优化和资源使用的价值，这包括生产、物流、客户服务、能源消耗和维护等领域。环境和人类的知识更多地被数字化并进行互连互通，用来帮助管理和决策，从而提高工作的准确性和效率，同时也提高了环境的可持续性。其二是技术的发展。技术的最新进展，例如，传感器 / 执行器、接入技术、数据存储、云计算、大数据和人工智能的发展，使在 mMTC 中的信息和通信技术的解决方案变得可行，并且价格也日趋合理。

图 5-2-1 展示了 mMTC 和物联网（internet of things，以下简称 IoT）之间的关系视图。这两个术语之间虽然存在很强的关联，但并不是完全等价的。IoT 可以理解为端到端的生态系统，包括对各种数据侦测的应用和增值服务等，而 mMTC 则可以理解为连接物联网生态系统的基础部分。可以认为 mMTC 是涉及电信基础设施的通信基础，需要对 mMTC 的技术进行标准化以确保互操作性和可扩展性。物联网则是在 mMTC 的基础上，由各种参与者，如移动运营商提供的增值服务。

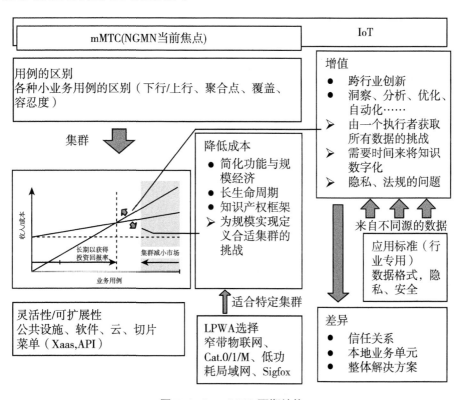

图 5-2-1　mMTC 预期结构

资料来源：NGMN.5G Prospects‐Key Capabilities to Unlock Digital Opportunities［R/OL］.2016［2020‐03‐21］.https：//www.ngmn.org/wp‐content/uploads/Publications/2016/160701_NGMN_BPG_Capabilities_Whitepaper_v1_1.pdf.

注：Cat.0/1/M 为 3GPP LTE 针对 IoT 的标准，Sigfox 为一种低功耗广域网技术。

5.2.2 mMTC 面临的关键问题

5.2.2.1 经济成本的控制

mMTC 的应用范围非常广泛，作为物联网的支撑技术，它可以应用于各个行业，这导致 mMTC 的每个用例都可能有差异度非常大的需求，例如，在下行链路与上行链路、聚合点的相关性、需求的覆盖率、对故障的容忍度等方面，各个用例的要求可能差别非常大。这意味着一个单一的解决方案无法满足所有用例，或对所有用例来说代价都过高。这种情况下，集群对于达到足够的规模非常重要，也就是说，可以将用例集群到具有类似需求的组中，并为每个组提供定制的解决方案，例如，数据速率、延迟。

mMTC 面临的一个基本经济成本问题是，每台设备的收入通常很小，很可能只有智能手机通常提供的收入的 1%。因此，许多场景下都需要积累并扩大规模以获得投资回报率。因此，降低成本对于降低盈亏平衡点至关重要。可以考虑采用多种方法来降低成本。

（1）根据业务案例简化或定制功能。删除或简化移动性管理和会话管理功能有助于降低成本。限制传输模式和缓冲区大小也有助于降低成本，以及去除双工能力甚至完全去除下行链路或上行链路。设备的成本需要控制在几美元左右。然而，裁剪（或集群）减少了规模经济效应，集群也减少了集群能够支持的潜在业务案例。

（2）持久解决方案。这包括设备寿命、电池寿命等。垂直行业速度（产品生命周期）和电信行业速度（生产周期）之间的差异成为一个问题，即频谱再耕种和迁移可能对某些业务案例不利，因而需要仔细考虑。此外，由于设备数量巨大，可能使跟踪设备位置变得困难，这也为迁移带来了较大的挑战。因此，设备的传输应该由网络来控制，否则，早期的解决方案可能会限制频谱的使用，并且任何未来的增强都可能受到向后兼容性的约束。在这方面，制定相应的标准可能会对这一情况有所帮助。

（3）知识产权框架。需要建立合适的知识产权许可模式，以确保知识产权许可费不会妨碍必要的成本降低，同时也能充分地激励开发者。

（4）使用公共基础设施。这也许是降低成本曲线，特别是固定成本的最基本方法。专用的解决方案可能很难融资。除非由于其他原因（例如安全性）

需要严格的延迟标准或采用在本地内部的解决方案，否则各种业务场景都应该通过集中网络功能以及操作和管理来实现其集群收益和规模经济。然而，为了应对不同的需求，能够根据需求自由定义的通信网络将成为设计基础，使用网络切片能够灵活地满足不同的业务需求。通过定义相关 API，启用一切皆服务（everything-as-a-service，以下简称 XAAS）模型，能够促进开放式创新。

因此，mMTC 面临的一个关键挑战是定义合理的集群。低功耗广域网（low power wide area network，以下简称 LPWAN）技术能够处理其中一些集群中的重叠问题。由于 mMTC 的企业间合同通常是长期的，例如 10 年左右，因此迁移机会可能只在较长周期内出现。因此，节点的移动可能不是一个很大的问题。然而，为了解决可能出现的长期融合问题以及现有 LPWAN 没有充分覆盖的用例及其演进，5G 的设计应以成本效益高、内置灵活性强的方式涵盖各种集群。

另一种解决经济成本的方法显然是提高收入。可以通过提供各种增值服务来提高利润率。例如，通过大数据分析实现服务的优化和自动化，或者通过提供一个平台来支持此类数据分析。通过分析数据的方式创造利润有以下几个难点。

（1）由于相关数据可能分布在不同的平台和公司/组织中，因而很难由一个参与者获取所有有用的数据。即使一个参与者正在管理各种相关的信息，它们也可能分布在不同的业务案例中。此外，保密协议也可能会禁止数据的交叉使用。

（2）隐私的监管问题可能会禁止从用户的个人数据中获得有用的信息。

（3）开发数据以创造价值需要很长时间。这种增值本质上是利用数据趋势进行预测，它需要积累可靠的数据历史。在许多情况下，增值（如效率）可以通过对人类知识进行数字化，如将决策过程数字化来实现。这需要足够的相关知识的历史数据以增加统计可信度。虽然 mMTC 各个部分存在需要标准化的互操作性问题，但增值部分通常不需要互操作性，可以视为一个差异区域。由于现有生态系统的简单替换（例如，通过数字化、自动化等）可能对垂直行业造成相当大的破坏，物联网的主要目标应该放在创造新的业务和市场，以利于整体经济，因而跨行业创新是为了创造新的价值。对于物联网链中的增值部分，以下策略将是基本策略：①建立信任关系。由于物联网业务基本上是在企业间（或卖方－交易平台－买方）进行，因而与业务合作伙伴建立信任关系至关重要。在这方面，运营商与当地企业接洽的能力将是有价值的。②整体解决方案。单纯的 mMTC 连接解决方案只能提供很低的利润率，仅占整个物联网价值空间的一小部分。整体的解决方案（例如，可以访问的数据分析工具集、咨询、自动化）可能对客户更有吸引力，拥有这样的平台将是至关重要的，无论单独拥有还是通过与合作伙伴协作均很有价值，例如，可以考虑与人工智能服务提供商合作。然而，进入增值环节意味着运营商已经脱离了单纯的通信服务，而进入服务行业本身，因此，它需要围绕相关的行业建立专业知识。

物联网的困难在于获取利润的时间很长，收入曲线的增长非常缓慢，发展足够的规模需要时间，为创造价值而获得数据积累也需要时间。因此，需要为长期业务的规划做好准备。物联网是否能够赢利，成功的关键是通过利用公共（或现有）基础设施抑制供应成本。如果在网络端通过简单的软件升级启用 mMTC，那么可以利用运营商的资产，如广域覆盖、互操作性和漫游模型，以及安全和身份验证管理系统，使解决方案能更经济地实现各种业务案例。[3]

5.2.2.2　技术实现的难点

mMTC 与其他场景相比，其技术指标的需求存在较大差异。由包括中国移动、NTT DoCoMo、沃达丰等在内的七大运营商主导发起的下一代移动通信网络平台（next generation mobile networks，以下简称 NGMN）在其 2015 年 2 月发布的文献[4]中对 5G 的各项指标参数作出了规定。

从表 5-2-1 和表 5-2-2 中可以看出，与其他业务场景相比，mMTC 的传输速率要求是最低的，仅需达到 1~100kbit/s，端到端的延迟也是最低的，可以从数秒到数小时，与其他业务类型相比存在数千倍的差距。与此同时，从系统性能的参数要求来说，mMTC 的设备密度要求则最高，将达到每平方千米 20 万个设备的级别。这使得 mMTC 的技术问题与其他场景相比具有较大的差异。mMTC 中的设备密度非常大，大量 M2M 终端的接入会引起接入网或核心网过载和拥塞，不但会影响普通移动用户的通信质量，甚至会造成用户接入网络困难。如何接入数量巨大的设备成为解决 mMTC 的关键问题。mMTC 在接入上主要表现为如下特点：①传输方向，以上行数据为主。mMTC 多用于监测信息的汇报。在某些应用中，也可能需要对称的上下行容量以满足控制器与传感器之间的动态交互。②数据大小，通常都非常小。例如，传感器传送的测量值可能只有几个比特大小，甚至只需要 1 个比特的信息来表示某个事件的发生与否。③接入时延。很多应用都基于任务轮询机制，即设备会在空闲时休眠，而在一定时间后唤醒并发送数据。某些应用要求接入时延足够小以保证设备唤醒后能够快速接入网络。④传输周期性：不同业务间可能存在很大差异。例如，一些应用的传输在时间上可能十分稀疏，而某些应用可能会按照已知的周期进行传输。⑤移动性。一般来说，移动性不是主要考虑的方面。很多应用中设备甚至是固定不动的。⑥优先级。某些极端情况下，MTC 业务传输的是非常重要的信息，因此需要很高的优先级。⑦设备数量巨大。每个接入点可能有成百上千的设备需要接入。⑧安全与监测。MTC 设备通常无法在发生故障或出现问题时发起报警。⑨生命周期及能效。多数 MTC 业务对能耗都相对敏感。一旦 MTC 网络部署完成后，很多设备需要在没有维护的情况下运行数年甚至数十年。[5][6]

表 5-2-1 用户体验需求指标

使用场景	用户体验数据速率	端到端延迟	移动性
密集地区的宽带接入	下行：300Mbit/s 上行：50Mbit/s	10ms	根据需求 0~100km/h
室内超高宽带接入	下行：1Gbit/s 上行：500Mbit/s	10ms	步行速度
人群中的宽带接入	下行：25Mbit/s 上行：50Mbit/s	10ms	步行速度
无处不在的 50+Mbit/s	下行：50Mbit/s 上行：25Mbit/s	10ms	0~120km/h
低用户平均收入地区的超低成本宽带接入	下行：10Mbit/s 上行：10Mbit/s	50ms	根据需求 0~50km/h
车载移动宽带(汽车、火车)	下行：50Mbit/s 上行：25Mbit/s	10ms	根据需求高达 500km/h
飞机连接	下行：15Mbit/s 每用户 上行：7.5Mbit/s 每用户	10ms	高达 1000km/h
海量低成本/长距离/低功率 MTC	低（通常 1~100kbit/s）	数秒到数小时	根据需求 0~500km/h

续表

使用场景	用户体验数据速率	端到端延迟	移动性
宽带 MTC	参见"密集地区的宽带接入"和"无处不在的 50+Mbit/s"场景的需求		
超低延迟	下行：50Mbit/s 上行：25Mbit/s	<1ms	步行速度
弹性业务	下行：0.1~1Mbit/s 上行：0.1~1Mbit/s	常规通信需求，非关键因素	0~120km/h
超高可靠和超低延迟	下行：从 50kbit/s 到 10Mbit/s 上行：从数 bit/s 到 10Mbit/s	1ms	根据需求 0~500km/h
超高可用性和可靠性	下行：10Mbit/s 上行：10Mbit/s	10ms	根据需求 0~500km/h
广播等服务	下行：高达 200Mbit/s 上行：适中（如 500kbit/s）	<100ms	根据需求 0~500km/h

资料来源：NGMN. A Deliverable by the NGMN Alliance NGMN 5G WHITE PAPER［R/OL］. 2015
［2020–03–21］.https：//www.ngmn.org/wp–content/uploads/NGMN_5G_White_Paper_V1_0.pdf.

表 5-2-2　系统性能

使用场景	连接密度	业务密度
密集地区的宽带接入	200~2500 个 /km^2	下行：750Gbit/s/km^2 上行：125Gbit/s/km^2
室内超高宽带接入	75000 个 /km^2 75 个 /km^2 的办公室	下行：15Tbit/s/km^2 （15Gbit/s/1000m^2） 上行：125Gbit/s/km^2 （2Gbit/s/1000m^2）
人群中的宽带接入	150000 个 /km^2 30000 个 / 体育场	下行：3.75Tbit/s/km^2 （下行：0.75Tbit/s/ 体育场） 上行：7.5Tbit/s/km^2 （1.5Tbit/s/ 体育场）
无处不在的 50+Mbit/s	郊区 400 个 /km^2 农村 100 个 /km^2	郊区下行：20Gbit/s/km^2 郊区上行：10Gbit/s/km^2 农村下行：5Gbit/s/km^2 农村上行：2.5Gbit/s/km^2

续表

使用场景	连接密度	业务密度
低用户平均收入地区的超低成本宽带接入	16 个 /km²	16Mbit/s/km²
车载移动宽带(汽车、火车)	2000 个 /km² (4 辆火车, 每辆 500 个活动用户或者 2000 辆汽车, 每辆 1 个活动用户)	下行: 100Gbit/s/km² (每辆火车 25Gbit/s, 每辆汽车 50Mbit/s) 上行: 50Gbit/s/km² (每辆火车 12.5Gbit/s, 每辆汽车 25Mbit/s)
飞机连接	每架飞机 80 个连接, 每 18000km 260 架飞机	下行: 1.2Gbit/s/ 飞机 上行: 600Mbit/s/ 飞机
海量低成本 / 长距离 / 低功率 MTC	高达 200000 个 /km²	非关键因素
宽带 MTC	参见 "密集地区的宽带接入" 和 "无处不在的 50+Mbit/s" 场景的需求	
超低延迟	非关键因素	可能高
弹性业务	10000 个 /km²	可能高
超高可靠和超低延迟	非关键因素	可能高
超高可用性和可靠性	非关键因素	可能高
广播等服务	非相关	非相关

资料来源:NGMN. A Deliverable by the NGMN Alliance NGMN 5G WHITE PAPER [R/OL]. 2015 [2020-03-21].https://www.ngmn.org/wp-content/uploads/NGMN_5G_White_Paper_V1_0.pdf.

5.2.3 mMTC 应用场景示例

5.2.3.1 智能可穿戴设备网络

智能可穿戴设备是近年来的发展热点。可以预见,包含各种类型的设备和传感器的智能可穿戴设备将会成为主流,例如,超轻、低功耗、防水传感器将会集成到衣服中,这些传感器可以测量各种环境和健康指标,例如,温度、心率、血压、体温、呼吸频率等。如何统筹管理这些设备将成为技术突破的关键。

目前，已有文献[8]对智能可穿戴设备网络进行系统性描述。智能可穿戴设备网络，被称为人体域网络（body area network，以下简称 BAN）。它使用小型、低功耗的无线设备，可以携带或嵌入身体内部或身体上。BAN 的应用程序包括：①健康与健康监测；②运动训练（如测量成绩）；③个性化医疗（如心脏监护仪）；④人身安全（如跌倒检测）。

在现有无线电技术的基础上，已经实现一些无线 BAN 通信技术。然而，如果希望 BAN 技术充分发挥性能，就需要一种更加具体和专用的技术，为 BAN 网络进行优化。例如，对人进行一天一到两个小时、一周几天的运动监控的解决方案可能不适合作为 IoT 的一部分进行 7 天 24 小时的监控。

这种专用技术需要具备超低功耗无线电，具有低复杂度的 MAC 协议，可扩展自主性、增强了在存在干扰时的鲁棒性以及与未来物联网进行异构网络通信时的互操作性。

智能人体域网络（以下简称 SmartBAN）具有以下五个主要功能：① SmartBan 的统一数据表示格式、语义以及开放的数据模型。② SmartBan 的数据表示和传输，服务和应用，用于异构性和互操作性管理的标准化接口、API 和基础设施。③ SmartBan 射频环境的测量和建模。④用于 SmartBan 的低复杂度 MAC 和路由。⑤用于 SmartBan 的增强、超低功耗物理层。

SmartBAN 还定义了智能控制、网络管理、植入通信、安全和隐私机制。[6][8]

5.2.3.2 智慧城市

智慧城市是一个新兴的概念，将人们生活中的各种资源参数都纳入网络监控和控制范围中，成为 5G 技术中的一个重要愿景。例如，对天然气、电力和水的管理和监控、对城市或建筑照明管理、对各种环境参数（例如污染、温度、湿度、噪声等）的监测，对城市交通的控制等都是智能城市服务的具体示例。这些服务需要大量传感器布设在城市的各个角落。高密度的传感器需要一个通用的通信框架，并且由于这些传感器可能需要使用数年的时间，其电池寿命也是一个需要考虑的问题。另外，成本高低将直接影响技术的商用市场，如何降低设备成本也是一个重要的考量指标。

实现智慧城市的一个重要问题是需要对城市进行建模。一个城市或社区可以被理解为一个"系统的系统",因此,智慧城市/社区的标准需要涵盖所有这些不同系统在每一层的互操作性和凝聚力。一个城市或社区的"智慧"描述了它汇集所有资源、有效和无缝地实现目标和实现自己设定的目标的能力。换言之,它描述了所有不同的城市系统,以及每个系统所涉及的人员、组织、财务、设施和基础设施能够如何在各自高效工作的基础上互相协作,从而使城市作为一个整体来运行。

在对城市建立模型时要充分考虑每个城市的特点,例如,是中心城市还是卫星城、是平原还是山区、是临海还是岛屿、气候如何等。另外需考虑社会环境,如法律法规、政府各部门的能力、城市各机构的能力、文化标准、经济结构和情况、政策环境。在此基础上考虑如下因素:①城市的执行者,包括管理人员、健康保障人员、服务提供商、电和天然气提供商、警察等。②城市活动,包括计划、管理、采购、调节、建设和修缮、提供服务等。③城市设施和建筑,包括住宅、医院、学校、电力站、体育设施、电影院、工厂、商店等。④基础设施,包括燃气、电力、水、下水道、电信、公路和铁道、供热系统等。⑤软设施,包括商业、科学、社区、创新网络和合作结构等。⑥科技系统,如信号灯管理、售票、账单和支付、自动车牌识别等。⑦城市功能或服务,如就业、住房、教育、健康、安全、能源、垃圾管理、视频供应链、货物供应链等。⑧规模,如市民、建筑、街区、社区或村庄、街道或城镇、城市、大都市。⑨城市管理,城市管理的任务是确保所有城市功能能够有效传递到各个角落,并且各种资源能够互相协作以实现城市功能。⑩城市的目标:城市所面临要解决的关键挑战以及需要抓住的机会。

建立模型的下一步是列出城市中多个不同的实体和关系,确定他们之间的边界和交互,形成整体和统一。为了使这个模型对标准工作更有用,需要从两个方面进行开发:其一是确定所绘制的这些边界中哪一个在当前的集成方面提供了特殊的能力和挑战;其二是确定哪些具体类型的融合需要跨越哪些界限,以便实现哪些城市目标,以帮助城市和社区领导人确定他们需要将资源融合工作的重点放在哪里。[7][9]

5.2.4 mMTC 技术专利分析

5.2.4.1 全球专利分析

图 5-2-2 展示了截至 2019 年 9 月全球关于 mMTC 的专利申请量。NGMN 在 2016 年 7 月发布了《5G 前景：发掘数字机遇的关键能力》（*5G Prospects-Key Capabilities to Unlock Digital Opportunities*）对 5G 三大场景的主要驱动、发展方向和关键问题进行了详细阐述。在此基础上，从 2016 年年中开始，针对 mMTC 的专利申请也开始急速增加，达到了 80 件。到 2017 年全球申请量达到顶峰，高达 134 件。由于专利公开的滞后性，2018 年部分申请至今还处于未公开的状态，即便如此，2018 年的年申请量也达到了 53 件。作为 5G 技术的三大应用场景之一，目前针对 mMTC 的标准仍在制定中，可以预期，在标准制定的过程中，相关申请还会逐年增多。

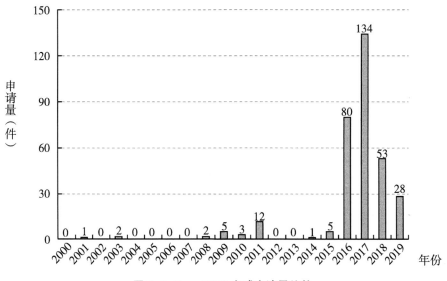

图 5-2-2　mMTC 全球申请量趋势

mMTC 相关技术的主要申请人全部为大型通信公司。排名第一的为中兴通讯服务有限公司，相关申请量为 30 件。三星公司和华为技术有限公司紧随其后，申请量均为 25 件。LG 公司和高通公司分别排名第四位和第五位，申请量分别为 16 件和 14 件。第六位至第八位的申请量差别不大，均为 10 件左右，如图 5-2-3 所示。

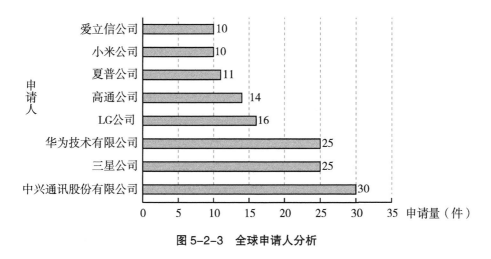

图 5-2-3　全球申请人分析

　　mMTC 的应用性较强，其所涉及的技术主要是针对不同应用场景的通信改进，通信服务提供厂商则由于需要满足用户需求，有更强的动机对其投入研发力量。另外，由于 MTC 技术已经趋于成熟，针对技术上的改进并不太多，各大厂商更多地会关注对成本的控制和对具体场景的应用。

　　mMTC 的专利运营状况主要体现在技术转让上。专利技术的转让量体现了业界对该技术的关注程度。

　　由于 mMTC 技术在 2016 年中被确定为 5G 的三大应用场景之一，随之而来的是业界对 mMTC 这一应用场景的重视，技术转让在 2017 年达到顶峰，高达 34 件，如图 5-2-4 所示。

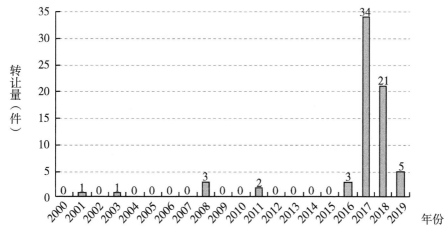

图 5-2-4　专利转让趋势

在技术转让的受让人中，夏普公司排在第一位，接受了 9 件专利的转让；高通公司排在第二位，接受了 7 件专利转让；排在第三和第四位的 LG 和三星都接受了 5 件专利转让。除了三星公司外，上述公司在 mMTC 领域的专利申请量并不靠前，也可以看出上述公司希望在这一领域加强技术储备，如图 5-2-5 所示。

图 5-2-5　受让人排名

5.2.4.2　中国专利分析

从中国专利的申请人类型来看，如图 5-2-6 所示，约 70% 的申请人来自企业。由于 mMTC 的应用性较强，因而企业对这一领域的技术布局更为重视，而部分对应用技术较为重视的高等院校也会选择对其开展研究。

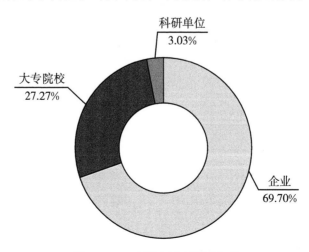

图 5-2-6　中国申请人类型构成

由于 mMTC 相关专利从 2016 年年中才开始激增，并且专利从申请到结案需要一定的周期，截至 2019 年 9 月，中国专利中近 90% 仍处于未结案状态。这表明 mMTC 相关专利申请目前仍处于上升期，未来仍有较大的发展空间。在已结案件中，有 9.28% 处于授权状态，2.06% 处于权利终止状态，如图 5-2-7 所示。由于 mMTC 技术较新，且申请人多为大型通信公司，对于知识产权保护的经验较为丰富，因而使得其授权的概率较高。

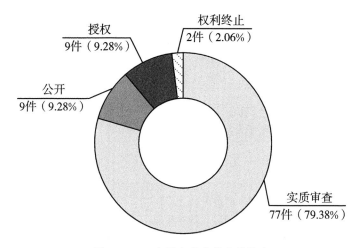

图 5-2-7　中国专利当前法律状态

5.2.4.3　技术路线

对大规模机器类通信的专利布局从 2011 年就已经开始。这一阶段的申请多是涉及对海量设备的接入方法的关注，例如，海量机器通信中随机接入过载保护信令协议或涉及 mMTC 接入中公共承载建立方法。这是针对 mMTC 较早的专利申请。2012~2015 年，各个公司对这一领域的关注度较低，没有专门针对其进行技术改进的专利。到了 2016 年，随着 mMTC 被确定为 5G 的三大应用场景，其行业关注度开始得到提升，各方面的申请量均开始增加，例如，在低成本 mMTC 场景下节省终端功率、基于 mMTC 场景下终端布放位置固定、可用于 mMTC 的物理信道配置方法、mMTC 场景下的信令开销的降低。然而，更多的专利并非专用于 mMTC 的，而是针对可用于 mMTC 的通信网络的改进。例如，网络切片的实现方法，可用于 mMTC 等网络切片类型。

纵观针对 mMTC 的专利申请，其主要针对以下几个方面进行改进：①随机接入。mMTC 的设备数量巨大，如何解决海量设备在接入时的数据碰撞问题是业界关注的焦点。②数据传输。mMTC 的数据传输特性与其他通信场景的差异较大，数据量小，时延要求较低，因而需要考虑针对其传输特点进行改进。③成本优化。mMTC 的成本控制问题一直是其商用中最需要考虑的问题，由于设备数量巨大且利润率较低，有效地控制成本能够快速推进其在商业上的发展。④ mMTC 应用。有一些专利申请是针对能够应用于包括 mMTC 在内的 5G 通信的改进，如图 5-2-8 所示。

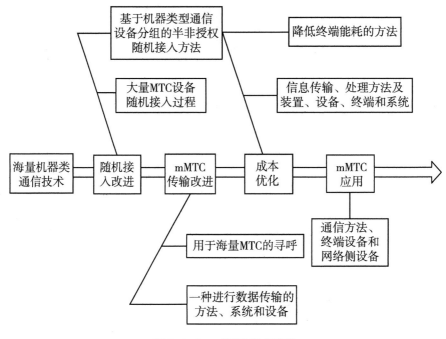

图 5-2-8   mMTC 技术路线

以下对几件重点专利进行介绍。

（1）随机接入改进：随机接入改进致力于解决大量设备同时接入网络时产生的计入碰撞问题，减少接入时延

案例 1：基于机器类型通信设备分组的半非授权随机接入方法。这是一种基于 MTC 设备分组的半免授权随机接入方法。旨在解决 mMTC 场景下，接入请求碰撞严重和在免授权随机接入方案中导频过长，接入资源利用率低及缺乏调度而导致的资源块负载不均衡，传输资源利用率低的问题。其实现步骤如下：活跃 MTC 设备依分组方案在指定的资源块上发送接入请求信息；

基站进行联合设备检测和信道估计，计算活跃 MTC 设备在接入资源块上的接收 SINR；基站执行以最大化成功译码用户数为目标的接入调度，并将调度信息广播至 MTC 设备；活跃 MTC 设备按照调度结果，在指定资源块上传输数据；基站进行数据恢复及结果反馈。本发明有效地提升了 mMTC 系统的接入效率和传输可靠性，降低了 MTC 设备功率消耗和接入时延，并支持海量连接，适用于 mMTC 场景。

案例 2：大量 MTC 设备随机接入过程。其应用场景包括一个小区中服务高达数千装置，提供随机接入过程中的高效传输。确定随机接入前导码模式，其至少一部分唯一地将给定小区内的无线通信设备标识为无线通信设备标识的函数。随机接入前导码模式分别为多个随机接入前导码序列定义多个随机接入前导码序列和多个时频资源集。在一些实施例中，无线通信设备的操作方法包括该方法，还包括根据随机接入前导码模式在多个时频资源集上发送多个随机接入前导码序列。以这种方式，提供嵌入在随机存取过程中的数据的有效传输。

（2）传输改进：包括减小传输时延，提高寻呼速度等

案例 1：用于海量 MTC 的寻呼时机的相关方法。其根据一个或多个反亲和性组将寻呼时机分配给多个 UE，使得对于给定的时间间隔，将给定的时间间隔内的寻呼时机分配给同一抗亲和性组中的 UE。所述方法还包括向所述多个 UE 通知分配给所述 UE 的寻呼时机。以这种方式，在所给定的时间间隔内的预期最大寻呼数被显著减少。

案例 2：接入网在用户设备进行网络附着过程中对用户设备的移动性和连接进行管理；以及在需要为用户设备进行会话建立时，为所述用户设备建立会话，并发送收到的所述用户设备的数据。由于本发明将用户设备的连接管理和移动性管理转移到接入网，使得核心网不再参与用户设备的连接管理和移动性管理，从而减小了控制面信令对核心网的影响，降低了核心网信令负担以及处理时延，能够更好地满足未来海量固定、牧游式 MTC 设备的突发式通信需求。其用以解决现有技术中存在的蜂窝网络面无法满足海量用户设备接入的需要，从而会增加核心网信令负担，加大核心网处理时延的问题。

（3）成本优化：成本优化包括减小终端能耗等

案例 1：在采样周期内统计每个终端在工作时所采用的功率值，对统计

的功率值样本进行分析，将满足预定条件的最小功率值作为下发功率值，将下发功率值反馈给相应的终端，以便终端使用该下发功率值进行工作。该方法基于 mMTC 通信场景下终端布放位置固定，且终端无线环境相对稳定的特点，通过对终端发射功率统计特性的分析，采用确保一次即可传输成功的最经济功率发射，减少了发射试探和后续功率调整的次数，进而降低了终端的能耗，延长了终端的电池寿命。

案例 2：一种信息传输、处理方法。包括产生设备所属设备组的组信息，其中，组信息至少包括设备组的标识；通过以下方式之一发送组信息：广播，组播，多播，单播和广播结合，单播和多播结合，单播和组播结合，广播和多播结合，广播和组播结合。通过本发明，解决了相关技术中 mMTC 场景下通知组信息所采用的信令开销较大的问题，进而达到了减少信令开销的效果。

（4）mMTC 应用：mMTC 技术广泛应用于物联网领域

案例 1：基于路径识别系统的收费路网交通信息采集与引导系统，包括收费公路出口和入口收费车道系统，联网收费中心系统，5.8G 路由识别站，5.8G 路由识别站监控系统，MTC 车辆双频通行卡，车辆车载模块和非现金支付卡，车载多媒体终端和交通信息处理系统。利用 5.8GHz 路由识别站，包含蓝牙模块和车载模块的双频通卡和车载模块以及车载多媒体终端，实现路由识别，交通信息和车辆行驶状态信息的收集和交通信息推送；信息的处理和预测，例如行程时间，使用云计算与 5.8G 路由识别站分布式计算相结合的方法来实现收费路段上的交通流、行进速度、交通状态和车辆位置，实时地向道路用户提供准确和可靠的前方交通信息。

参考文献

［1］国际电联无线电通信部门.ITU-R M.2083-0 建议书 IMT 愿景 -2020 年及以后 IMT 未来发展的框架和总体目标［R/OL］.2015［2020-03-21］.https：//www.itu.int/dms_pubrec/itu-r/rec/m/R-REC-M.2083-0-201509-I！！PDF-C.pdf.

［2］IMT-2020（5G）推进组.5G 概念白皮书［R/OL］.2015［2020-03-21］.http：//www.imt2020.org.cn/zh/documents/1？currentPage=3&content=.

［3］NGMN.5G Prospects–Key Capabilities to Unlock Digital Opportunities［R/OL］.2016［2020-03-21］.https：//www.ngmn.org/wp-content/uploads/Publications/2016/160701_

NGMN_BPG_Capabilities_Whitepaper_v1_1.pdf.

［4］NGMN. A Deliverable by the NGMN Alliance NGMN 5G WHITE PAPER［R/OL］. 2015
［2020-03-21］.https：//www.ngmn.org/wp-content/uploads/NGMN_5G_White_Paper_
V1_0.pdf.

［5］曹蔚，冯钢，秦爽，等．面向海量机器类通信（mMTC）的无线接入控制［J］.重庆
邮电大学学报（自然科学版），2017，29（5）：569-579.

［6］温向明，潘奇，路兆铭，等．面向 5G 大连接场景的 eMTC 技术解析［J］.北京邮电
大学学报，2018，41（5）：13-19.

［6］Smart Body Area Networks.［2020-03-21］. https：//www.etsi.org/technologies/smart-
body-area-networks.

［7］Smart cities.［2020-03-21］. https：//www.etsi.org/technologies/smart-cities.

［8］ETSI. TR 103 394 V1.1.1 Smart Body Area Networks（SmartBAN）; System Description［S/
OL］2019［2020-03-21］.https：//www.etsi.org/deliver/etsi_tr/103300_103399/103394/01.
01.01_60/tr_103394v010101p.pdf.

［9］ETSI. SSCC-CG Final report Smart and Sustainable Cities and Communities
Coordination Group［S/OL］. 2015［2020-03-21］.http：//ftp.cencenelec.eu/
EN/EuropeanStandardization/Fields/SmartLiving/City/SSCC-CG_Final_Report-
recommendations_Jan_2015.pdf.

第 6 章　5G 中的标准必要专利

6.1　3GPP 标准介绍

第三代合作伙伴计划（3rd generation partnership project，以下简称 3GPP）是一个由多个成员组成的通信标准化组织。3GPP 的成员主要由地区或国家的标准化组织构成，包括欧洲的电信标准化协会（European Telecommunications Stantards Institute，以下简称 ETSI）、日本的无线工业及商贸联合会（Association of Radio Industries and Businesses，以下简称 ARIB）和日本的电信技术委员会（Telecommunication Technology Committee，以下简称 TTC）、中国的通信标准化协会（China Communications Standards Association，以下简称 CCSA）、韩国的电信技术协会（Telecommunications Technology Association，以下简称 TTA）、美国的电信行业解决方案联盟（Alliance for Telecommunications Industry Solutions，ATIS），以及印度的电信标准开发协会（Telecommunications Standards Development Society，India，以下简称 TSDSI），它们被称为组织伙伴，负责制定 3GPP 规范和维持 3GPP 的运行。由于 3GPP 的日常维护工作主要由 ETSI 来完成，并且 ETSI 全部采用 3GPP 标准，因而 3GPP 与 ETSI 的关系更加紧密。各个通信公司如果想参与 3GPP 的通信标准化进程，首先必须要成为 3GPP 组织伙伴的会员，才能够向 3GPP 提交提案，例如华为技术有限公司、中兴通讯股份有限公司等公司就是 CCSA 的会员。

3GPP 由项目协调组（project co-ordination group，以下简称 PCG）和技术规范组（technology standards group，以下简称 TSG）组成，PCG 对 TSG 的工作进行管理和协调，TSG 由多个工作组（work group，以下简称 WG）组成，各个 WG 负责具体的技术工作，发布技术规范和技术报告，形成标准协议。上述协议将被 3GPP 的组织伙伴进一步发展成为在一个地区或国家实行的通信标准。

6.1.1　3GPP 标准协议规范

3GPP 协议系统十分庞杂，3GPP 协议命名规则为：每个 3GPP 协议都有一个 4 位或 5 位数字的协议号,技术规范表示为 3GPP TS aa.bbb,技术报告表示为 3GPP TR aa.bbb。上述 aa 域表示了该协议所属的协议系列,如协议 TS 21.201 就属于 21 系列。

一个 3GPP 协议的完整标识,除了协议号还有版本号,版本号表示为:Version x.y.z。版本号中的 x 位表示了该协议所属的协议版本(release),如协议 TS 21.201 v8.1.0,就属于 release 8 的协议。

TSG 或 WG 的协议提案及其他会议文档也有一套命名规则,每个会议文档的命名规则为:x m i nn zzzz。

其中各字母的含义如下。

x:表示相应 TSG 的单个字符,例如,R(radio access network),N(core network)[TSG closed March 2005],S(service and system aspects),T(terminals)[TSG closed March 2005],G(GSM/EDGE radio access network),C(core network and terminals)。

m:表示相应 WG 的单个字符,一般为 1、2、3 等,如果指代 TSG 自身,则使用字母 P。

i:通常为连字符"–",但也会根据该文档所提交的会议的性质而采用其他字符,如能够表明子工作组的字符。

nn:为指代年份的两位数字,如 99,00,01 等。

zzzz:为指代该文档的唯一数字。例如,S1–060357 就表示该文档为工作组 S1 在 2006 年的一次会议上的提案。

6.1.2　3GPP 标准协议检索

每一个标准组织都有自己的组织架构以及制定和发布相关标准的工作流程。只有初步了解各个标准组织的基本架构,才能在协议检索的过程中有章可循,做到有的放矢。3GPP 是移动通信领域中最为重要的标准组织之一,它的组织架构和工作流程具有代表性。工作项目(work item,以下简称 WI)是 3GPP 进行项目管理的方法,是 3GPP 组织中技术进展的主线。为了检索对 3GPP 协议进行改进的专利申请,最好是找到和专利申请所涉及的技术问题相关的 3GPP WI,进而获得该 WI 的起始和结束时间、负责的工作组以及相关的协议等信息,从而较为可靠和完备地检索 3GPP 协议。通常可通过 3GPP

网站检索、3GPP FTP 服务器和公共搜索引擎来对 3GPP 协议数据库进行检索。

6.1.2.1　3GPP 网站检索

3GPP 网站（http : //www.3gpp.org）提供了大量的信息，通过 3GPP 网站进行检索，需要熟知 3GPP 网络的结构以及 3GPP 组织的协议构架，需要知道确切的相关协议号和版本号或确切的相关协议提案的文件名称。通过 3GPP 网站可下载具体的协议标准的文档。

为了更加便捷准确地获取有用信息，我们需要适当地熟悉 3GPP 网站的主要信息。

3GPP 网站首页如图 6-1-1 所示，主要包括以下几部分：上部是菜单栏，中间左侧是内容栏，中间右侧是搜索栏，下部是信息导航栏。

图 6-1-1　3GPP 网站页面

由菜单栏可以进入相应的内容，分别是：3GPP 简介（about 3GPP），协议组（specifications groups），协议（specifications），3GPP 日程表（3GPP calender），

技术（technologies），新闻和事件（news & events）。其中，协议（specifications）部分为检索中常用的部分，其主要包括工作计划（work plan），协议版本（releases），协议编号（specification numbering），修改请求（change requests）等信息。其中，工作计划部分主要包括 3GPP 完整的工作计划信息，特性和研究项目（features and study items）信息，以及 WI 信息；协议版本部分包括从早期的GSM 版本到最新的 release 11 所有的版本信息；协议编号（specification numbering）部分主要包括所有 3GPP 系列协议的链接以及协议编号规则；修改请求（change requests）部分主要介绍了修改请求的信息。

网站右侧的搜索栏提供了对 3GPP 网站的关键词检索入口和对 3GPP FTP服务器的检索入口。

6.1.2.2　3GPP FTP 服务器检索

3GPP FTP 服务器（http : //www.3gpp.org/ftp 或者 http : //ftp.3gpp.org）存储了所有的 3GPP 协议、历次会议的提案以及其他会议文件等，其所存储的各种文件会随着 3GPP 会议的举行而不断更新。通常可以通过两种手段从3GPP FTP 服务器下载所需文件：第一，通过点击 3GPP 网页上的链接下载相应的文件；第二，直接进入 3GPP FTP 服务器下载相应的文件。为了便于3GPP 协议以及提案的下载，我们需要了解 3GPP FTP 服务器的主要目录信息。

如图 6-1-2 所示，3GPP FTP 服务器根目录下包括如下几个子目录。其中，3GPP 协议存储在协议目录 Specs 下，提案存储在各个技术规范组目录 tsg_cn、tsg_ct、tsg_geran、tsg_ran、tsg_sa、tsg_t 目录下。

```
Index of /ftp

Name                Last modified      Size  Description

Parent Directory                         -
.Trash-root/        03-Feb-2009 14:03    -
Inbox/              17-Jan-2011 15:41    -
Information/        09-Feb-2011 09:11    -
Invitation/         02-Jul-2010 10:24    -
Joint Meetings/     12-Jan-2010 15:50    -
Op/                 19-Jan-2011 09:22    -
PCG/                19-Jan-2011 09:21    -
Specs/              20-Dec-2010 14:57    -
tsg_cn/             04-Nov-2008 18:53    -
tsg_ct/             04-Nov-2008 19:05    -
tsg_geran/          04-Nov-2008 19:17    -
tsg_ran/            04-Nov-2008 20:08    -
tsg_sa/             04-Nov-2008 20:51    -
tsg_t/              04-Nov-2008 21:08    -
webExtensions/      21-Oct-2010 11:07    -
workshop/           20-Dec-2010 13:38    -
```

图 6-1-2　3GPP FTP 服务器根目录下的子目录

其中，各个系列的协议存储在目录 /ftp/Specs/archive/ 下，如图 6-1-3 所示。

```
Index of /ftp/Specs/archive

Name            Last modified      Size  Description

Parent Directory                    -
00 series/      27-May-2003 10:49   -
01 series/      02-Sep-2003 09:24   -
02 series/      02-Sep-2003 09:24   -
03 series/      27-Jan-2005 09:01   -
04 series/      19-Aug-2003 14:57   -
05 series/      30-Nov-2004 11:49   -
06 series/      24-Aug-2001 10:43   -
07 series/      23-Aug-2001 09:54   -
```

图 6-1-3　3GPP 各系列协议目录

每个技术规范组目录中包括了组内的各个工作组目录，以 tsg_ran 为例，如图 6-1-4 所示。

```
Index of /ftp/tsg_ran

Name                   Last modified      Size  Description

Parent Directory                           -
AHG1 ITU Coord/        07-Feb-2011 11:36   -
TSG RAN/               02-Feb-2011 10:11   -
WG1 RL1/               06-Jan-2011 09:21   -
WG2 RL2/               22-Feb-2011 08:11   -
WG3 Iu/                09-Feb-2011 19:07   -
WG4 Radio/             01-Mar-2011 15:44   -
WG5 Test ex-T1/        18-Jan-2011 14:59   -
WGs LongTermEvolution/ 04-Nov-2008 20:08   -
```

图 6-1-4　3GPP 各个工作组目录

而每个工作组中则包含了该工作组的历次会议目录，以 tsg_ran WG1 RL1 为例，如图 6-1-5 所示。

```
Index of /ftp/tsg_ran/WG1_RL1

Name                Last modified      Size  Description

Parent Directory                       -
3GPP_3GPP2_SCM/     04-Nov-2008 19:24   -
ConferenceCall/     04-Nov-2008 19:24   -
DRAFT/              21-Dec-2010 13:24   -
R1 Index (1999).zip 09-Jan-2001 15:46  105K
R1 Index (2000).zip 30-Oct-2001 15:35   81K
R1 Index (2001).zip 06-Jul-2002 17:26   84K
R1 Index (2002).zip 30-Jan-2003 19:30  105K
R1 Index (2003).zip 29-Mar-2004 19:05  124K
R1 Index (2004).zip 17-Jan-2005 09:27  143K
R1 Index (2005).zip 21-Dec-2005 09:06  110K
R1 Index (2006).zip 30-Dec-2006 21:21  192K
R1 Index (2007).zip 29-Jan-2008 15:59  259K
R1 Index (2008).zip 16-Feb-2009 08:01  251K
R1 Index (2009).zip 10-Mar-2010 07:27  264K
R1 Index (2010).zip 02-Feb-2011 08:20  322K
TSGR1 01/           04-Nov-2008 19:24   -
TSGR1 02/           04-Nov-2008 19:24   -
TSGR1 03/           04-Nov-2008 19:24   -
TSGR1 04/           04-Nov-2008 19:24   -
TSGR1 05/           04-Nov-2008 19:25   -
```

图 6-1-5　3GPP tsg_ran WG1 RL1 工作组历次会议目录

历次会议目录下包含的 Docs 目录下包含了该次会议中各个公司或者组织提交的提案，如图 6-1-6 所示。至此，可通过点击相应的提案文件进行下载，也可以通过 FTP 下载工具进行下载。

```
Index of /ftp/tsg_ran/WG1_RL1/TSGR1_02/Docs/zips

Name              Last modified      Size  Description

Parent Directory                      -
R1-99023.zip      19-Feb-1999 15:04  2.6K
R1-99024.zip      22-Feb-1999 12:01   36K
R1-99025.zip      19-Feb-1999 15:04   21K
R1-99026.zip      19-Feb-1999 15:04   81K
R1-99027.zip      19-Feb-1999 15:04  9.7K
R1-99028.zip      19-Feb-1999 15:04  3.3K
R1-99029.zip      19-Feb-1999 15:04  2.4K
R1-99030.zip      22-Feb-1999 09:51  188K
```

图 6-1-6　3GPP 某次会议中各公司或者组织提案目录

以上通过图解的方式，给出了 3GPP FTP 网站中关于协议和提案的主要目录结构。其他目录，也可以采用类似的方式，进一步了解其内容以及下载其中的文件。

3GPP 组织为公众提供了针对其 3GPP FTP 服务器中的所有文档的检索入口，可通过点击 3GPP 网站首页右侧的 "Advanced FTP Search" 链接图标或直接通过网址 http : //isearch.3gpp.org/isysadvsearch.html 进入 3GPP FTP 服务器的检索入口，具体检索界面如图 6-1-7 所示。

图 6-1-7　3GPP 网页检索界面

6.1.2.3 公共搜索引擎检索

公共搜索引擎是另一种常用的 3GPP 协议检索工具，由于 3GPP 协议文档均为英文文档，谷歌搜索引擎具有比其他搜索引擎都强大的英文搜索功能。

谷歌协议标准检索域的构建是利用谷歌搜索引擎内嵌的"site"命令符指示搜索网站来实现的，在使用谷歌搜索引擎检索时在所输入的关键词后附加如下谷歌协议标准检索域限定式即可：site：www.3gpp.org 或者 site：3gpp.org。

通过增加 LTE 相关的关键词还可进一步构建针对 3GPP LTE 协议的谷歌协议检索域，如在谷歌搜索输入框中限定：LTE OR "long term evolution" site：3gpp.org。

基于与上述相同的原理，也可整合各大通信标准组织的网址形成针对所有通信协议的谷歌协议检索域，以实现通过谷歌对通信标准进行全面、高效的检索，如在谷歌搜索输入框中限定：site：www.3gpp.org OR site：www.3gpp2.org OR site：www.ieee.org OR site：www.ietf.org OR site：www.openmobilealliance.org OR site：www.etsi.org OR site：www.iso.org。

需要说明的是，由于谷歌不能检索到压缩文件的内容，而 3GPP 中的大部分文档采用 .zip 的压缩文件格式，因而利用谷歌等搜索引擎不能实现对 3GPP 协议的全文检索。

6.2 5G 标准推进

最新 5G 移动通信技术远比前几代移动通信网络复杂，涉及终端、接入网和核心网层面。面向 2020 年及未来，虚拟现实（virtual reality，以下简称 VR）/增强现实（augmented reality，以下简称 AR）、全息通信、工业互联网、远程医疗、无人交通系统等关键任务领域都对 5G 的覆盖范围、带宽、时延等网络性能指标提出了明确的要求。作为面向 2020 年及未来的移动通信技术，5G 标准化工作正在如火如荼地进行中。

6.2.1 5G 标准组织

5G 标准制定工作的两个核心组织是 3GPP 和 ITU。

ITU 规定了 5G 的三大场景，分别是增强移动宽带（eMBB）、低时延高可靠网络（URLLC）和海量机器类通信（eMTC）。5G 要求能支持 1000Mbit/s 的用户体验速率，每平方千米 1000000 的连接数，end-to-end 毫秒级时延，每 500km/h 以上的移动性，此外，还有低功耗、低时延、万物互联的要求。ITU 在 2015 年 6 月完成 5G 愿景研究，2017 年 6 月完成 IMT-2020（5G）最小技术指标要求的制定，确定了 14 项性能指标的详细定义、适用场景等，并完成一系列支持 IMT-2020 候选技术提交及技术评估工作的关键文件。

3GPP 致力于移动通信技术规范达成共识，3GPP 成员共同开发、测试和构建 5G 技术规范。主导 5G 标准的 3GPP 组织包括一个项目协调组，下设三个技术规范组（TSG），并进一步分为 16 个具有特定标准开发职责的工作组（WG），如表 6-2-1 所示。

表 6-2-1　5G 标准组织分工

项目协调组		
TSG RAN 无线接入	TSG SA 业务和系统	TSG CT 核心网和终端
RAN WG1 无线层 1	SA WG1 业务	CT WG1 MM/CC/SM
RAN WG2 无线层 2	SA WG2 结构	CT WG2 互联
RAN WG3 Lub/Lur/Lu 接口	SA WG3 安全	CT WG3 MAP/GTP/SS
RAN WG4 性能	SA WG4 编码	CT WG4 智能卡
RAN WG5 移动终端	SA WG5 管理	—
RAN WG6 其他无线	SA WG6 关键应用	—

3GPP 于 2017 年 12 月 20 日最终确定 5G release-15 版规范第一阶段标准，并为 eMBB 定义了 5G 新空口技术（NR）和"非独立"组网（NSA）配置。第二阶段规范定义了 5G"独立"组网（SA）配置，提供给 5G eMBB 使用。除了为 5G 空中接口定义 5G NR 技术之外，release-15 还定义了移动服务虚拟化的核心网络第一阶段。2018 年 3GPP 已完成独立组网标准，该规范支持使用 5G 的独立部署，旨在支持先进物联网设备和功能的核心网络。2018 年 6 月，3GPP 针对 eMBB 独立组网标准正式冻结发布，完成了 5G 第一阶段第一个场景的标准化工作。必须指出的是，5G 标准是大量技术整合起来的标准集合，

包括无线部分和网络部分，5G 核心技术包括新空口、无线控制承载分离、网络虚拟化、网络切片、边缘计算、多制式协作与融合、网络频谱共享等大量技术。5G 新空口方面引入大规模天线、新型多址、新波形等先进技术，支持更短的帧结构，更精简的信令流程，更灵活的双工方式，有效满足广覆盖、大连接及高速等多数场景下的速率、时延、连接数以及能效等指标要求。

3GPP 目前专注于先进的技术规范和性能要求功能，这些规范已在 2019 年完成。现在正进入 5G 规范的第二阶段 release-16，release-16 扩展了移动网络的无线空口和核心组件中的 5G 功能，release-16 于 2020 年 7 月完成，如图 6-2-1 所示。

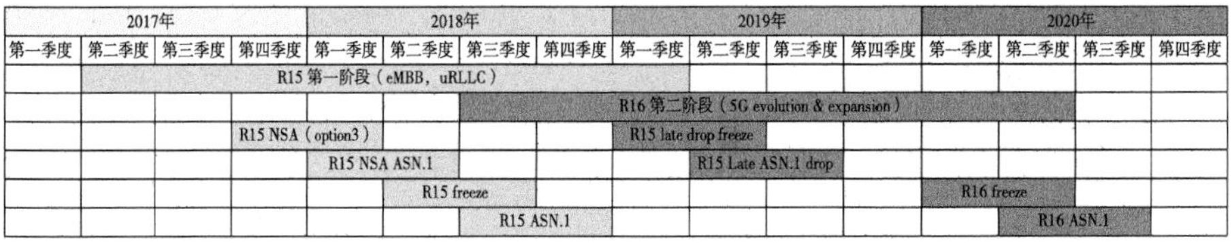

	2017年			2018年				2019年				2020年			
第一季度	第二季度	第三季度	第四季度	第一季度	第二季度	第三季度	第四季度	第一季度	第二季度	第三季度	第四季度	第一季度	第二季度	第三季度	第四季度
R15 第一阶段（eMBB, uRLLC）								R16 第二阶段（5G evolution & expansion）							
		R15 NSA（option3）						R15 late drop freeze							
			R15 NSA ASN.1						R15 Late ASN.1 drop						
				R15 freeze								R16 freeze			
					R15 ASN.1									R16 ASN.1	

图 6-2-1　3GPP 标准化时间表

3GPP 组织中现运行的三个技术规范组分别为：负责核心网和终端（core network and terminal，以下简称 CT）的 CT 工作组、负责系统和业务方面（service and system aspects，以下简称 SA）的 SA 工作组和负责无线接入网（radio access network，以下简称 RAN）的 RAN 工作组。每一个技术规范组又下分为多个工作组，每个工作组都有其具体负责的技术领域，原则上互不交叉。

涉及 5G 的 93 个技术规范（TS）从工作组的角度归纳如表 6-2-2 所示，每个工作组的技术规范（TS）的数目并不多，最多的为 R3 工作组，其制定的 5G 技术规范有 24 个。

表 6-2-2　工作组与技术规范（TS）的对应关系

工作组（TSG）	技术规范（TS）
RAN WG1 无线层 1	TS 38.201，TS 38.202，TS 38.211，TS 38.212，TS 38.213，TS 38.214，TS 38.215
RAN WG2 无线层 2	TS 38.300，TS 38.304，TS 38.305，TS 38.306，TS 38.207，TS 38.321，TS 38.322，TS 38.323，TS 38.331，TS 37.324

续表

工作组（TSG）	技术规范（TS）
RAN WG3 Lub/Lur/Lu 接口	TS 38.401，TS 38.410，TS 38.411，TS 38.412，TS 38.413， TS 38.414，TS 38.415，TS 38.420，TS 38.421，TS 38.422， TS 38.423，TS 38.424，TS 38.425，TS 38.455，TS 38.460， TS 38.461，TS 38.462，TS 38.463，TS 38.470，TS 38.471， TS 38.472，TS 38.473，TS 38.474，TS 29.413
RAN WG4 性能	TS 38.101-1，TS 38.101-2，TS 38.101-3，TS 38.104，TS 38.113， TS 38.124，TS 38.133，TS 38.141-1，TS 38.141-2
CT WG1 MM/CC/SM	TS 24.501，TS 24.502，TS 24.526
CT WG3	TS 29.508，TS 29.512，TS 29.513，TS 29.514，TS 29.519， TS 29.520，TS 29.521，TS 29.522，TS 29.551，TS 29.554， TS 29.561，TS 29.594
CT WG4 智能卡	TS 29.502，TS 29.503，TS 29.504，TS 29.505，TS 29.500， TS 29.501，TS 29.509，TS 29.510，TS 29.511，TS 29.518， TS 29.531，TS 29.540，TS 29.571，TS 23.527
SA WG2 结构	TS 23.501，TS 23.502，TS 23.503
SA WG3 安全	TS 33.501
SA WG5 管理	TS 32.255，TS 32.290，TS 32.291，TS 28.54，TS 28.541， TS 28.542，TS 28.543，TS 28.552，TS 28.553，TS 28.554

6.2.2　5G 标准进展

3GPP 5G 标准工作主要集中在 R15 和 R16，包括无线接入网和核心网。其中，R15 第一个完整的 5G 标准计划在 2018 年 6 月冻结，作为基础版本 R15 能够实现 NR 技术框架的构筑，具备站点储备条件，支持行业应用基础设计，支持网络切片（核心网），主要面向 eMBB 场景；而计划于 2019 年年底冻结的 R16 则致力于为 5G 提供完整竞争力，持续提升 NR 竞争力，支持 D2D、V2X、增强实时通信等功能，满足 URLLC 和 mMTC 增强场景。截至 2017 年年底，R15 完成了第一个基于 NSA 的空口标准，业务需求、网络架构及基本流程也已确定，安全及计费相关内容启动较晚，接口及应用协议仍在进一步讨论中。为确保 R15 按期完成，部分 R16 工作已暂时搁置。5GNSA 新空口标准的提前冻结是 3GPP 5G 标准进展向前迈出的实质性一步，它将有利于尽快开展 5G NR 验证及建设工作。该模式下，5G 需要依托现有 LTE 网络，将控制面锚定在 LTE 网络上，用户面根据覆盖情况由 5G NR 和 LTE 共同承载，或者由 5G NR 独立承载，该方案支持双连接、QoS 和计费增强。

5G 标准是各国和公司在这些机构中争夺权力、控制和影响力的结果，尽管标准制定过程会受到独立公司、企业联盟甚至国家的操纵，但是，对于成为 5G 标准的解决方案，最为重要的是其技术先进性和对 3GPP 和 ITU 的大多数成员的市场吸引力，一个国家通过霸权影响 5G 标准制定是对全球技术标准秩序的破坏。

以 5G 标准中信道编码标准为例，竞争非常激烈。在 2016 年 8 月第一次会议上，低密度奇偶校验码（low density parity check，以下简称 LDPC）、极化码（polar）和涡轮码（turbo）三种编码方案被正式提出，美国支持 LDPC 因为高通占有 70% 的专利，中国支持 polar 编码。最终，LDPC 成为数据信道编码，polar 成为控制信道编码。LDPC 在 "数据信道" 的优势突出，polar 在 "控制信道" 上的优势也明显。在 5G 国际标准制定中，专利拥有量即话语权。据欧洲电信标准化协会 2018 年统计数据，持有超过 1000 族 5G 新空口标准专利的专利权人包括华为技术有限公司、爱立信公司、三星公司；在 5G 新核心网领域，目前仅有华为技术有限公司、LG 公司、韩国电子通信研究院三家企业声明持有相关标准专利，总数为 277 族。

6.2.3 5G 标准中的中国贡献

在 5G 发展中，中国是标准的总设计师之一。在 5G 的体系架构、核心网络等方面，都有我国运营商和企业为主牵头制定的标准，这些总括性标准对整体标准有重要影响。

我国通信业很早参加了 ITU，也加入了 3GPP，从 3G 时代主推的时分同步码分多址（time division-synchronous code division multiple access，以下简称 TDSCDMA）标准起，中国公司逐步在 3GPP 这样的标准化组织里占有更多分量。在 3GPP 里，运营商是提出需求方，设备厂家是实现需求方。中国三家运营商由于体量较大，规模、投资均处于世界前列，在明确标准需求、出现争端及最后投票的时候，会有很大的影响力。华为技术有限公司、中兴通讯股份有限公司、大唐电信集团随着技术底蕴越来越强，越来越多技术写进标准，让中国设备厂家在标准谈判时占据更有利地位。

2018 年 12 月 1 日，3GPP 首个 5G NSA 标准核心部分冻结，这使得 5G 商用又向前迈进一步。距离 2020 年 5G 商用的目标越来越近。5G 首个标准落地，背后包含众多科研工作者的辛勤努力，其中，中国的专家发挥了重要作用。中国一直支持全球建立统一的 5G 标准，体现了中国整个产业走到了全球领先位置，愿意与各国打造全球技术产业生态，表现出了自信。做全球统一的标准，对于移动通信产业来说是最好的，是让整个产业抵御风险、降低成本的最好途径。在 5G 发展过程中，中国是标准的总设计师之一。在 5G 体系架构、核心网络等方面，都有我国运营商和企业为主牵头制定的标准，这些总括性标准对整体标准有重要影响。在推动 5G 标准的制定方面，中国的研发人员发挥了重要作用。如中国 IMT-2020 推进组的研究成果为标准的制定提供了很多参考，设备厂商如华为技术有限公司、中兴通讯股份有限公司等也发挥了重大作用。

全球 5G 标准立项情况如图 6-2-2 所示，目前已立项 5G 的标准中，主导提出者包括中国、欧洲、美国、日本和韩国等。通过标准的主导立项，可以占据技术上优势地位，从这个角度看中国在 5G 的标准制定过程中，从 1G、2G 时代一无所有，3G 时代开始跟随，4G 时代基本并跑，到 5G 时代已经具有更多的话语权。

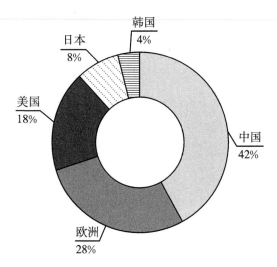

图 6-2-2　全球 5G 标准立项数量分布

6.2.4　5G 标准的产业推进

随着 5G 标准的研究，产业界也在积极进行 5G 的测试和部署。美国和韩国部分运营商已陆续宣布 5G 商用计划，全球主要运营商普遍计划在 2020 年左右进行 5G 商用部署，部署初期大部分运营商倾向于 NSA 模式组网，主要面向个人移动用户和固定用户。

美国电信运营商 Verizon 采用自定义 5G 标准，2017 年在美国 11 个城市采用 28GHz 建设 5G 预商用网络，提供固定无线接入（fixed wireless access，以下简称 FWA）服务；2018 年全美范围内正式商用 FWA；2020 年开始提供移动服务。美国另一家电信运营商 Sprint 在 2019 年采用 2.5GHz 频段实现 5G 商用，同时也考虑 28GHz、39GHz；初期倾向于 NSA 模式组网，业务定位在 eMBB 场景。

日本的 NTT DoCoMo 于 2020 年 3 月在东京及其他部分地区启动 5G 服务，主要面向 eMBB 场景和高带宽、低延时的 AR/VR、V2X 场景。组网采用 NSA 模式，近期部署 option 3x，长期目标首选 option 7x。

韩国电信（Korea telecommunication，以下简称 KT）在 2018 年冬奥会期间进行了少量 5G 商用部署，面向个人 eMBB 场景。初期采用 NSA 模式，从 option 3x 逐步演进到 option 7x，最后到 SA；但近期也在讨论是否直接采用

SA 组网，KT 还会考虑部分低频段重耕（band 8/900M、band 3/1.8 G、band 1/2.1G）。

英国沃达丰（Vodafone）5G 总体需求不急切，仅个别区域有需求，业务关注 eMBB 和 URLLC，在 2019 年下半年开始 5G 商用，初期采用 NSA 模式组网。

法国电信运营商 Orange 和德国电信（Deutsche Telecommunication，以下简称 DT）目标是 2018 年进行 5G 试验，2020 年实现 5G 商用，业务关注 eMBB 和 URLLC、FWA、车联网等，主要面向个人移动用户、固定用户，初期优选 NSA 模式组网。

6.3　5G 标准必要专利（SEP）

6.3.1　SEP 概念

技术专利化、专利标准化、标准产业化，是从技术到产业的过程。在争夺产业制高点的时候，标准是其中重要一环，专利的一个重要目的是能够写进标准中，最终落实到产品里。写进标准的必选且唯一选择的专利就叫作标准必要专利，写入标准的核心专利的数量也成为评估企业在行业中竞争力的重要指标。因此，在制定行业标准的过程中，企业在提交技术提案时，都会尽可能将提案与专利捆绑在一起，并希望这些提案被组织接受成为标准。一旦提案被采纳，这些捆绑于提案中的专利也获授权，即完成了专利标准化。

如果提交的技术提案里的专利是不可替代的，或者说在产品根据标准开发时，在技术层面上无法避开，这些专利就被称为标准必要专利（standards-essential patents，以下简称 SEP）。国际标准化组织对技术标准的定义如下：技术标准是指相关产品或服务达到一定的安全要求或市场准入要求的技术具体实施方式或细节性技术方案的规定文件，技术标准中的规定可以通过技术指导辅助实施，具有一定的强制性和指导性功能。技术标准用于衡量一项产品或服务的质量是否达到其所规定的要求，于是技术标准带有一定的公益性色彩，一项好的技术标准应当能够为社会普遍适用，因此其本质是一种社会公共资源。其制定目的是增进社会生产效率，以获得更好的技术产品或服务质量，促进公共利益是制定技术标准的最终要求。

从技术的角度来看，SEP 应当是技术标准所必需的专利技术，因此，从技术角度来说，必要专利是技术标准中必不可少、不可替代的技术方案。一旦专利被标准采纳而成为 SEP，它将随标准的推广而得到应用，而且成为产品制造商必须选用的技术，使其具有特殊的侵权举证能力，具有强大的威力。拥有 SEP 的厂家优势是非常明显的，因为一旦标准形成，各大厂家都会根据统一的标准生产设备，以保证系统的兼容性，这就涉及 SEP 许可，动辄数以亿计通信设备都属于潜在侵权产品。简单地讲，拥有 SEP 的厂家可以随时拿这些专利去收钱。

十余年来，国际上的 SEP 诉讼接连不断，标的都非常巨大，备受业内关注。国内的 SEP 相关诉讼也日趋频繁，华为技术有限公司诉 IDC、高通公司诉魅族科技有限公司等重大事件震撼了更多的国人。其实，法院诉讼只是吸引眼球，许可才是 SEP 更实在的内容。SEP 纠纷最多的是移动通信领域，相关的技术标准是 3GPP 协议。现在进入 5G 时代了，与前几代不同，5G 不仅连接智能手机，还连接万物和各行各业，因此，5G SEP 的重要性不言而喻。对于通信领域来说，大企业拥有较多 SEP，参与标准制定较深，专利权运营经验充足，领域垄断地位稳固。新兴企业的 SEP 较少或根本没有，对于标准的制定和专利运营，还处于学习和探索状态。SEP 诉讼不仅在大企业之间产生，也会在大企业和新兴企业之间产生。大企业之间的对抗目的在于提升自己的实力、制约竞争对手，而大企业对新兴企业主张专利权则是为了收取许可费，保持其行业领先的地位。国内大多数企业都属于新兴企业之列，面临的严峻问题是需支付高额的许可费，致使净利润大幅降低。

6.3.2 SEP 的认定

3GPP SEP 纠纷中重要问题为如何认定 SEP 以及不合格的 SEP 充斥市场。虽然 3GPP 中的 SEP 可以通过 ETSI 来声明，但 ETSI 并不对其准确性进行考察，以至于很多自称为 SEP 的专利并不合格，而专利权人却可以以此来提出专利权要求，造成 SEP 的滥用，严重困扰着移动通信企业。

SEP 的杀伤力很大的原因之一是免去了在侵权认定中将专利的保护范围与涉嫌侵权的产品或方法进行对比的过程，取而代之的是，专利权人只需证明专利是 SEP 并且涉嫌侵权的产品或方法采用了相关标准，即可初步推定侵权，这使得专利权人的举证变得更容易。

认定一件专利是否为 SEP 需要从三方面入手，即对应性分析、必要性分析以及稳定性分析。

其中，首先需要进行的是对应性分析，即分析专利的技术方案与标准的相关内容之间的对应关系。专利成为 SEP 的前提是专利的技术方案被写入标准，标准中的相关内容落入专利的保护范围，只有这样，实施标准中的相关内容时才有可能侵犯该专利的专利权。

必要性分析的目的是考察标准中的技术方案是何种类型，即必选的、推荐的还是选择使用的，分析产品是否可以采用有别于标准中规范的技术方案，或者研究实际选用技术方案在标准中的权重，推定专利权人通过标准举证侵权的依据是否成立或充分。必要性是支撑 SEP 成立的三大要件之一，如果必要性不成立，将会否定 SEP 的正当性，或折损 SEP 的价值。

一项专利经过对应性和必要性分析证明其属于标准必要专利后，还应该对其专利稳定性进行分析以确认其专利权是稳定的，是经得住在后续的专利运营过程中的专利无效和诉讼的考验的。因此，SEP 的专利稳定性主要是指一项 SEP 在其授权之后，即专利权确定之后，对抗无效请求和诉讼的能力。

6.3.2.1　对应性分析

SEP 认定中的对应性分析简单地说就是判断标准中的相关内容是否落入专利的保护范围。作为一种对比性质的分析，首先需要确定对比分析的双方，即专利的保护范围和标准中的相关内容，然后将两者进行比对进而得出对应性分析结论。

专利的保护范围是通过权利要求来限定的，说明书中则记载了发明针对的现有技术、要解决的技术问题，并通过具体实施例详细介绍发明所采用的技术手段以及能够获得的技术效果。在确定专利的保护范围时，首先要确定待分析的权利要求，然后阅读专利文件，理解发明，结合说明书中的内容确定待分析权利要求所保护的技术方案。

确定了专利的保护范围之后就要确定对比分析的另一个方面——标准中的相关内容。目前，3GPP 标准体系架构包括 44 个系列、将近 3000 个标准，很多标准在制定过程中产生了多个修订版本的标准文档，并且随着技术的发展和讨论，3GPP 标准还在进一步地修订和增加。3GPP 标准并不是单一标准，而是有着完整的体系架构，各个标准之间互相关联，并非独立存在。3GPP 标准的撰写不是以技术方案为单位，而是按照技术内容的侧重点不同划分了不同标准，某些标准之间存在关联性，在技术上需要互相参考。

3GPP 组织要求其成员在提交标准提案或者进行标准讨论时发表涉及专利的声明，声明中需要提及专利号，因此有些涉标专利可以通过声明查找到对应的标准。但是出于各种考虑，并不是所有成员都能够严格地尽到声明的义务。因此，存在相当数量的 SEP 并没有在 3GPP 组织中进行声明。对于没有声明专利，则需要结合 3GPP 检索手段来确定相关标准。确定专利对应的标准的途径可以分为两类：一类不需要利用技术分析即可确定相关标准，包括通过查询本专利或本专利的同族专利在标准组织中作出的声明、涉及的诉讼信息来确定相关标准；另一类需要利用技术分析，结合 3GPP 检索手段才能确定相关标准，例如，基于对 3GPP 体系架构的了解，通过查找标准技术对照表来确定相关标准，或者结合关键词或技术主题在 3GPP 标准数据库中进行检索来确定相关标准等。

SEP 与标准之间的对应性最终需要通过两者技术方案的对比实现。为了准确、全面地进行技术方案对比，需要制定权利要求对照表。权利要求对照表是反映专利权利要求所保护技术方案的各个技术特征与技术标准所描述的技术方案的对比表格文件，用于判定标准所描述的技术方案是否落入了该专利的保护范围。根据权利要求对照表中每个技术特征的对比分析，能够最终得出对应性分析的结论。对应性分析的结论分为三种类型：①强对应。如果权利要求的所有技术特征均能在标准或该标准的相关标准中找到相关描述且与相关描述完全一致，或者权利要求的技术特征上位于该标准或相关标准中的相关描述，或者该标准或相关标准中虽然没有与某个技术特征相关的描述，但该技术特征属于直接地、毫无疑义地确定的技术内容，则标准的技术内容毫无疑问地落入专利权的保护范围，因此称为强对应。②弱对应。如果权利要求中的部分技术特征在该标准或相关标准中没有找到相关描述，但是从该标准或该标准的相关标准的上下文可以推导出该部分技术特征为实施标准中的技术方案需要使用的技术特征，则标准的技术内容可能落入了专利权的保护范围，由于在特征的推导过程中存在不确定性，因此称为弱对应。③不对应。如果通过各种方式充分确定出与权利要求的技术方案相关的全部标准之后，权利要求中的某些技术特征在所有相关标准中均未找到相关描述，或者虽然存在相关描述但是与相关描述不一致也不上位于相关描述，例如，标准中的相关内容上位，专利的技术方案下位，则标准的技术内容没有落入专利权的保护范围，因此称为不对应。需要说明的是，作出不对应的结论需要谨慎，并在确认已经确定出全部的相关标准之后才可作出不对应的结论。

6.3.2.2　必要性分析

必要性分析的目的是考察标准中的技术方案是何种类型，即必选的、推荐的还是选择使用的，分析产品是否可以采用有别于标准中规范的技术方案，或者研究实际选用技术方案在标准中的权重，推定专利权人通过标准举证侵权的依据是否成立或充分。必要性是支撑 SEP 成立的三大要件之一，如果必要性不成立，将会否定 SEP 的正当性，或折损 SEP 的价值。

虽然标准不是以技术方案为基本描述单元，而是以描述系统为主要表述形式，但与 SEP 对应的技术方案由标准中的若干技术措施构成，在标准的具体章节有较为详细的描述。对于不同类型的技术措施，标准中采用专门的描述语言。技术措施的类型不同，决定了包括该技术措施的技术方案的类型。因此，了解描述语言的类型是判断必要性的入口。

对于标准中具体的技术措施，通常可分为四种类型：①必须使用，技术上不可替代，即采用了该标准的产品就必须实现该措施，否则会影响系统的其他功能，例如，与其他模块无法互联互通。对于这类措施，标准中通常采用 "shall" 或 "must" 来表述，以最为肯定的语气来表明这是必须遵守的规范。②推荐使用，即标准中描述的措施是推荐使用的优选方案，但不是必须采用的，根据实际需要，例如生产成本等，产品商可以采用性价比更高的替代措施，只要技术上与其他措施能协同工作即可。对于这类措施，标准中通常采用 "may" 或 "should" 来表述，以较为委婉的语气来表明这是标准制定者推荐采用的措施。③选择使用，即对于某个技术点，标准中同时描述了多种实现方式，一般都具有相同的功能，都能解决相同的技术问题，只是这些实现方式有不同的应用场景，实施者可以根据实际需要来选用。对于这类措施，标准中通常采用 "or" 来表述，表明标准提供了多种候选的实现方式，产品商可以选择使用，但不可用其他方式来替换，否则会影响系统的其他功能。这类措施实际上是必须采用的，只不过是在标准给出的几种方式中选择若干实现方式而已，比"必须使用"的类型有稍宽的选择余地。④标准中有的功能是推荐实现的方式，产品制造过程中可以根据需要对这些功能进行裁减，即可以不实现某种功能。

当考察SEP的必要性时，可以将SEP的技术方案分解成若干个技术特征，在标准中找到对应的技术措施。然后再根据标准中对该技术措施采用的描述语言，判断该措施属于必要性的何种类型。技术措施的类型决定SEP的类型，他们在必要性上的属性是一样的，例如，技术措施是推荐使用的，其对应的SEP应该是非必要的，即产品商可以采用不同于标准中描述的技术措施的替换方式来制造产品。由于技术方案的技术特征具有可裁减、可替换、可选择性，相对于标准中具体的技术规范而言，产品的具体实施方式可能会与其不同，常见的四种类型如表6-3-1所示，其中，表格中每一格内的每一列表示技术方案所包含的特征，例如"省略特征"这一类型中，有三种产品，包含特征 A 和 B、特征 B 和 C、特征 A 和 C。

表 6-3-1　可替代性技术特征的类型

可替代性技术特征的类型	SEP	标准	产品	影响
省略特征	A B C	方法中包括步骤 a、b、c	A　　A B　B 　C　C	不侵权
替换特征	A B C	C 为公式、算法、 应用场景等	A B D	不侵权
替换特征组合	A B C	B、C 的实现 商业代价较大	A E F G	不侵权
择一选择	A B C	A B C1 或 C2	A B C1	可议价

标准中与 SEP 对应的技术方案往往包括很多技术特征，这些技术特征并非都是必要技术特征。省略其中某个或某些非必要技术特征之后，仍然能构成解决技术问题的技术方案，与标准中其他内容相适应。

对于标准技术方案中的技术特征，有的是可以替换的，即用其他技术特征替换后，技术方案仍然能实现原来的功能，与标准中其他内容相适应。

有的时候，变换技术方案中的某个技术特征的时候，会牵连其他技术特征的关联关系或功能的改变，需要对多于一个的技术特征进行同步改造方能"仿制"出一个新的技术方案。

标准规范中很多具体细节有多种适用情况，例如，GSM 有多个频段，不同的国家、运营商可以选择支持其中部分频段，此时，虽然产品也会落入 SEP 的保护范围，但只是实施了对应标准中部分实施例。

6.3.2.3 稳定性分析

一项专利经过对应性和必要性分析证明其属于 SEP 后，还应该对其专利稳定性进行分析以确认其专利权是稳定的，是经得住在后续的专利运营过程中的专利无效和诉讼的考验的。因此，SEP 的专利稳定性主要是指一项 SEP 在其授权之后，即专利权确定之后，对抗无效请求和诉讼的能力。

由于进行 SEP 稳定性分析时，专利已经过审查获得授权，原则性的问题已经消除，并且作为与 3GPP 标准对应的技术方案，其技术基本符合实用性的要求，可能出现的问题应该是由于检索疏漏或者审查尺度把握上存在的缺陷。因此，对 3GPP 的 SEP 的专利权稳定性造成影响的重要因素包括：①新颖性和创造性（《专利法》第 22 条）；②修改超范围（《专利法》第 33 条）；③权利要求不支持或不清楚（《专利法》第 26 条第 4 款）；④独立权利要求是否记载解决技术问题的必要技术特征（《专利法实施细则》第 20 条第 2 款）。

SEP 稳定性分析的结论是对 SEP 进行价值评判的重要依据，具体包括以下步骤。

1. 方案理解

不同于专利稳定性分析之前一般已通过对应性分析给出了与 SEP 对应的标准相关信息，SEP 都是来源于对应标准中的技术，如果我们掌握了对应标准中相关的技术推进过程，掌握技术发展的历程和脉络，在此基础上进行 SEP 技术方案的理解，将会帮助我们更准确地把握技术。

在 3GPP 文件中，可用于研究相关技术推进过程的信息包括以下几项：

（1）Agenda item：每次 3GPP 会议都会有多项议题，每个议题可能涉及相同标准，甚至同一标准中的相同技术，同一议题的文档具有相同的 Agenda item。在多次会议中，Agenda item 有相同的文档，其技术主题也是相同的，因此 Agenda item 是确定相关技术文档的重要依据。

（2）Study item/Work item：3GPP 的标准研发由多个工作组完成，每个研发方向会在最初形成一个 Study item，如研究过程中有必要形成标准，会形成一个 Work item，而整个过程中相关文档都是针对 Study item/Work item 提出的。因此，通过 Study item/Work item 也能确定出与 SEP 对应标准相关的文献。

（3）标准文件中的修改历史：标准文件大多记录了标准形成过程中，采纳各个技术特征的具体时间点和相应提案，这些信息一般是在标准文件最后一个附录中。该信息可以用来追踪技术的发展历程，帮助我们检索出相应提案，掌握技术发展的细节。

2. 收集信息

在阅读和掌握专利的技术内容之后，第二步我们需要收集同族、系列申请、分案的在审查过程中的审查意见和引用的对比文件，申请人的意见陈述和修改情况，以及最终的审查结果。这些信息能够帮助我们初步了解专利可能存在的问题，以便后续进行问题排查。

3. 问题排查

需要按照上文中记载的与 3GPP 的 SEP 无效有关的条款（包括新颖性、创造性、不清楚、不支持和超范围），按照之前记录的相关申请问题记录表进行逐一排查。虽然说对一项专利权的稳定性分析中，新颖性和创造性是最主要的，但是其他条款的分析也是必要的。

4. 形成报告

一项 SEP 经过方案理解、技术跟踪、同族等信息收集、问题排查（不清楚、超范围、不支持、缺必特、检索、新颖性和创造性判断）之后，我们需要整理所有关于 SEP 的稳定性结论，形成报告。

6.3.3　5G SEP 分析

德国专利数据库公司 IPlytics 发布的报告 *Who is Leading the 5G patent race* 显示，截至 2019 年 4 月，全球 5G 通信标准必要专利申请数量已超过 6 万件，2018 年是专利声明数量的井喷年，新增标准必要专利声明数量超过 5 万件，是 2015 年的 26 倍。

6.3.3.1　5G 标准中的 SEP 分布

5G 包含众多标准提案，根据这些提案，通信领域各创新主体提交了自己的 SEP，对于 ETSI 中可查的已声明 SEP，可以统计各标准提案对应的 SEP 数量，如表 6-3-2 所示。

表 6-3-2　5G 标准中的 SEP 分布

5G 标准提案	对应的 SEP 数量 / 件
TS 38.101	296
TS 38.124	2
TS 38.133	49
TS 38.201	8
TS 38.202	92
TS 38.211	1366
TS 38.212	1195
TS 38.213	3654
TS 38.214	3237
TS 38.215	14
TS 38.300	926
TS 38.304	16
TS 38.306	138
TS 38.321	1119
TS 38.322	20

续表

5G 标准提案	对应的 SEP 数量 / 件
TS 38.323	22
TS 38.331	2054
TS 38.413	21
TS 38.423	87
TS 38.473	8

可见，目前可查的 SEP 主要分布在 TS 38.213、TS 38.214、TS 38.331、TS 38.211、TS 38.212、TS 38.321 这六个领域。当然，由于 SEP 的自主声明原因，应该还有相当数量的 SEP 仍没有声明，无法从公共数据库中获取其信息。因此，上述统计数据会随着 5G 标准的推进发生变化。

6.3.3.2　5G SEP 区域分布

5G 标准，不仅是企业间的角逐，更是地区间的比拼。截至 2019 年 4 月，在全球 20 多家企业的 5G SEP 声明中，我国企业占比超过 30%，位居首位。

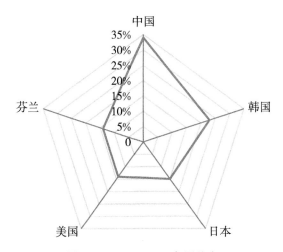

图 6-3-1　5G SEP 各国分布

中国政府也已明确积极推进 5G 于 2020 年商用，工业和信息化部从 2015 年 9 月至 2018 年年底主导 5G 关键技术试验，三阶段试验包含关键技术验证、技术方案验证和系统验证。我国三大电信运营商都公布了自己的实验室、外场和部署计划，逐步推动产业成熟，实现 2020 年商用或试商用。不过受国内高频器件产业弱势的限制，中国更重视 6GHz 以下频率的 5G 应用，首发的 5G 应用频段很可能为 3.5GHz 和 4.8GHz 频段。在产业发展方面，我国率先启动 5G 技术研发试验，加快了 5G 设备研发和产业化进程。目前，我国 5G 中频段系统设备、终端芯片、智能手机处于全球产业的第一梯队。

6.3.3.3　5G SEP 申请人分布

中国企业在 5G 全球通信标准上占有一定的"话语权"，多得益于对技术创新的投入和相关专利积累。

在拥有 SEP 的企业中，华为技术有限公司在 SEP 数量上排名领先，占比 15%。据了解，华为技术有限公司主导的极化码、上下行解耦、大规模天线和新型网络架构等关键技术已成为 5G 国际标准的重要组成部分。从数据上看，诺基亚公司、三星公司、LG 公司、中兴通讯股份有限公司、高通公司等企业也在抢占 5G 标准"份额"，如图 6-3-2 所示。

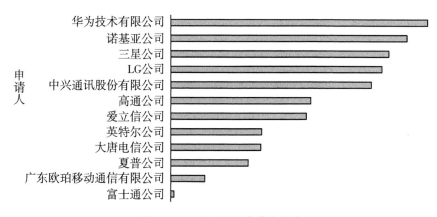

图 6-3-2　5G SEP 申请人分布

5G 标准专利声明企业数量仅占 4G 时的 40%，总体来看，仍有较多企业尚未对可能持有的 5G SEP 进行声明。因此，随着更多的企业公开声明其 SEP，5G 标准专利的数量仍将持续增加。

除了专利数量，5G 标准技术贡献、5G 标准会议出席率也是衡量为 5G 标准贡献多少的指标，在这两项指标中，依然是华为技术有限公司领先。凭借着出色的技术创新能力，截至 2019 年 3 月底，华为技术有限公司已经和全球领先运营商签订了 40 个 5G 商用合同，7 万多个 5G 基站已发往世界各地。

专利离不开研发，各企业 2018 年财报显示，三星公司、华为技术有限公司、苹果公司、英特尔公司的年研发投入均超过 100 亿美元，其中华为技术有限公司 2018 年研发投入则超过 150 亿美元，而在研发投入中，5G 领域占据非常重要的份额。

6.3.4　5G SEP 的应用

随着 5G 标准的陆续发布，各公司包括爱立信公司、高通公司等纷纷宣布了各自的 5G 专利策略。爱立信公司宣布每部手机的 SEP 许可费为 2.5~5 美元，高通公司宣布 SEP 费用为整机价格的 2.275%。可以看出，通过 SEP 以争取移动通信产业制高点的全球竞争已开始，随着参与国家和厂商的增多，情况也变得更加复杂。通信标准竞争是国家实力的综合较量。我国要充分发挥移动通信芯片、终端、设备、系统、运营、用户等全产业链优势，增强 5G 后续 URLLC 和 eMTC 两大场景的标准的话语权。国际标准制订过程中需要加强国内产业界的合作，针对后续 5G 场景，组建国内 5G 专利联盟和专利池，占据更多的 SEP，增加专利许可谈判的话语权，基于自主 SEP 和国外企业进行相互授权，通过互相授权降低专利授权费用促进我国移动通信产业的发展壮大。

参考文献

［1］IMT-2020（5G）推进组 .5G 愿景与需求白皮书［R/OL］.［2020-03-21］.http：//www. imt-2020.org.cn/zh/documents/1?currentPage=3&content=.

［2］IMT-2020（5G）推进组 .5G 网络技术架构白皮书［R/OL］.［2020-03-21］.http：//www. imt2020.org.cn/zh/documents/1?currentPage=3&content=.

［3］IMT-2020（5G）推进组 .5G 概念白皮书［R/OL］.［2020-03-21］.http：//www.imt2020. org.cn/zh/documents/1?currentPage=3&content=.

［4］曹亘，吕婷，李轶群，等 .3GPP 5G 无线网络架构标准化进展［J］.移动通信，2018（1）：7-14.

［5］Justinxu 78.3GPP 更新 5G 标准时间表［N］.人民邮电，2019-08-06（6）.

［6］王雷 .专利与标准提案交相辉映　开启 5G 制高点争夺战［J］.通信世界，2017（11）：18-19.

［7］朱国胜，吴永飞，等 .5G 标准必要专利研究 .科技与创新［J］.2019（4）：102-103，105.

[8] 马洪源，肖子玉，卜忠贵.5G 标准及产业进展综述［J］.电信工程与标准化,2018（3）:
23-27.

[9] 张源斌，杨钊，等.5G 传送标准进展［J］.中兴通讯技术，2018（1）: 62-66.

[10] 王庆扬，谢沛荣，等.5G 关键技术与标准综述［J］.电信科学，2017（11）: 112-
122.

[11] 杨红梅，王建伟.5G 网络安全标准化进展［J］.保密科学技术，2019（1）: 22-26.

[12] 张宇，付光涛，等.第五代移动通信技术标准发展现状[J].有线电视技术,2018(7):
38-40.

[13] 叶若思，祝建军，陈文全，等.关于标准必要专利中反垄断及 FRAND 原则司法适用
的调研［J］.知识产权法研究，2013（2）: 1-31.